中国古代耕织图概论

A Survey of Farming and Weaving Pictures in Ancient China

农桑并举 耕织并重

花山文艺出版社 河北科学技术出版社
河北·石家庄

图书在版编目（CIP）数据

中国古代耕织图概论 / 王潮生著． — 石家庄：花山文艺出版社，2023.6
ISBN 978-7-5511-6576-1

Ⅰ．①中… Ⅱ．①王… Ⅲ．①农业史－史料－中国－古代 Ⅳ．①S-092.2

中国国家版本馆CIP数据核字（2023）第014552号

书　　名：中国古代耕织图概论
Zhongguo Gudai Gengzhitu Gailun
著　　者：王潮生

出 版 人：郝建国
策　　划：张采鑫　王辛卯
编　　审：魏文起
责任编辑：李　爽　林艳辉
责任校对：李　伟　杨丽英
封面设计：书心瞬意
美术编辑：王爱芹
出版发行：花山文艺出版社
河北科学技术出版社
（河北省石家庄市新华区友谊北大街330号）
销售热线：0311-88643299/96/17/34
印　　刷：保定市正大印刷有限公司
经　　销：新华书店
开　　本：880mm×1230mm　1/16
印　　张：43
字　　数：500千字
版　　次：2023年6月第1版
2023年6月第1次印刷
书　　号：ISBN 978-7-5511-6576-1
定　　价：298.00元

序　一

中国是农业古国，有着悠久的农耕历史和灿烂的农耕文化。耕织图是中国古代为劝课农桑，采用图像形式描绘耕种与蚕织操作全过程的图谱，其产生一千多年来，在中国农业发展历史中具有独特的地位。这些图像倡导农桑并举、耕织并重，传播推广农业生产技术和生产工具，鼓励耕织劳作，是我国农耕与蚕织技术和文化传承的重要载体，对农业生产发展、社会经济繁荣和文化进步发挥着重要作用。《耕织图》被称为“世界首部农业科普画册”“中国最早完整记录男耕女织的画卷”。

弘扬中华优秀传统文化，是我国乡村文化振兴的内在要求，是推进乡村全面振兴的重要举措。习近平总书记指出：“农耕文化是我国农业的宝贵财富，是中华文化的重要组成部分，不仅不能丢，而且要不断发扬光大。”“我国农耕文明源远流长、博大精深，是中华优秀传统文化的根。”“走中国特色社会主义乡村振兴道路……必须传承发展提升农耕文明，走乡村文化兴盛之路。”“要推动乡村文化振兴……深入挖掘优秀传统农耕文化蕴含的思想观念、人文精神、道德规范……焕发乡村文明新气象。”王潮生先生所著《中国古代耕织图概论》一书，系统论述了中国自五代木刻耕织图像出现，至宋、元、明、清时期，有关耕织图产生、发展与流传的历程。全书收集整理了历代耕织图片一千余幅和历代名人所题的耕织图诗四百四十多首，全面展现了古代“耕”“织”方面的文献资料，还对耕织图的历史渊源、发展脉络、蕴含其中的科学技术和文化内涵，以及古代倡导宣传耕织图所起的积极作用等方面，进行了完整深入的研究论证和分析阐述，内容丰富，考证有据，论述深刻，时间纵跨千年，历史脉络完整，是全方位、系统性研究“农耕”“蚕织”图像的重要学术成果和珍贵史料。

研究历史，取得准确的图文对照之佐证，实属难能可贵，非一朝一夕之功。《中国古代耕织图概论》作为中国农业历史中图像史学研究的一部力作，填补了我国古代耕织图研究领域的空白，实为新时代传承弘扬中华民族灿烂辉煌的农业历史文化的一部重要专著。希望本书的出版，能够为广大农业历史研究人员提供有益帮助，为农耕文化传承、乡村文化振兴起到良好的启迪、引领和推动作用。

中国工程院院士、中国农业科学院院长 唐华俊

2021年8月18日

序　二

以农业立国的中华文明绵延不断五千多年，这在世界人类发展史上是独一无二的。

后稷教民稼穑，使先民从采集野果，追踪狩猎，到种植稻粟，驯养动物，择水而定居。

华夏先民发现蚕茧可以抽丝，进而用蚕丝编织为帛，从而告别了棕草遮体、兽皮裹身、饥寒交迫的生活。中国农业的“农耕”与“蚕织”从此开始创造了灿烂辉煌的农业文明。

《中国古代耕织图概论》一书是王潮生同志以九十二岁高龄完成的又一部中国古代农业“农耕”与“蚕织”方面的图像史学研究专著。

潮生同志是我大学的同班同学，他几十年来一直专注研究中国古代农业历史。我们这代人都已在三十多年前退休养老，而潮生同志却退而不休，耄耋之年，一直笔耕不辍。他除在各类专业期刊不断发表学术论文之外，近七十岁时还主编并出版了《中国古代耕织图》一书，1999年此书荣获国家新闻出版署颁发的全国古籍整理图书奖一等奖；八十岁时出版了专著《农业文明寻迹》；如今，九十岁之后又即将出版研究专著《中国古代耕织图概论》。此书是作者对一千多年来中国古代耕织图按历史脉络完整的、系统性的研究及论述，并附有作者几十年来坚持不懈搜集到的历代耕织图片一千余幅，这些耕织图片其中有很多是极其稀有珍贵的，它见证了中国古人的聪明才智、发明创造及勤劳与智慧；同时，他还收集到历代名人为耕织图的题诗四百四十多首，这些题诗并非一般的言情诗，而是对应耕织图像农耕与蚕织生产步骤、操作方法的释义与说明，耕织图配题诗，完整再现了古代农耕与蚕织操作的具体细节与全过程。历代耕织图像与配诗为当时普及、推广和促进农耕与蚕织生产起到了不可替代的积极作用，是不可缺少的重要措施。潮生同志长期埋头于书房、图书馆，阅读和查找了大量的古代文献资料，在图像史学方面对中国古代耕织图有深入的研究成果，其治学态度之严，倾注心血之多，使我深受感动。

《中国古代耕织图概论》一书的出版，是对中国农业历史图像史学中“农耕”与“蚕织”全方位、系统性研究的重要成果。值此书付梓之际，略谈所感，是为序。

原林业部森林资源司司长、教授　张华龄

2020 年 12 月 18 日于北京

目　录

CONTENTS

前　言

历史悠久、灿烂辉煌的农业文明是中华优秀传统文化的重要根源。在历史的长河中，伟大的中华民族创造并形成了世界上最成熟的农业文明，它以博大精深、源远流长、一脉相承，并对人类物质文明和精神文明作出巨大贡献而著称于世。

对中国古人来说，国家的别称是代表土神和谷神的“社”“稷”，“社”“稷”在先民眼中有无可取代的崇高地位，应该说这是来自我们这个农业古国的历史。众所周知，中国是世界上著名的农业古国，有悠久的农业历史，有精耕细作的优良传统，同时又是世界上发明种桑、养蚕、缫丝、织绸最早的国家。锦绣中华，衣被天下，至今已有五千多年的辉煌历史；著称于世的“丝绸之路”，见证了中国古老的丝绸业为人类文明的发展作出的不可磨灭的贡献。

我国劳动人民在漫长的农耕和蚕织的生产实践中，有众多的发明创造，积累了丰富的经验，取得了举世瞩目的巨大成就。在中国农业[①]历史遗产的宝库中，不但有丰富的农业古籍以及考古发掘的各种各样的实物，而且还有很多描绘古代农耕、蚕织、畜牧、渔业等多方面的图画资料，这些图画以具体形象展现了当时的多种风貌，足备考证和研究。在摄影术尚未出现的古代，图画是唯一可行的留真手段，成为后世传承的瑰宝。

编著一部史书，无非就是用文字叙述或用图谱说明，以及将文字与图谱结合起来表述这三种形式，而人类通过视觉传达的形式接受图像、图形的记忆度、理解度最高，效果最好，其中图谱所表现的内容则更形象、更直观、更生动，能将文字难以表达清楚的复杂的事物及技艺直接简明地揭示展现给读者，使之一目了然，清楚地了解历史的真面目。正如八百多年前南宋著名史学

① 农业的概念有不同层次的含义，本文主要指的是古代种植业（耕）和蚕织业（织）。

家郑樵所著的《通志·图谱略》中所指出的："图谱之学，学术之大者"；"天下之事，不务行而务说，不用图谱可也。若欲成天下之事业，未有无图谱而可行于世者。"为什么这样说呢？他进而解释道："图，经也；书，纬也。一经一纬，相错而成文。""见书不见图，闻其声不见其形；见图不见书，见其人不闻其语。图，至约也；书，至博也。即图而求，易；即书而求，难。""非图，不能举要"；"非图，无以通要"；"非图，无以别要"。郑樵强调形象资料的重要性，确属难能可贵的真知灼见。

在我国古代传世的图画史料中，以描绘古代"农耕"和"蚕织"为主题的绚丽多彩的耕织图，就是其中最为突出的一种。

耕织图是中华民族优秀农业文化的重要组成部分，是我国古代特有的一种配有诗文说明的重要的指导农业生产的系列图谱。它从农耕和蚕织两个方面集中反映了古代农桑并举、男耕女织的生产内容；它以真实、生动、丰富多彩的图画形式描绘了我国各个不同历史时期、不同地区的农耕及蚕织生产经营和生产技术，以及农村现实劳作、生活习俗等方面的概貌；它易于为人民群众所接受，特别受到广大农民的欢迎，并且成为历代统治阶层一种重要的"兴农""劝农"的方式。《耕织图》既是值得珍藏的古代精美的艺术品，又可以印证或补充某些古籍文献记载的不足，甚至纠正某些文献著录的谬误，或填补某些历史记载的空白，或从某一方面为研究历史和考古提供一些佐证。有些耕织图像的年代比文字记载要早得多，描绘生动细致得多，它用图解的艺术形式栩栩如生地再现了我国古代种田和蚕织生产的面貌，所以它是了解和研究中国农耕和蚕织历史及各有关学科不可缺少的图像资料，因而常被学者喻为"形象的历史"。

耕织图的绘画一般都有诗文相配，做到了"图绘以尽其状，诗歌以尽其情"（南宋楼钥：《攻媿集》卷七十六），用以图配诗文和以诗文配图的方法进行描述。过去，研究古代历史的途径，不外乎依据文字、图画及实物，就表现力而言，文字具有深度感，实物长于直观性，但不易得到；图画的优势是视觉的传达与文字观念的传达结合起来，相得益彰；文与图的结合可以起到互补的作用。所以，历史学中有图像史学的出现，现在图像史学的研究在世界范围内被人们越来越重视，因此可以说中国古代耕织图的研究是当代图像史学中的一项重要研究课题。

编著《中国古代耕织图概论》一书的主要目的就是用图像史学的研究方法对目前搜集到的中国历代耕织图作一个比较全面系统的梳理研究和概括性的介绍，为读者了解和研究中国古代农耕与蚕织悠久、辉煌的历史文化和所取得的巨大成就，以及为人类物质文明和精神文明作出的贡献，提供进一步的佐证。

本书承蒙中国工程院院士、中国农业科学院院长唐华俊教授，原林业部森林资源司司长、九十一岁高龄的张华龄教授作序，序文中奖掖有加，实为对本人的鼓励，在此深表谢忱。

本书中引用了一些专家学者的研究成果，虽然已随文注释，但如果有忘记或漏掉的引文注释及有关资料的说明，尚请读者见谅。

由于自己水平所限，书中如有疏漏及谬误之处，竭诚企望读者予以指正。

王潮生

2022 年 2 月 18 日于北京

绪　　论

我们伟大的祖国是世界上著名的文明古国，农业历史悠久。早在距今一万多年前，我们的祖先就在中华大地上披荆斩棘，战天斗地，改造山河，从事农业生产活动，种植作物，驯养家畜。据考古发掘，现在我国已发现了成千上万的新石器时代农业遗迹，如在江西万年县仙人洞和吊桶环新石器文化遗址曾发现距今一万六千年前的栽培稻谷遗存；在湖南道县玉蟾岩新石器文化遗址，曾发现距今一万二千年前的栽培稻谷遗存；在浙江萧山跨湖桥及浦江上山遗址分别发现了距今八千到一万年以上的稻谷遗存，以及距今近七千年的浙江余姚河

浙江余姚河姆渡遗址出土的新石器时代稻谷

浙江余姚河姆渡遗址出土的人工栽培稻

浙江吴兴钱山漾遗址出土的稻谷（新石器时代晚期，距今 5000—4000 年）

河北武安磁山新石器时代遗址出土的粟灰

河北武安磁山新石器时代遗址出土的石磨盘和石磨棒

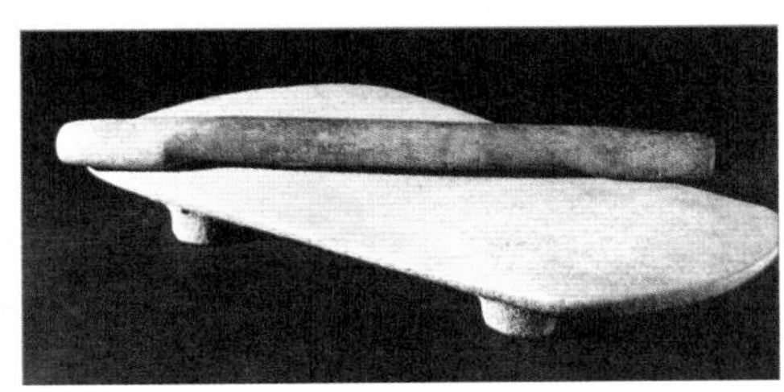

河南新郑裴李岗新石器时代遗址出土的石磨盘及石磨棒（距今 8000 年左右）

浙江吴兴钱山漾遗址出土的新石器时代丝线

浙江吴兴钱山漾遗址出土的残绢片

姆渡遗址中出土的大量稻谷等。在北京门头沟东湖林及河北徐水南庄头曾发现距今约一万年的粟作文化遗址。距今近八千年的河北武安磁山新石器时代文化遗址中曾发现八十八个堆放着谷子的窖穴，其中都已成碳化粟灰，原有粟的储藏量估计达十三万斤，同时出土的还有石斧、石铲、石磨盘、石磨棒等早期农具，饲养的家畜有猪、狗等。

我国是世界上最早发明栽桑、养蚕、缫丝、织绸、印染、刺绣的国家，商代甲骨文中已有桑、有丝、有帛。（郭沫若著：《中国古代社会研究》，人民出版社 1964 年版，第 185 页。）公元前 3 世纪中国即以盛产丝织物而闻名于世，被称为“丝国”。三千多年前，中国商队就把丝绸和中国文化传到了西方，走出了一条丝绸之路。我国养蚕、抽丝、织绸历史悠久，源远流长，如在山西夏县西阴村曾发现新石器早期的石雕蚕蛹，是距今六千多年前的遗物，说明我国先民在那时已经掌握了养蚕、缫丝技术。在辽西地区曾出土距今五千年左右红山文化晚期的玉蚕十七件，对了解这一时期辽西地区蚕业起源和利用等问题有重要价值。又如 1958 年在浙江吴兴钱山漾一处文化遗址中发掘出不少绢片、丝线和丝带等丝织物，这些丝织物单丝纤维表面光滑，条纹清晰，都是家养桑蚕丝，经用放射性碳素测定一起出土的文物，时间约为公元前 2715 年。1984 年又在河南荥阳青台村一处文化遗址中出土了距今五千多年前的丝、麻纺织品，

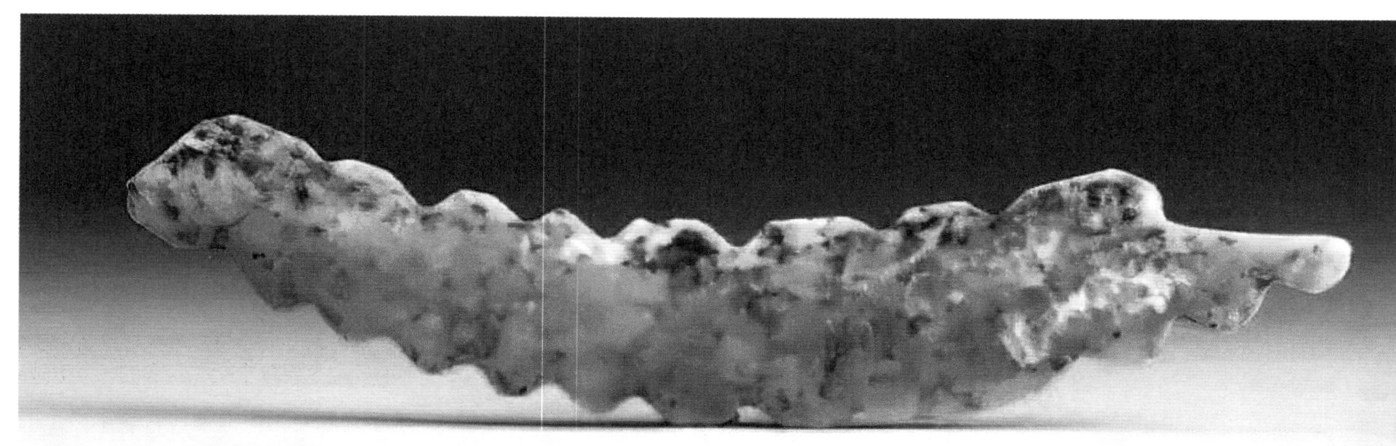
河南巩义双槐树新石器时代遗址出土的牙雕蚕

其中大部分是在儿童的瓮棺内发现的，用以包裹儿童尸体，现已碳化。另据报道，2021 年 3 月 26 日，中国社会科学院考古研究所公布 2020 年中国考古新发现，其中发布有在河南巩义双槐树新石器时代遗址“发现大量的农作物和正在吐丝状态的牙雕家蚕，连同荥阳青台、荥阳汪沟等遗址发现的农业和丝绸实物等，充分证明了五千三百多年前的中原地区已经形成了较为完备的农桑文明”。

荥阳汪沟遗址出土的包含有碳化丝织品的瓮棺

“2017 年和 2019 年中国丝绸博物馆科研团队通过酶联免疫检测技术，在河南省荥阳汪沟遗址的四个瓮棺中发现丝织品的残存。这与 20 世纪 80 年代荥阳青台遗址出土的织物属于同类、同时期丝织物，距今五千五百年左右，是目前发现的中国最早的丝绸。”

荥阳汪沟遗址出土的碳化丝织品放大后显示的纹络图片

上述考古发掘完全可以证明早在五千多年以前，我国桑蚕已经进入人工家养时代，同时也发明了缫丝和丝织等技术。

我国人民在长期的农桑生产实践中，逐渐认识到：“一农不耕，民有为之饥者；一女不织，民有为之寒者。”（《管子·揆度篇》）说明了耕织的重要性，从而逐渐形成了“男务耕耘，女勤蚕织”的优良传统。将种植业和蚕织业紧密结合起来，以种田养蚕、男耕女织作为古代农业的主要经营方式，将“农桑并举、耕织并重”作为我国古代的基本农业政策，历代执政者都采用各种形式奖励发展农桑生产者。我国早在春秋战国时期就有对农桑生产的奖励政策，如《管子·山权数篇》中说：“民之能明于农事者，置之黄金一斤，直食八石……民之通于蚕桑，使蚕不疾病者，皆置之黄金一斤，直食八石。”据《汉书·平帝纪》记载，汉代对农桑生产积极者，不仅给予物质奖励，而且还可以免除兵役。汉政府对勤奋耕作的农民还给予“力田”（即相当于“农业劳模”的称号），并给予爵位，免除徭役等。汉平帝元始二年“遣使者捕蝗，民捕蝗诣吏，以石斗受钱”。清代对蝗害地区的官吏，如有灭蝗不力，延及邻县者则要受到

荥阳汪沟遗址出土的碳化丝织品图片

惩罚；如果灭蝗有功，则上奏朝廷，作为晋升考核的一项重要条件。

由此可知，正是由于历代实施物质和精神等多方面的奖励政策，几千年来，我国广大劳动人民积极发展农桑生产，在种植业中创造的精耕细作技术，在蚕织业中创造的精湛的养蚕丝织技术，以及生产出的各种绚丽多彩的丝织品，久已闻名世界，享誉全球。

我国古代农耕和蚕织的历史，不仅在我国浩如烟海的古籍文献中有很多记载，而且在古代多种不同形式的艺术作品中也有不少生动的描绘。而最早用图谱的形式，较为系统、完整地描绘我国农桑生产技术和农村劳动场景的，则应首推南宋时期楼璹所绘的《耕织图》。它是我国古代特有的一种独具特色的图谱，从农耕和蚕织两个方面描绘了农桑生产的全过程，形式颇似今日的连环画，每幅图都配有诗文加以说明。但其诗又不同于一般的田园诗，因为它不以抒情为主，而是以具体的描述为主；其图也不同于一般的绘画，因为它不重艺术的渲染，而重写实。由于它形象生动、细致真实地描绘了农桑生产的全过程和农民的劳动状况，所以是具有科学性的现实主义的艺术作品。绘图与诗文的结合，为农民提供了使用各种农桑生产工具及仿效操作的范例，因而它成为古代一种重要的“兴农”和“劝农”的方式；同时，也向官僚阶层提出了时时不忘耕织，重视倡导农桑生产的告诫，起到了普及农桑生产知识、推广农桑生产技术、促进农桑生产发展的积极作用。

第一章　耕织图像的历史渊源

战国时期采桑宴乐射猎攻战纹铜壶（四川成都百花潭中学十号墓出土）

我国古代农业耕织图像资料源远流长。在摄影术尚未出世的古代，聪明的古人采取绘制图像的形式是唯一可行的留真手段，所以劳动人民在长期的农业耕织生产的实践中，不断总结经验，从而创造出很多以描绘古代耕织为主的丰富多彩的图像资料。从广义描绘农业耕织的图像来说，起始可以追溯到四千多年前的新石器时代反映原始农业的岩画，其后在先秦器物、两汉画像砖石、魏晋墓室壁画、唐宋石窟壁画和明清时期的典籍中，均画、刻、塑、印有大量的展示农耕和蚕织以及畜牧等多种内容的图像。例如，两千五百多年前的战国时期“采桑宴乐射猎攻战纹铜壶”上的“采桑图”，此件铜器1965年在四川成都百花潭中学出土，现由故宫博物院收藏。铜壶上的画面有清晰的乔木桑，一人爬到树枝上正在采桑叶，树枝上挂着桑筐，桑筐装满以后递给站在树下的人。另一个人手中拿着似是木钩的工具，将远处的桑枝钩到身边，以便采摘桑叶。图像生动地表明，当时已经有经过人工修整后树冠展开

战国时期采桑宴乐射猎攻战纹铜壶局部摹绘图

战国时期采桑宴乐射猎攻战纹铜壶外观装饰图案

战国时期采桑宴乐射猎攻战纹铜壶壶盖摹绘图

着的，既美观又符合高产养成的乔木桑树型；图像也说明当时养蚕丝织业的发展。又如汉代出现了多种以牛耕为题材的耕作图，有北方的，也有南方的，就内容说各有特点。如 1953 年出土的陕西绥德汉墓牛耕画像石，画面上一农民一手执鞭，一手扶犁，正在驱赶一牛耕地，这说明东汉时牛耕已得到推广，技术上也日渐进步。从陕西绥德和米脂等地发现的汉代画像石（砖）及壁画所描绘的牛耕图来看，当时比较多的是用长辕二牛抬扛，但也有的地区已经开始使用短辕一牛挽犁，其耕犁已显现了框行犁的雏形，其构件比过去增多，包括犁底、犁箭、直杆形犁辕、犁梢、犁横、犁铧，尤其是犁铧比战国时期沿用的 V 形铧较为坚固耐用，起土亦省力。

陕西绥德汉墓画像石拓片牛耕图

陕西米脂汉墓画像石拓片牛耕图

此外，汉代劳动人民还创造了耧车，也称为耧犁，它对提高播种的质量和促进农业生产的发展起了重要作用。东汉政论家崔寔在《政论》中说："武帝以赵过为搜粟都尉，教民耕植，其法：三犁（意指三个耧脚）共一牛，一人将之，下种挽耧，

西汉耧犁（三角耧车）模型

（中国历史博物馆复制）

北魏贾思勰（雕像）

北魏贾思勰《齐民要术》书影

甘肃嘉峪关魏晋墓壁画耕地图

甘肃嘉峪关魏晋墓壁画耙地图

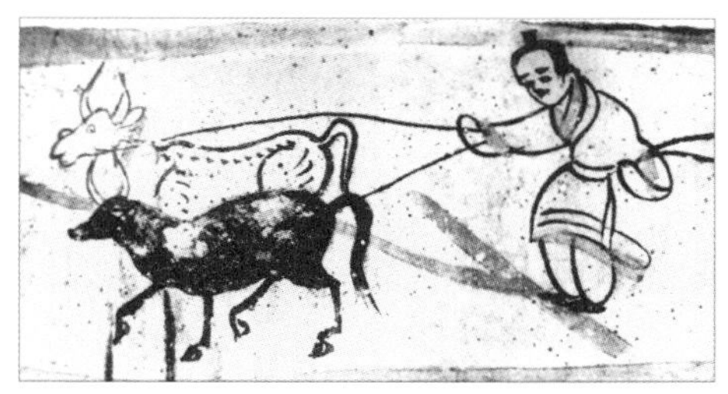

甘肃嘉峪关魏晋墓壁画耱地图

甘肃嘉峪关魏晋墓壁画播种图

皆取备焉。日种一顷，至今三辅犹赖其利。”山西平陆枣园村汉墓壁画上的耧播图，从另一个方面证实了崔寔《政论》的记载。这种耧车堪称是我国近代播种机的滥觞。

又如我国北方旱地耕、耙、耱等精耕细作系列整地和种植管理技术，最早的文字记载见于北魏贾思勰所著的《齐民要术》；而在甘肃嘉峪关魏晋墓室壁画中却发现了魏晋时期的牛耕图、耙地图、耱地图、播种图、扬场图、打连枷图，以及采桑图等，这些图像说明在魏晋时期，耕、耙、耱这套整地技术已经全部形成，在时间上，比《齐民要术》的记载早了一百多年。再如，我国唐代农书甚少，文字记载难寻，而敦煌壁画中，唐代的耕作图就有四十余幅，再加上陕西三原唐代李寿墓壁画，使我们能看到唐代牛耕、耧播、耕获、打场等图像资料，从而可以弥补了唐代农史资料的不足。

陕西三原唐代李寿墓壁画牛耕图

随着“耕织并重”的农业生产的发展，我国描绘农业耕织的各种图像，不仅在内容上与时俱进，不断创新，逐渐完备，而且，在形式上，逐步由单一化走向系列化，从而逐渐形成了我国各个不同时期耕织图像发展的历史特点，逐渐提高了其在宣传重农和推广农桑生产技术方面的科学价值和文物艺术价值。

陕西三原唐代李寿墓壁画耧播图

第二章　历代耕织图像的发展

五代及宋以降，历代的耕织图像方面的作品均有不同内容、不同形式的发展，其来源有来自宫廷的，有来自地方官府的，也有来自民间的，但是，耕织系列化的图像则首现于五代时期的宫廷。现将历代耕织图像简要介绍如下。

一、五代木刻耕织图像

据南宋王应麟《玉海》（卷七十七）记载，我国在五代后周（951—960）时期，世宗显德三年（956年），“命国工刻木为耕夫、织妇、蚕女之状于禁中，召近臣观之”。可惜历史上最早的木刻耕织图像早已不存。

二、宋代《耕织图》

（一）北宋宫廷耕织图像

据南宋李心传所撰《建炎以来系年要录》（卷八十七）记载，宋高宗曾说：“朕见令禁中养蚕，庶使知稼穑艰难。祖宗时，于延春阁两壁，画农家养蚕、织绢甚详。”王应麟《困学纪闻》（卷十五）中也称：北宋“仁宗宝元（1038—1039）初，图农家耕织于延春阁”。目前所知，北宋宫廷延春阁中出现的以农家耕织为内容的系列壁画，就是我国最早绘制的宫廷耕织图像，遗憾的是此图也早已不存。

（二）南宋楼璹进献《耕织图》

南宋时出现了著名的楼璹《耕织图》。楼璹字寿玉，一字国器，鄞县（今浙江宁波）人。生于北宋元祐五年（1090年），卒于绍兴三十二年（1162年），享年七十二岁。楼璹初为婺州（今浙江金华）幕僚，绍兴三年至五年（1133—

1135）任於潜（今浙江临安）县令，绍兴中累官至朝议大夫，期间政绩颇丰；而且楼琦善绘事，另有《六逸图》《四贤图》等传世；其为官清廉，体恤民情。据他的侄子楼钥所撰《攻媿集》（卷七十四）记载："伯父时为临安於潜令，笃意民事，慨念农夫蚕妇之作苦，究访始末，为耕、织二图。耕自'浸种'以至'入仓'，凡二十一事；织自'浴蚕'以至'剪帛'，凡二十四事。事为之图，系以五言诗一章，章八句。农桑之务，曲尽情状，虽四方习俗间有不同，其大略不外于此，见者固已韪之。未几，朝廷遣使循行郡邑，以课最闻。寻又有近臣之荐，赐对之日，遂以进呈，即蒙玉音嘉奖，宣示后宫，书姓名屏间。"

楼琦在绍兴年间担任於潜县令时，深入田间地头，蚕房织户，考察当地的耕作、丝织情况，并将研究所得以当地农村景物为背景，将耕与织的生产场面，绘制成图。楼琦的每幅图都描绘了一种独立的农事，各场景相互连贯起来成为一部完整反映当时南方农桑生产全过程的连环画卷。其《耕织图》分为耕图和织图两部分，其中耕图将水稻生产"浸种、耕、耙耨、耖、碌碡、布秧、淤荫、拔秧、插秧、一耘、二耘、三耘、灌溉、收刈、登场、持穗、簸扬、砻、舂碓、筛、入仓"的二十一个步骤，每个步骤配一幅图和一首五言诗。织图则将养蚕与丝织分为"浴蚕、下蚕、喂蚕、一眠、二眠、三眠、分箔、采桑、大起、捉绩、上蔟、炙箔、下蔟、择茧、窖茧、缫丝、蚕蛾、祀谢、络丝、经、纬、织、攀花、剪帛"二十四个步骤，每个步骤也配一幅图和一首五言诗，这样形成耕图二十一幅，织图二十四幅，共四十五幅图，并配有四十五首五言诗，诗名与画目相同。后来没过多久，朝廷派来的使者，在各郡县巡查时听闻此事，于是向上呈报，再加上朝廷大臣的推荐，故楼琦得以将正本《耕织图》进呈宋高宗，宋高宗和吴皇后阅后大为赞赏，因此，楼琦也备受嘉奖，他亦由此调"行在审计司"去为皇家管理财政，后官至扬州兼淮东安抚使。

楼琦将《耕织图》的正本呈献后，副本则一直留在家中，但迄今为止，楼琦《耕织图》的正本和副本均以佚失，但他的配诗却流传下来了。（见附录）

楼琦绘制的《耕织图》，由于选材精当，其构图内容真实客观地反映了当地当时浙杭一带农村耕织生产和农民生活的实际情况，因而曾获得"图绘以尽其状，诗歌以尽其情，一时朝野传诵几遍"（南宋楼钥：《攻媿集》）的评价，并于"郡县所治大门东西壁皆画《耕织图》，使民得而观之"（元虞集：《道园学古录》），从而使《耕织图》在郡县农村广为传播，而"耕织图"这一专用名词，也从此首现于世。

由于楼琦绘制的这套有耕有织、有图有诗的系列图谱——《耕织图》在当时和以后都产生了极大的影响，因此，被人们誉为“中国最早最完整地记录男耕女织的画卷”“世界上第一部农业科普画册”，因此它成为中国标准《耕织图》中的典范。

楼璹绘制的《耕织图》虽然已经佚失，但从他的题诗描述中透露出一些当时南宋浙东一带使用的农桑生产技术的信息，如在“耕”的方面，应用池塘浸种，耕、耙、耖、碌碡组合整地，水稻移栽，三次耘田，水车灌溉，高架挂禾，连枷脱粒等方法，描绘了我国当时南方水田精耕细作的一系列技术。在“织”的方面，实行采桑嫩叶，蚕经三眠，吐丝做茧加温管理，用盐杀茧，煮茧水缫，络车调丝，花织技术等，使我们了解到南宋时期我国江南地区农桑生产的先进技术和发展情况，对研究农业历史大有裨益。

在中国农业历史文化发展过程中，楼璹《耕织图》问世以后，自宋以降，元、明、清各代执政者和民间都曾广泛利用“耕织图”，这种直观形象、通俗易懂的艺术形式，有利于倡导发展农业和宣传推广农桑生产技术以及一些新型农桑生产工具，于是他们纷纷以楼璹《耕织图》或其摹本为范本，不断地临摹、仿绘、改编、镂刻、印制，从而历代出现了许多的以“耕织图”命名的，内容和形式以及绘画技法等都与楼图相近、风格各异的《耕织图》版本。虽然这些版本至今尚难准确统计和评述，但这些版本却形成了我国古代由单一化走向系列化的比较完整的“耕织图”体系，在中国农业史以及艺术史等方面大放异彩，并为世界史学界所注目。

从历史背景来看，楼璹《耕织图》是在当时社会农桑生产劳作中有感而作、应运而生的。南宋时，《耕织图》的诞生地是在浙江於潜县，该县地处浙江西部，天目溪纵贯全境，自古以来，这里广大平原地区以农桑生产为主，南宋时，这里是稻作、桑蚕、丝织最为发达的地区。

楼璹大约是在绍兴三年至五年（1133—1135）任於潜县令三年。楼璹出生于崇尚文化的仕宦之家，他既能撰写诗文，又善于绘事，生活在水田耕作、养蚕丝织的乡村，对男耕女织的小农经济比较熟悉。他任县令，为官清廉，肆力农事，经常深入农村了解耕织生产的详细过程，深知当时农村文盲的比例较大，让农民看画总比识字、释义容易得多，如能将耕织生产每个步骤的操作过程、工具的使用方法以及场地的配置等画成连环画，并配有诗文加以说明，这对传播耕织生产的经验，推广耕织生产技术，倡导重农，劝民农桑，发展农桑生产事业必大有裨益。于是，楼璹创作的图文并茂、形象通俗的四十五幅描绘耕织生产的画卷便应运而生了，这正符合南宋朝廷和广大农民的需要，也是一种历史的机遇，对后世影响深远。

（三）南宋统治阶层极为重视描绘农耕和蚕织的系列图谱《耕织图》的主要原因

我国在南宋出现的描绘耕织的系列图谱——《耕织图》，当即受到朝野的重视和倡导，为什么呢？这是一个值得研究和探讨的问题，笔者认为这要从当时历史的背景来看。南宋高宗对楼璹进呈的《耕织图》给予高度重视，立即予以嘉奖，并“宣示后宫，书姓名屏间”，遂又命翰林图画院作《织图》摹本，吴皇后在摹本上又亲笔标题并用小字加以注释，然后刻版，准备印行；同时还将楼璹这个献图的有功之臣调“行在审计司”，命他为皇帝管理财务。那么，宋高宗为什么如此重视《耕织图》呢？据《宋史》及《梦粱录》《陈旉农书》等古籍记载，分析其主要原因有以下几点。

第一，当时南宋实行向金国屈辱投降的政策，不仅向金国割地，而且每年需向金国交纳贡银二十五万两，丝绢二十五万匹。除岁贡外，每年金使至，还需向大使贿“金二百两，银二千两，副使半之，币帛称是”（清赵翼：《廿二史札记》卷二十六），岁贡和贿赠都需要大量丝绢。当时南宋朝廷只剩东南一隅，又经过连年战乱以及灾荒，百姓流离失所，田桑荒芜，生产遭到严重破坏，幅员小而耗费更多，因此急需大力发展耕织，增加生产，借此使朝廷增加赋税的收入，以充财用，并向金国纳贡求和，以便巩固高宗的统治地位，使朝廷得以苟活。

第二，连年战争的庞大军费开支，大部分也要从绢帛赋税中支出。南宋初年规定，庶民百姓要向官府纳绢，其后官定所纳的绢中一半需折钱缴纳，同时官府还向庶民预买绢帛，而后官家又不断提高绢价。据史书记载，建炎三年（1129 年）以前每匹绢价二千，绍兴三年（1133 年）提至四千至六千。绍兴十七年（1147 年）只浙东一地每年就要纳绢四十三万八千匹，其中半折的绢价为一百七十三万缗（缗是成串的铜钱，每串一千文），这样用征绢加重税收，以补开支的不足。

第三，南宋时期丝绢是对外贸易的主要物品，据《梦粱录》记载，当时丝织品已达三十种之多，可以通过海运到交通发达的东南沿海地区。偏安一隅的南宋朝廷及各级官府，要保持其优越的享乐生活及各项杂支不变，其靡费一部分也要靠海外贸易得来，因此大力发展蚕织业，加重征敛。

第四，农业始终是南宋时期经济的主要支柱，发展耕织生产，特别是蚕织业，符合百姓的需求，其经济效益相当可观，据南宋《陈旉农书》（卷下《种桑之法篇》）记载，陈旉曾经为浙江湖州安吉的蚕桑专业户算了一笔账，他指出：“十口之家，养蚕十箔，每箔得茧一十二斤，每一斤取丝一两三分，每五两丝织小绢一匹，每一匹绢易米一硕（同石）四斗。”据此推算，以每箔产茧十五斤计，每箔可得丝约一斤，可织绢三匹；若以每亩所产桑叶可饲蚕三箔计，即每亩桑叶饲蚕可得绢九匹；按每一匹绢易米一硕（一石）四斗折算，可得米十二硕六斗。而当时南方的粮食高产地区单产一般不过三四石而已，最好的圩田单产也不过五六石，由此可见每亩地植桑养蚕的收益显然高于种植粮食的收益。这就是蚕农们为什么不辞劳苦、不惜高价买桑叶养蚕，发展丝织业的积极性所在。这样结果使那些无地或少地、劳动力多、制丝技术高的农户成为桑叶的买主，而那些地多、劳动力少、缺乏制丝技术的农户，则成为专门植桑售桑叶的卖主。陈旉说：“以此岁计衣食之给，极有准的也。”按照这样的计划维持全家一年衣食所需，就很有把握了。所以，当时倡导发展耕织生产，尤其是蚕织业，正符合百姓的需求，因此，百姓有更大的积极性。

基于以上，宋高宗在继位之初，即下劝农桑之诏，并设劝农使，“州郡守臣，俱带劝农使”（明沈德符：《万历野获编》卷十二），大力发展农桑。由此可见，作为“劝农”重要方式之一的我国描绘耕织生产全过程的系列图谱——《耕织图》（包括来自宫廷及其他各方面的耕织图），所以能在封建社会中应运而生，其原因并不在于它的艺术魅力，而是在于它迎合了当时统治阶级重农、劝农和农业发展的需要。《耕织图》是形象地宣传、普及农业生产和农桑技术知识及其操作方法的优秀作品，有利于促进耕织生产的发展，同时可令大众时时观之，告诫人们不忘耕织，从而引起各级官府对农桑的重视，唤起人们支持和发展农桑。据元代虞集所撰《道园学古录》（卷三十）记述：“前代郡县所治大门东西壁皆画《耕织图》，使民得而观之。”从而可知，在宋代已首次形成了盛行《耕织图》推广劝农耕织的热潮，宋以降，元、明、清各代均效仿之。所以宋代以后出现了多种形式的、系列化的《耕织图》摹本或同源本、再创本等作品。

（四）楼璹《耕织图》的几种直接摹本

根据《攻媿集》等书的记载，目前所知楼璹《耕织图》的直接摹本有三种，但这里需要先介绍一下《攻媿集》的作者楼钥。

楼钥（1137—1213），是楼璹的侄儿，字大防，又字启伯，号攻媿主人，鄞县（今浙江宁波）人。南宋大臣、文学家。南宋隆兴元年（1163 年）进士及第。历官温州教授、乐清知县、翰林学士、吏部尚书兼翰林侍讲、参知政事、资政殿大学士等。南宋乾道年间，以书状官从舅父汪大猷使金，南宋嘉定六年（1213 年）卒，谥宣献。著有《北行日录》《攻媿集》《别本攻媿集》《诗集》等，《宋史》有传。

楼钥于南宋隆兴元年（1163 年）试南宫，为皇太子之师，此时他曾依据楼俦《耕织图》的副本重新摹绘，并抄录了他为《耕织图》所写的“跋”语，分装为两轴，进献给太子殿下阅览。楼钥并写有《进东宫〈耕织图〉札子》：“或恐田里细故未能尽见，某辄不揆传写旧图，亲书诗章，并录跋语，装为二轴。”（南宋楼钥：《攻媿集》卷三十三）这是历史上第一次出现的楼俦《耕织图》的直接摹本。据说此摹本在元代尚存《织图》，虞集曾有诗《题楼钥攻媿织图》共三章（《道园学古录》卷三十），此图今已失传。

在楼俦卒后四十八年，即南宋嘉定三年（1210年），楼俦的孙子楼洪、楼深等“虑其（指楼俦《耕织图》副本）久而湮没，欲以诗刊诸石，钥为之书丹，庶以传永久”。楼洪、楼深曾据家藏其祖父《耕织图》副本，将其配诗，仿刻于石，而流传后世。刻石之后二十年（1230年），绍兴知府汪纲见到楼俦《耕织图》，出于让更多的人了解农桑之艰辛的良好愿望，于是命工重图，付梓刊印，简称“汪纲本”。这是历史上又一种楼俦《耕织图》的摹本，并且有了刊刻本。

南宋嘉熙元年（1237年），楼俦的从曾孙、楼钥的孙子楼杓对“汪纲本”又进行了重刻。

至此，直接从楼俦《耕织图》副本摹绘及刊刻的《耕织图》有楼钥的摹本、汪纲的刊刻本及楼杓的重刻本三种。如加上楼俦《耕织图》正本及副本，共五种，这些版本迄今为止均已佚失。

三、现存的楼俦《耕织图》的几种重要摹本

（一）南宋宫廷《蚕织图》

1984年，在黑龙江省大庆市发现宋人《蚕织图》一卷，经文物专家鉴定，认为是南宋高宗初年翰林图画院所作南宋楼俦《耕织图》中《织图》的摹本，至于当时是否曾临摹其中的《耕图》，至今不得而知。

此《蚕织图》卷载入清人张照《石渠宝笈初编》，又见于《故宫已佚书画目》，说明它确系清宫旧藏宋画。与此卷同时发现的还有《瑶池醉归图》卷，此两卷曾被溥仪从清宫窃至长春，抗日战争胜利后散落于商贩之手。1947年《蚕织图》为大连市民冯义信购得，“文革”时被查抄，险遭毁灭，1983年返归冯氏，1984年冯氏将其捐献给国家；后《蚕织图》被定为国家一级文物，现由黑龙江省博物馆收藏。

《蚕织图》卷，绢本，线描，淡彩；全长1100厘米，画心横518厘米、纵27.5厘米，跋横460厘米、纵28.7厘米。其内容是描绘南宋初年浙江东部一带

蚕织户自“腊月浴蚕”开始，至“下机、入箱”为止的养蚕、缫丝、织帛生产的全过程。全卷由二十四个画面组成，其画目为：①腊月浴蚕；②清明日暖种；③摘叶、体喂；④谷雨前第一眠；⑤第二眠；⑥第三眠；⑦暖蚕；⑧大眠；⑨忙采叶；⑩眠起、喂大叶；⑪拾巧上山；⑫簿蔟装山；⑬熁茧；⑭下茧、约茧；⑮剥茧；⑯称茧、盐茧瓮藏；⑰生缫；⑱蚕蛾出种；⑲谢神供丝；⑳络垛、纺绩；㉑经靷、籰子；㉒挽花；㉓做纬、织作；㉔下机、入箱。全卷的二十四个画面，每个画面下部均有宋高宗续配吴皇后（在封建社会，皇后奖励蚕织，以示仪范天下）的亲笔楷书题注。卷尾有元代郑子有、鲜于枢，明代宋濂、刘崧，清代弘历（即乾隆帝）、孙承泽等鉴藏名家九则题记，钤鉴藏印二十余方。据清初孙承泽（即最后题记的“退谷逸叟”）的《庚子销夏记》著录：“金华宋景濂云：图出於潜令楼璹，璹获召见，以图上进。上携至宫，宪圣慈烈皇后（即吴皇后）逐段题之。”由此可证，此卷确系楼璹《耕织图》中织图的摹本。经研究《蚕织图》与楼璹的织图虽均为二十四幅，但摹本少“织”一幅，而多“暖蚕”一幅。吴皇后所题注的画目与楼图题诗名称大多 不同，并删去了原织图楼璹题诗，可见《蚕织图》卷摹本并非完全照抄楼图，也有自己的创作，所以《蚕织图》卷实际是画家参照楼璹《耕织图》中织图临摹的再

南宋《蚕织图》

南宋《蚕织图》

南宋《蚕织图》

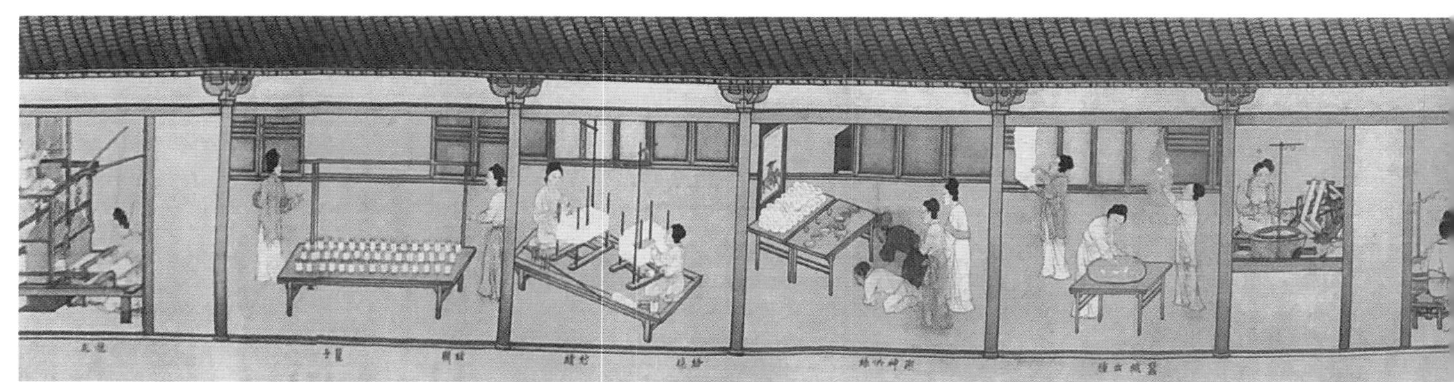

南宋《蚕织图》

南宋《蚕织图》卷

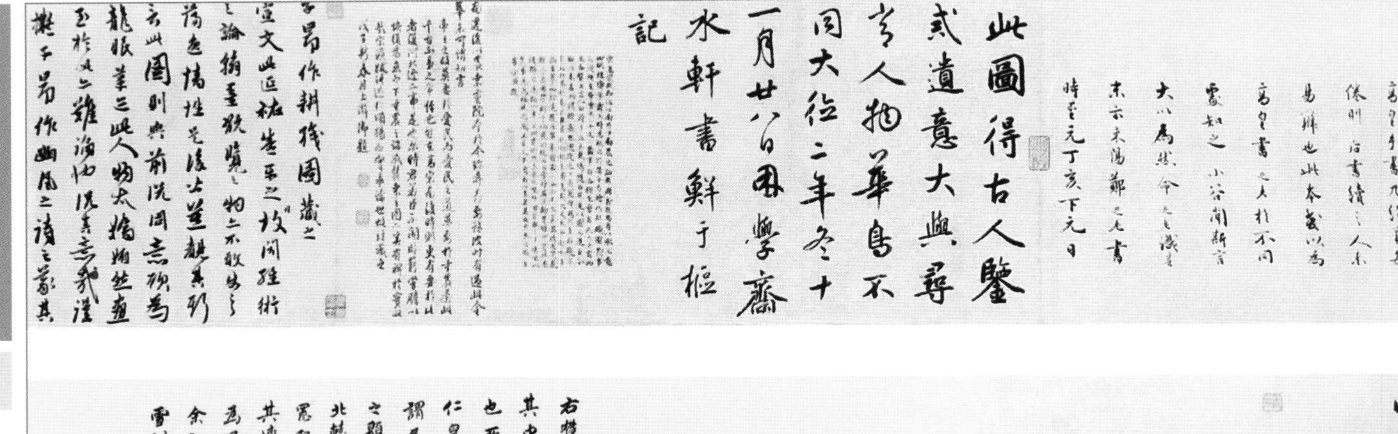

创本。

《蚕织图》卷画面用长房连贯，描绘了当时江南蚕织户养蚕、织锦生产的全过程。全卷共绘七十四人，其中妇女四十一人，中老年男子二十三人，少年三人，少女五人，婴儿两人。翁媪长幼，神态举止，刻画入微；人物操作，配合有序，合情合理；各种景物及其用具严谨写实。用笔清劲简练，造型准确；整个画面结构分明，每幅构图简括精当，突出了主题，具有浓郁的劳动生活气息和民俗风习。

现在楼琦《耕织图》已不存，故这件八百多年前宋人绘制的《蚕织图》是我国现存最早用绘画形式，系统地记录我国古代蚕织生产技术的珍贵史料，是中国古代绘画艺术的瑰宝。1983 年 7 月，经故宫博物院著名书画鉴定专家徐邦达、刘九庵、王以坤等鉴定，称“此卷为文物一级甲品之最，视国宝而无愧，垂青史而不逊矣”。南宋《蚕织图》为研究我国蚕织技术史、机械史，以及经济史、风俗史、美术史等提供了丰富多彩、生动形象的珍贵史料。

（二）元代程棨《耕织图》宫廷藏本

据清代乾隆帝在《耕织图》刻石题识中称，蒋溥进献的南宋画家刘松年《耕织图》实“为程棨摹楼琦图本并书其诗无疑”。随后乾隆帝步楼琦《耕织图》诗原韵，在程棨《耕织图》中每图的空隙处各题诗一首，并命人将此图耕、织二卷同装一箧，收藏于圆明园多稼轩以北的贵织山堂；又于乾隆三十四年（1769 年）命画院画工将此图双钩临摹刻石，由此可见乾隆帝对此件《耕织图》的

南宋《蚕织图》卷

重视。可惜咸丰十年（1860 年）第二次鸦片战争，圆明园被英法侵略军焚毁，程棨原图被劫。之后，此图辗转易主，流落美国。现在该图被收藏于美国华盛顿弗利尔美术馆（Freer Gallery of Art）。圆明园被焚毁后，摹程棨《耕织图》刻石遭受很大破坏，只存留下来二十三方，并且多已残缺，现收藏于中国历史博物馆。

程棨系程琳（988—1056，北宋名臣、诗人，卒谥文简）的曾孙，字仪甫，号随斋，安徽休宁人，系元初书画家，人称“博雅君子”，其生平事迹不详。

程棨临摹楼璹《耕织图》本，共四十五幅，其中耕图二十一幅，其画目为：①浸种；②耕；③耙；④耖；⑤碌碡；⑥布秧；⑦淤荫；⑧拔秧；⑨插秧；⑩一耘；⑪ 二耘；⑫ 三耘；⑬ 灌溉；⑭ 收刈；⑮ 登场；⑯ 持穗；⑰ 簸扬；⑱ 砻；⑲ 舂碓；⑳ 筛；㉑ 入仓。织图二十四幅，其画目为：①浴蚕；②下蚕；③喂蚕；④一眠；⑤二眠；⑥三眠；⑦分箔；⑧采桑；⑨大起；⑩捉绩；⑪ 上簇；⑫ 炙箔；⑬ 下簇；⑭ 择茧；⑮ 窖茧；⑯ 缫丝；⑰ 蚕蛾；⑱ 祀谢；⑲ 络丝；⑳ 经；㉑ 纬；㉒ 织；㉓ 攀花；㉔ 剪帛。画目（诗名）及顺序与楼图完全相同（只有耕图“耙”，楼璹图称“耙耨”）。每图均有程棨用篆文书写的楼璹五言诗一首（旁配小楷尚不知何人所作）。耕图卷后有赵子俊及姚式的“跋”。据姚式“跋”云：“右《耕织图》二卷，耕凡二十一事，织凡二十四事，事为之图，系以五言诗一章，章八句。四明楼璹，当宋高宗时，令临安於潜，所进本也，与《豳风·七月》相表里。其孙洪、深等，尝以诗刊诸石。其侄子钥，嘉定间参知政事，为之书丹，且叙其所以。此图亦有木本流传于世（至今未见此图）。文简程公曾孙棨，仪甫，博雅君子也，绘而篆之，以为家藏，可谓知本，览者勿轻视之。”姚式，字子敬，元初吴兴（今浙江湖州）人。有人考证，他与程棨曾有交往，此“跋”文是姚式据见闻所写，较为可信。程棨虽参照楼璹图本绘制，但与其他版本比较来看，他并未完全照摹，而是减少了画面中的衬托，突出了画中的人物、工具、牲畜及操作方式等，使每幅画的主题更加一目了然。

据查，1973 年美国华盛顿弗利尔美术馆曾出版托马斯·芬顿所编《中国人物画》一书，将程棨《耕织图》收入其中，并附耕图及织图各两幅。书中介绍说耕图、织图均为水墨设色的纸本卷轴画，尺寸为耕图长 1034 厘米，宽 32.6 厘米；织图长 1249.3 厘米，宽 31.9 厘米。耕图二十一幅，织图二十四幅，共四十五幅；各有标题及篆书（旁配小楷书）五言诗一首，并配有乾隆帝所题行书五言诗，注明此画及篆书诗均出自程琳曾孙程棨之手。由此可知，现存美国弗利尔美术馆的程棨《耕织图》就是 1860 年英法侵略军从我国劫走的一份珍贵文物。现在南宋楼璹图已佚，程棨图可使我们看到楼璹《耕织图》的基本原貌，所以它对研究中国古代农业史和绘画艺术史等是极为宝贵的资料。

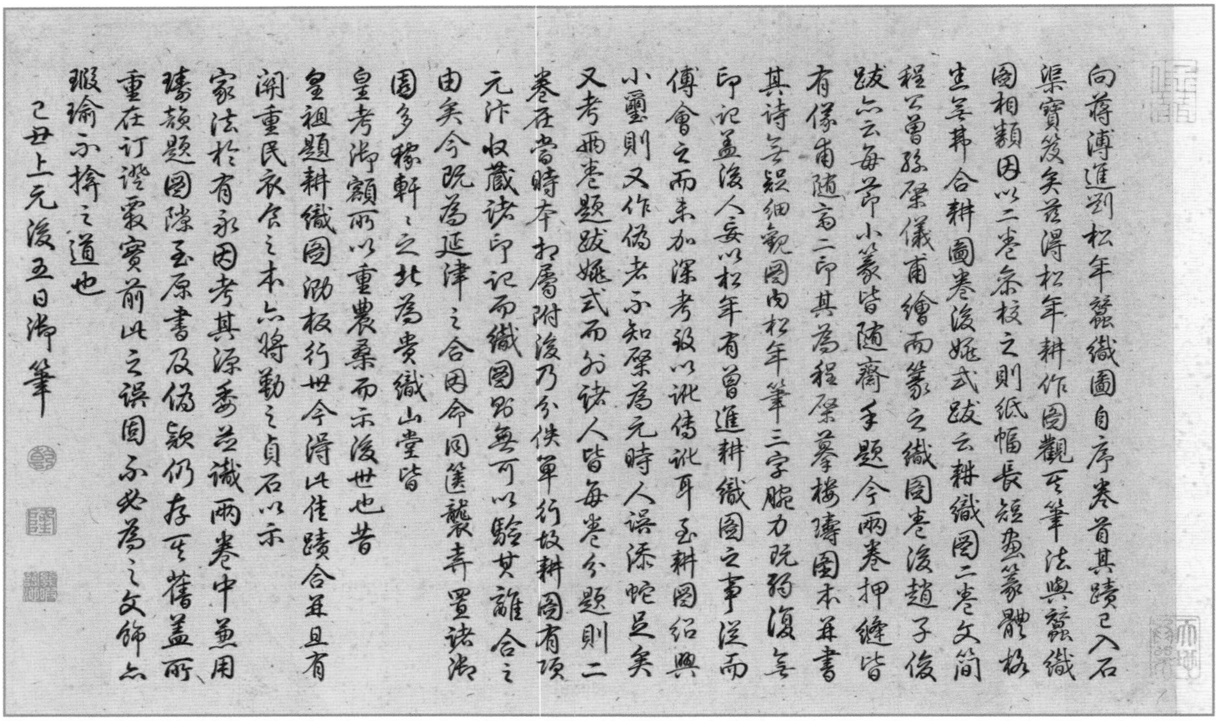

清乾隆帝御题《耕织图序》

元代程棨《耕织图》耕 1　浸种

元代程棨《耕织图》耕 2　耕

元代程棨《耕织图》耕3　耙

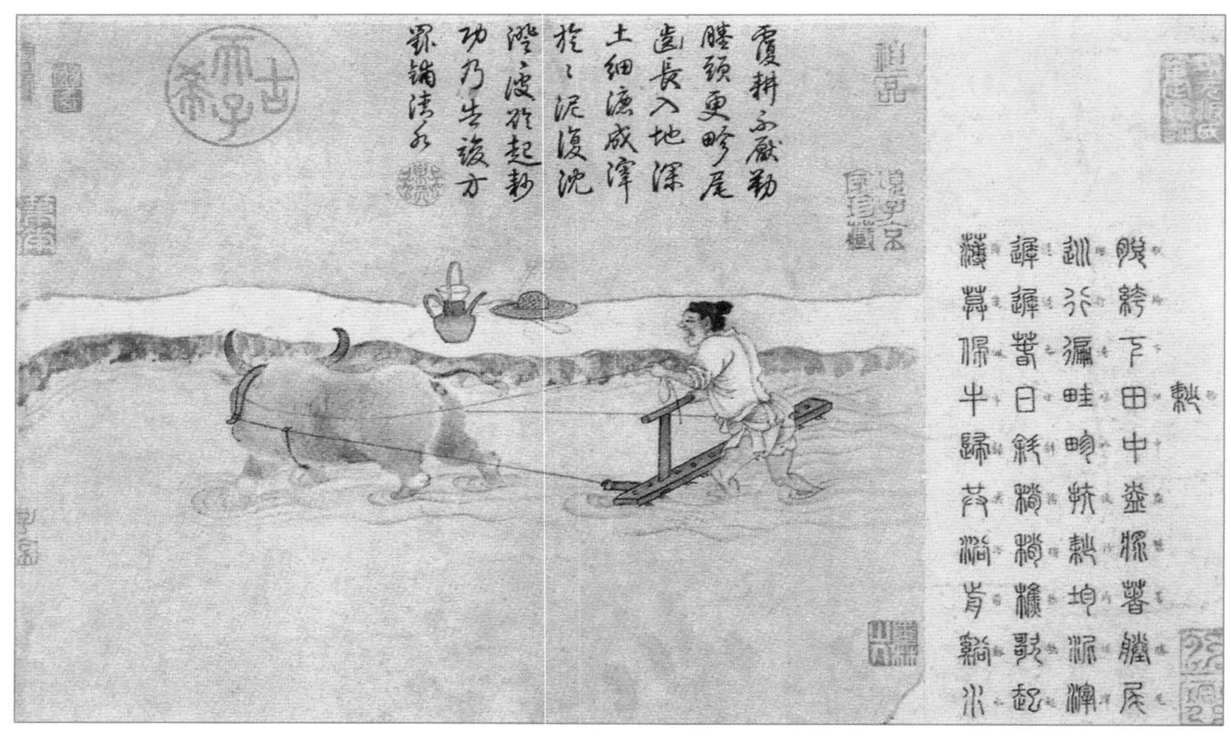

元代程棨《耕织图》耕4　耖

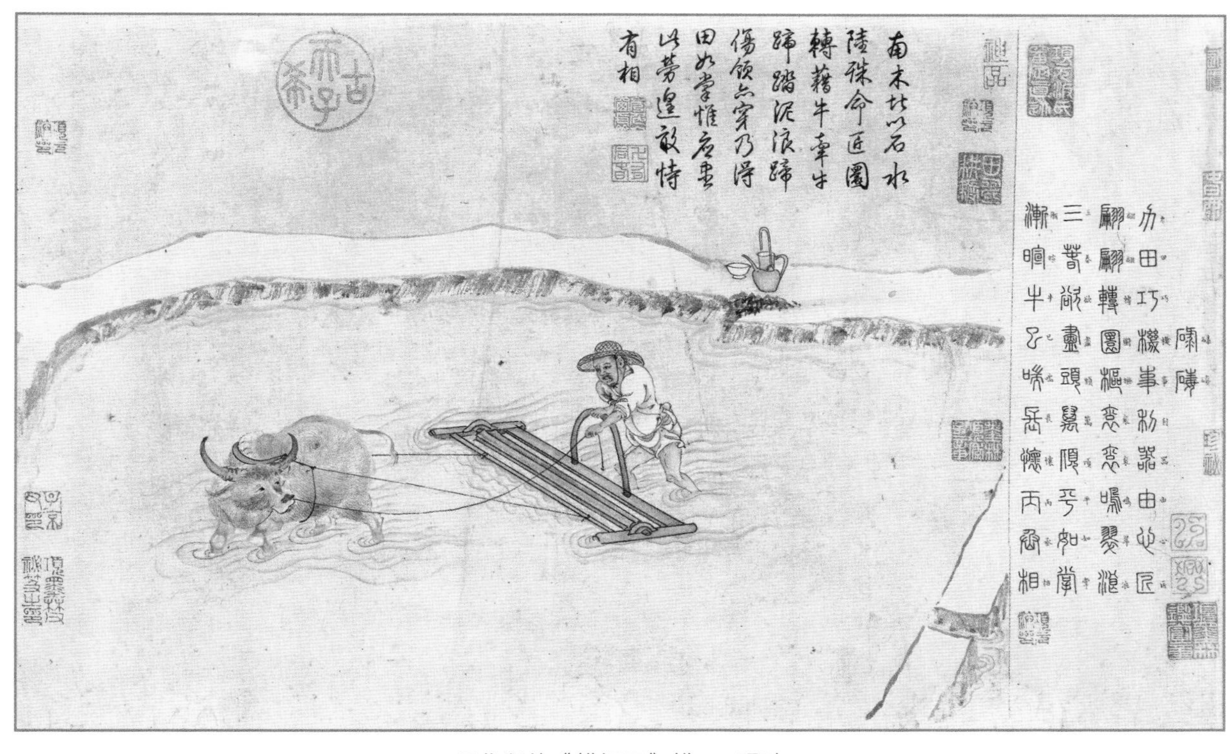

元代程棨《耕织图》耕 5　碌碡

元代程棨《耕织图》耕 6　布秧

元代程棨《耕织图》耕 7　淤荫

元代程棨《耕织图》耕 8　拔秧

元代程棨《耕织图》耕 9　插秧

元代程棨《耕织图》耕 10　一耘

元代程棨《耕织图》耕 11　二耘

元代程棨《耕织图》耕 12　三耘

元代程棨《耕织图》耕 13　灌溉

元代程棨《耕织图》耕 14　收刈

元代程棨《耕织图》耕 15　登场 ①

元代程棨《耕织图》耕 15　登场 ②

元代程棨《耕织图》耕 16　持穗

元代程棨《耕织图》耕 17　簸扬 ①

元代程棨《耕织图》耕 17　簸扬 ②

元代程棨《耕织图》耕 18　砻

元代程棨《耕织图》耕 19　舂碓

元代程棨《耕织图》耕 20　筛

元代程棨《耕织图》耕 21 入仓

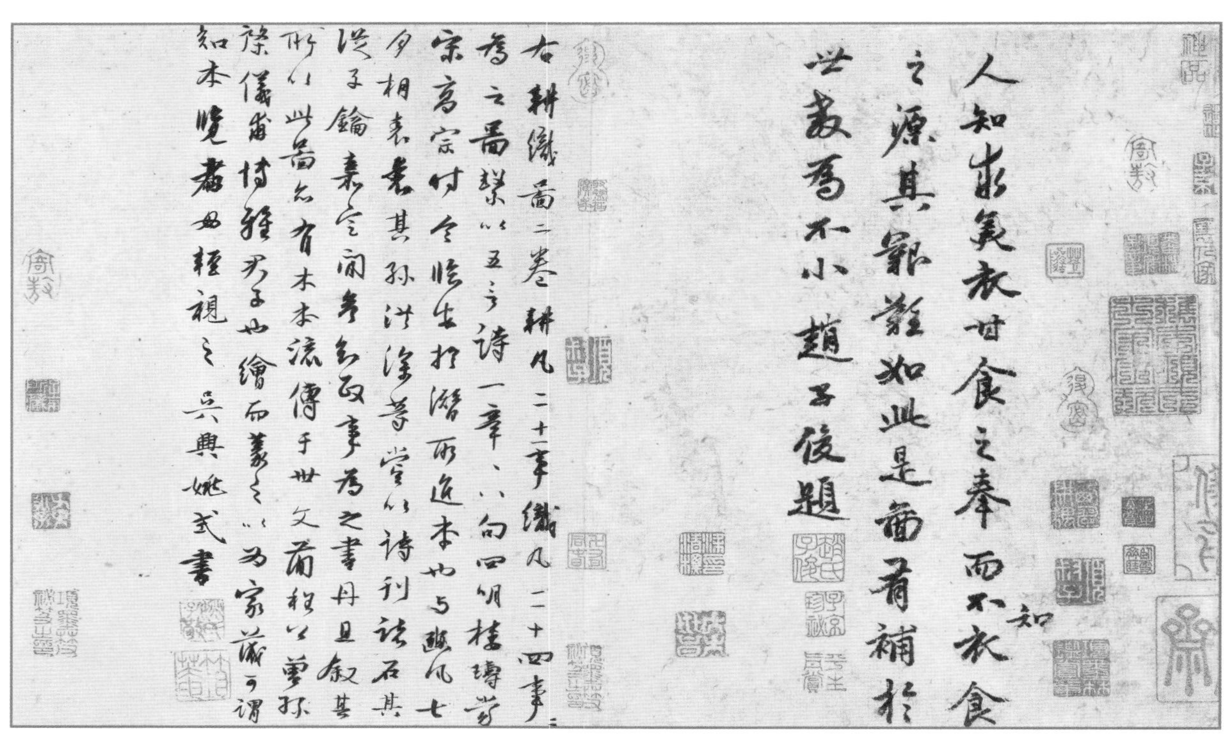

赵子俊、姚式跋文

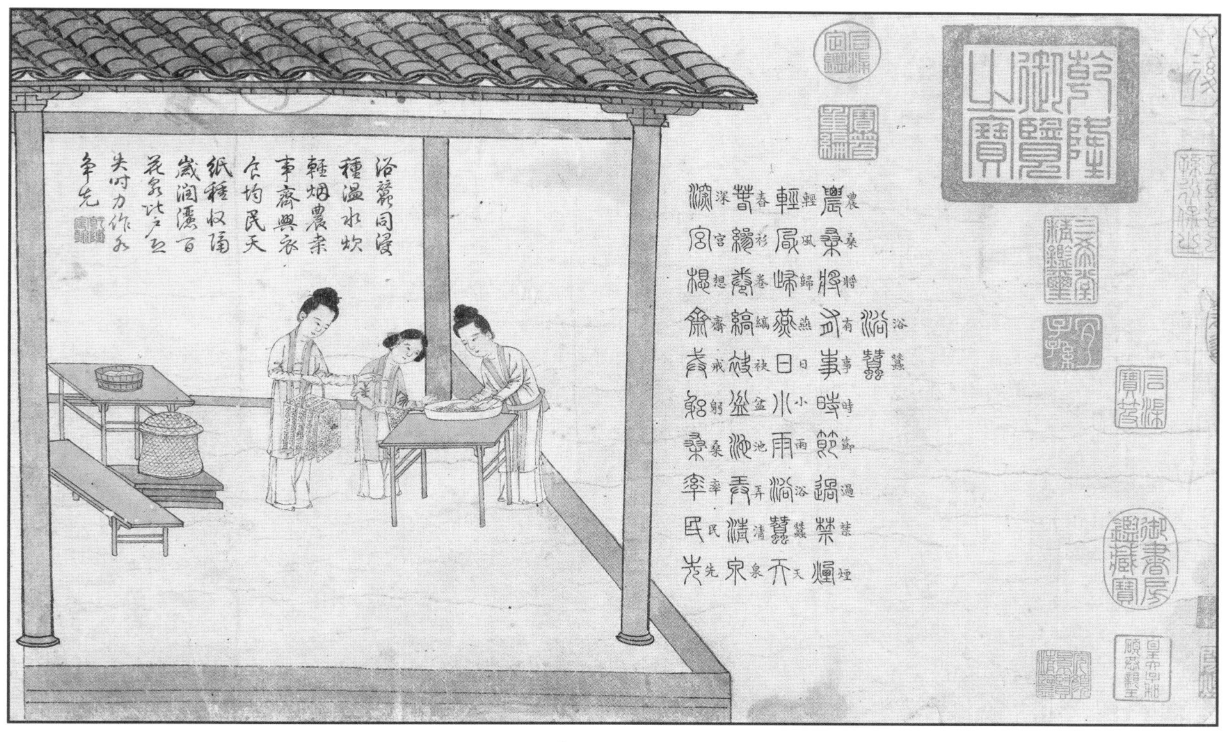

元代程棨《耕织图》织 1　浴蚕

元代程棨《耕织图》织 2　下蚕

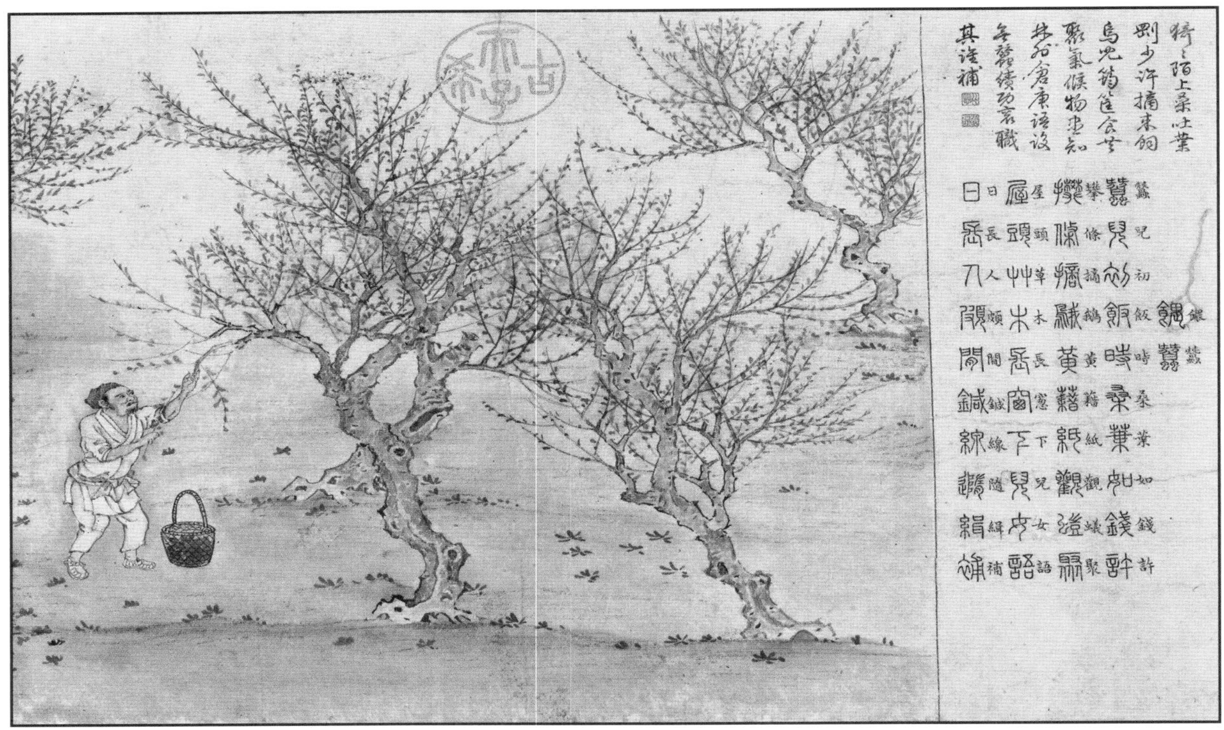

元代程棨《耕织图》织 3　喂蚕 ①

元代程棨《耕织图》织 3　喂蚕 ②

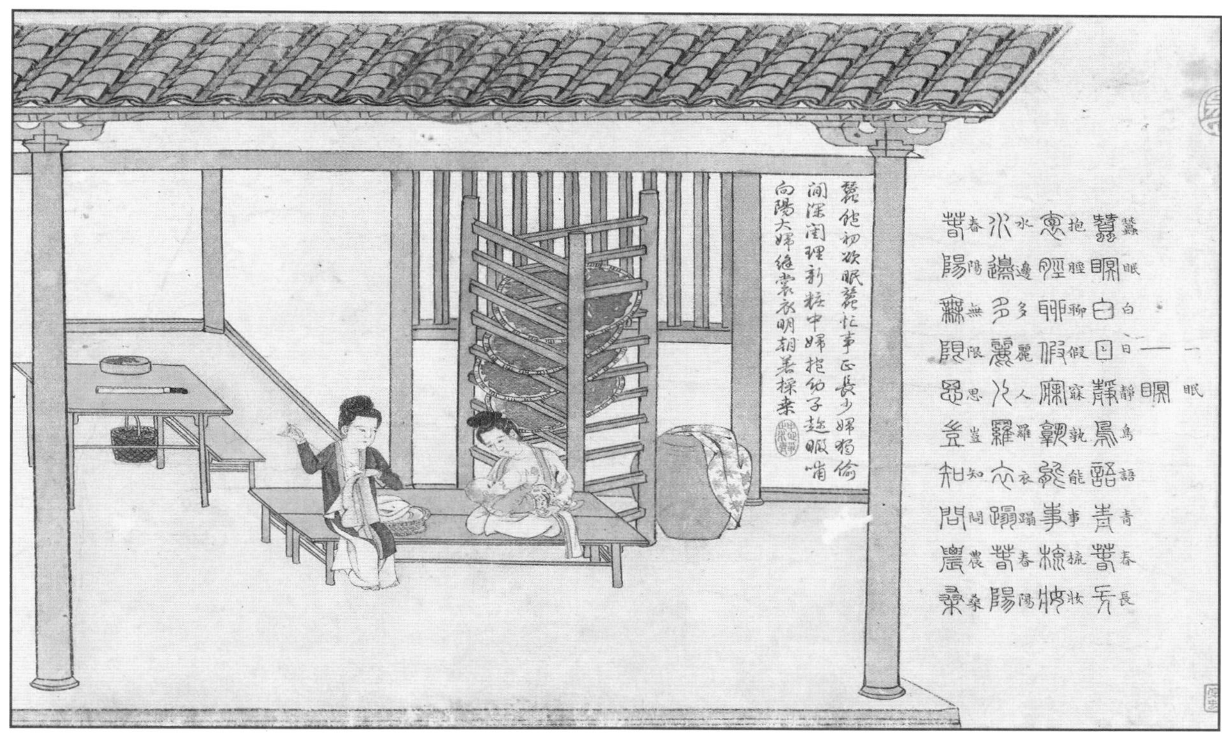

元代程棨《耕织图》织 4　一眠

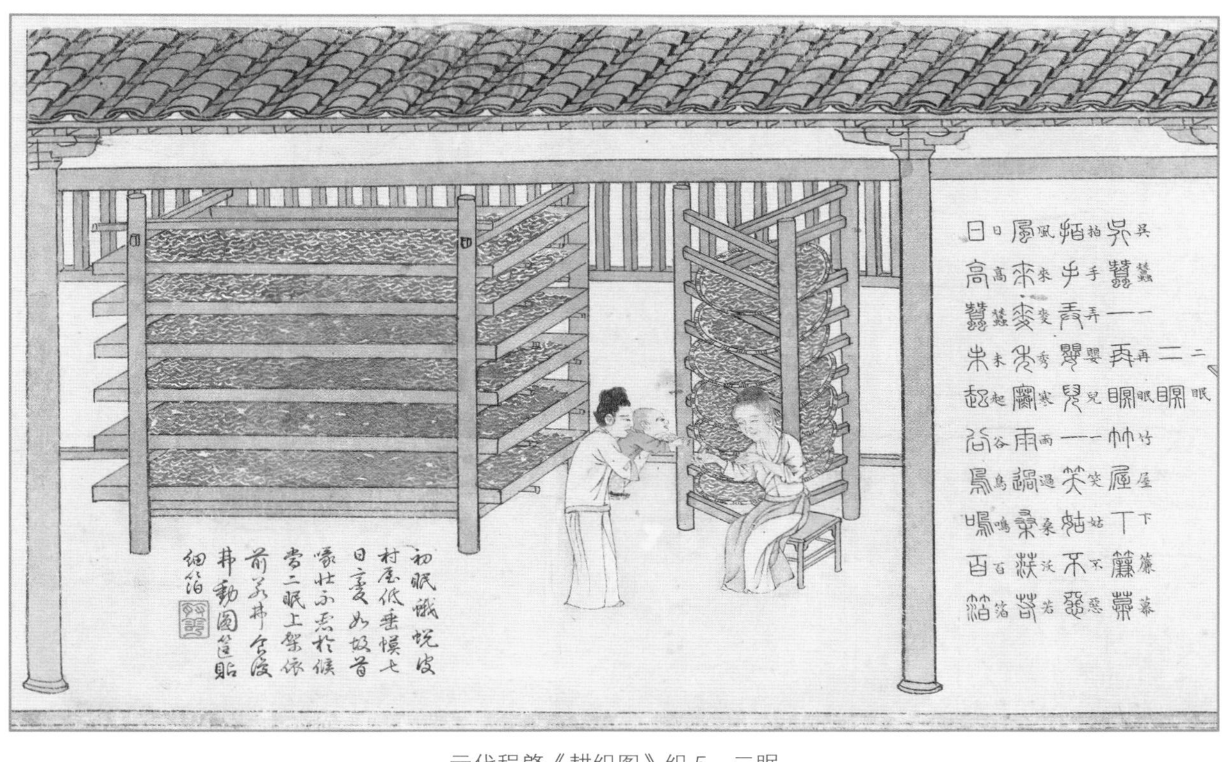

元代程棨《耕织图》织 5　二眠

元代程棨《耕织图》织 6　三眠

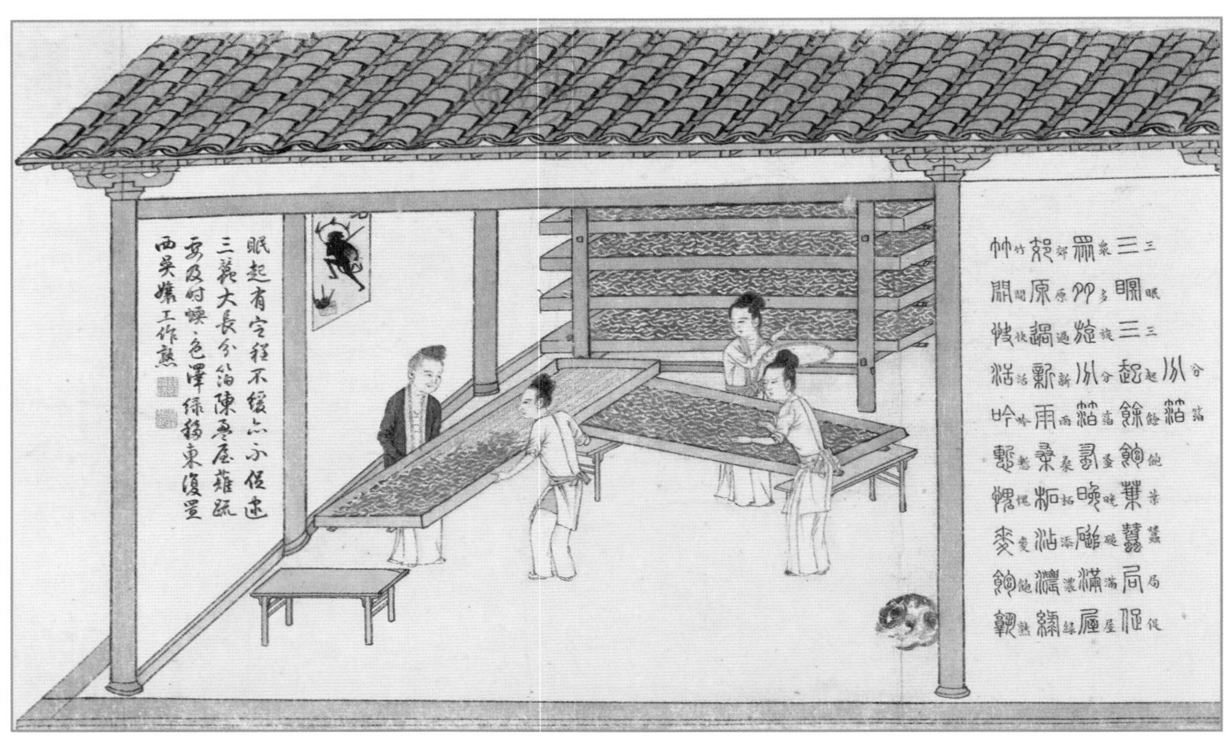

元代程棨《耕织图》织 7　分箔

元代程棨《耕织图》织 8　采桑

元代程棨《耕织图》织 9　大起

元代程棨《耕织图》织 10　捉绩 ①

元代程棨《耕织图》织 10　捉绩 ②

元代程棨《耕织图》织 11　上蔟

元代程棨《耕织图》织 12　炙箔

元代程棨《耕织图》织 13　下蔟

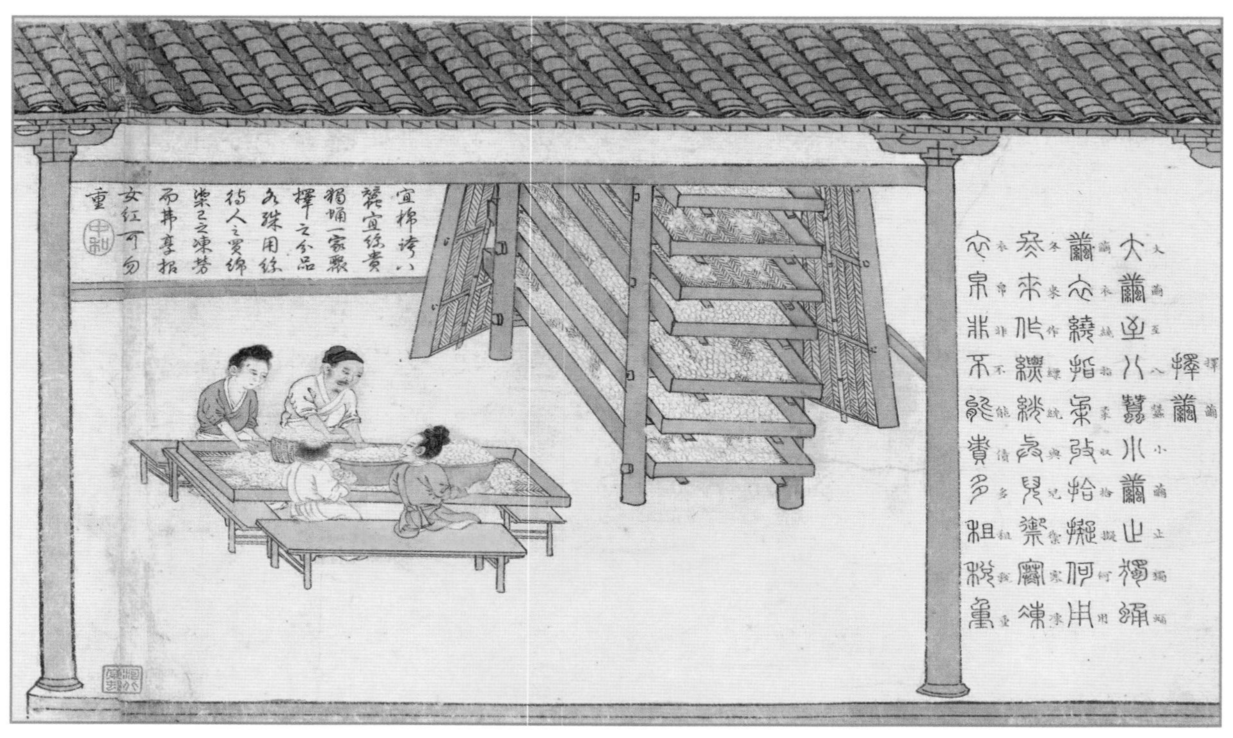

元代程棨《耕织图》织 14　择茧

元代程棨《耕织图》织 15　窖茧

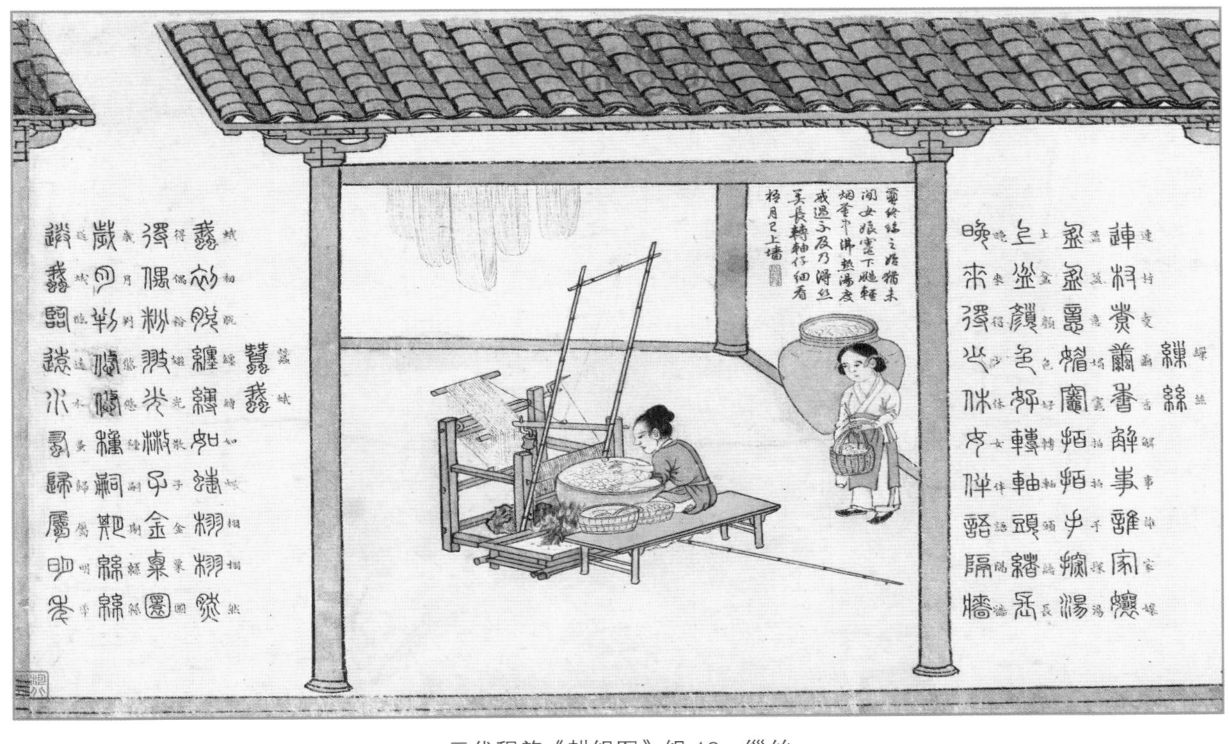

元代程棨《耕织图》织 16　缫丝

元代程棨《耕织图》织 17　蚕蛾

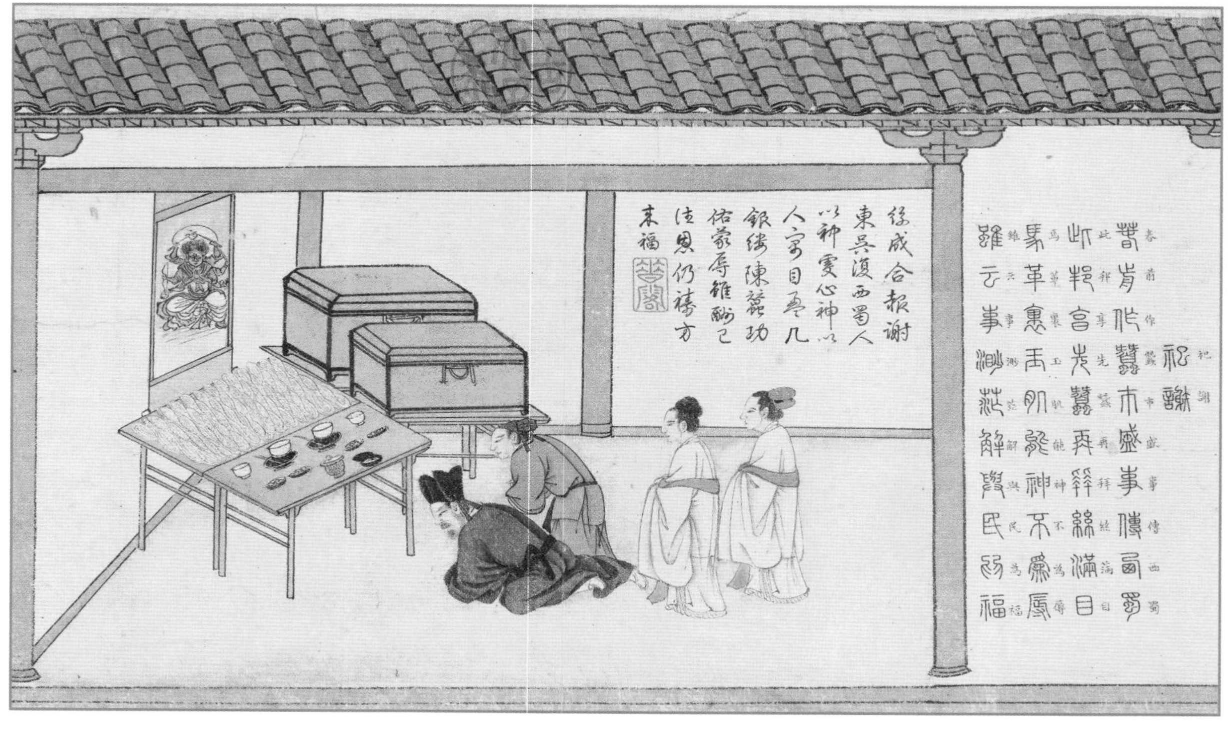

元代程棨《耕织图》织 18　祀谢

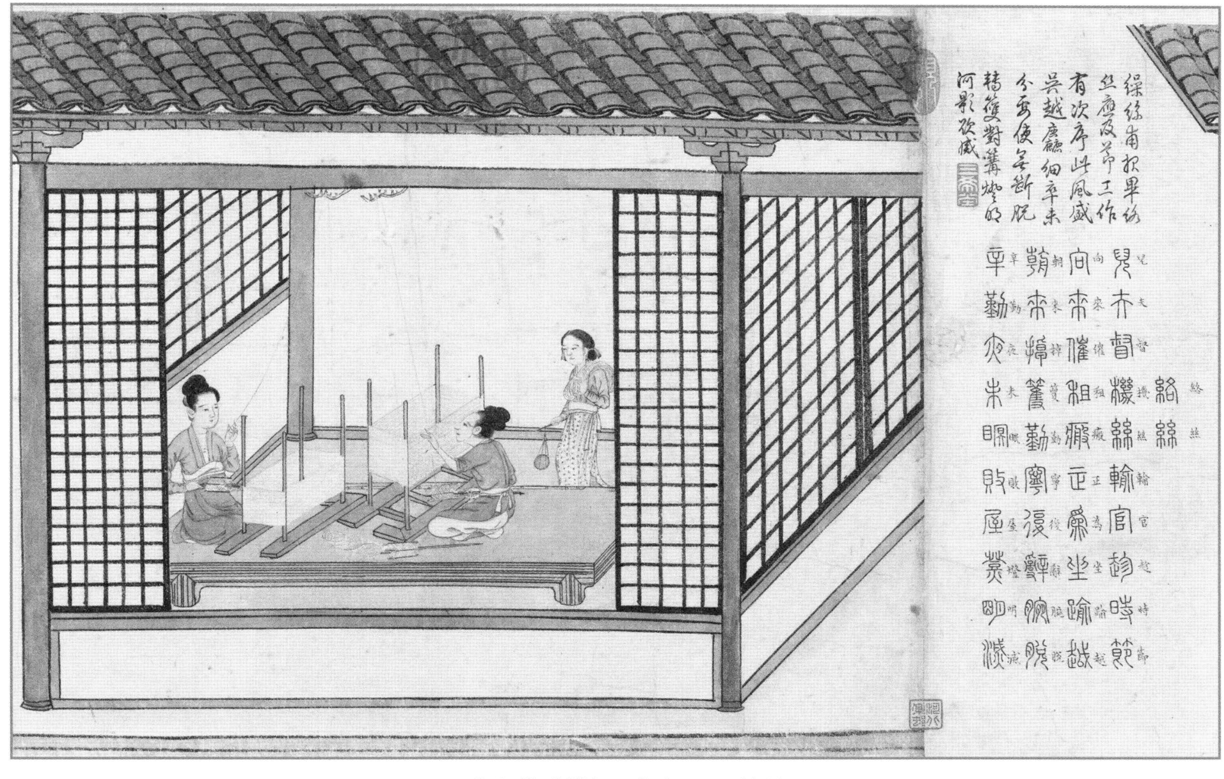

元代程棨《耕织图》织 19　络丝

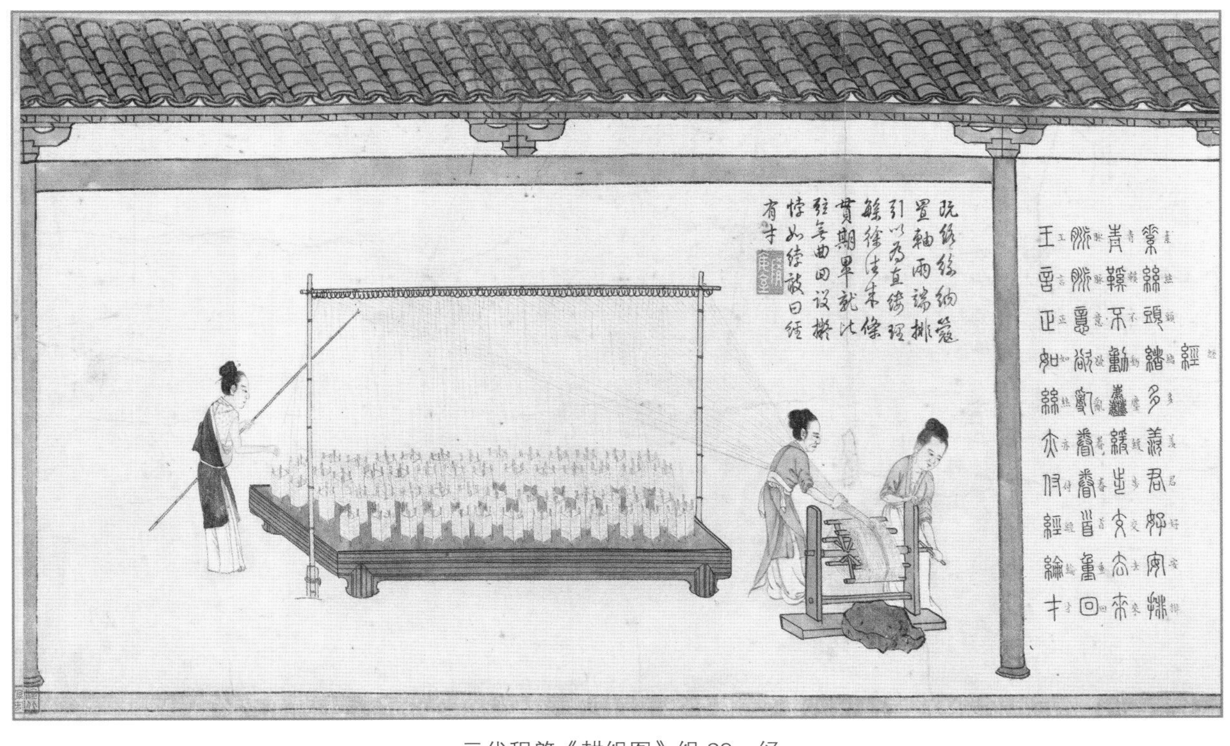

元代程棨《耕织图》织 20　经

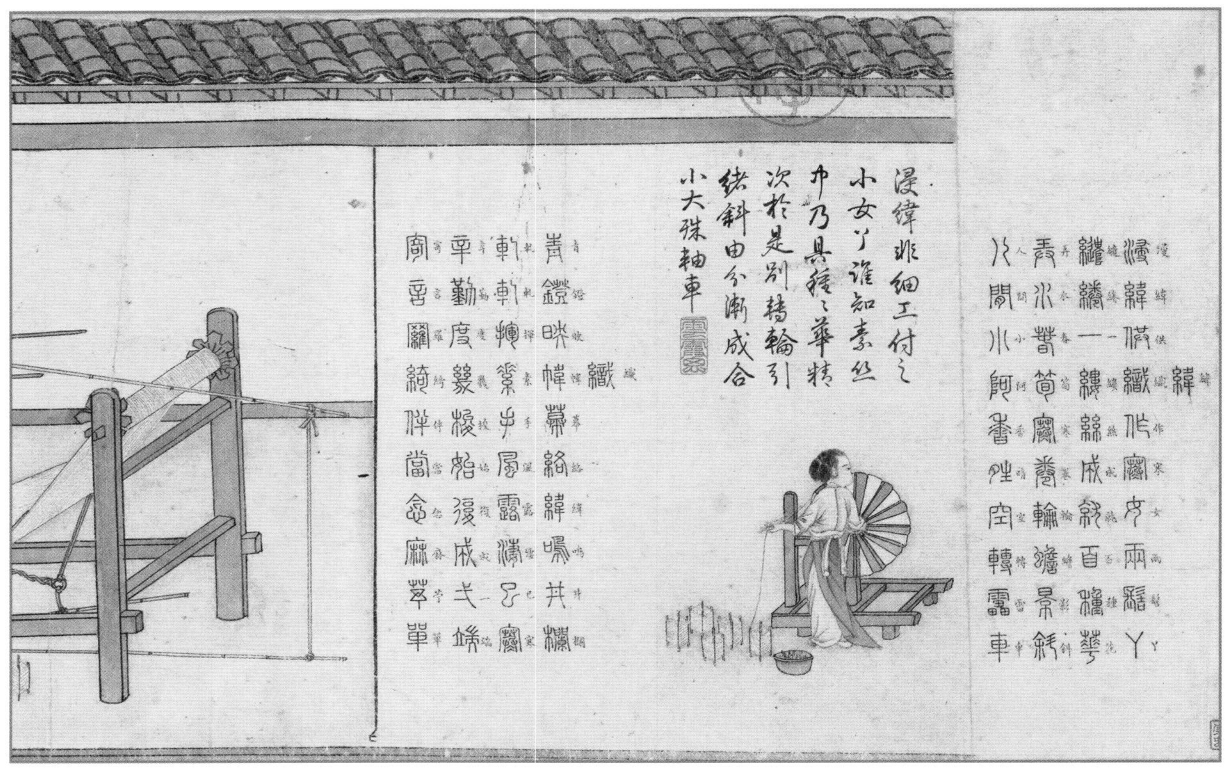

元代程棨《耕织图》织 21　纬

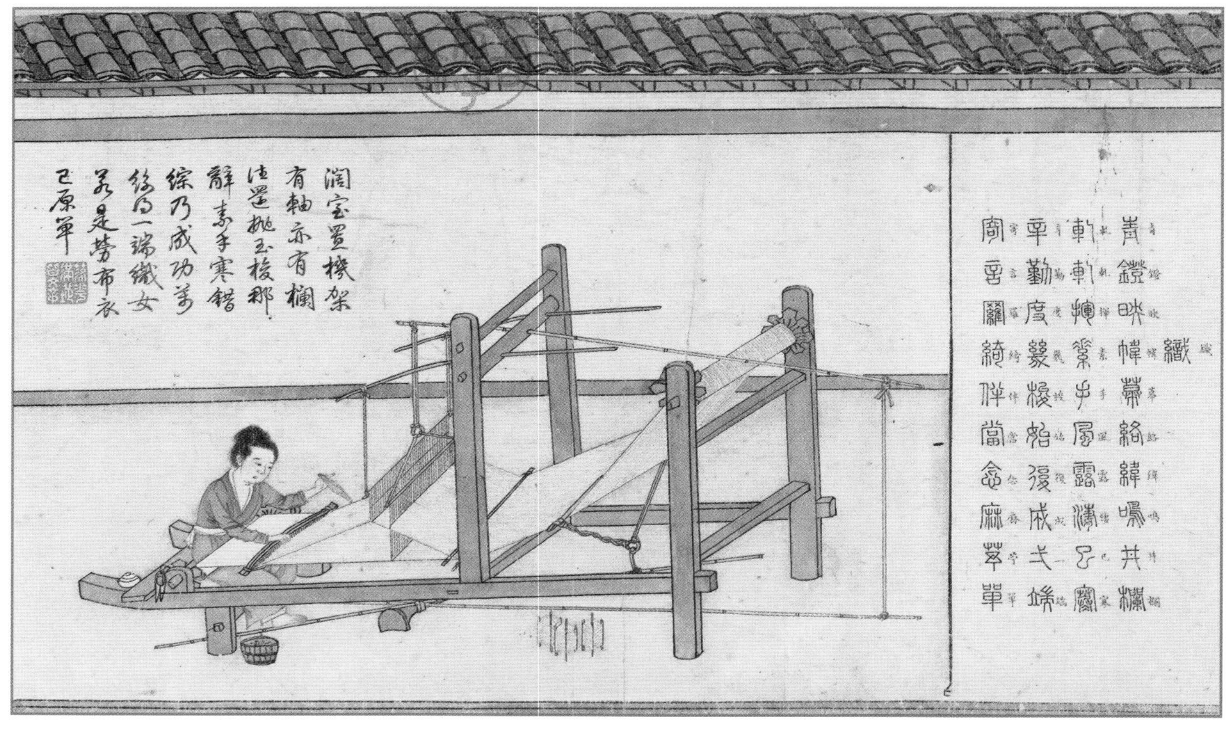

元代程棨《耕织图》织 22　织

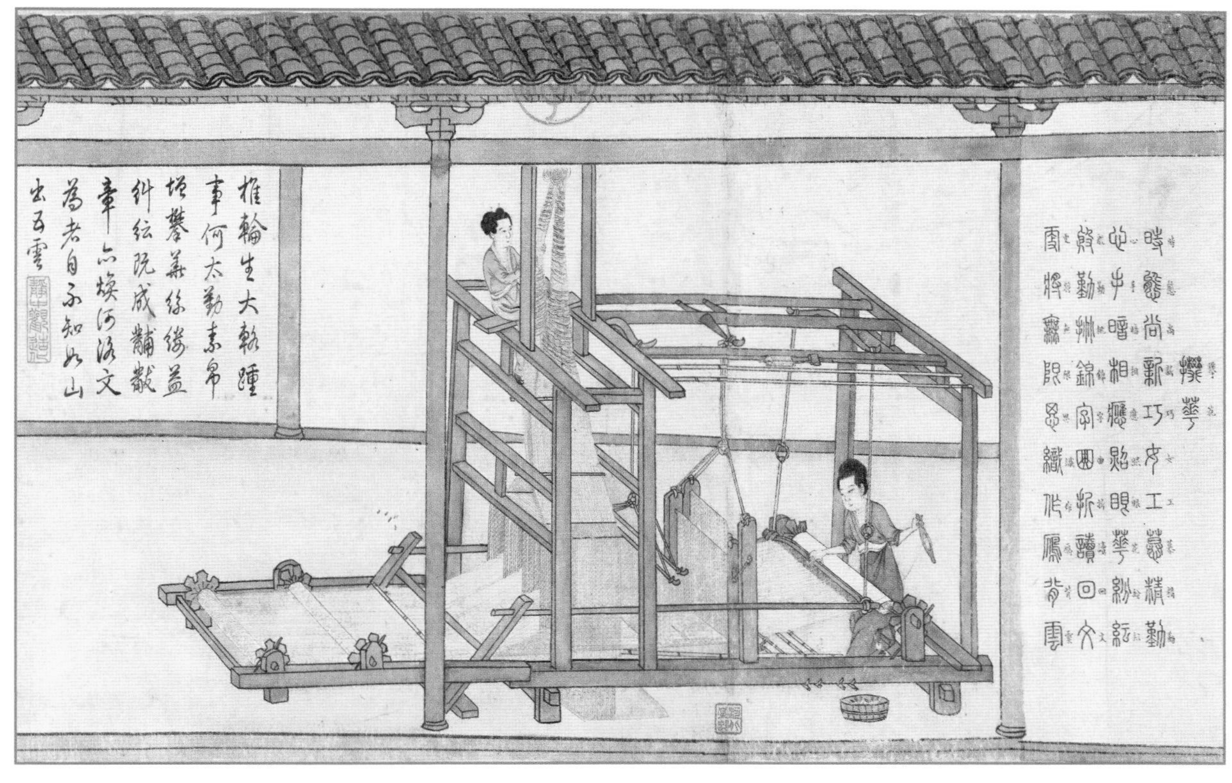

元代程棨《耕织图》织 23　攀花

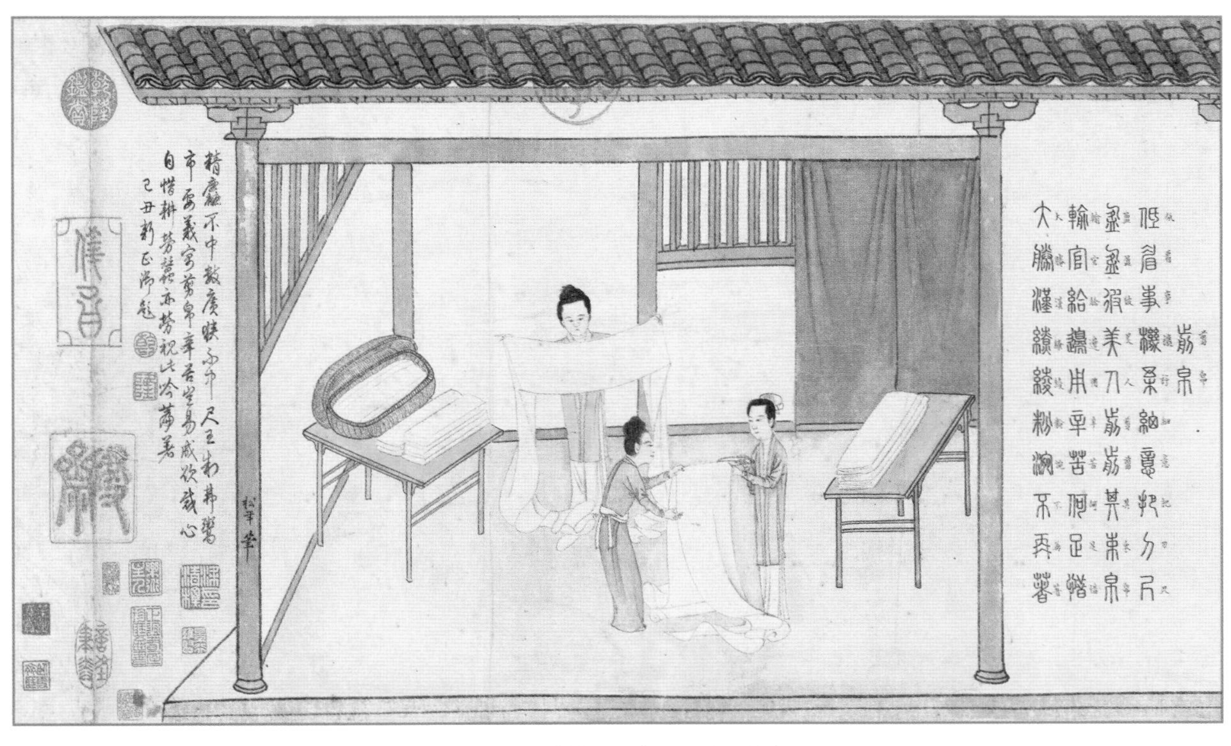

元代程棨《耕织图》织 24　剪帛

（三）明代宋宗鲁《耕织图》（日本狩野永纳翻刻本）

明英宗天顺六年（1462年），江西按察佥事宋宗鲁曾据宋版《耕织图》进行翻刻，但是至今国内尚未发现此翻刻本。而在日本早稻田大学图书馆却存有日本江户时代著名画家狩野永纳于延宝四年（1676年，即清康熙十五年），根据宋宗鲁《耕织图》翻刻的《耕织图》版本（简称“狩野永纳本”）。狩野永纳本高28厘米，宽19厘米，线装两册，有耕图二十一幅，即浸种、耕、耙耨、耖、碌碡、布秧、淤荫、拔秧、插秧、一耘、二耘、三耘、灌溉、收刈、登场、持穗、簸扬、砻、舂碓、筛、入仓。织图二十四幅，即浴蚕、下蚕、喂蚕、一眠、二眠、三眠、分箔、采桑、大起、捉绩、上蔟、炙箔、下蔟、择茧、窖茧、缫丝、蚕蛾、祀谢、络丝、经、纬、织、攀花、剪帛。合计四十五幅。每幅图附有南宋楼琫五言诗一首，但织图中的“络丝”“经”“纬”“织”“攀花”“剪帛”六幅有图无诗，原缺诗六首，现仅存诗三十九首。

关于明代宋宗鲁翻刻《耕织图》的原委，目前尚未查到有关记载，好在狩野永纳本卷首存有明代天顺六年（1462年）广西按察使致仕、江西贵溪人王增祐所作的《耕织图记》，和南宋楼琫的从曾孙楼杓于嘉熙元年（1237年）所作的《耕织图》“题记”，以及狩野永纳于日本灵元天皇延宝四年（1676年）所作的《耕织图》“跋”，现分别转录如下。

明天顺六年（1462年）广西按察使致仕王增祐《耕织图记》：

> 图画有关于世教，足以垂训后人者，是不可不传也，故士君子著之以示人，岂但适情于玩好哉。盖欲使人览之，有以感慕而兴起，其于治化有所辅也。江西按察佥事宋公宗鲁《耕织图》一卷，可谓有关于世教者矣。图乃宋参知政事楼钥伯父寿玉（楼琫的字）所作，每图咏之以诗。历世既久，旧本残缺，宋（宗鲁）公重加考订，寿诸梓以传，属予记其事。予观图中农夫自耕焉而种，种焉而耘，耘焉而获，获焉而舂，田野之内，无少休息，历数月而后得粟；蚕妇自浴焉而食，食焉而茧，茧焉而缫，缫焉而织，闺房之内，废寝忘餐，夫历数月而后得帛。其男妇辛勤劳苦之状，备见于楮墨之间，使居上者观之则知稼穑之艰难，必思节用而不殚其财，时使而不夺其力，清俭寡欲之心油然而生，富贵奢侈之念可以因之而惩创矣。在下者观之则知农桑为衣食之本，可以裕于身而足于家，必思尽力于所事而不辞其劳，去其放僻邪侈之为，而安于仰事俯育之乐矣。民生由是而富庶，财帛由是而蕃阜，使天下皆然，则风俗可厚，礼义可兴，而刑罚可以无用矣。是

图之作有补于治化是不浅浅也。嗟夫法以治民者非难，教以化民者为难。宋公居宪台之职，所掌者法尔，录此图以示人者以教化及民，知为政之本也。孔子曰：听讼吾犹人也，必也使无讼乎！宋公有焉，昔苏文忠公，论图画以为有常形有常理，其曰世之工人或能曲尽其常形，至于其理，非高人逸才不能辨。今宋公知此图有关世教著之于永久者，真可谓得其理矣。予故备书以为记。世有明于理者，观之必以予言为不妄也。

天顺六年岁在壬午四月吉旦

赐进士通议大夫广西按察使致仕王增祐书

南宋楼杓“题记”：

故朝议大夫维杨帅楼公当高宗皇帝中兴之初，尝为临安於潜令，笃意民事，深念农夫蚕妇之劳苦，究访始末，既为图以状其事，又作诗以述其图，表里备具，无毫发遗末。未几，近臣论荐，赐对之日，因以进呈，玉音嘉奖，且令宣示后宫。盖高庙勤恤民隐，先知稼穑之艰难，故尤有取于公之言。后六十余载，诸孙虑其岁久湮没，欲刻诸石，而嘉定大参实公，从子乃为丹书，复识其事于后，於乎伟哉，天下之本尽在是矣。后二十年，新安汪纲荐蒙上恩，叨守会稽，始得其图而观之，窃叹：夫世之饱食暖衣者，而懵然不知其所自者多矣，孰知此图之为急务哉！于是命工重图，以锓诸梓，以无忘先哲之训，且系之以赞云：

元气剖判，鳌极仅立，朴素未漓，茹毛饮血，孰知耕耨，俾人无饥；衣皮与毛，孰知织纴，用制裳衣。神圣继天，东作西成，爰使民宜。禹抑洪水，桑土既蚕，厥贡缟丝，相以后稷，教以稼穑，播谷以时，奕世递承，积功累仁，益大其基，且翼嗣王，乃作《无逸》，乃歌《豳》诗。秦不师古，废井开阡，民事既堕。逮汉文景，诏旨所布，大半在兹，用是殷富，几致刑措，俗易风移。皇宋肇造，洎于中兴，宗虞绍姬，有臣楼公，创述二图，纤悉靡遗。帝念艰难，玉音嘉奖，宣示宫闱。凡我臣子，职尸牧养，先哲是规，刻之琬琰，崇本抑末，永作元龟。

男耕女桑，勤苦至矣，声诗以达其情，绘事以图其状，刻置左右，以便观省，庶几饱食暖衣者知所自云。

嘉熙改元正月中浣从曾孙朝散郎权知南康军事楼杓谨题

狩野永纳“跋”文：

耕、织二图者，则中华之旧本也。苟使农桑为衣食之本，知以裕于身，悉见男妇辛勤劳苦之状，可谓开世教、厚风俗之术矣。予曾自在京雒，当时无敖富奢侈之意，而惟念归休退去，而遣子孙以安之情。今也卜居于西郊，欲为乐于畎亩之中，然多年疏慵之性，自不能兴起躬耕辛勤焉。幸哉予家世藏此图本，而最希见其比，描耕织，诗兼画并显然也。则要后世子孙感此事业，方今子弟求再附梓以公诸世。盖考诸目录，则耕也备足，织也有图无诗六，而不见异本，故依旧出授之，传永久，聊加卑词，以证之曰尔。

延宝丙辰夏西京居翁跋于素绚堂

从以上两篇“题记”和一篇“跋”文，以及狩野永纳本的图与有关《耕织图》相较，并综合分析，似可说明以下几个问题：

第一，《耕织图》的祖本——南宋楼𪩘所绘《耕织图》，正本进呈高宗后，于嘉定三年（1210 年）用副本刻石（楼钥：《耕织图后序》，见《丛书集成初编》）。楼𪩘从曾孙楼杓于嘉熙元年（1237 年）为其重刻本所作“题记”中称，刻石之后二十年（1230 年）会稽知府汪纲又“命工重图，以锓诸梓”（简称“汪纲本”）。汪纲本和楼杓重刻本虽然至今尚未发现流传下来，但狩野永纳本卷首保留的楼杓为其重刻本所作的“题记”中却将汪纲为他的刻本所题的“赞”收入其中，使我们能从汪纲的“四字赞”中窥见当时反映的重农思想，及旨在“无忘先哲之训”而“命工重图”的本意。

第二，狩野永纳本保留的广西按察使王增祐为宋宗鲁本所作的“题记”中称：“图乃宋参知政事楼钥伯父寿玉所作，每图咏之以诗。历世既久，旧本残缺，宋公（指宋宗鲁）重加考订，寿诸梓以传，属予记其事。”明天顺六年（1462 年）江西按察佥事宋宗鲁翻刻《耕织图》所据底本究竟是楼𪩘图副本，还是汪纲本，抑或是楼杓的重刻本，现在难有定论，但可以肯定是据残缺的宋版《耕织图》本“重加考订”后翻刻而成的。

第三，狩野永纳的“跋”文说：“耕织二图者，则中华之旧本也……幸哉予家世藏此图本，而最希见其比，描耕织，诗兼画并显然也……盖考诸目录，则耕也备足，织也有图无诗六，而不见异本，故依旧出授之，传永久，聊加卑词，以证之曰尔。”说明狩野永纳是据由我国传入日本的“予家世藏此图本”翻刻的，而此“予家世藏此图本”，即指明天顺六年由广西按察使致仕王增祐写序、江西按察佥事宋宗鲁“重加考订”后的重刊本。而此本“织也有图无诗六”，“织图中有六幅图缺题诗”，这正是“旧本残缺”所致。如此说来，现存翻刻宋宗鲁图本的狩野永纳本的确是十分宝贵的宋版系统的《耕织图》本。

元代王祯塑像

第四，现在南宋楼琦图已佚，用狩野永纳翻刻的宋宗鲁图与同源于宋版《耕织图》并且是目前尚存的最早、最完整的楼图摹本——元代程棨《耕织图》相较，不仅画目的名称、数量及顺序相同而且画面也基本相同，但细看也有不同之处。

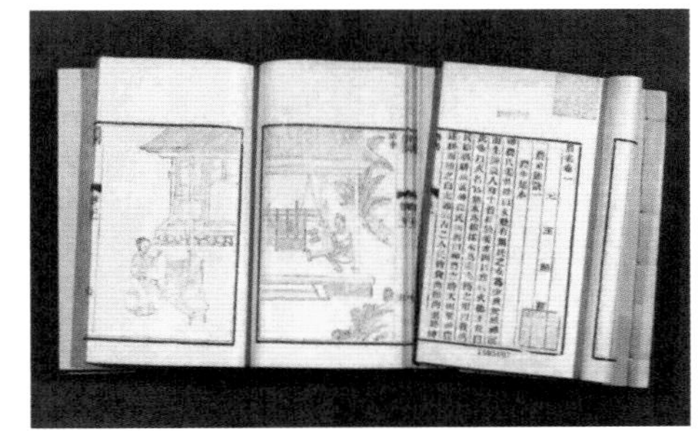

《王祯农书》书影

（1）程图将南宋楼琦的五言诗题于图中右侧，而狩野永纳本则将楼诗题于图外。

（2）程图中“碌碡”图，外有框，内有磙，牛拉木框带磙，行于田中，而狩野永纳本“碌碡”图却是混而圆的无框石（木）磙，两端有轴，牛力挽绳而行。元代《王祯农书》云：“碌碡，觚棱而已，咸以木为之，坚而重者良……北方多以石，南人用木，盖水陆异用，亦各从其宜也。”碌碡系圆筒形石磙（南方水田多用木磙，磙上有角棱），两头中心有铁轴，外有木框，挽拉木框可带动石磙（或木磙）转动，既可用于平田碎土，也可用于谷场上碾谷脱粒。程棨的“碌碡”图与《王祯农书》附图相同。《王祯农书》中还说：“又有不觚棱、混而圆者，谓混轴，俱用畜力挽行，以人牵之，碾打田畴上块垡，易为破烂，及碾捍场圃间麦禾，即脱稃穗，水陆通用之。”狩野永纳本中的“碌碡”图正是《王祯农书》中所说的“混轴”，是宋版明代《耕织图》中另一种不同的描绘记录。

（3）程图的“拔秧”图中仅一人挑秧运送，而狩野永纳图中除一人挑秧外，还有两人抬筐运送秧苗。

（4）程图的“插秧”图中有两人抬筐运送秧苗，而狩野永纳“插秧”图则无人运秧，但有一妇女送饭；程图水田中四个农夫都手握秧把弯腰插秧，而狩野永纳图则不同，其中两人左手抱秧把正在弯腰插秧，手握秧把操作较为合理。

（5）程图“收刈”图中站在田塍上的地主手持长柄布巾伞盖，此布巾伞为宋代所流行；而狩野永纳“收刈”图中的地主则手持明代流行的长柄油纸伞。

（6）狩野永纳本“络丝”“经”“纬”三图画目与画面内容不符。与程图对照看，狩野永纳本“络丝”图当为“经”图，“经”图当为“纬”图，“纬”

图当为“络丝”图，这恐系狩野永纳本参照的底本残缺、画面错乱所致。

（7）程图“攀花”图中的攀花机，构图完整，操作合理，而狩野永纳本的攀花机，构图欠完整，似缺机件，也似是底本残损所致。

（8）其他还有部分画面在构图布置、装饰点缀等方面也存在着差异。

第五，王增祐在《耕织图记》中指出：“宋公宗鲁《耕织图》一卷，可谓有关于世教者矣”，让世人知道耕织乃衣食之本，“足以垂训后人者，是不可不传也”，故“录此图以示人者以教化及民，知为政之本也”。

综上所述，可知通过狩野永纳翻刻的明代宋宗鲁《耕织图》，使我们看到了自南宋楼璹《耕织图》传承下来的宋版系统《耕织图》的基本原貌及其发展变化的脉络。由此可见，现存的狩野永纳本《耕织图》的确具有重要的历史价值和研究价值。

日本学者渡部武先生曾给笔者来函称：他在朝鲜有机会见到一本新发现的资料，即朝鲜临摹明代宋宗鲁本的《耕织图》（全二册）。他认为，此临摹本“忠实性较大，较永纳本多有不同之处，这可能是由于永纳本是以画家的样本刊行的缘故，画中的人物和事物多有增减”。渡部武先生在朝鲜发现的此临摹本对于进一步研究我国古代《耕织图》的传播和影响，尤其是研究明代宋宗鲁翻刻的《耕织图》有重要参考价值。

日本狩野永纳翻刻明代宋宗鲁《耕织图》耕 1　浸种

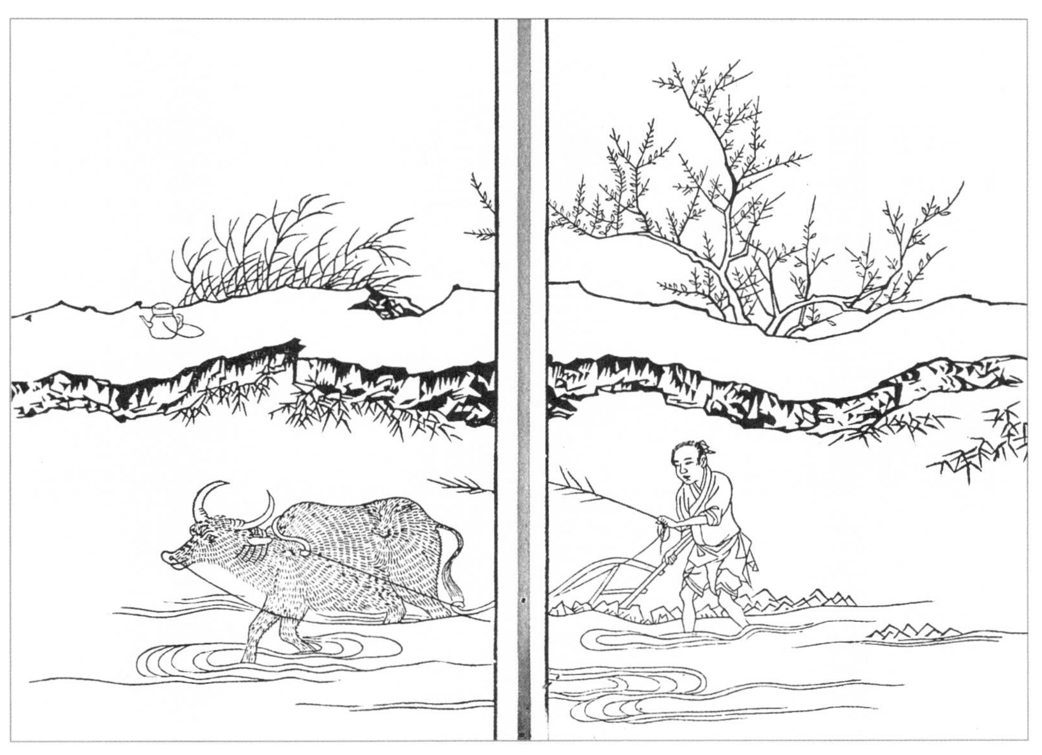

日本狩野永纳翻刻明代宋宗鲁《耕织图》耕 2　耕

日本狩野永纳翻刻明代宋宗鲁《耕织图》耕 3　耙耨

日本狩野永纳翻刻明代宋宗鲁《耕织图》耕 4　耖

日本狩野永纳翻刻明代宋宗鲁《耕织图》耕 5　碌碡

日本狩野永纳翻刻明代宋宗鲁《耕织图》耕 6　布秧

日本狩野永纳翻刻明代宋宗鲁《耕织图》耕 7　淤荫

日本狩野永纳翻刻明代宋宗鲁《耕织图》耕 8　拔秧

日本狩野永纳翻刻明代宋宗鲁《耕织图》耕 9　插秧

日本狩野永纳翻刻明代宋宗鲁《耕织图》耕 10　一耘

日本狩野永纳翻刻明代宋宗鲁《耕织图》耕 11　二耘

日本狩野永纳翻刻明代宋宗鲁《耕织图》耕 12　三耘

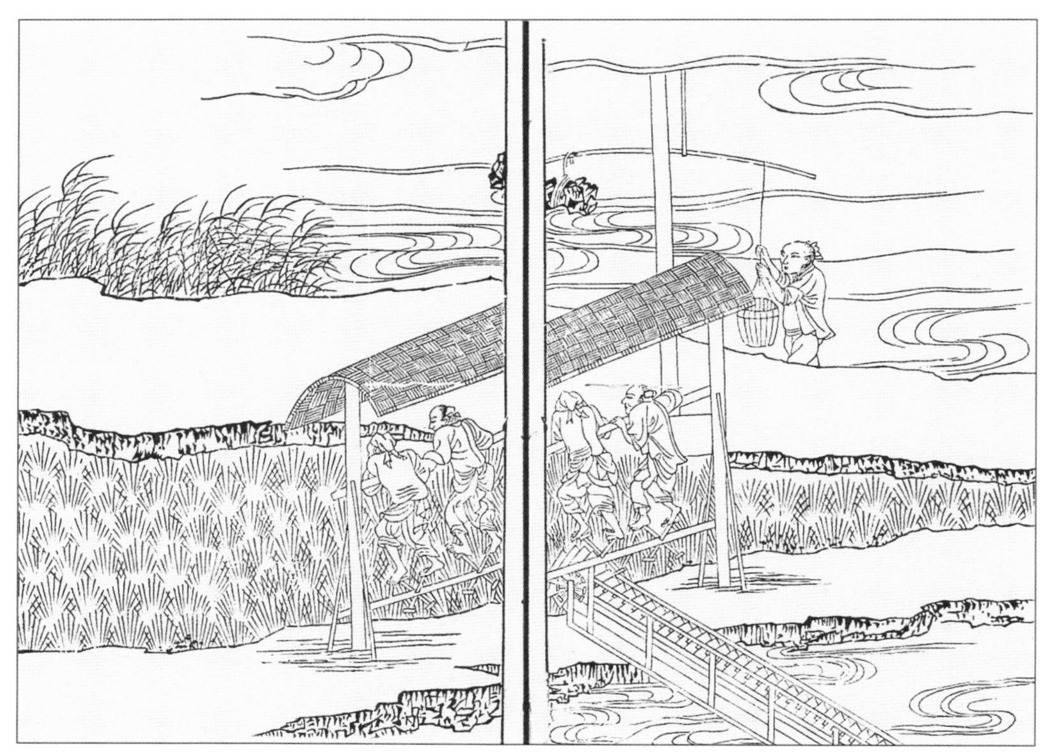

日本狩野永纳翻刻明代宋宗鲁《耕织图》耕 13　灌溉

日本狩野永纳翻刻明代宋宗鲁《耕织图》耕 14　收刈

日本狩野永纳翻刻明代宋宗鲁《耕织图》耕 15　登场

日本狩野永纳翻刻明代宋宗鲁《耕织图》耕 16　持穗

日本狩野永纳翻刻明代宋宗鲁《耕织图》耕 17　簸扬

日本狩野永纳翻刻明代宋宗鲁《耕织图》耕 18　砻

日本狩野永纳翻刻明代宋宗鲁《耕织图》耕 19　舂碓

日本狩野永纳翻刻明代宋宗鲁《耕织图》耕 20　筛

日本狩野永纳翻刻明代宋宗鲁《耕织图》耕 21　入仓

日本狩野永纳翻刻明代宋宗鲁《耕织图》织 1　浴蚕

日本狩野永纳翻刻明代宋宗鲁《耕织图》织 2　下蚕

日本狩野永纳翻刻明代宋宗鲁《耕织图》织 3　喂蚕

日本狩野永纳翻刻明代宋宗鲁《耕织图》织 4　一眠

日本狩野永纳翻刻明代宋宗鲁《耕织图》织 5　二眠

日本狩野永纳翻刻明代宋宗鲁《耕织图》织 6　三眠

日本狩野永纳翻刻明代宋宗鲁《耕织图》织 7　分箔

日本狩野永纳翻刻明代宋宗鲁《耕织图》织 8　采桑

日本狩野永纳翻刻明代宋宗鲁《耕织图》织 9　大起

日本狩野永纳翻刻明代宋宗鲁《耕织图》织 10　捉绩

日本狩野永纳翻刻明代宋宗鲁《耕织图》织 11　上蔟

日本狩野永纳翻刻明代宋宗鲁《耕织图》织 12　炙箔

日本狩野永纳翻刻明代宋宗鲁《耕织图》织 13　下蔟

日本狩野永纳翻刻明代宋宗鲁《耕织图》织 14　择茧

日本狩野永纳翻刻明代宋宗鲁《耕织图》织 15　窖茧

日本狩野永纳翻刻明代宋宗鲁《耕织图》织 16　缫丝

日本狩野永纳翻刻明代宋宗鲁《耕织图》织 17　蚕蛾

日本狩野永纳翻刻明代宋宗鲁《耕织图》织 18　祀谢

日本狩野永纳翻刻明代宋宗鲁《耕织图》织 19　络丝

日本狩野永纳翻刻明代宋宗鲁《耕织图》织 20　经

日本狩野永纳翻刻明代宋宗鲁《耕织图》织 21　纬

日本狩野永纳翻刻明代宋宗鲁《耕织图》织 22　织

日本狩野永纳翻刻明代宋宗鲁《耕织图》织 23　攀花

日本狩野永纳翻刻明代宋宗鲁《耕织图》织 24　剪帛

（四）明代万历《便民图纂》中《耕织图》

明代万历年间刊本《便民图纂》是据原《便民纂》加楼琫《耕织图》编纂而成，但图有删改。此书编撰者是明代邝璠。邝璠（1465—1505），字廷瑞，河北任丘人，明弘治七年（1494 年）进士，吴县（今江苏苏州）知县，历官瑞州（今江西高安）知府、河南右参政。邝璠虽系河北人，但因他在江南做官，对于太湖流域的农村情况颇为熟悉，故此书的内容是以江南种植水稻的泽农为主业、蚕织为重要副业的体系编写的。据著名文史学家郑振铎先生考证认为"此书""耕织图可信是从宋代楼琫的本子出来的"（郑振铎著：《漫步书林》，中华书局 2008 年版）。书中《农务图》从"浸种""耕田""耖田""布种""下壅""插莳""耥田""耘田""车戽""收割""打稻""牵砻""春碓""上仓"直到"田家乐"，凡十五图；《女红图》从"下蚕""喂蚕""蚕眠""采桑""大起""上簇""炙箔""窖茧""缫丝""蚕蛾""祀谢""络丝""经纬""织机""攀花"直到"剪制"，凡十六图，共三十一幅图。这些图是以南宋楼琫的《耕织图》为依据，重新加工绘制的，并将原来配在《耕织图》上的五言诗，换成了流行吴地民间形式的吴歌——"竹枝词"。邝璠题云："宋楼琫旧制《耕织图》，大抵与吴俗少异……因更易数事，系以吴歌。其事既易知，其言亦易入。用劝于民，则从厥攸好，容有所感发而兴起焉者。"（《便民图纂》）如"耕田"的竹枝词是："翻耕须是力勤劳，才听鸡啼便出郊。耙得了时还要耖，工程限定在明朝。""采桑"的竹枝词是："男子园中去采桑，只因女子喂蚕忙。蚕要喂时桑要采，事头分管两相当。"诗文唱起来朗朗上口，平畅易晓，明白如话，因此，很受广大群众的欢迎，从而也增强了传播的效果。

此书中全图基本上反映了明代江南地区农桑生产的过程和农民辛苦劳动的情景，但对当时农业技术方面的成就也有所描绘。如"耥田"图可以说是我国现存比较早的稻田中耕图像。"耥耙"的形制也与元代《王祯农书》所绘有所不同，说明已有改进，我国的"耥耙"技术至迟这时已基本定型。又如"上簇"及"炙箔"图。据成书于南宋绍兴十九年（1149 年）与楼琫同时代的人陈旉所著《陈旉农书》的记载："簇箔宜以杉木解枋，长六尺，阔三尺，以箭竹马眼槅，插茅疏密得中，复以无叶竹筱，纵横搭之。又簇背铺以芦箔，而篾透背面缚之，即蚕可驻足，无跌坠之患，且其中深稳稠密。"可见宋代已有这种原始型的方格簇。从此书图上可以看出明代在养蚕技术上采用方格簇和推广"炙箔"措施的情景。将蚕簇做成方格，使每格大小均等，蚕做茧时就只能占用一格的空间，这样，所有的茧子就基本上大小相仿，提高了茧体质量，同时还有使蚕茧保持清洁、防止污染的作用。"炙箔"

就是在蚕上蔟后，用炭火烘，也就是所谓“出口干”的办法，对提高蚕丝质量甚有裨益。此法起源很早，北魏《齐民要术》中说，上蔟时，蔟下“微生炭（火）以暖之，得暖则作（茧）速”。明代《天工开物》记载更为具体：“初上蔟时火要微暖，引蚕就绪。”“蚕恋火意，即时造茧，不复缘走。茧绪既成，即每盆加火（炭）半斤，吐出丝来，随即干燥，所以经久不坏也。”运用了“炙箔”技术，缫丝时丝易舒解，丝质良好。《便民图纂》的《耕织图》中对宣传推广这些技术有重要作用，直至近代，这些方法在江浙一带仍颇盛行。

《便民图纂》最早刊刻于明弘治十五年（1502 年），但原刊本至今未见。现存有明万历二十一年（1593 年）刊本最佳，中国国家图书馆藏有此本。

《农务图》15-1　浸种

《农务图》15-2　耕田

《农务图》15-3　耖田

竹枝詞
初發秧芽
未長成撒
來田裏要
均平還愁
鳥雀飛來
喫密密將
灰蓋一層

《农务图》15-4　布种

《农务图》15-5　下壅

《农务图》15-6　插莳

《农务图》15-7　耥田

《农务图》15-8　耘田

《农务图》15-9　车戽

《农务图》15-10　收割

《农务图》15-11　打稻

牽礱

竹枝词

大小人家
盡有收盤
工做米弗
停留山歌
唱起齊聲
和快活方
知在後頭

《农务图》15-12　牵砻

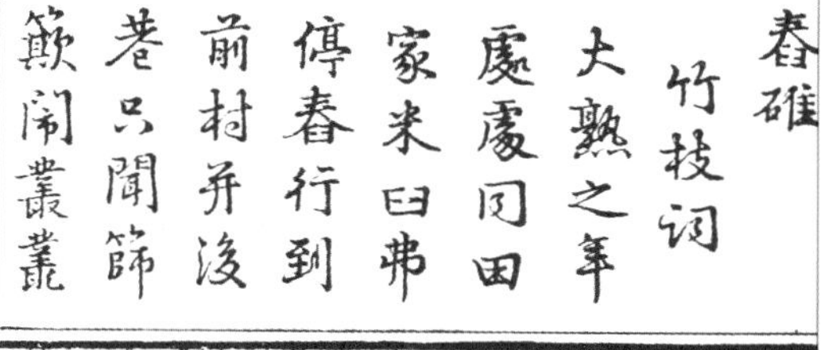

《农务图》15-13　舂碓

上倉

竹枝词

秋成先要
納官糧好
米將來送
上倉銷過
青由方是
了別無私
債掛心腸

《农务图》15-14　上仓

田家樂

竹枝词

今歲收成
分外多更
兼官府沒
差科大家
喫得醺醺
醉老瓦盆
邊拍手歌

《农务图》15-15　田家乐

《女红图》16-1　下蚕

《女红图》16-2　喂蚕

蚕眠
竹枝詞
一遭眠了
兩遭眠蚕
過三眠遭
數全食力
旺時頻上
葉却除隔
宿換新鮮

《女红图》16-3　蚕眠

採桑
竹枝詞
男子園中
去採桑只
因女子餵
蚕忙蚕要
餵時桑要
採事頭分
嘗两相當

《女红图》16-4　采桑

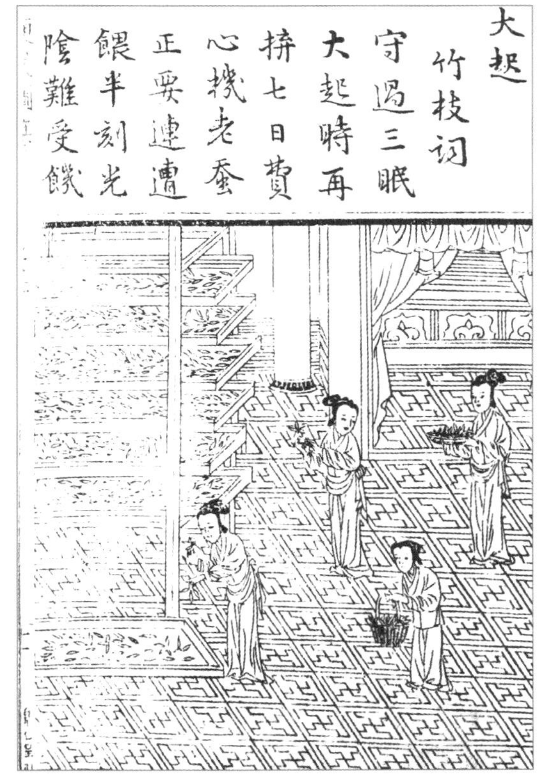

《女红图》16-5　大起

《女红图》16-6　上蔟

《女红图》16-7　炙箔

窖繭
竹枝词
繭子今年
收淂多阿
婆見了哄
呵呵入来
甕裏泥封
好只怕風
吹便出蛾

《女红图》16-8　窖茧

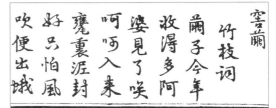

《女红图》16-9　缫丝

《女红图》16-10　蚕蛾

祀謝
竹枝詞
新絲繅得
謝蚕神福
物堆盤酒
滿斟老小
一家齊下
拜紙錢便
把火來焚

《女红图》16-11　祀谢

絡絲
竹枝詞
絡絲全在
手輕便只
費工夫弗
費錢粗細
高低齊有
用斷頭須
要接連牽

《女红图》16-12　络丝

《女红图》16-13　经纬

《女红图》16-14　织机

《女红图》16-15　攀花

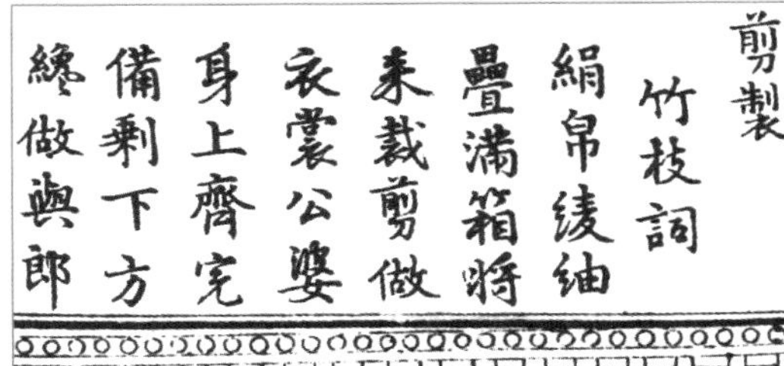

《女红图》16-16　剪制

四、历代楼璹《耕织图》的同源本、再创本及延伸本

（一）南宋刘松年《耕织图》

据元代夏文彦著《图绘宝鉴》等书记载，刘松年（约1131—1218），号清波，钱塘（今浙江杭州）人，其祖父刘时墓志铭《成忠郎辞》记载，其原籍系今浙江省金华市汤溪镇。南宋淳熙年间（1174—1189）为画院学生，绍熙（1190—1194）中为画院待诏。师张训礼（本名敦礼），工画人物山水，神气精妙，名过于师。南宋宁宗朝因进《耕织图》，称旨，赐金带。他所绘《耕织图》很有可能是楼璹《耕织图》的摹本或再创本，但其图经多方面查找，至今仍下落不明。

刘松年与李唐、马远、夏圭合称南宋画坛四大家（“南宋四家”），其作品题材颇广。据清代厉鹗《南宋院画录》记载，刘松年曾绘《丝纶图》《宫蚕图》等与纺织生产有关的图卷。清代乾隆年间画家蒋溥曾进呈有“松年笔”款的《蚕织图》，但乾隆帝考察后认为并非刘松年笔，因此，予以否定。

（二）南宋梁楷《耕织图》

据《图绘宝鉴》卷四记载：“梁楷……字白梁。善画人物、山水、道释、鬼神……嘉泰年（1201—1204）画院待诏，赠金带，楷不受，挂于院内。”

南宋宫廷画师梁楷所绘《耕织图》至今在国内未见，亦未查到有关记载。但据日本学者渡部武先生在《中国农书〈耕织图〉的流传及其影响》一文中称，他曾于1982年10月至11月间，在日本东京国立博物馆举办的“美国两大美术馆所藏中国绘画展”上，见到一种标注为梁楷所绘的《耕织图》，此图绢本淡彩墨画，但仅有织图，亦无楼璹配诗，而且是由三个断片缀拼而成的卷子，尺寸分别为：A片26.5厘米×98.5厘米；B片27.5厘米×92.2厘米；C片27.3厘米×93.5厘米。所绘“织图”有以下十五幅。

A片：下蚕、喂蚕、一眠、二眠、三眠，计五幅。

B片：采桑、捉绩、上蔟、下蔟，计四幅。

C片：择茧、缫丝、络丝、经、纬、织，计六幅。

此图现为美国克利夫兰艺术博物馆（Cleveland Museum of Art）收藏，标注“梁楷真迹”。

根据楼钥《攻媿集》记载，可以推断南宋楼璹绘制并进献给高宗皇帝的《耕织图》是在绍兴年间（1131—1162），三十余年后，梁楷于嘉泰年间供职于朝廷画院，他完全有可能见到楼璹《耕织图》。如果现存美国的梁楷《耕织图》

不是残卷，也未佚失的话，用它与楼璹的织图画目相比较，其名称及顺序均相同，但却少了浴蚕、分箔、大起、炙箔、窖茧、蚕蛾、祀谢、攀花、剪帛九幅；如和现存的楼璹图的摹本、南宋的二十四幅《蚕织图》相较，则不仅少了九幅场景，而且画目名称也颇不一致；画面虽有相似之处，但人物的安排及数量均有不同；画面中的建筑物有一部分由瓦房变成了草房；部分工具画法也有不同。当然也不能排除作为画家的梁楷有自己的艺术创作，但总的来看，正如渡部武先生所说："该图（指梁楷图）确实仍是基本上从楼璹图派生的作品。"

现在日本东京国立博物馆也藏有与美国克利夫兰艺术博物馆所藏属于同一类型的南宋梁楷《耕织图》两卷，共二十四幅，其中耕图有浸种、耕、拔秧、插秧、二耘、灌溉、收刈、持穗、砻、入仓十幅；织图有下蚕、喂蚕、三眠、采桑、捉绩、上蔟、下蔟、择茧、窖茧、缫丝、络丝、经、纬、织十四幅。如

南宋梁楷《耕织图》，耕图：浸种、耕、拔秧

南宋梁楷《耕织图》，耕图：插秧、二耘

南宋梁楷《耕织图》，耕图：灌溉、收刈

南宋梁楷《耕织图》，耕图：持穗、砻、入仓

南宋梁楷《耕织图》，织图：下蚕、喂蚕

南宋梁楷《耕织图》，织图：三眠、采桑、捉绩、上蔟

南宋梁楷《耕织图》，织图：下蔟、择茧、窖茧、缫丝

南宋梁楷《耕织图》，织图：络丝、经、纬、织

用此图与南宋楼璹四十五幅《耕织图》相较，则耕图少了耙、耖、碌碡、布秧、淤荫、一耘、三耘、登场、簸扬、舂碓、筛十一幅；织图少了浴蚕、一眠、二眠、分箔、大起、炙箔、蚕蛾、祀谢、攀花、剪帛十幅；如与美国克利夫兰艺术博物院收藏并展出的十五幅梁楷图相较，日本藏品除多了十幅耕图外，在织图上还少了“一眠”“二眠”两幅，而多了“窖茧”一幅。此图跋语云：“此《耕织图》两卷，以梁楷正笔绘具，笔无相违，写物也。珍藏家中，秘不示人。延德元年（1489 年）二月二十一日，鉴岳真相。天明六丙午年（1786 年）四月初旬，伊泽八郎写之。”上有钤章两枚（字迹难辨）。从“跋”文可知，此两卷是日本江户时期的画师伊泽八郎根据传为南宋梁楷所绘《耕织图》的摹写本，收藏者是狩野派著名画师鉴岳真相。但是现存于美国和日本的梁楷《耕织图》是否真是梁楷的作品（包括摹本），尚有待于进一步研究鉴定。

（三）南宋李嵩《服田图》

李嵩（1166—1243），据《图绘宝鉴》记载：“李嵩，钱塘人……长于界画，光、宁、理三朝画院待诏。”他是优秀的宫廷画师，曾在南宋光宗（1190—1194）、宁宗（1195—1224）和理宗（1225—1264）三朝任画院待诏，长达几十年，其作品应该很多，但可惜的是传世作品甚少。他有不少是以农村为体裁的作品，其中最著名的当首推属于《耕织图》类型的《服田图》（古代称务农为“服田”）。

明代汪砢玉所著《珊瑚网》全文录下了《服田图》所附五言诗，自“浸种”至“入仓”共二十一首。用此诗与南宋楼璹的二十一首耕图诗相对照，其诗句完全相同。说明李嵩曾以楼璹题诗为题材，以诗配画，画了《服田图》，但遗憾的是该图至今国内外尚未发现，有可能早已不存。那么李嵩当时所绘《服田图》究竟是摹绘楼璹图，还是自己的创作？以及有些人认为的该图与其所绘《货郎图》等农村风俗画一样也绘于宁宗嘉定年间（1208—1224）等诸多疑问，都是有待于发掘资料进一步研究的问题。笔者认为从《珊瑚网》中，“宋高宗御题”的记述来看，嘉定间太晚，似应绘于光宗绍熙年间（1190—1194）。

李嵩对农村生活比较熟悉，一生中创作了多幅以农村为题材的作品。明代

南宋梁楷《耕织图》卷中《蚕织图》（美国克利夫兰艺术博物馆藏）

人熊明遇（1579—1649，字良孺，江西进贤人，万历二十九年进士）在《绿雪楼集》中，对李嵩的《春溪渡牛图》题诗一首，其中有“李师最识农家趣，画出萋萋芳草天”的句子，道出了李嵩对农村的生产和生活有比较深入的了解。

（四）元代杨叔谦、赵孟頫《农桑图》

据元代赵孟頫所著《松雪斋集·外集》记载：“（元仁宗）延祐五年（1318年）四月廿七日，上御嘉禧殿。集贤大学士臣邦宁、大司徒臣源进呈《农桑图》。上披览再三，问：‘作诗者何人？’对曰：‘翰林承旨臣赵孟頫。’‘作图者何人？’对曰：‘诸色人匠提举臣杨叔谦。’……此图实臣源建意，令臣叔谦因大都风俗，随十有二月，分农桑为廿有四图；因其图像，作廿有四诗。”由此可知，元仁宗所“披览再三”的《农桑图》，系由杨叔谦作画、赵孟頫题诗的作品。

赵孟頫（1254—1322），字子昂，号松雪道人，湖州（今属浙江）人。他自幼聪敏，读书过目成诵，诗文清远，画好山水，尤擅画马；书法精正，圆转遒丽，世称“赵体”，是元代著名书画家。杨叔谦是当时善画田园风俗的能手，其名声未扬。此《农桑图》是以大都（即今北京市）的风俗为依据，分别各用十二幅图描绘了一年十二个月中农耕和蚕织生产的情景，共二十四幅；每图配诗一首，每首各为五言十六句，八十字。此图虽已不存，但赵孟頫的配诗却以《题耕织图二十四首奉懿旨撰》为题全文收入了赵孟頫的《松雪斋集》卷二和清代乾隆年间张景星等人编的《元诗百一钞》卷一中。

此《农桑图》上赵孟頫奉懿旨所撰的题画诗（所谓“题画诗”，一般是依据画面上的景物，加以品评推许，诗中描述画的背景，突出画的主题，写于画面上的适当位置，使诗情画意相得益彰），生动形象地反映了元初北方农桑生产和农民生活的真实情景，诗句异常细腻深刻。

例如，其诗“耕十二首”中的《六月》：“当昼耘水田，农夫亦良苦。赤日背欲裂，白汗洒如雨。匍匐行水中，泥淖及腰膂。新苗抽利剑，割肤何痛楚。夫耘妇当馌，奔走及亭午。无时暂休息，不得避炎暑。谁怜万民食，粒粒非易取。愿陈知稼穑，《无逸》传自古。”全诗生动地描写了农夫夏日耘田之苦，以及农民在赤日炎炎下，在田里匍匐，在水中对稻田进行耘耥的劳作情景。丈夫耘田，农妇不停地奔走，往地里给丈夫送饭，暑热中也不能休息，可知稼穑的辛苦；在“耕”的《十二月》诗中也有“农家极劳苦”“能知稼穑艰”等句，描绘得极为细致。诗人又以“粒粒非易取”，委婉劝说元代统治者，勿苛征农赋。此诗后四句，深化了诗意，富有极强的感染力。其诗“织十二首”中的《六月》是：“釜下烧桑柴，取茧投釜中。纤纤女儿手，抽丝疾如风。田家五六月，绿树阴相蒙。但闻缫车响，远接村西东。旬日可经绢，弗忧杼轴空。妇人能蚕桑，家道当不穷。更望时雨足，二麦亦稍丰。酤酒田家饮，醉倒妪与翁。”“釜”即锅，将蚕茧放到锅里。“纤纤”是形容妇女手灵巧的样子。妇女从茧中抽丝，手的动作很快，五、六月的时候，天气很好，妇女在外边树阴下煮茧抽丝。缫车是抽丝的器具，旬日是十日，杼轴是指织机，说明在很短的时间里就能将丝理好织成绢，不必担心织机闲着。诗人又说：“更望时雨足，二麦亦稍丰。”这个时候，田家更希望下应时雨，以便使田里的大麦、小麦都获得丰收。诗人仍是耕织并叙，最后他还说，农家的理想是如果粮食获得丰收了，织绢也顺利完成了，家里也不太穷了，就买酒庆贺，老农夫妇都会喝醉的，显示了诗人赵孟頫是深知当地农桑生产和农民生活情况的。

赵孟頫在《农桑图》上所题二十四首诗的内容，深刻地反映了元初北方农桑生产及农民生活的真实状况和元代的重农思想，以及他本人的悯农恤农情感。赵孟頫的题诗对研究元代农桑历史及农村社会生活很有参考价值。

（五）明代唐寅《耕织图》

唐寅（1470—1523），明代吴县（今江苏苏州）人，字伯虎，一字子畏，号六如居士、桃花庵主等。年二十九中乡试第一，工书画诗文。画长于山水，兼精人物，曾师事周臣，又学李唐、刘松年之皴法。唐寅画笔力挺拔，秀润峭利，清隽生动，与沈周、文徵明、仇英并称“明四家”；著有《六如画谱》《六如居士全集》传世，《明史》有传。

据清代《石渠宝笈续编》记载：“唐子畏（即唐寅）先生此卷，当是《耕织图》，非《宫蚕》也。《宫蚕》乃出刘松年本，朱楼碧殿，金屋美人，极宫掖贵人之态。此卷作重溪复岭，举耜携筐，盖山野农桑状貌。所谓后稷、公刘，以此开国，周公所为歌《豳风》也。若其岩峦回合，林壑苍然……”可知在清宫曾收藏有唐寅画的《耕织图》，然而其图至今未见，但从记述可知其图将织与耕一样都安排在室外，而实际上蚕织操作活动大部分都在室内进行，将之移之室外，也可见唐寅《耕织图》的画风像风景画，这也是他的一大特点。据日本学者渡部武先生在《“探幽缩图”中的“耕织图”与高野山遍照尊院所藏“织图”》（见《农业考古》1991 年第 3 期）一文中说，在日本发现过几幅织图所绘的养蚕纺织、缝制衣物等场景都是在室外作业。它们的共同祖本应该来自中国，而明代唐寅可能是将织图改编成山水画的创新先驱的画家。

（六）明代仇英《耕织图》

仇英（约 1501—约 1551），字实父，号十洲，江苏太仓人，后移居吴县（今江苏苏州），是明代杰出的画家，曾拜周臣门下学画。擅画人物、仕女，既工设色，又善水墨、白描，能运用多种笔法表现不同对象，功力精湛；与沈周、

明代仇英《耕织图》（台北故宫博物院藏，下同）耕 1　浸种

明代仇英《耕织图》耕 2　插秧

明代仇英《耕织图》耕 3　二耘

明代仇英《耕织图》耕 4　簸扬

明代仇英《耕织图》耕 5　砻

明代仇英《耕织图》耕6　入仓

明代仇英《耕织图》织1　采桑

明代仇英《耕织图》织 2　大起

明代仇英《耕织图》织 3　择茧

明代仇英《耕织图》织 4　练丝

明代仇英《耕织图》织 5　络丝

明代仇英《耕织图》织6　经

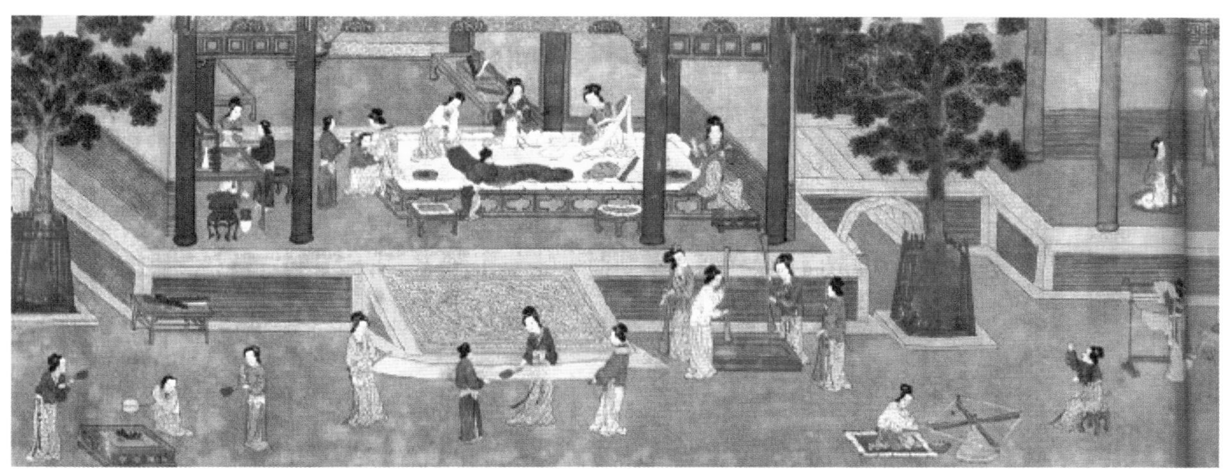

明代仇英《宫蚕图》（局部）

明代仇英《宫蚕图》（局部）

明代仇英《宫蚕图》（局部）

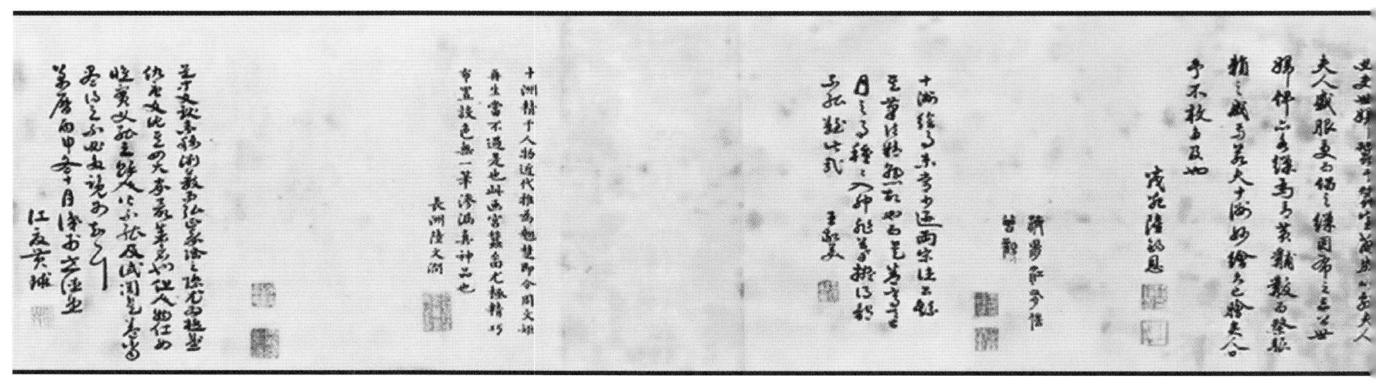

明代仇英《宫蚕图》（全卷）

文徵明、唐寅并称“明四家”。

据台湾学者赵雅书先生在《关于〈耕织图〉之初步探讨》一文中介绍，台北故宫博物院收藏有一册仇英绘制的《耕织图》，一事一画，其中耕图有浸种、插秧、二耘、簸扬、砻、入仓六幅；织图有采桑、大起、择茧、练丝、络丝、经六幅，共十二幅。原图封背面有“臣张之洞恭进”六字题记，可知此图系清末翰林院侍讲、内阁大学士张之洞（1837—1909）向朝廷进献之物。如果现存的仇英《耕织图》不是残本，也无佚失的话，用该图与现存最早、最完整的宋图摹本、元代程棨四十五幅《耕织图》相对照，耕图少了十五幅，织图少了十八幅；若从构图来看，不似程棨图，亦不似日本狩野永纳翻刻的明英宗天顺六年（1462 年）宋宗鲁重刊的《耕织图》，却与清代焦秉贞《耕织图》（比焦图共少三十四幅）颇为相似。再从张之洞题记看是清末呈进的，因此所谓仇英绘制的《耕织图》可能比清代康熙年间焦秉贞《耕织图》还要晚，似是清末的作品，当然这还需要请专家最后鉴定。

另外，据传仇英绘有反映宫中蚕事的《宫蚕图》。

仇英所绘《宫蚕图》手卷，设色绢本，尺寸不详。尾部有陆锡恩、米万钟、

黄球、陆文润等名士题跋。如陆锡恩（1569—1610），字伯承，浙江嘉兴平湖人，明万历二十三年（1595年）乙未科进士。其跋语云："在昔周家以农桑立国。故每值蚕月，必使世妇入蚕于蚕室，茧成以献夫人，夫人盛服美而倡之，缫因希之，三公世妇俾亦各缫为青黄黼黻而祭服，赖之成焉。若夫十洲妙绘久已，脍炙人口，予不敢多及也。"陆文润题跋云："十洲精于人物，近代推为翘楚，即令周文矩再生当不过是也。此画《宫蚕图》尤极精巧，布置设色无一笔渗漏，真神品也。"

以上名士多从绘画技巧方面对仇英大加赞扬。此《宫蚕图》卷确实画出了许多宫娥在忙于蚕月之事，种种入神，笔法精熟，摹拟得韵，令人感叹！

另外，需要说明的是，《宫蚕图》笔者所见不止一种版本，其出处均不可考，经比较，在人物、景物上各有差异与不同。中国绘画历经年代，后世创造、仿制、删改也并不少见，因此，《宫蚕图》是否仇英真迹有待书画鉴定专家考证确认，本书刊图仅为研究古代宫廷养蚕、缫丝、织帛等提供一方参考。

（七）清代《耕织图》的多种版本

1. 康熙《御制耕织图》

清代绘制《耕织图》始于康熙时期。明末清初的连年战争，使土地荒芜，百姓流散，经济、财政匮乏。康熙帝亲政后，以农桑生产为本，实行一系列招民垦荒、轻徭薄赋等鼓励农耕的政策，在多方面促进农桑生产的同时，作为一种有效的"劝农"方式，康熙三十五年（1696年），康熙帝首命宫廷画师焦秉贞绘制《耕织图》，开清代宫廷《耕织图》之先河。因康熙帝亲自撰写序文并题诗，故名《御制耕织图》。

据清代张庚所著《国朝画征录》记载："焦秉贞，济宁人，钦天监五官正。工人物，其位置之自近而远，由大及小，不爽毫毛，盖西洋法也。康熙中祗候内庭，圣祖《御制耕织图》四十六幅，秉贞奉诏所作。村落风景，田家作苦，曲尽其致，深契圣衷，锡赍甚厚，旋镂版印赐臣工。"可知焦秉贞奉诏所绘的《耕织图》及康熙帝的题诗描绘了当时耕织的全过程。康熙帝说："自始事迄终事，农人胼手胝足之劳，蚕女茧丝机杼之瘁，咸备极其情状。"（《康熙御制文集》）焦秉贞深得圣祖赞誉，从而获丰厚赏赐，而焦氏亦因此而名声大振。焦图的镌刻者为鸿胪寺序班朱圭和梅裕凤，他们都是当时名盛一时的刻手，而且都会作画，因而此图质量上乘。

康熙《御制耕织图》系承袭自南宋楼璹《耕织图》（或其摹本），基本上保持了楼氏作品的内容和配诗。另一种说法是康熙《御制耕织图》是焦秉贞参阅当时宫中收藏的南宋楼璹《耕织图》本绘制的，因为据乾隆时期的阮葵生在

《茶余客话》中记载：“宋於潜令楼璹作《耕织图》以献思陵（宋高宗），每图各系五言八句诗。余在内廷，得见其真迹，诗皆小楷书。”可见一直到乾隆时期楼璹《耕织图》本尚存在宫中（笔者注：是否真是如此，尚待查考）。但焦秉贞是采用西洋绘画中的焦点透视法绘制的，其画目及内容也有他自己的创见。如楼图耕为二十一幅，织为二十四幅，合计四十五幅。而焦图在耕的部分增加了“初秧”与“祭神”两幅；在织的部分却删去了“下蚕”“喂蚕”和“一眠”三幅，增加了“染色”“成衣”两幅，成耕图二十三幅，即①浸种；②耕；③耙耨；④耖；⑤碌碡；⑥布秧（播种）；⑦初秧；⑧淤荫（施肥）；⑨拔秧；⑩插秧；⑪一耘；⑫二耘；⑬三耘；⑭灌溉；⑮收刈；⑯登场；⑰持穗；⑱舂碓；⑲筛；⑳簸扬；㉑砻；㉒入仓；㉓祭神。织图二十三幅，即①浴蚕；②二眠；③三眠；④大起；⑤捉绩；⑥分箔；⑦采桑；⑧上蔟；⑨炙箔；⑩下蔟；⑪择茧；⑫窖茧；⑬练丝；⑭蚕蛾；⑮祀谢；⑯纬；⑰织；⑱络丝；⑲经；⑳染色；㉑攀花；㉒剪帛；㉓成衣。耕、织合计四十六幅，画目顺序也有变化。焦图每幅除保留楼图五言诗外（其中增加的初秧、祭神、染色、成衣四图，原无楼璹题诗，现有五言诗估计系采自南宋以来不同的流传本或另有人补作），还附有康熙帝亲题七言诗一首，图前有康熙帝亲自写的序文。（织图中“二眠”与“捉绩”二图康熙题诗有误，两首诗应对调，见本书第642页）

焦图因沿用楼图摹绘，故究其题材基本上可以反映南宋以来江南农桑生产和其技术的概貌，但焦图在某些技术内容和某些工具的画法上也有所不同。如“碌碡”一图，我国江南水田使用“碌碡”出现于唐代。唐代陆龟蒙所著《耒耜经》曰“耙而后有砺砗焉，有磟碡焉”，“磟碡”又名“碌碡”。《王祯农书》曰：“磟碡，觚棱而已，咸以木为之，坚而重者良……北方多以石，南人用木，盖水陆异用，亦各从其宜也。”碌碡成圆筒形，中心贯穿一根轴，外加木框，安装在木框上的轴带动石磙（南方水田多用木磙，磙上有角棱）转动，即可用以平田碎土，亦可用在谷场上碾谷脱粒。宋代楼璹及元代程棨《耕织图》中均有“碌碡”一幅。程图摹本“碌碡”与《王祯农书》附图相同；而焦图中的“碌碡”却是“耙”形，与程图迥异。因此，笔者认为这是画家焦秉贞绘制上的失误；当然，清代水田耕作有无“碌碡”这道工序，或因地区不同而使用的工具有异，尚待查考。

焦秉贞所绘《耕织图》的原图今已不知所在，但它有多种版本存世，如内府所刻的彩色套印本和黑白本，光绪五年上海点石斋缩刊石印本，光绪十一年文瑞楼缩刊石印本，光绪十二年点石斋第二次大石印本，还有佩文斋本、嘉咏轩本等。但总的来看，康熙《御制耕织图》的内府刻本，在艺术上堪称是清代殿版画中的一部优秀作品。现在故宫博物院及北京图书馆等处均有珍藏。

清康熙帝画像

在这里还要特别介绍一下康熙帝在焦图上所题的七言诗。清代康乾盛世的奠基者康熙皇帝治国有方，仅从农业的发展来看，他就非常重视。例如，康熙二十八年（1689 年）大旱，《康熙起居注》中说：“近因天旱无雨，皇上极其忧虑，如此暑天……日惟二膳，止进薄粥，尚不能进一盏，捐废饮食，劳瘁过甚，圣容清减。”这段记载生动地描述了大旱之年康熙帝竟“捐废饮食”，因此“圣容清减”的情景。的确，农业生产的收歉不仅关系到广大农民的生活，而且关系到国家的兴衰，非同小可。康熙帝写过许多涉及农业生产和农民生活的诗歌，现仅从他命焦秉贞绘制《耕织图》上所题七言诗来看，确实文情并茂。如对“耕”图题曰：“土膏初动正春晴，野老支筇早课耕。辛苦田家惟穑事，陇边时听叱牛声。”这是一幅情景交融的春耕画面，皇帝说田家“辛苦”，这是帝王对广大农民辛勤劳作的认同，非同一般。在“初秧”的题诗中说：“一年农事在春深，无限田家望岁心。最爱清和天气好，绿畴千顷露秧针。”“绿畴”一句写的是一派生机勃勃的田间景象。田间的秧苗看好，农民期盼着丰收，实际也是写帝王之望，如果没有较好的收获，朝廷就不会有优厚的收入，国事就会发生困难。康熙帝在“筛”图的题诗中说“粒粒皆从辛苦得”，是说粮食来之不易。为什么不易？他又在“簸扬”诗中说“费尽农夫百种心”，这也是对“谁知盘中餐，粒粒皆辛苦”这一句诗的进一步发挥。他在“织”图的题诗中说：“从来蚕绩女功多，当念勤劬惜绮罗。织妇丝丝经手作，夜寒犹自未停梭。”这正如他在焦图的题序中说：“古人有言：衣帛当思织女之寒，食粟当念农夫之苦。朕惓惓于此，至深且切也。”可见惓惓之忧跃然纸上。康熙帝认为农民辛苦，织女勤劳，这是他重视发展农桑，关心男耕女织思想的集中体现，可谓寓意深远。

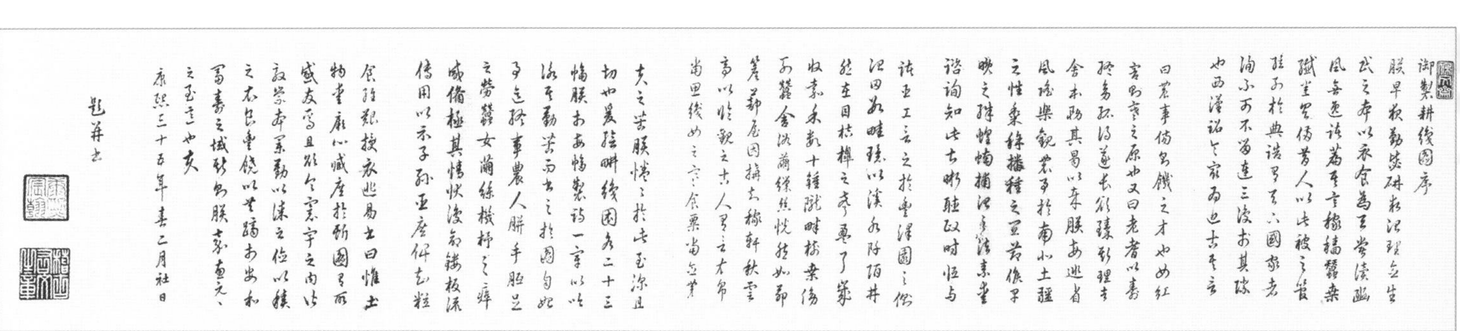
清康熙帝《御制耕织图序》

清代康熙《御制耕织图》（焦秉贞绘）耕1　浸种

土膏初動正春晴野老支筇早課耕辛苦田家惟穡事隴邊时聽叱牛聲

清代康熙《御制耕织图》（焦秉贞绘）耕2　耕

清代康熙《御制耕织图》（焦秉贞绘）耕3　耙耨

東阡西陌水潺湲，扶耖泥塗未得閒。為念饔飧由力作，敢辭竭蹶向田間。

清代康熙《御制耕织图》（焦秉贞绘）耕4　耖

清代康熙《御制耕织图》（焦秉贞绘）耕 5　碌碡

清代康熙《御制耕织图》（焦秉贞绘）耕6　布秧

清代康熙《御制耕织图》（焦秉贞绘）耕7　初秧

清代康熙《御制耕织图》（焦秉贞绘）耕8　淤荫

清代康熙《御制耕织图》（焦秉贞绘）耕9　拔秧

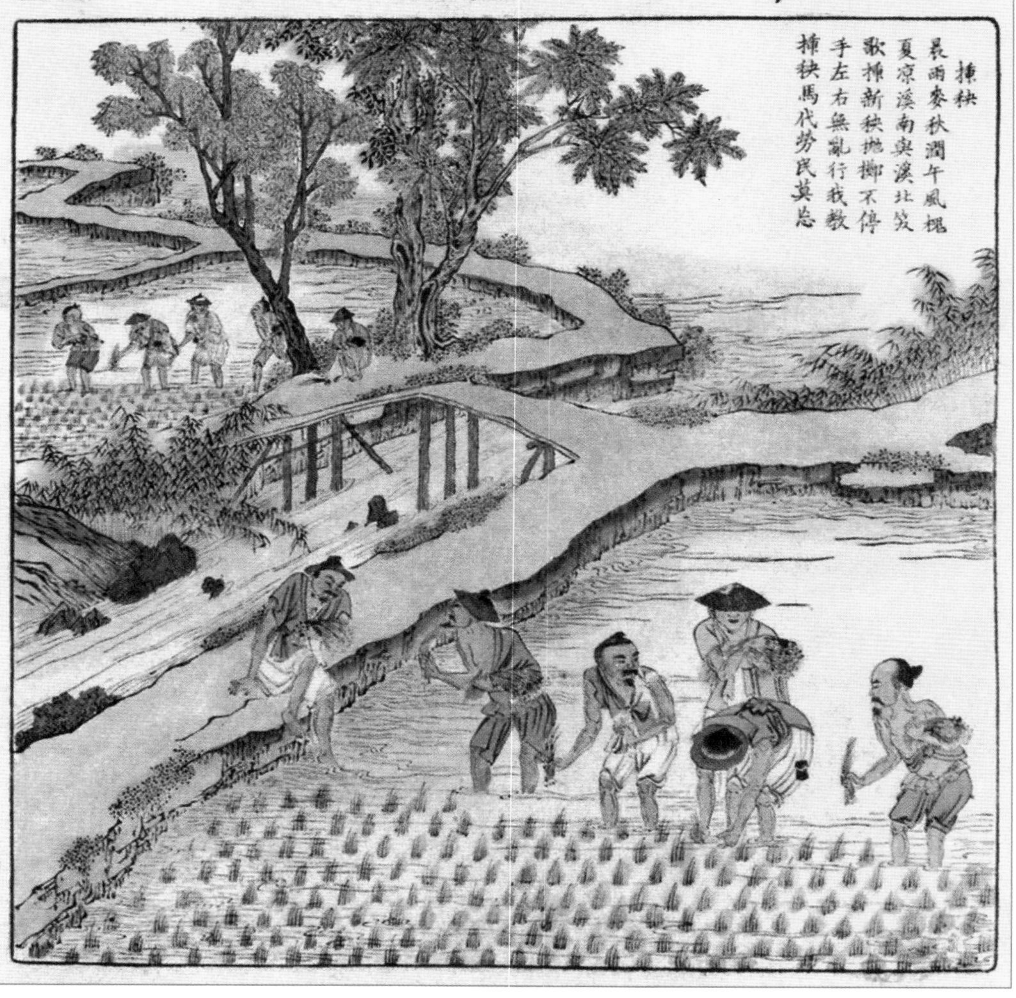

清代康熙《御制耕织图》（焦秉贞绘）耕 10　插秧

清代康熙《御制耕织图》（焦秉贞绘）耕 11　一耘

清代康熙《御制耕织图》（焦秉贞绘）耕 12　二耘

清代康熙《御制耕织图》（焦秉贞绘）耕 13　三耘

清代康熙《御制耕织图》（焦秉贞绘）耕 14　灌溉

清代康熙《御制耕织图》（焦秉贞绘）耕 15　收刈

登場
禾黍已登
場稍覺農
事優黃雲
滿高架白
水空西疇
用此可卒
歲願言免
防秋太平
本無象邨
舍炊烟浮

清代康熙《御制耕织图》（焦秉贞绘）耕 16　登场

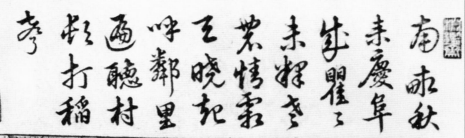

清代康熙《御制耕织图》（焦秉贞绘）耕 17　持穗

清代康熙《御制耕织图》（焦秉贞绘）耕 18　舂碓

清代康熙《御制耕织图》（焦秉贞绘）耕 19　筛

清代康熙《御制耕织图》（焦秉贞绘）耕 20　簸扬

清代康熙《御制耕织图》（焦秉贞绘）耕21　砻

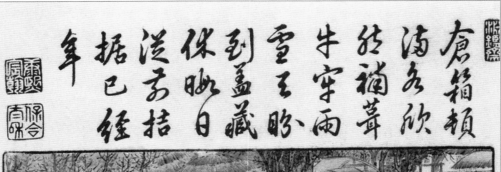

清代康熙《御制耕织图》（焦秉贞绘）耕 22　入仓

清代康熙《御制耕织图》（焦秉贞绘）耕 23　祭神

清代康熙《御制耕织图》（焦秉贞绘）织 1　浴蚕

清代康熙《御制耕织图》（焦秉贞绘）织 2　二眠

紅女勤劬日載陽鳴鳩拂羽恰條桑只因三卧蠶將老剪燭殷勤夜未央

清代康熙《御制耕织图》（焦秉贞绘）织3　三眠

清代康熙《御制耕织图》（焦秉贞绘）织4　大起

清代康熙《御制耕织图》（焦秉贞绘）织5　捉绩

清代康熙《御制耕织图》（焦秉贞绘）织6　分箔

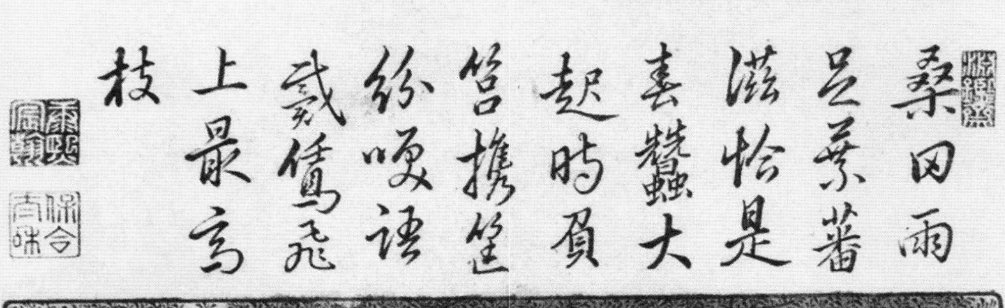

清代康熙《御制耕织图》（焦秉贞绘）织７　采桑

清代康熙《御制耕织图》（焦秉贞绘）织 8　上蔟

清代康熙《御制耕织图》（焦秉贞绘）织9　炙箔

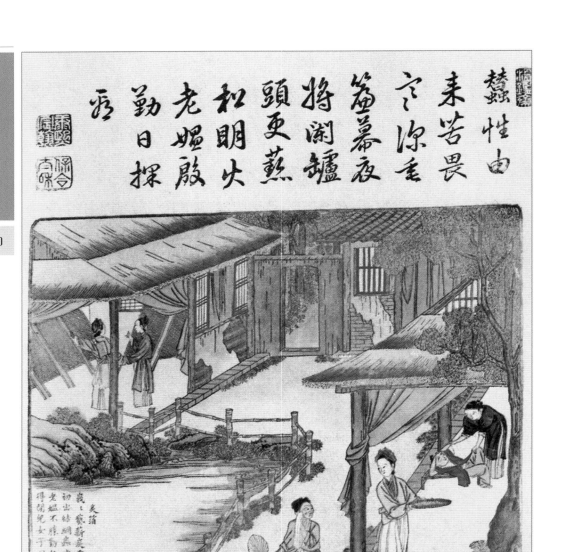

清代康熙《御制耕织图》（焦秉贞绘）织 10　下蔟

清代康熙《御制耕织图》（焦秉贞绘）织 11　择茧

清代康熙《御制耕织图》（焦秉贞绘）织 12　窖茧

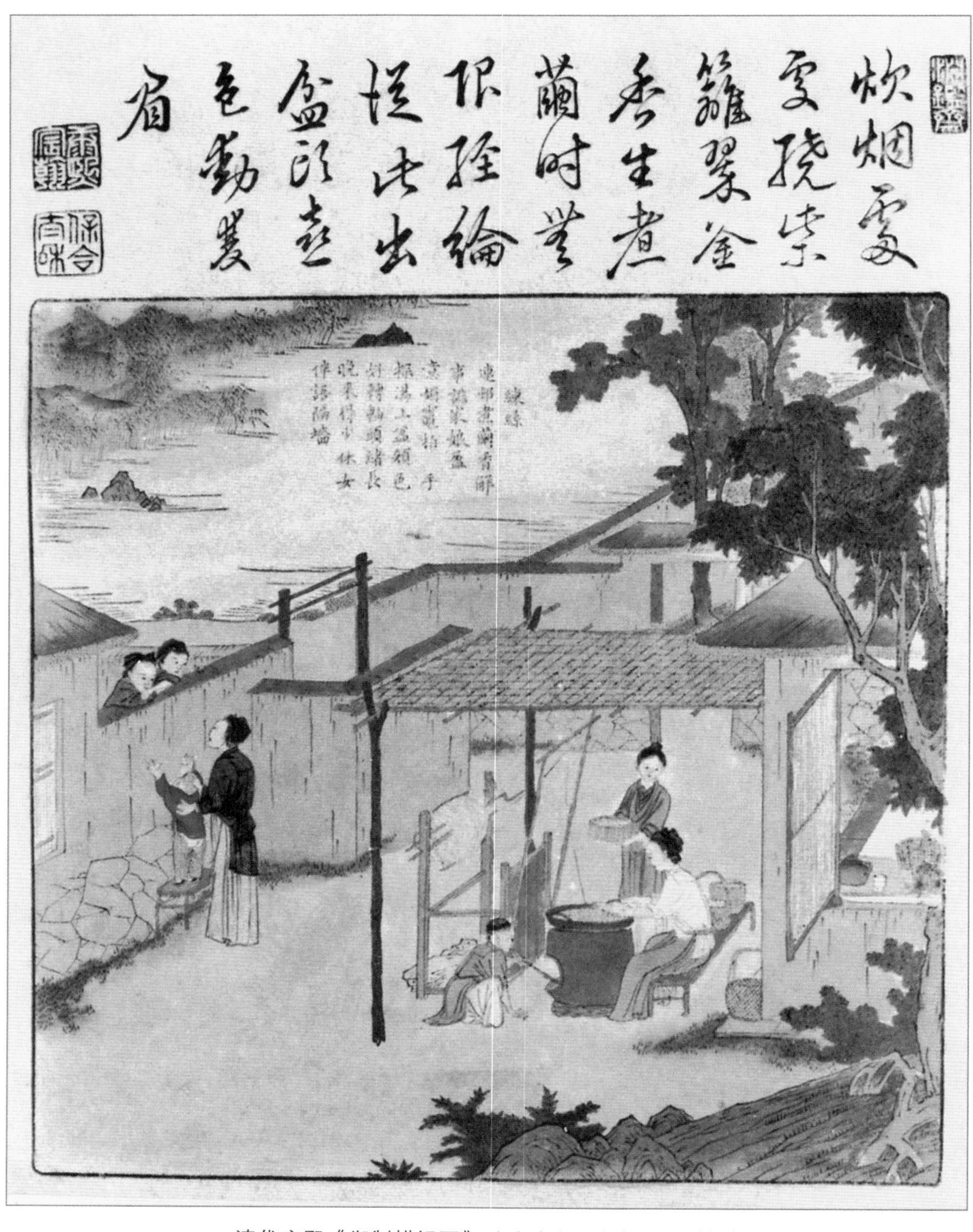

清代康熙《御制耕织图》（焦秉贞绘）织 13　练丝

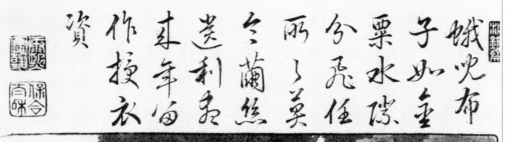

清代康熙《御制耕织图》（焦秉贞绘）织 14　蚕蛾

清代康熙《御制耕织图》（焦秉贞绘）织 15　祀谢

清代康熙《御制耕织图》（焦秉贞绘）织 16　纬

清代康熙《御制耕织图》（焦秉贞绘）织 17　织

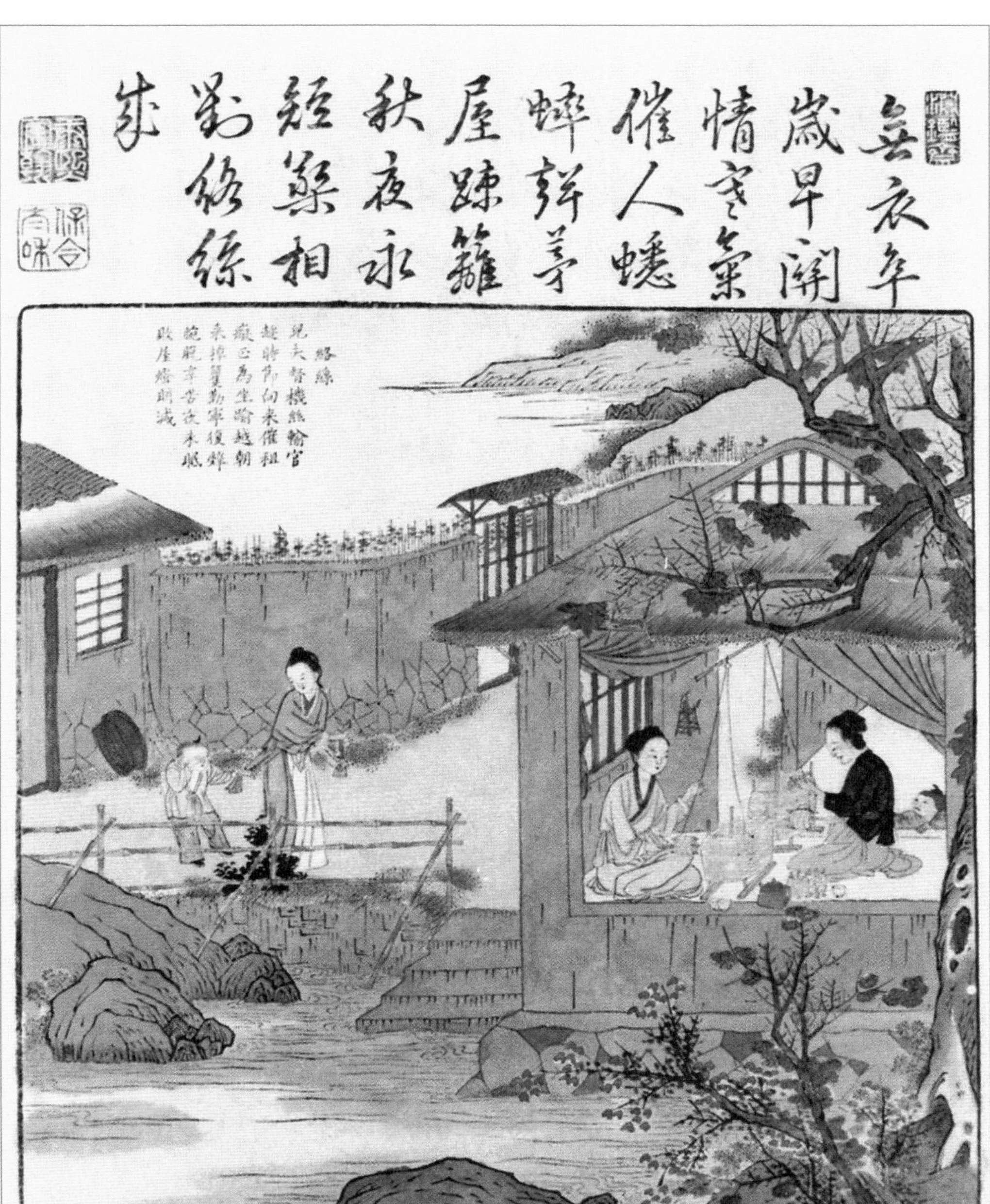

清代康熙《御制耕织图》（焦秉贞绘）织 18　络丝

清代康熙《御制耕织图》（焦秉贞绘）织 19　经

湅膏比潔絲新絲傳得像分色陸離一代文明資賁飾須教五采備彰施

染色
絲成練熟時萬縷
銀光皎因為五色
形曾費葛仙老奇
方自聖傳不繼何
人曉染得色鮮明
多是天工巧

清代康熙《御制耕织图》（焦秉贞绘）织 20　染色

清代康熙《御制耕织图》（焦秉贞绘）织 21　攀花

清代康熙《御制耕织图》（焦秉贞绘）织 22　剪帛

清代康熙《御制耕织图》（焦秉贞绘）织 23　成衣

2. 雍正《耕织图》

雍正《耕织图》的原图现由故宫博物院收藏于紫禁城武英殿，1933年《故宫周刊》曾刊印出版黑白图片，该刊注说："中国古代常于守令之门，绘耕织图以劝民，使为吏者知其本。宋高宗即位下劝农之诏，其时有於潜令楼琦绘制耕织始末四十余条，各题以诗，被召入都，赏赐有加。农图自'浸种'起至'登廪'止；织图自'浴蚕'起至'剪帛'止，分条题诗始于此……明清因之，康熙帝曾印行二图作为画册，并附以序，颁于群臣。雍正帝袭旧章命院工绘拟五十二幅，其中重复六张，画上亦无题诗，设色绢地，尚未成画册模样。自第一至二十三幅为耕图；第二十四至四十六为织图，每幅上方有御笔分题句，并钤印'雍亲王宝''破尘居士'，但不知究为何人所绘，或出当时院技名手。厥后每帝仍之拟绘，朝夕披览，借无忘古帝王重农桑之本意也。"此刊原标明为"雍正《耕织图》"。据《清史稿》记载：爱新觉罗·胤禛于康熙四十八年（1709年）被封雍亲王，康熙六十一年（1722年）即帝位，改翌年为雍正元年（1723年）。北京社会科学院研究员姜纬堂先生来函谈及此图，他认为"此图即钤'雍亲王宝'则当成于1709—1722年间，而非雍正年间；亦不当题'雍正《耕织图》'，因其时尚无'雍正'年号"。

笔者以为姜先生意见也有道理，但是，为什么胤禛在被封雍亲王时期即主持绘制《耕织图》呢？从历史上看，这里确有一段隐情。康熙帝晚年储位之争异常激烈，雍亲王胤禛在皇储之争中虽然有一定的优势，但他颇有心计，韬光养晦，暗中力争储位。他采取的策略是，对皇父要诚孝，适当展露才华，对事对人和平忍让，时刻揣摩父皇的心意，博取父皇的欢心和信任。康熙一生重视农桑，不仅亲自种稻试验，而且命画家焦秉贞绘制《耕织图》，并御笔题诗作序，广为宣传，于是雍亲王胤禛为投父皇所好，及时召集宫廷资深画师以康熙《御制耕织图》为蓝本，精心绘制了这套《耕织图》，其中特别是他别出心裁地让画师将画面中农夫和农妇的形象画成胤禛自己和福晋（满语，亲王的夫人）的容貌，以写实的手法，展现出天子亲耕、皇后亲蚕的耕织劳动的场景，突出体现了胤禛重农、悯农思想和勤政爱民的帝王情怀。这种别出心裁的构思在历代耕织图中是绝无仅有的，因而显得弥足珍贵。果然此图进献以后，康熙帝龙颜大悦，对胤禛倍加赞许。因此，后来康熙帝认为胤禛"人品贵重，深肖朕躬，必能克承大统"（《康熙遗诏》），令他继承皇位。由此可见，胤禛为谋取皇位，可谓费尽心机矣！

然而，应该肯定的是雍正帝遵循父皇的遗训，一生也是一位崇尚农业的君主，他深知"重农务本"的道理。他曾三令五申："自古帝王致治诚民，莫不以重

清雍正帝画像

农为先……农事者，帝王所以承天养人，久安长治之本也。”（《世宗宪皇帝御制文集》卷三《敕谕》）。他曾采取不少措施发展农业，如奖励农桑，兴修农田水利设施，鼓励农业技术改革等。由于发展农业，使国库充裕，民生安定，从而对“康乾盛世”起到了承前启后的作用。

鉴于以上，笔者以为此图可题“雍亲王《耕织图》”，但是只要说明此图是雍正帝登基以前命画师绘制的作品，也可题为“雍正《耕织图》”。综观全图可知它是以康熙《御制耕织图》为蓝本绘制的，但并非全摹本，而图绘精致异常，“农桑之务，曲尽情状”。此图究竟为何人所绘，尚待查考。

2005 年故宫博物院在建院八十周年之际，特将深藏于紫禁城武英殿近三百年，过去从未示人的、称为“镇馆之宝”的清代雍正《耕织图》，采用珂罗版精密仿真技术首次进行高仿制作并经传统手工精心装裱，制成珍藏画册，绝版发行八百册，每册均有绝版编号，并由故宫博物院颁发收藏证书。其中 001 号已由联合国收藏，002 号由香港特别行政区政府收藏。文化部还将此图册作为中国文化的代表作品赠送给法国政府。值得称谢的是故宫博物院将此图册作为礼品赠给中国农业博物馆珍藏，因而笔者有幸细观了此册虽非原件的雍正《耕织图》精制本，如愿以偿，确认其为历代耕织图中难得的高仿彩绘作品，因而显得异常珍贵。

故宫博物院在出版说明中特别指出：“最为独特的是雍正《耕织图》，它是雍正登基之前以康熙年间刻版印制的《耕织图》为蓝本，召集数名资深望重的宫廷画家费时数年精心绘制的。”

雍正《耕织图》共有图四十六幅，其中耕图二十三幅，包括：浸种、耕、耙耨、耖、碌碡、布秧、初秧、淤荫、拔秧、插秧、一耘、二耘、三耘、灌溉、收刈、登场、持穗、舂碓、筛、簸扬、砻、入仓、祭神；织图二十三幅，包括：浴蚕、二眠、三眠、大起、捉绩、分箔、采桑、上蔟、炙箔、下蔟、择茧、窖茧、练丝、蚕蛾、祀神、纬、织、络丝、经、染色、攀花、剪帛、裁衣。每幅图都单独成幅，展开则是一幅连贯的、具有田园风情的表现耕织生产全过程的绘画长卷。每幅图纵 38.9 厘米、横 30 厘米，展开总长约 18 米。封面、封底及外盒均用楠木包装，显示出其古色古香的传统艺术魅力和高雅的文化品位。

用雍正《耕织图》与焦秉贞所绘的康熙《御制耕织图》相较，画目及排序与焦图无异（只是织图中“祀神”，焦图为“祀谢”；“裁衣”，焦图为“成衣”）；

画面内容与焦图虽基本相同，但却有自己的创作，并删去了焦图上原有的南宋楼璹的五言诗，而每幅图上方均有雍正帝亲题五言诗一首。与大多数耕织图都是木刻或石刻版本不同的是，雍正《耕织图》为设色绢地手工彩绘本，画工精细，设色典雅，画面布局完美，刻画入微，细腻传神；男女人物，村落场景，田家作苦，皆曲尽其状，生动逼真，栩栩如生。全图不仅描绘了耕、织生产技术和农民辛勤劳动的情景，而且充分体现了雍正时期的“精、细、雅、秀”的绘画艺术特色，是中国宫廷绘画史上的一部传世的精品。

还值得一提的是，与康熙、乾隆相比，雍正在位施政时间较短，只有十三年，所以他的诗词及书法作品流传极少，而雍正《耕织图》上他亲笔所题五言律诗，展现了他文雅遒劲的行草书法和意境深远的诗句，诗、书、画相结合，达到了较完美的统一，使整个作品无论是刻画内容和制作工艺，还是绘画、诗作和书法的艺术技巧，都达到了很高的水平，从而提高了它的欣赏和收藏价值，以及学术研究和历史文献价值。

雍正御笔“耕织图”

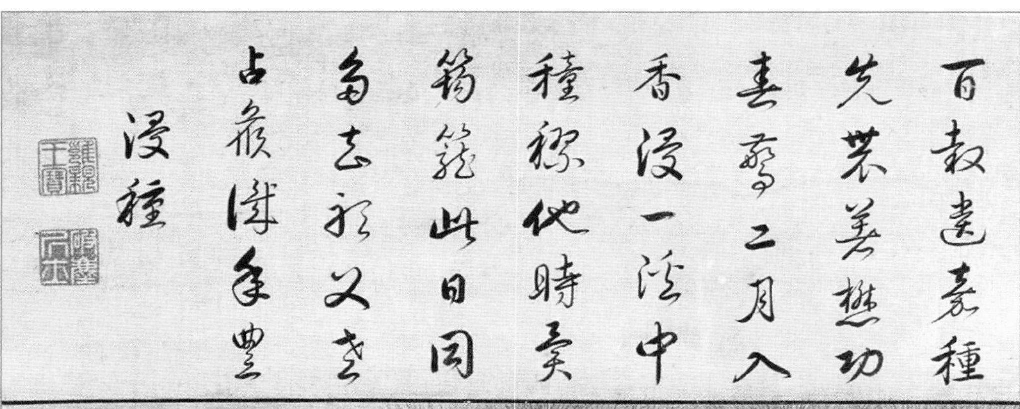

清代雍正《耕织图》耕 1　浸种

清代雍正《耕织图》耕2　耕

清代雍正《耕织图》耕3　耙耨

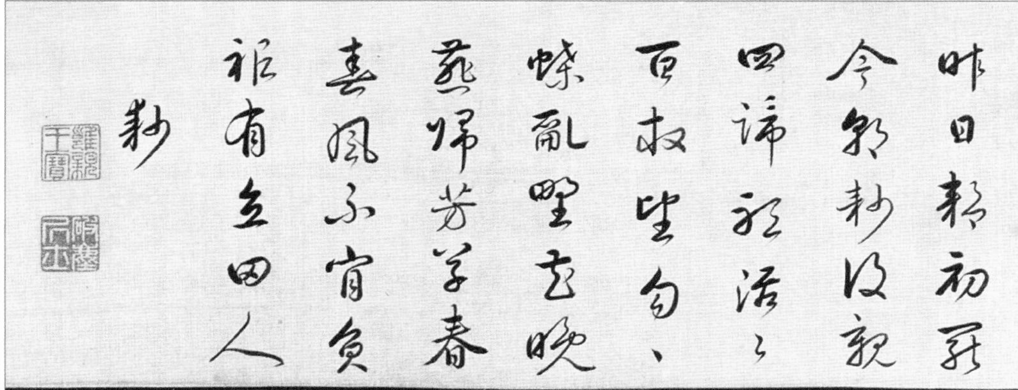

清代雍正《耕织图》耕４　耖

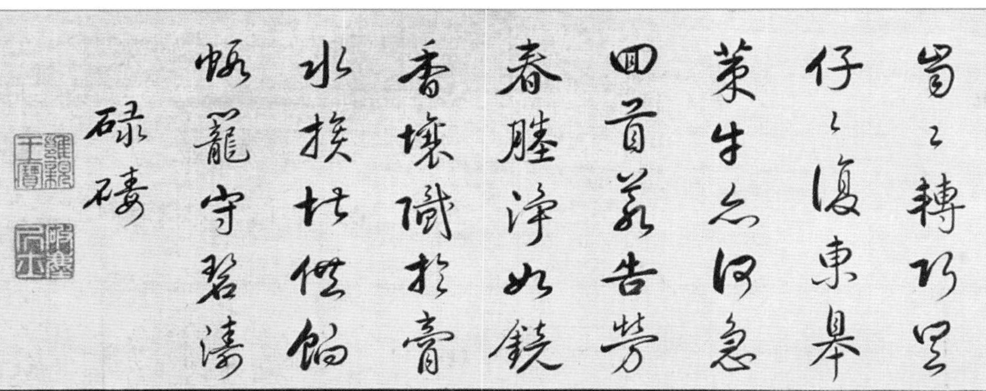

清代雍正《耕织图》耕 5　碌碡

種包於拆甲
秧時喜攜筐
漸漸和煙濕
紛紛落隴香
爭[illegible]簇童種
遙禱[illegible]豐穰
春氣今年早
行看刺水秧
布秧

雍親王寶　破塵居士

清代雍正《耕织图》耕 6　布秧

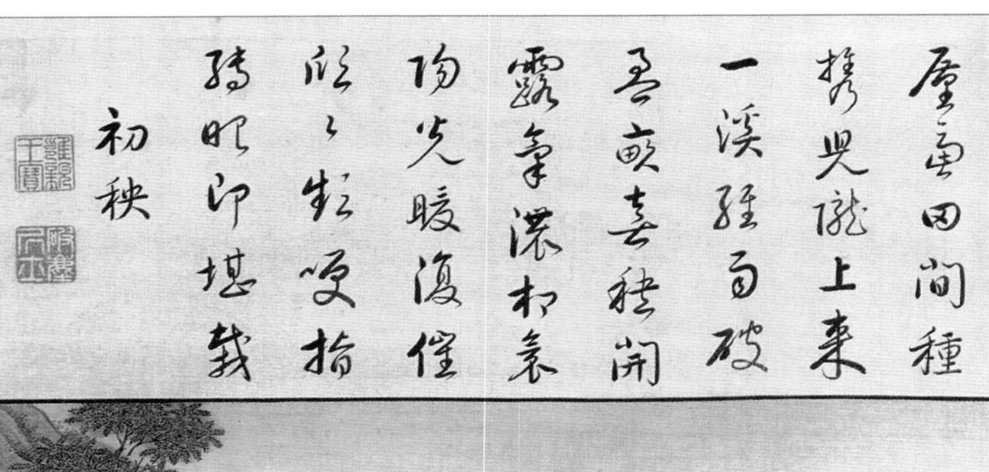

清代雍正《耕织图》耕7　初秋

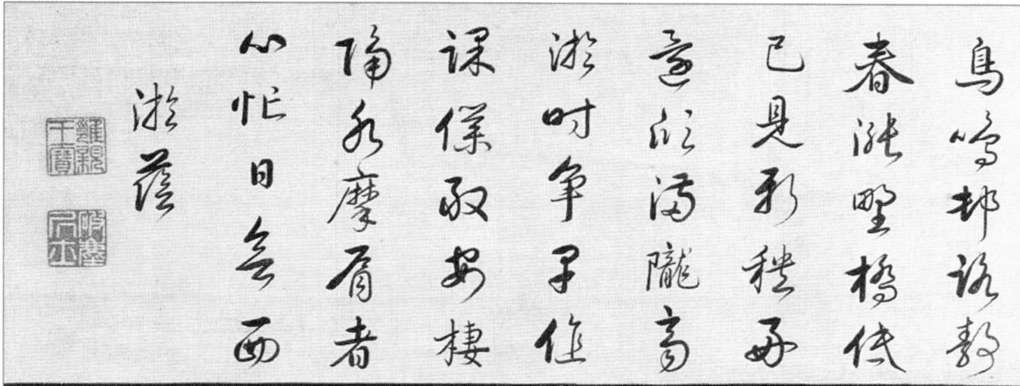

清代雍正《耕织图》耕8　淤荫

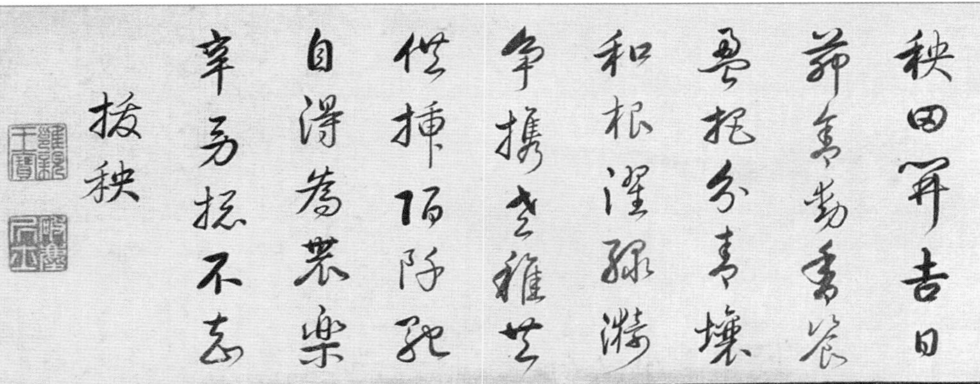

清代雍正《耕织图》耕9　拔秧

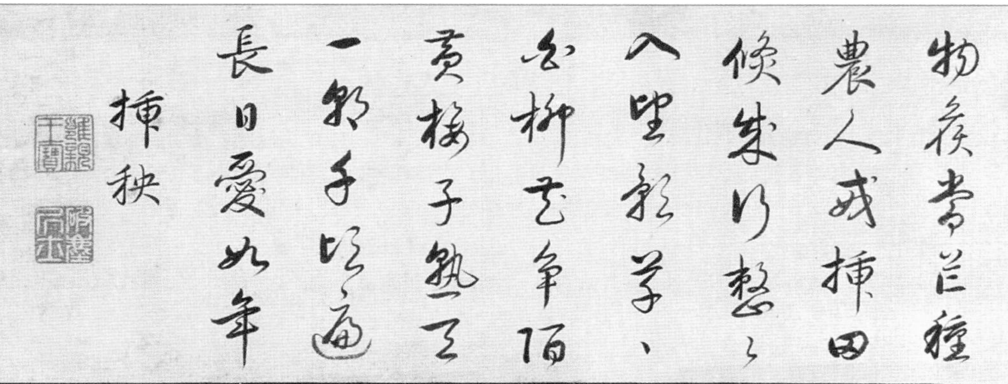

清代雍正《耕织图》耕 10　插秧

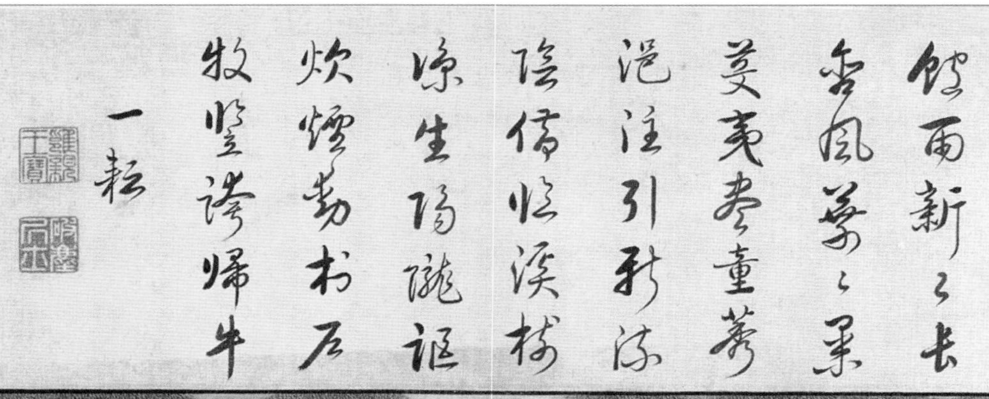

清代雍正《耕织图》耕 11　一耘

清代雍正《耕织图》耕 12　二耘

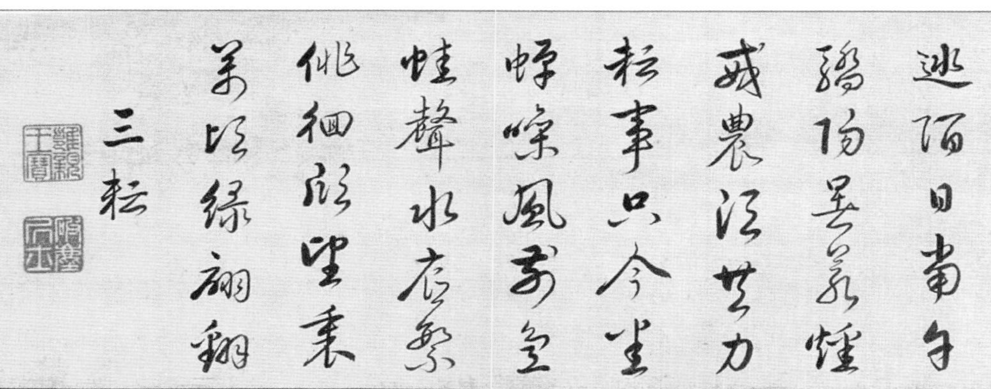

清代雍正《耕织图》耕 13　三耘

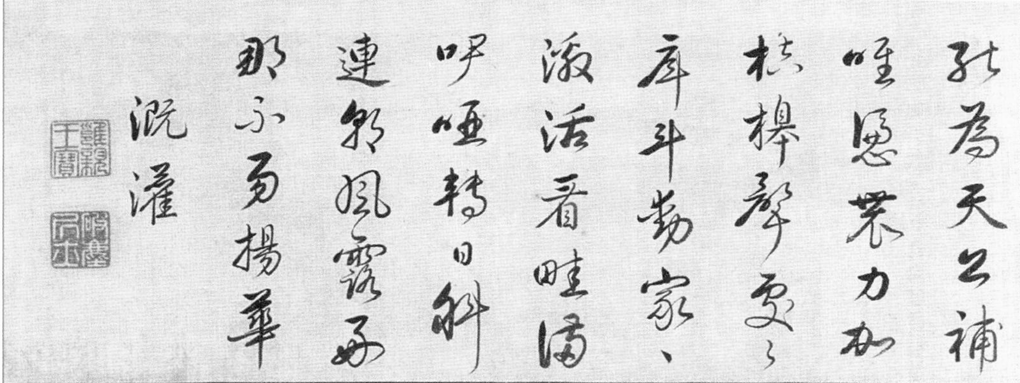

清代雍正《耕织图》耕 14　灌溉

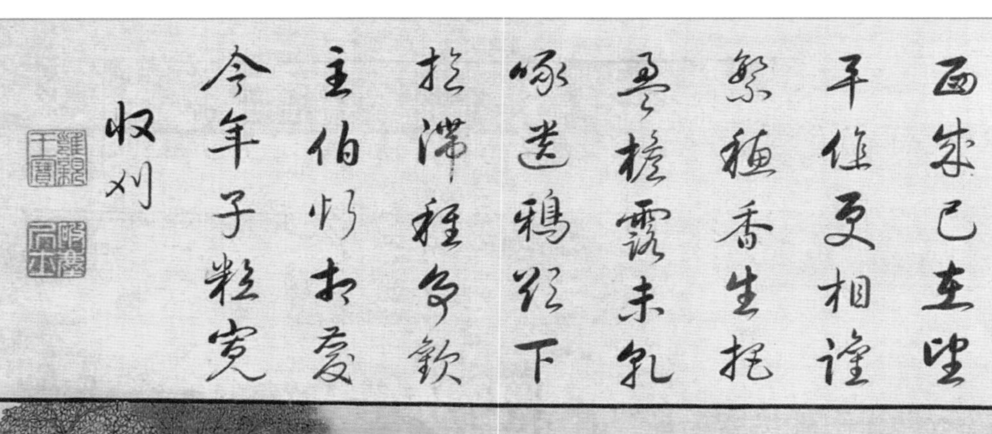

清代雍正《耕织图》耕 15　收刈

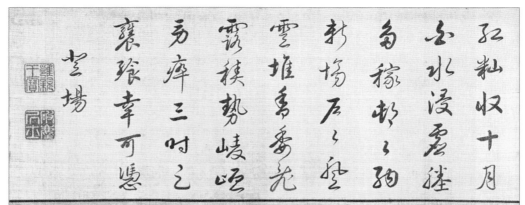

清代雍正《耕织图》耕 16　登场

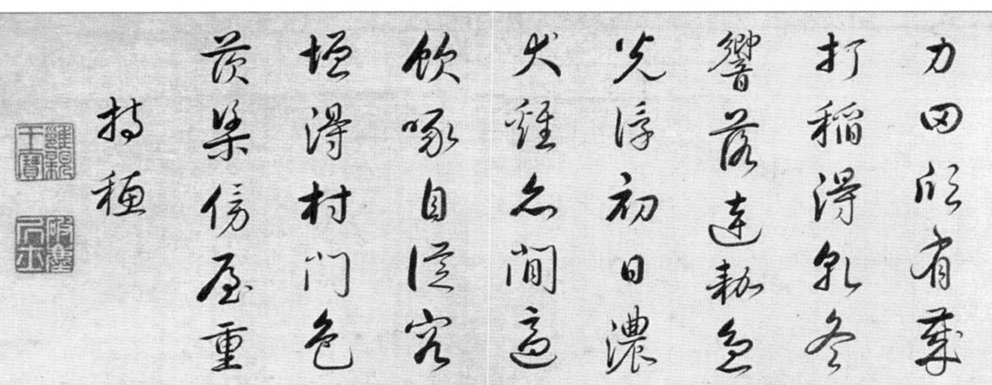

清代雍正《耕织图》耕 17　持穗

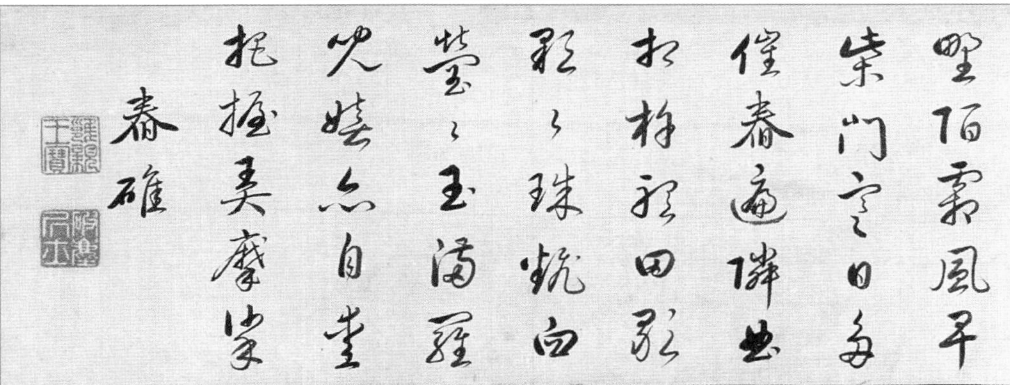

清代雍正《耕织图》耕 18　舂碓

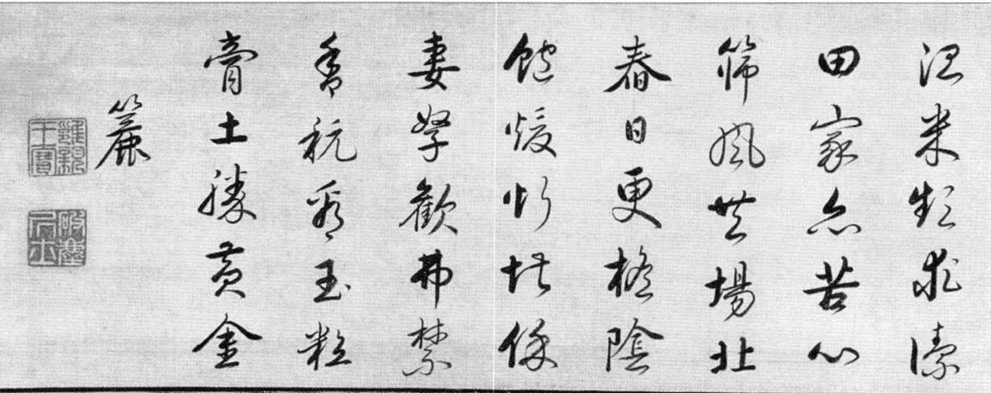

清代雍正《耕织图》耕 19　筛

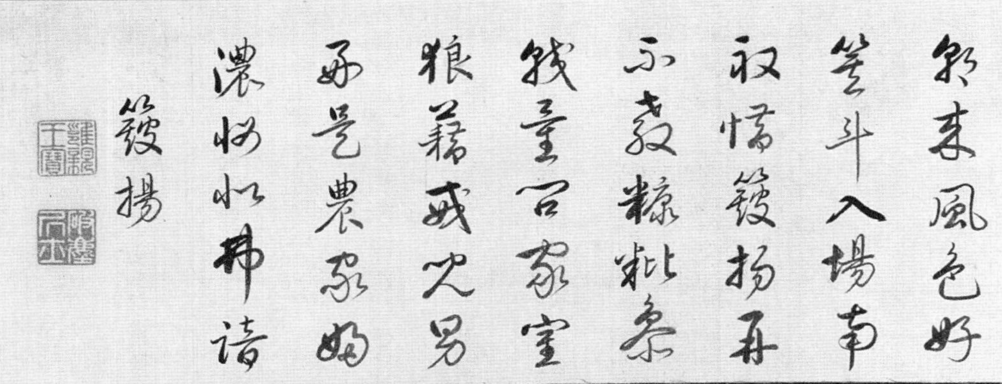

清代雍正《耕织图》耕 20　簸扬

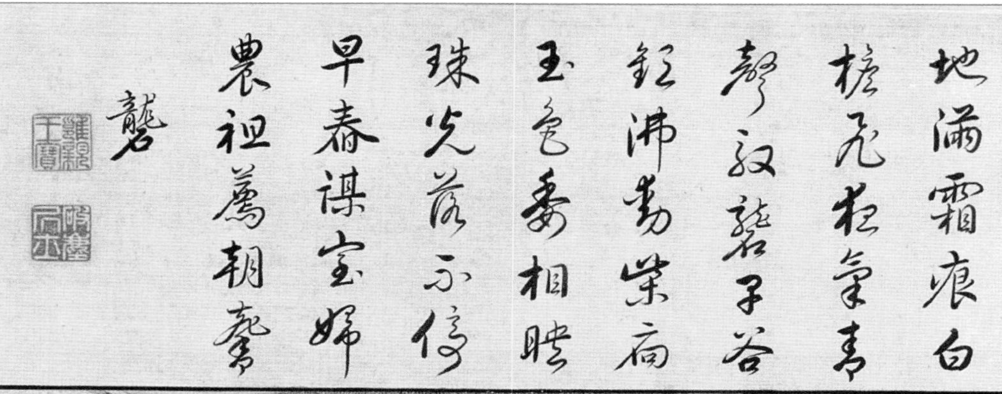

清代雍正《耕织图》耕 21　砻

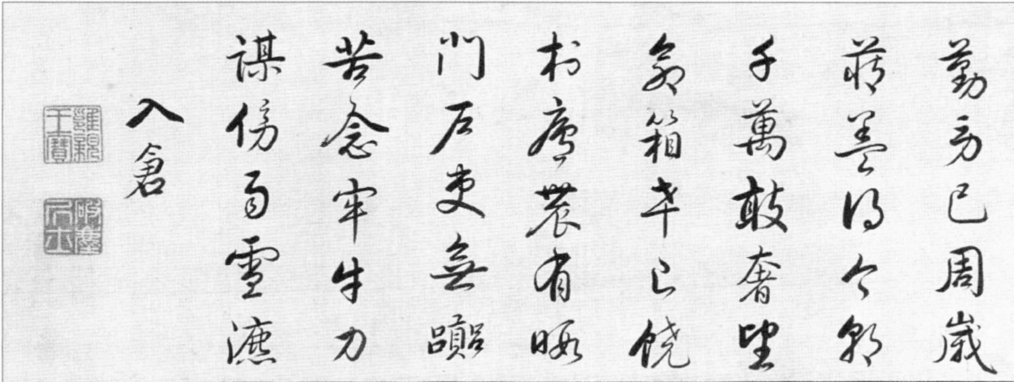

清代雍正《耕织图》耕22　入仓

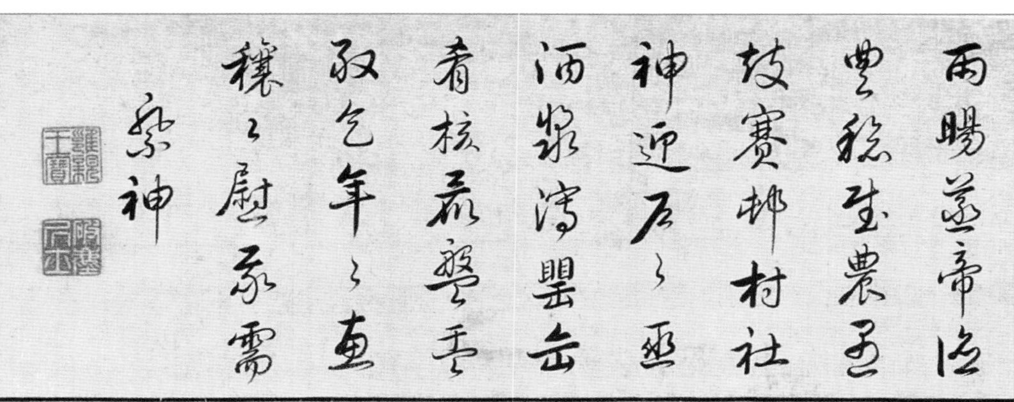

清代雍正《耕织图》耕 23　祭神

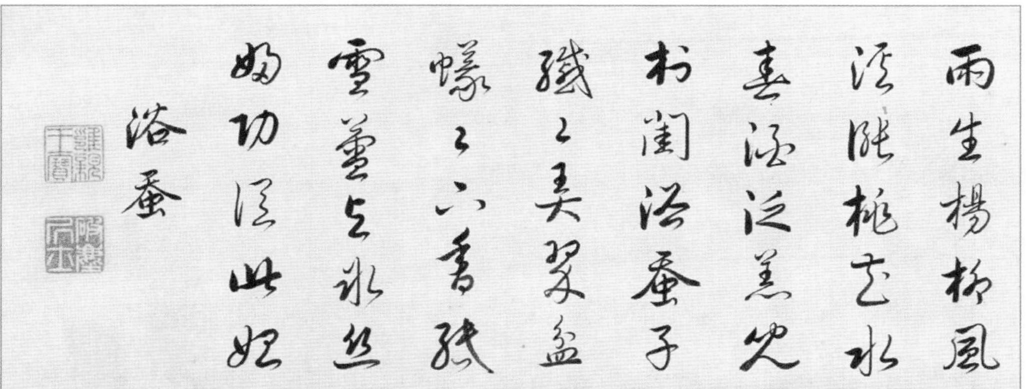

清代雍正《耕织图》织 1　浴蚕

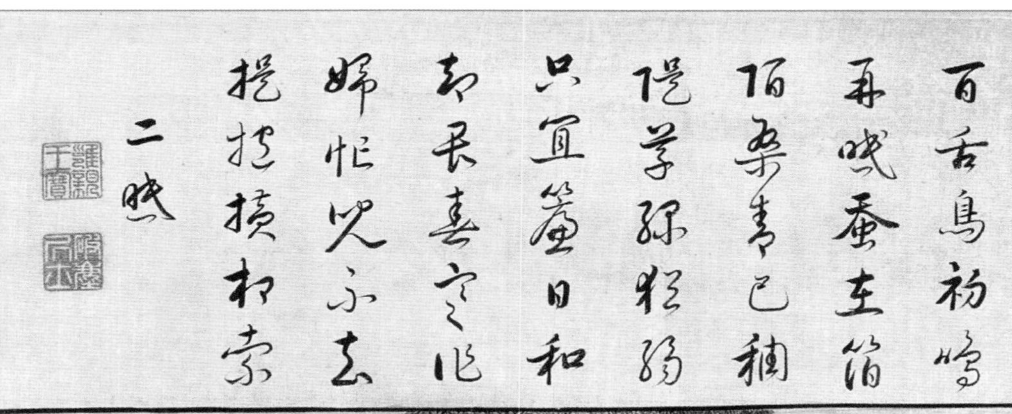

清代雍正《耕织图》织 2　二眠

清代雍正《耕织图》织 3　三眠

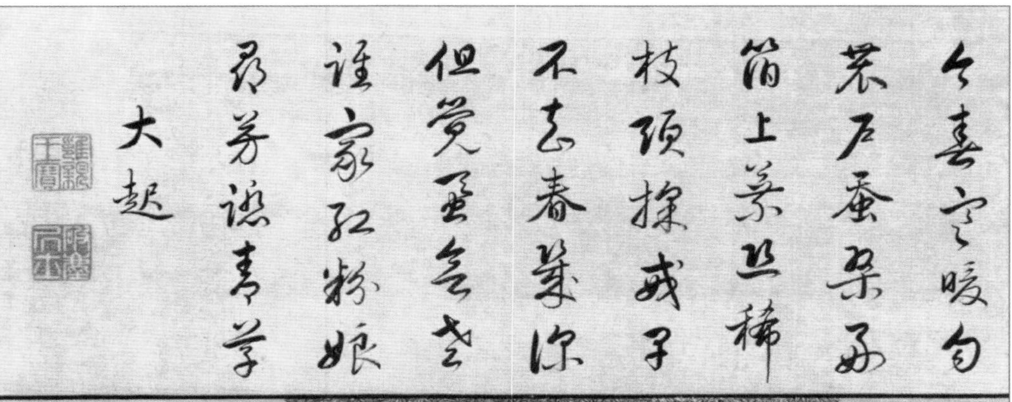

清代雍正《耕织图》织 4　大起

清代雍正《耕织图》织 5　捉绩

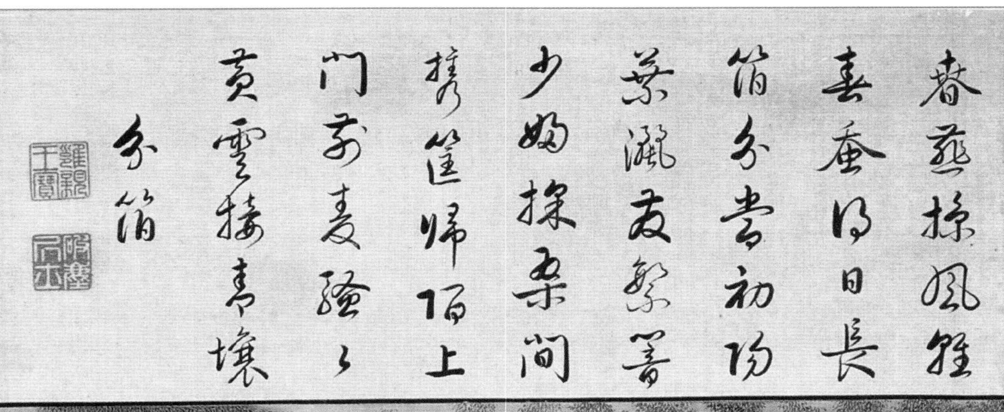

清代雍正《耕织图》织 6　分箔

清代雍正《耕织图》织 7　采桑

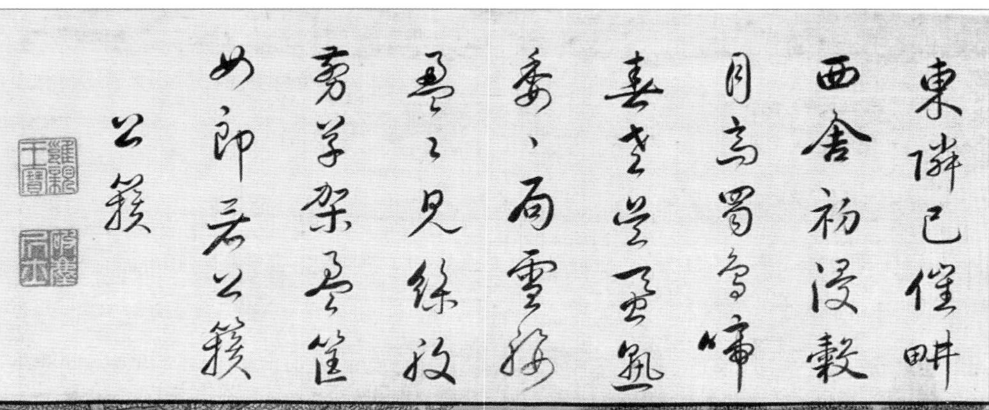

清代雍正《耕织图》织 8　上蔟

春多花信风，寒作麦秋雨。
蓄蚕关蚕舍，杠炭煖蚕户。
香生雪茧明，光吐银丝缕。
都说少闲人，喃喃燕归宇。
炙箔

清代雍正《耕织图》织 9　炙箔

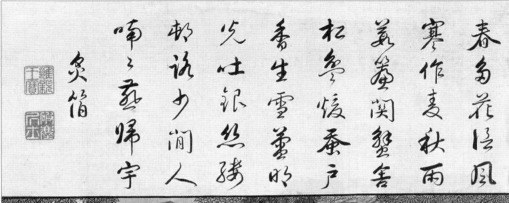

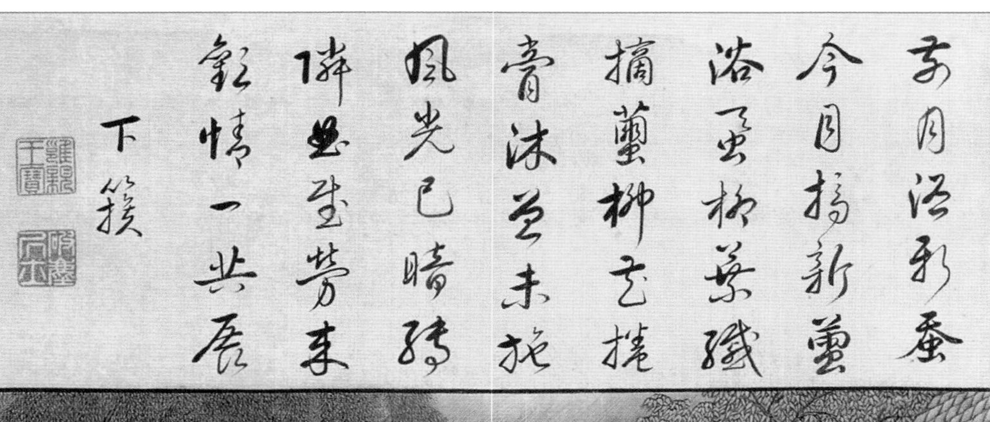

清代雍正《耕织图》织 10　下蔟

清代雍正《耕织图》织 11　择茧

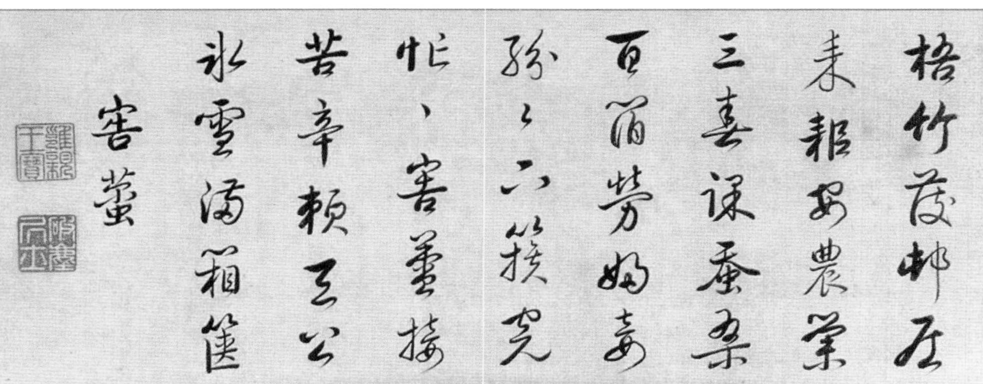

清代雍正《耕织图》织 12　窖茧

清代雍正《耕织图》织 13　练丝

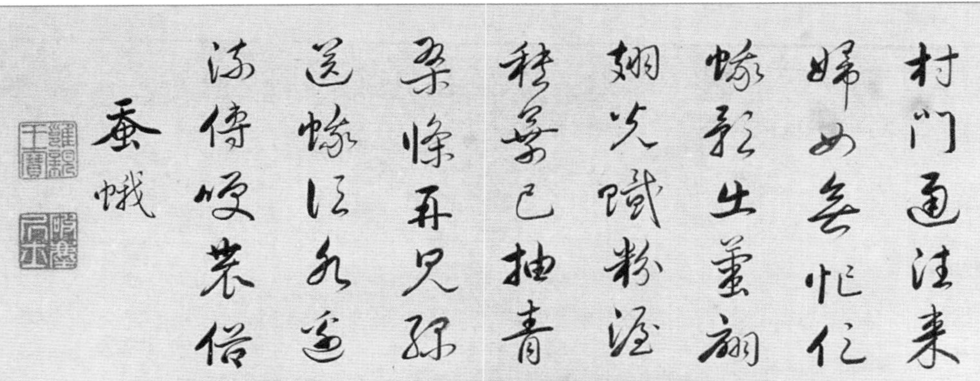

清代雍正《耕织图》织 14　蚕蛾

清代雍正《耕织图》织 15　祀神

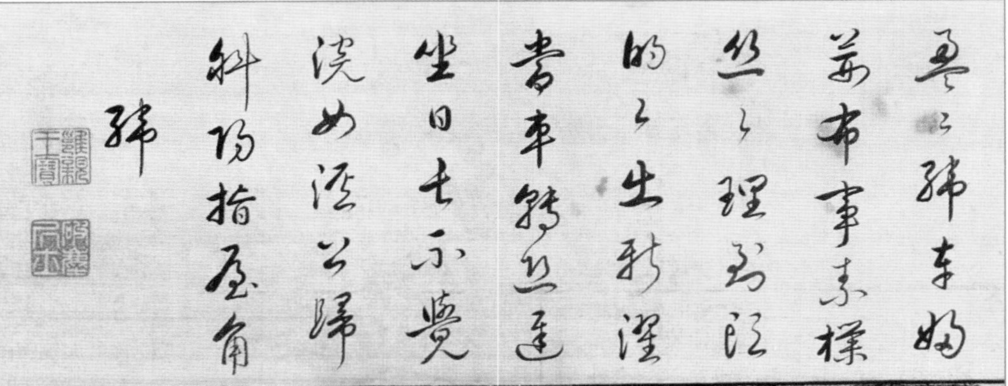

清代雍正《耕织图》织 16　纬

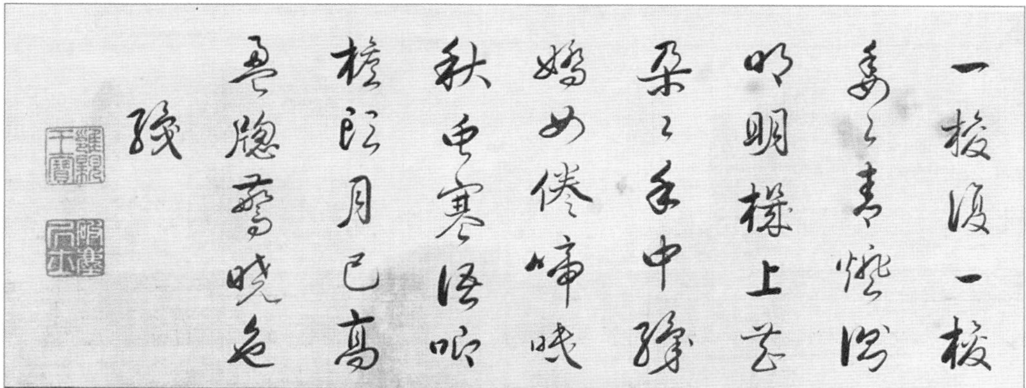

清代雍正《耕织图》织 17　织

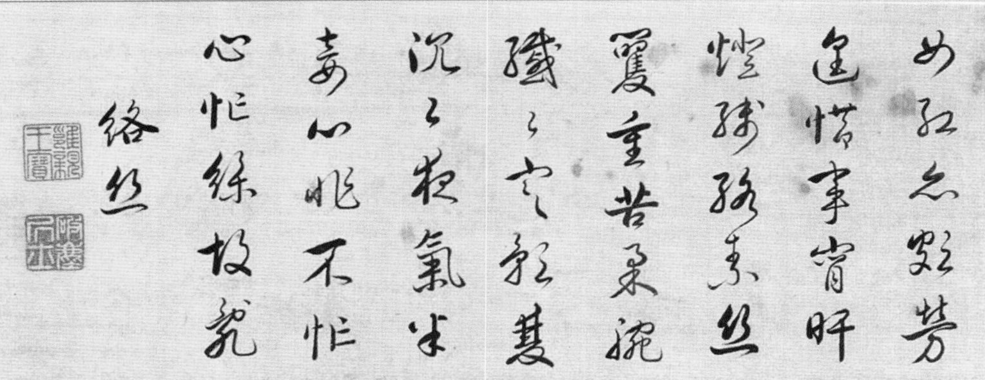

清代雍正《耕织图》织 18　络丝

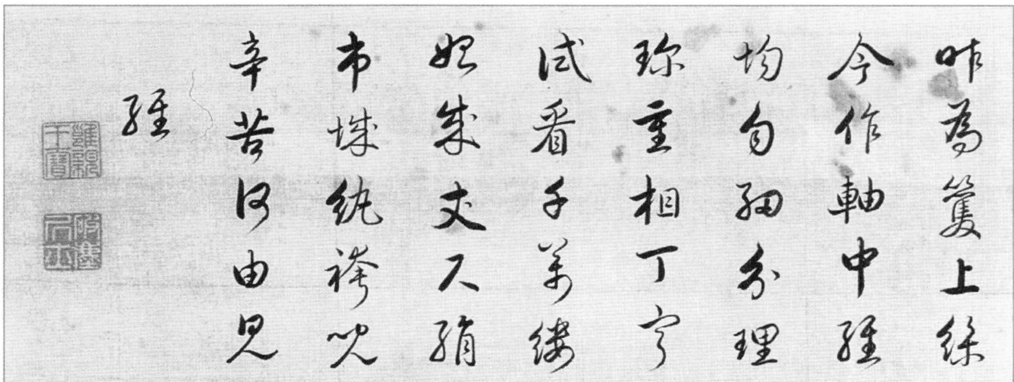

清代雍正《耕织图》织 19　经

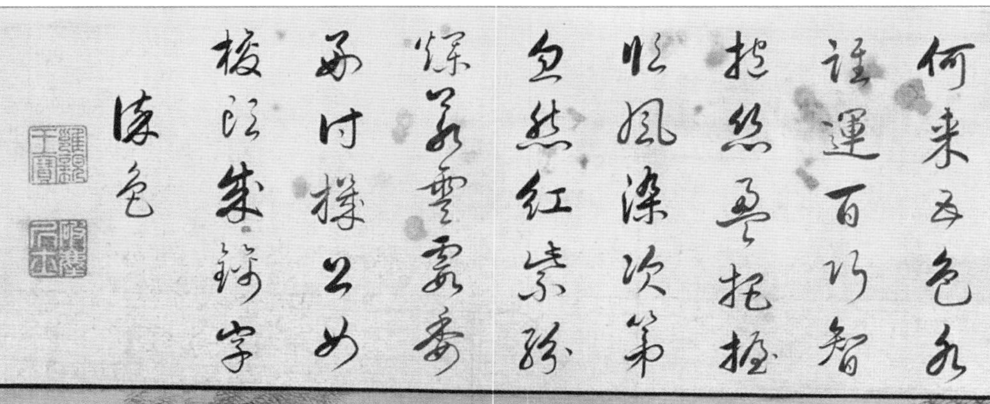

清代雍正《耕织图》织 20　染色

清代雍正《耕织图》织 21　攀花

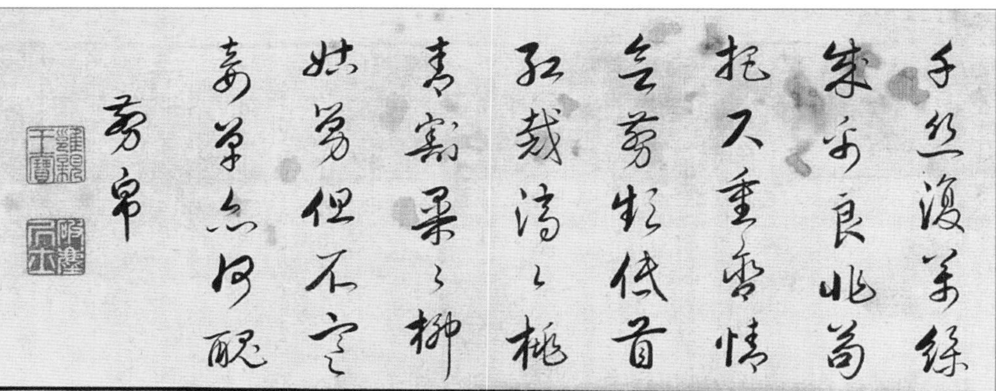

清代雍正《耕织图》织 22　剪帛

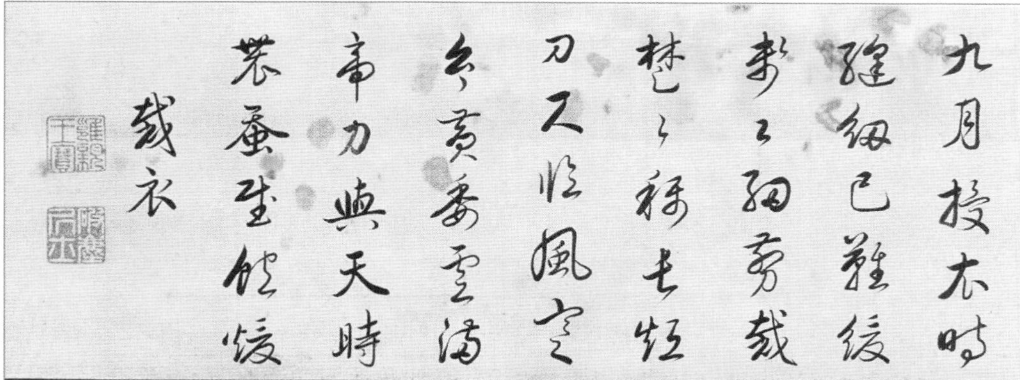

清代雍正《耕织图》织 23　裁衣

3. 冷枚《耕织图》

据清代张庚《国朝画征录》等书记载，冷枚（约 1669—1742），字吉臣，山东胶州人，系康熙《御制耕织图》绘者焦秉贞的弟子，康乾时职宫廷画师。善画人物，尤精仕女，其画法学乃师，颇得师传。冷枚所绘《耕织图》耕、织各二十三幅，合计四十六幅。前有康熙帝御笔题《耕织图序》，最后一幅“成衣”图上有“臣冷枚恭画”五字及冷枚印章。

用冷枚图与南宋楼璹图画目相较有诸多不同，如冷枚耕图比楼图多“初秧”及“祭神”两幅，织图比楼图少“下蚕”“喂蚕”“一眠”三幅，多“染色”“成衣”两幅；其画目顺序与楼图相比也有不同。

用冷枚图与乃师焦秉贞图相较，其画目名称、数量及顺序则完全相同，其画面内容与焦图也无大差别。如“碌碡”图与焦图一样，也存在着将田中作业的“碌碡”画成“耙”形的失误。故从整体看，冷枚图是对焦图的摹绘着色而成的。

但冷枚图与焦图也有几点不同之处：第一，冷枚图删去了焦图每幅保留的南宋楼璹所题五言诗；第二，冷枚图保留了焦图上方康熙帝所题七言诗，但纠正了原织图中“二眠”及“捉绩”两图七言诗对调的错误；第三，冷枚图画面细部与焦图有出入，比较突出的如“砻”图中农夫推的“砻”上有一方形斗状的盛粮器，而焦图则无此器；第四，在人物的发式、装扮、动作，以及田舍、山水的布置、装饰等方面有异。总之，其画风与焦秉贞不完全相同。

清代冷枚《耕织图》耕 1　浸种

清代冷枚《耕织图》耕 2　耕

清代冷枚《耕织图》耕 3　耙耨

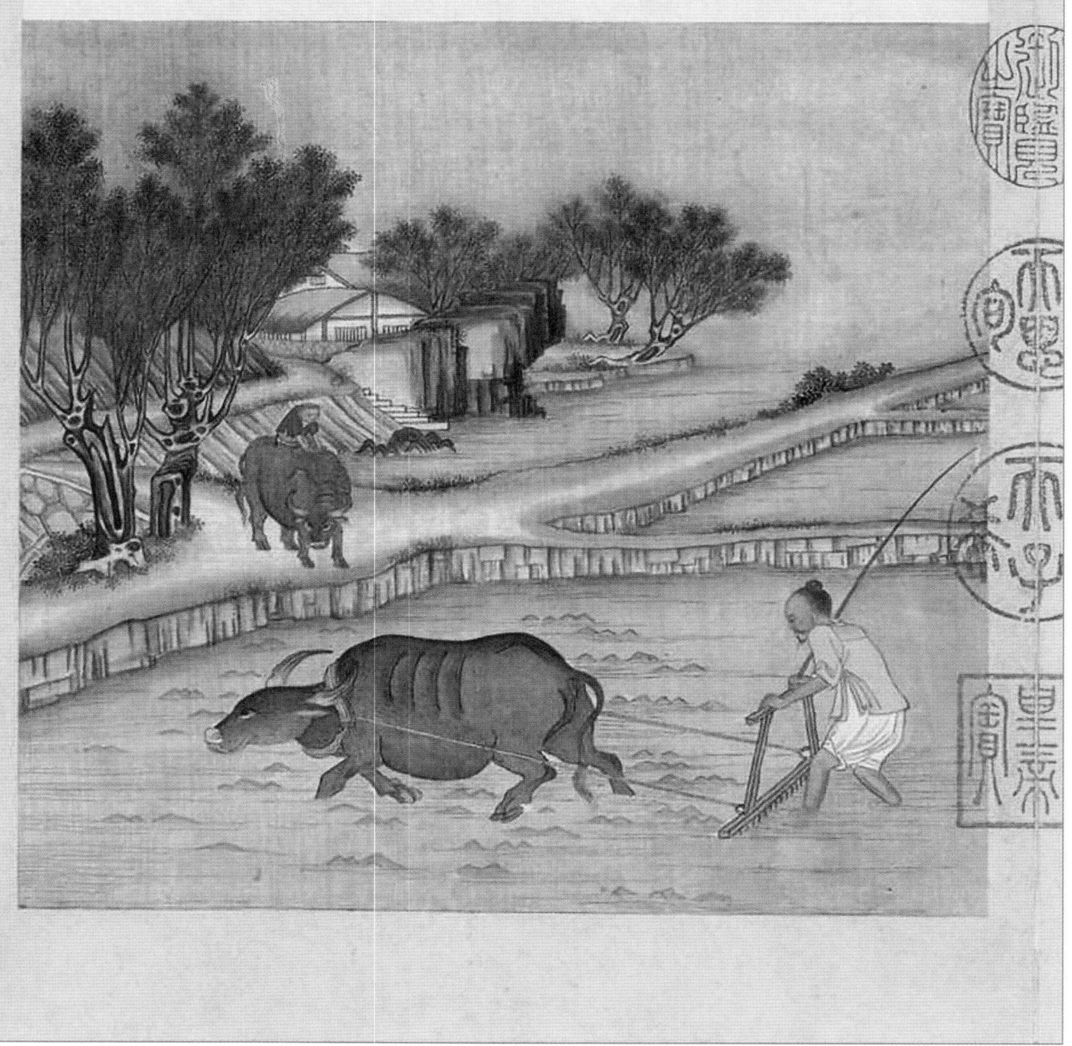

清代冷枚《耕织图》耕4　耖

老農力穡慮偏周，早夜扶犁未肯休。更駕烏犍旋碌碡，好教春水滿平疇。

清代冷枚《耕织图》耕 5　碌碡

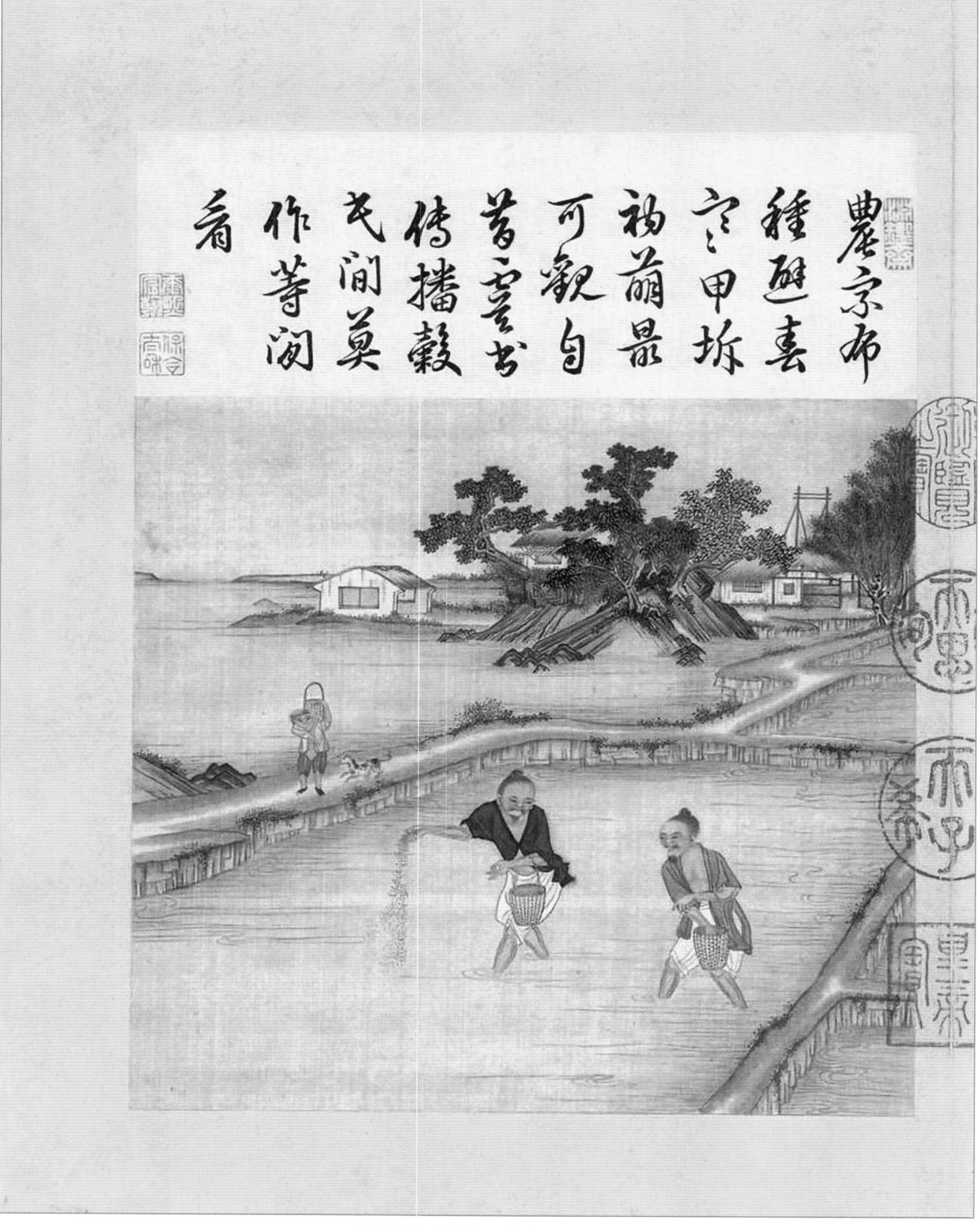

清代冷枚《耕织图》耕6　布秧

清代冷枚《耕织图》耕 7　初秧

清代冷枚《耕织图》耕 8　淤荫

清代冷枚《耕织图》耕9　拔秧

清代冷枚《耕织图》耕 10　插秧

清代冷枚《耕织图》耕 11　一耘

清代冷枚《耕织图》耕 12　二耘

清代冷枚《耕织图》耕 13　三耘

清代冷枚《耕织图》耕 14　灌溉

清代冷枚《耕织图》耕 15　收刈

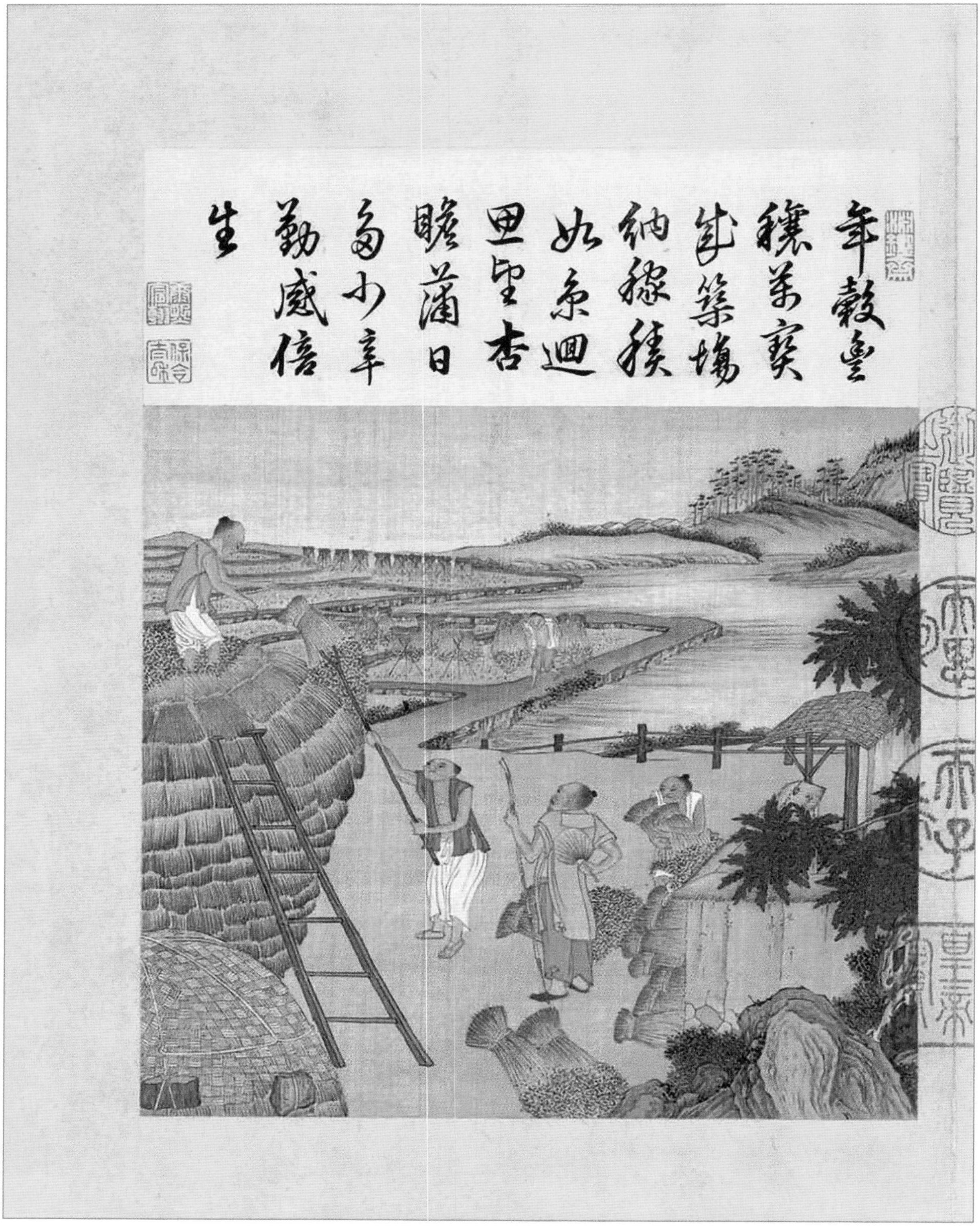

年穀豐
穰萬寶
成築場
納稼積
如京迴
思望杏
瞻蒲日
多少辛
勤感倍
生

清代冷枚《耕织图》耕 16　登场

清代冷枚《耕织图》耕 17　持穗

清代冷枚《耕织图》耕 18　舂碓

清代冷枚《耕织图》耕 19　筛

清代冷枚《耕织图》耕 20　簸扬

清代冷枚《耕织图》耕 21　舂

倉箱頓滿各欣然補葺牛牢雨雪天盼到蓋藏休晚日從來拮据已經年

清代冷枚《耕织图》耕 22　入仓

清代冷枚《耕织图》耕 23　祭神

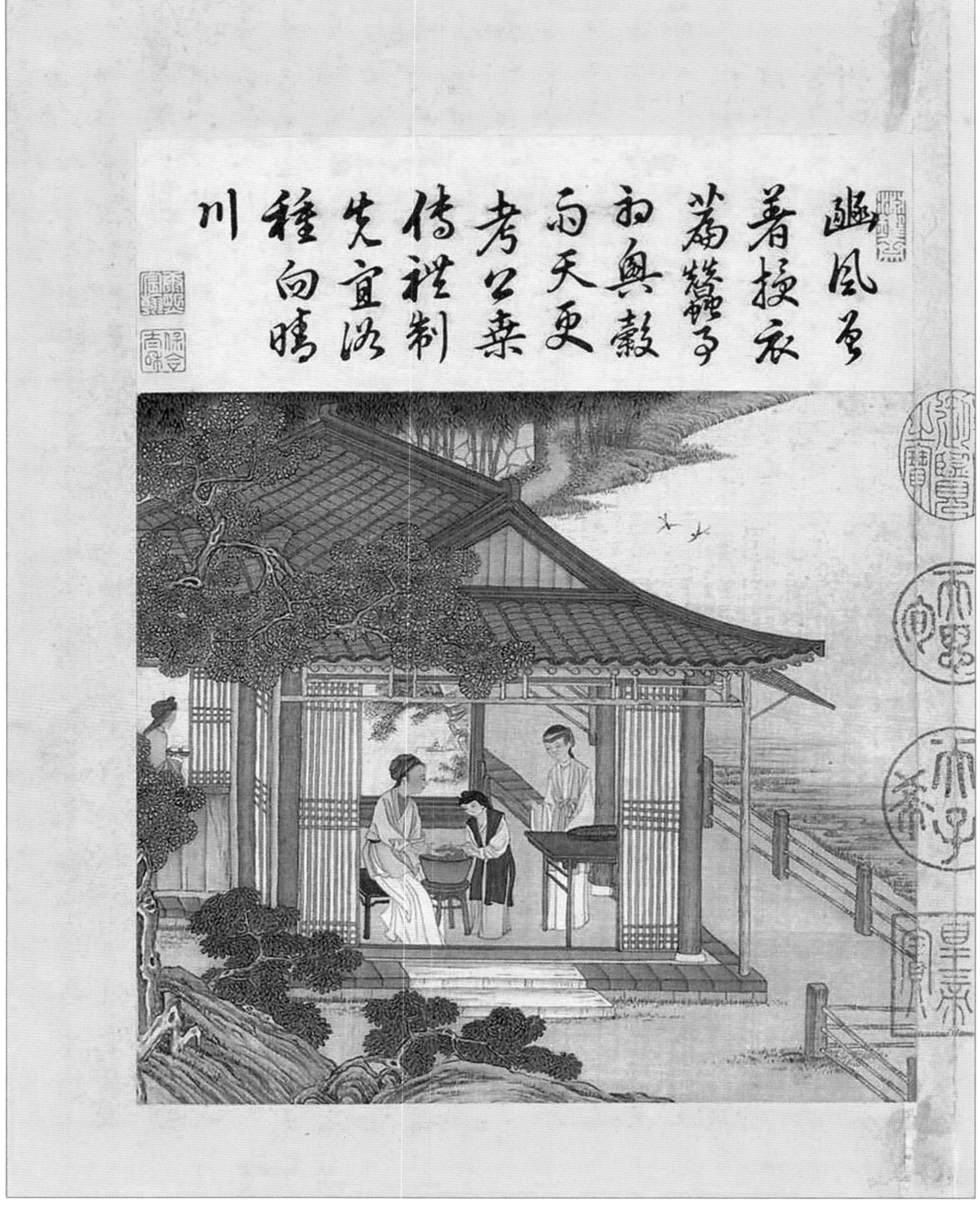

清代冷枚《耕织图》织 1　浴蚕

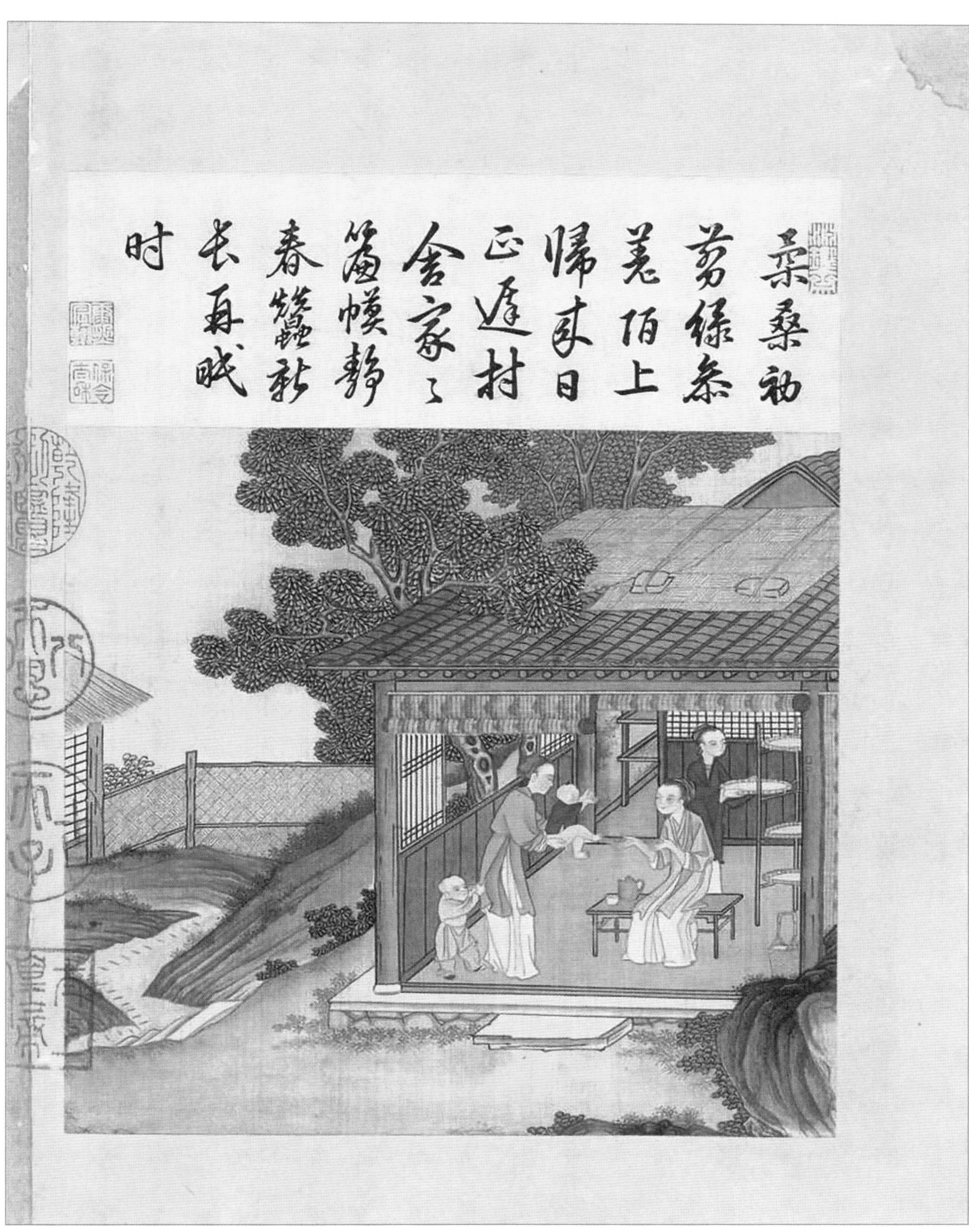

清代冷枚《耕织图》织 2　二眠

清代冷枚《耕织图》织 3　三眠

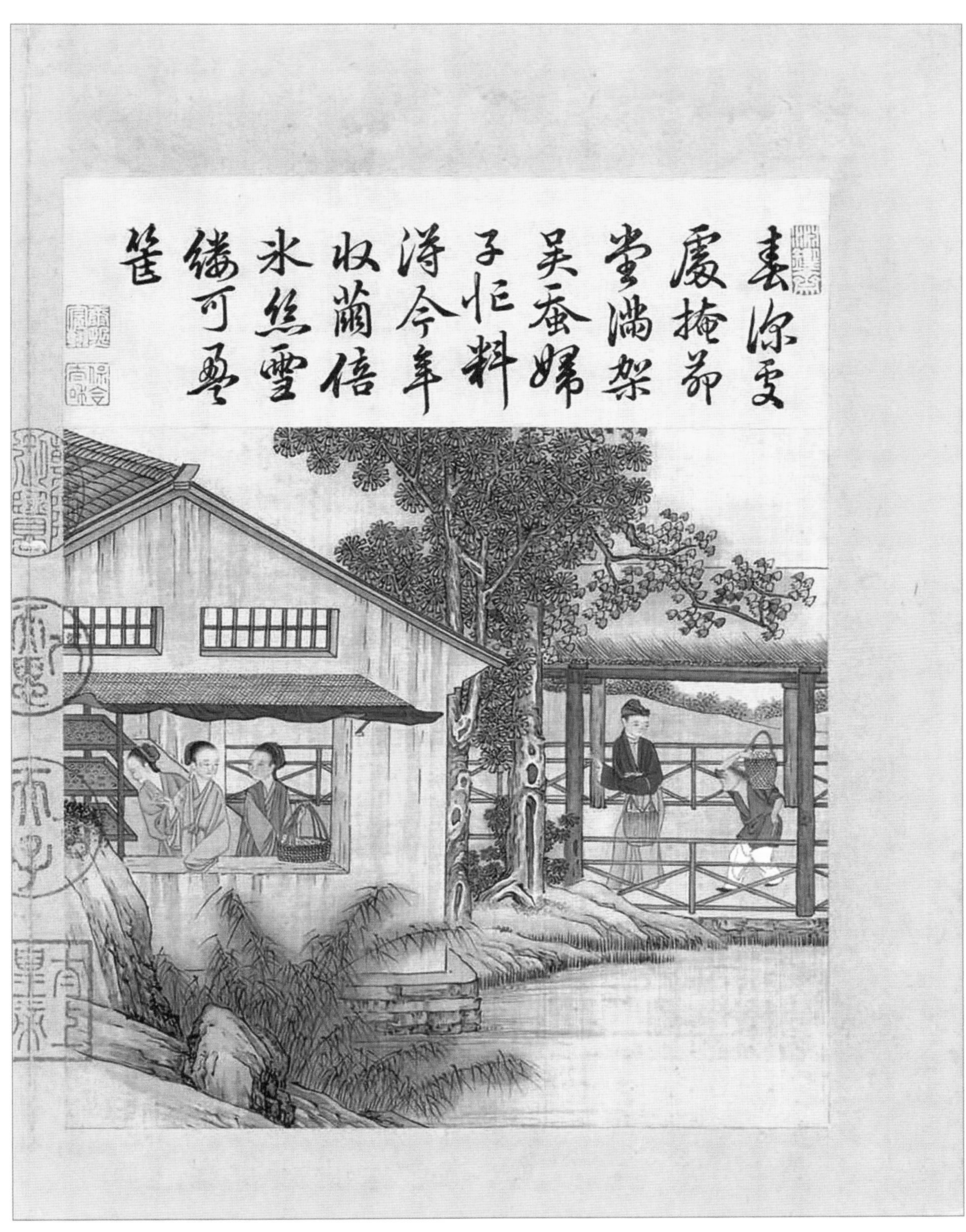

清代冷枚《耕织图》织 4　大起

清代冷枚《耕织图》织 5　捉绩

清代冷枚《耕织图》织6　分箔

清代冷枚《耕织图》织 7　采桑

清代冷枚《耕织图》织 8　上蔟

蠶性由來苦畏寒深深氈幕夜將闌鑪頭更爇松明火老嫗殷勤日探看

清代冷枚《耕织图》织 9　炙箔

清代冷枚《耕织图》织 10　下蔟

冰蔺方堪作素纨，重绵还藉絮添寒。就中自有因材法，拣取筐间次第观。

清代冷枚《耕织图》织 11　择茧

清代冷枚《耕织图》织 12　窨茧

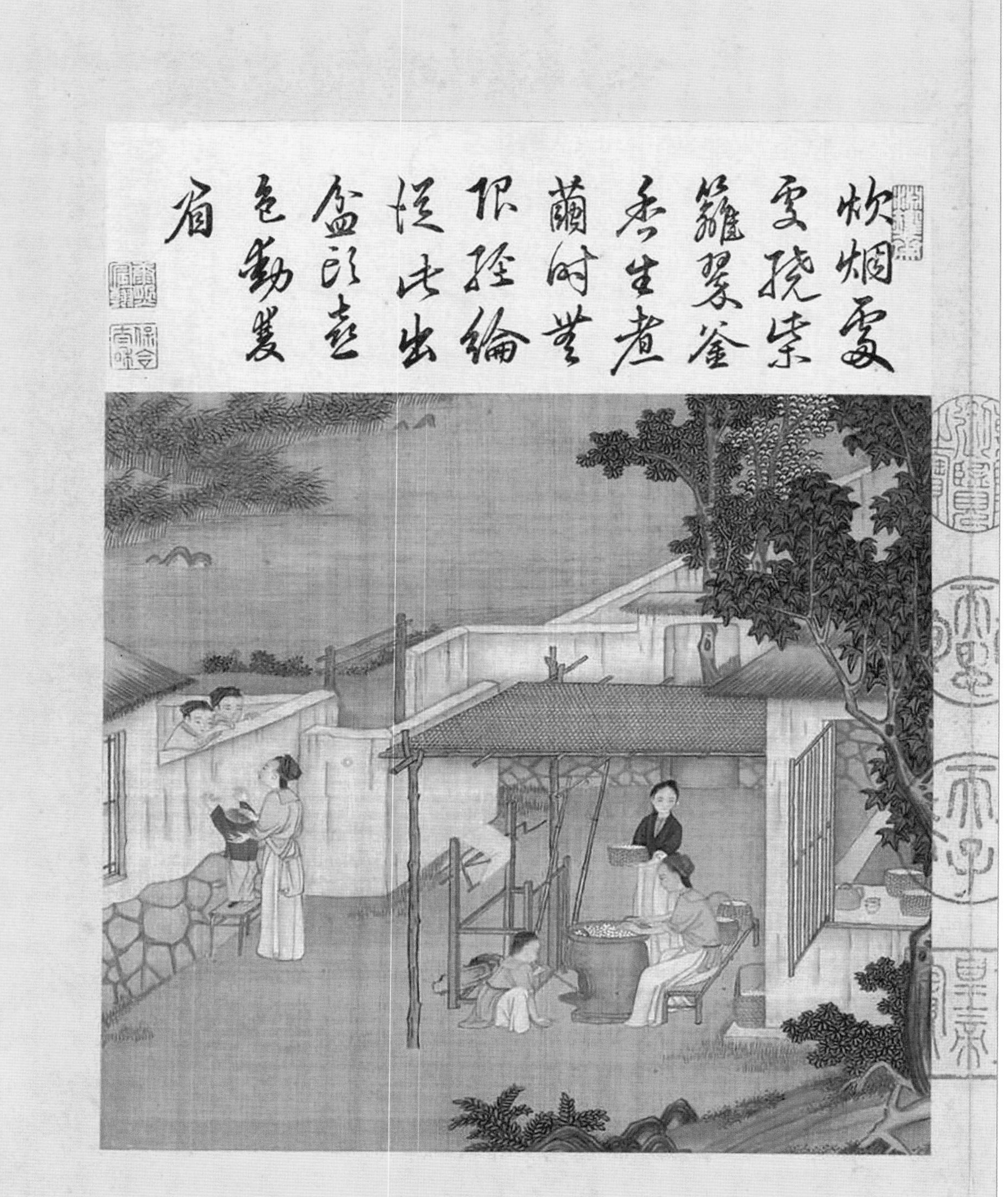

清代冷枚《耕织图》织 13　练丝

清代冷枚《耕织图》织 14　蚕蛾

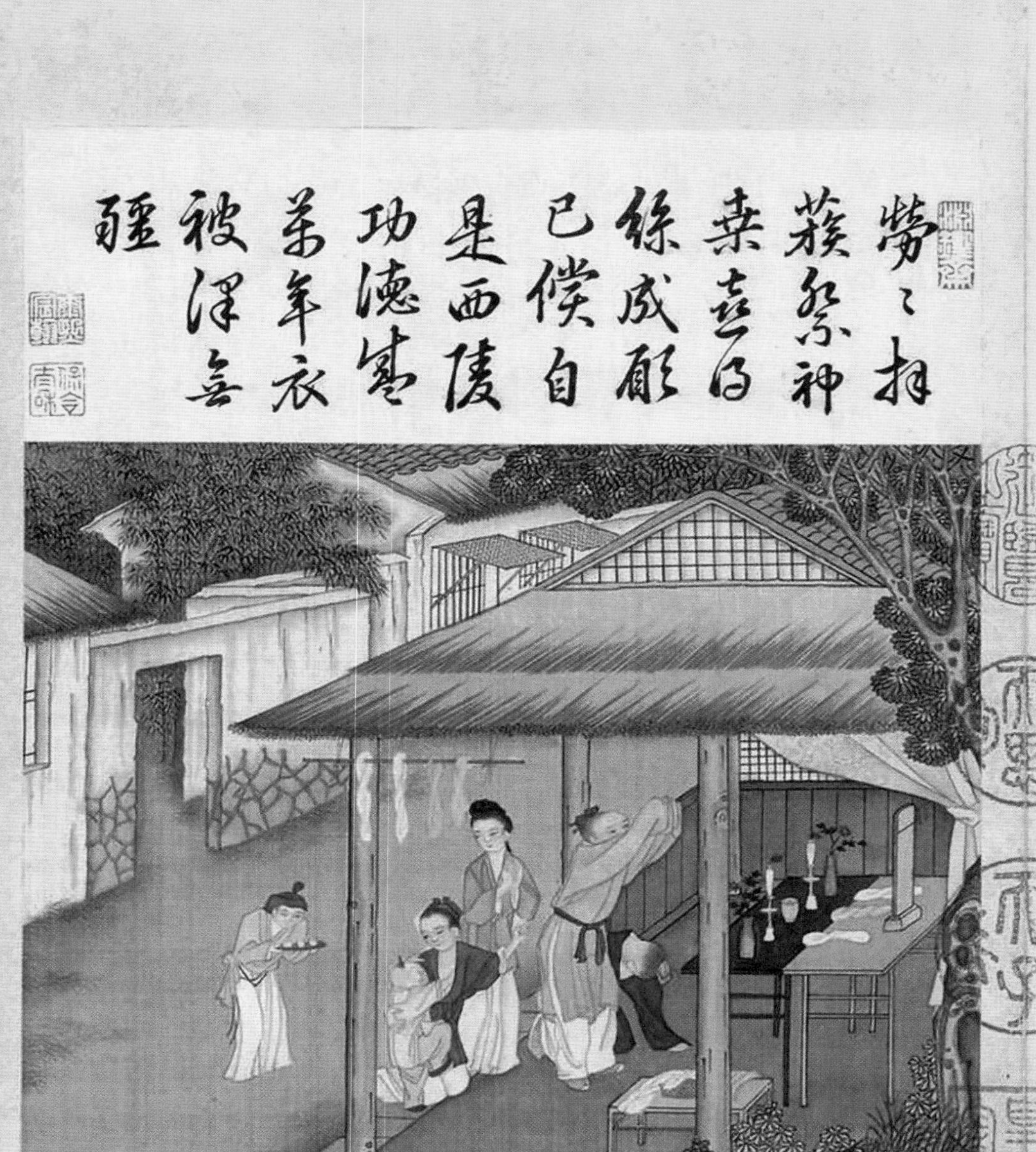

清代冷枚《耕织图》织 15　祀谢

清代冷枚《耕织图》织 16　纬

從來蠶績女功多當念勤勞惜綺羅織婦絲絲經手作夜寒猶自未停梭

清代冷枚《耕织图》织 17　织

清代冷枚《耕织图》织 18　络丝

清代冷枚《耕织图》织 19　经

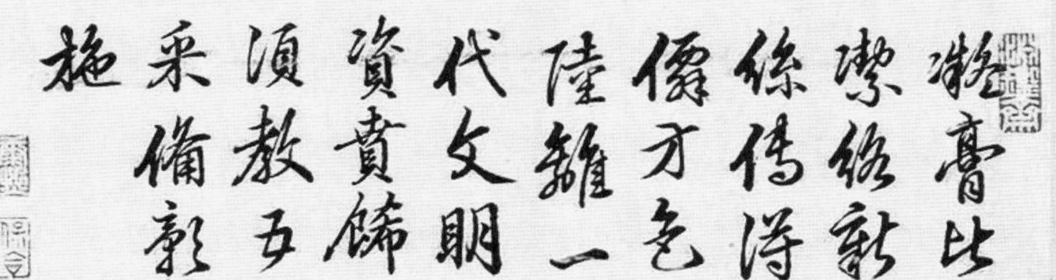

清代冷枚《耕织图》织 20　染色

清代冷枚《耕织图》织 21　攀花

清代冷枚《耕织图》织 22　剪帛

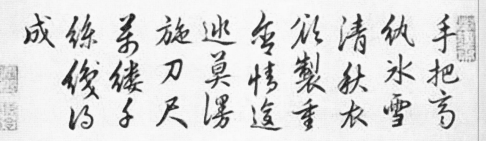

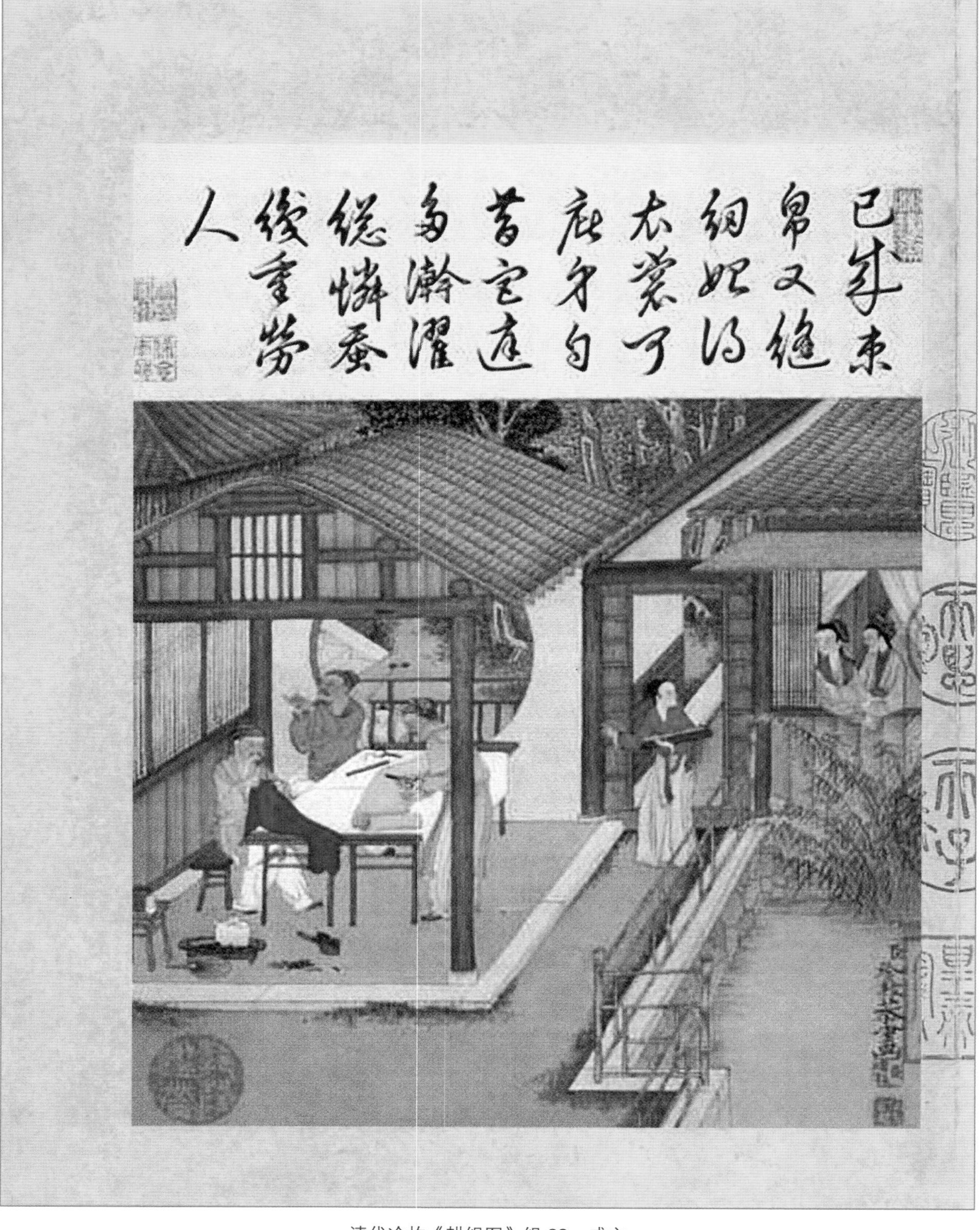

清代冷枚《耕织图》织 23　成衣

4. 陈枚《耕织图》

据《国朝画征录》等书记载，陈枚（约1694—1745），字载东，号殿抡，晚号枝窝头陀，娄县（今上海松江）人。乾隆年间供奉宫廷画院。清高宗弘历于乾隆四年（1739年）令陈枚绘《耕织图》一套。《石渠宝笈》卷二十三记载："陈枚画《耕织图》，素绢本着色画，凡四十六幅，第一幅至第二十三幅耕图；第二十四幅至第四十六幅织图。末幅款云：臣陈枚恭画，下有臣陈枚恭画二印。幅高八寸二分，广九寸二分。"图前有清高宗弘历于"乾隆四年夏四月既望"御笔"题记"，文中云："昔我圣祖仁皇帝尝谱农功蚕事之始终，绘图各二十三幅，幅系以诗序而刻之，以示子孙臣庶，予少见而慕之。及长，少知文，律口咏心，惟于序所称，衣帛思织女之寒，食粟念农夫之苦，未尝不三复流连而不能自已也。爰依次步韵，引伸触类，以阐教思之深志。景行之切，窃惟我皇祖临御天下六十有一年，实政深仁，沦浃于四海，皆重农桑，勤恤民隐之心所充积而四达也。因命工绘前图，每幅书旧作于上，自惟辞义蹇浅，不足以续圣制之高深，而朝夕披览，庶几无忘初志于我皇祖，勤恤民隐之实心富政，孜孜不敢少怠云耳。"从题记中可知乾隆帝命人重绘《耕织图》的本意。

昔我
聖祖仁皇帝嘗譜農功蠶事之始終繪
圖各二十三幅幅繫以詩序而刻
之以示子孫臣庶予少見而慕之
及長少知文律口詠心惟於序所
稱衣帛思織女之寒食粟念農夫
之苦未嘗不三復流連而不能自
已也爰依次步韻引伸觸類以闡
教思之深志景行之切竊惟我
皇祖臨御天下六十有一年實政深仁
淪浹於四海皆重農桑勤恤民隱
之心所充積而四達也因命工繪
前圖每幅書舊作於上自惟辭
義蹇淺不足以續
聖製之高深而朝夕披覽庶幾無忘初
志於我
皇祖勤恤民隱之實心實政孜孜不敢
少怠云耳
乾隆四年夏四月既望題并書

清乾隆帝御笔"题记"

陈枚《耕织图》耕、织各二十三幅，共四十六幅，其画目名称、数量及顺序与焦秉贞图完全相同。画面与焦图也基本相同，其中的“碌碡”也画成了“耙”形，可见该图也是摹绘焦图而成的。画面细部则略有出入，如“耙耨”图中有一撑伞、提篮的送饭妇女从田塍上走来，而焦图及冷枚图均无此送饭妇女，雍正图上则有；陈枚“登场”图中增加了两个妇女在门口观望，“持穗”图中增加了一个妇女领一幼童归来，等等，凡此都同于雍正图，而有别于焦图和冷枚图。

陈枚图与焦图及冷枚图显著不同之处是，图上除有“嘉庆御览之宝”等多种钤章外，每图冠有乾隆帝恭和康熙帝《御制耕织图》诗原韵题诗一首，共四十六首。如“浸种”诗云：“气布青阳造化功，东郊俶载万方同。溪流浸种如油绿，生意含春秀色笼。”“织”诗云：“织女工夫午夜多，何曾已自著丝罗。银兰照处方成寸，却早循环掷万梭。”其诗意与康熙帝诗有异。

冷枚及陈枚所绘《耕织图》都非常精致，均系焦秉贞《耕织图》派生的宫廷绘画作品，两图原为清宫收藏品，现均由台北故宫博物院珍藏。

氣布青陽造化功，東郊併載節方同。溶溶浸種如油綠，生意含春秀色籠。

浸種

清代陈枚《耕织图》耕 1　浸种

宿雨初過曉日晴烏犍有力足春畊田家辛苦那知倦更聽枝頭布穀聲　耕

清代陈枚《耕织图》耕 2　耕

九重宵旰
廑民依
課量陰
晴惣不
遠縹緲
雲山迷
樹色綠
蓑扶耙
雨霏〻
耙耨

清代陈枚《耕织图》耕3　耙耨

清代陈枚《耕织图》耕 4　耖

當雨扶犁一夕周作勞終畝皷辭休縱橫碌碡如梭轉膏壤勻鋪惣舊疇

碌碡

清代陈枚《耕织图》耕 5　碌碡

二月春風料峭寒，原田鱗疊入遐觀。家悕舊穀生新穎，欲布秧還仔細看。

布秧

清代陈枚《耕织图》耕6　布秧

清代陈枚《耕织图》耕 7　初秧

清代陈枚《耕织图》耕 8　淤荫

匀鋪綠秧滿平川萬井風和花欲然移自南疇向西陌拔秧時節日長天

拔秧

清代陈枚《耕织图》耕 9　拔秧

甫田萬井水瀰瀰，拔滑新秧欲插時。
槐夏麦秋天氣好，及時樹藝莫教遲。
插秧

清代陈枚《耕织图》耕 10　插秧

新穎鵞黄遠似波，揠苗助長槁如何。惟庶芟薙勤人力，自鮮莠稂害稗禾。

一耘

清代陈枚《耕织图》耕 11　一耘

壺漿饁婦大隄行，家是畦塍莠易生。勞苦再耘還再饋，可憐農叟望年情。

二耘

清代陈枚《耕织图》耕 12　二耘

朱火炎炎日午長，三耘曝背向林塘。邪無解慍傳風信，天遣微薰動綠芒。三耘

清代陈枚《耕织图》耕 13　三耘

抱甕終輸氣力微
桔槔輪轉迅如飛
池塘水滿新禾潤
樹下乘涼待月歸

灌溉

清代陈枚《耕织图》耕 14　灌溉

桐風蕭瑟露珠晞，滿壄黃雲映落暉。是處腰鐮收穫遍，擔頭挑得萬錢歸。

收刈

清代陈枚《耕织图》耕 15　收刈

清代陈枚《耕织图》耕 16　登场

塲圃平堅灰甃成如坻露積家閒情懸勤婦子争持穗好聽千家拍⺀聲 持穗

清代陈枚《耕织图》耕 17　持穗

木末金
風陣ㄑ
吹松明
火燒隔
踈籬何
来春相
深宵裏
可是村
謳唱和
時

春碓

清代陈枚《耕织图》耕 18　春碓

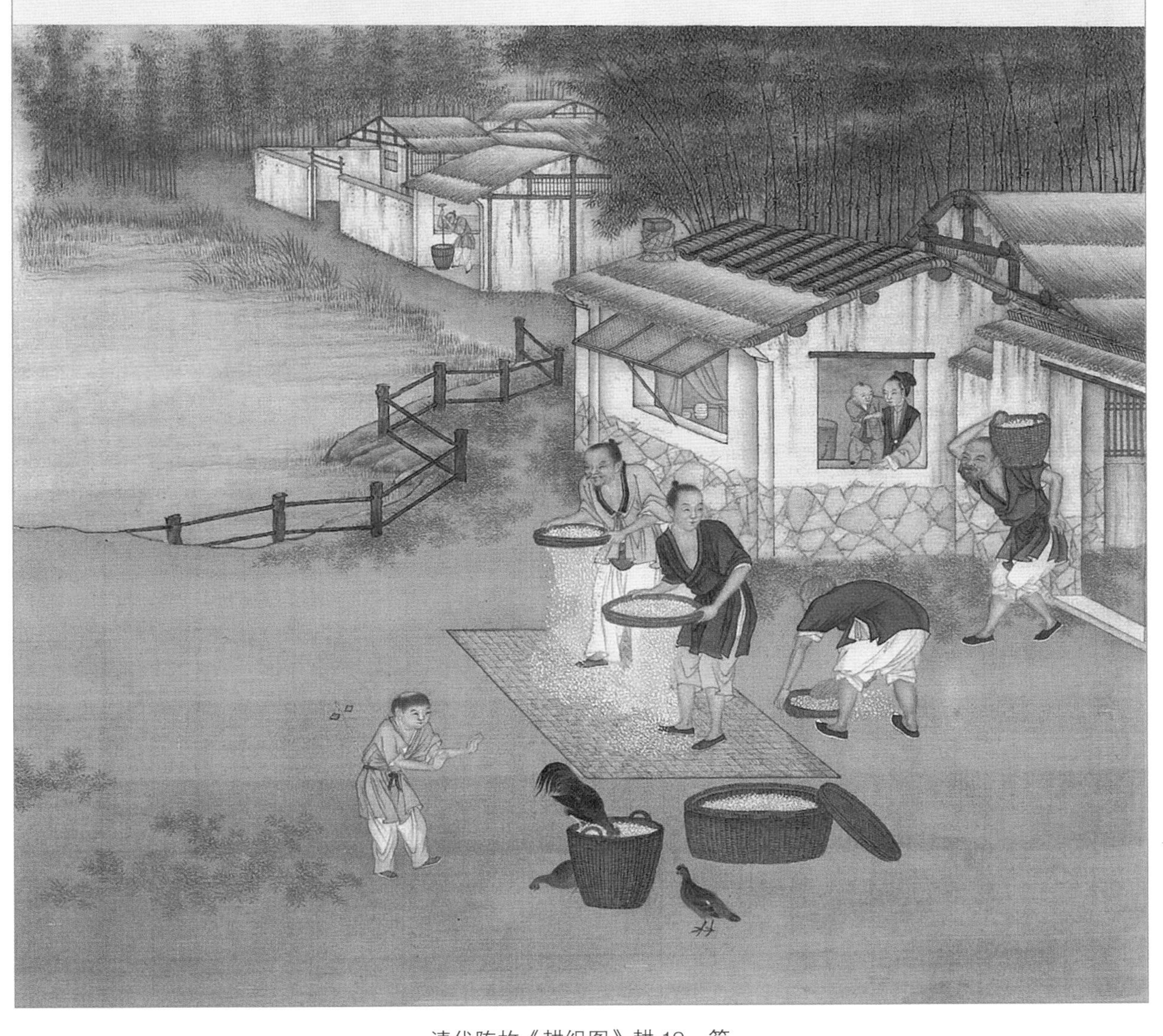
秋成那得暫遊盤
顆粒精粗欲別難
周折不辭身手瘁
粒餘一掬幾回看

清代陈枚《耕织图》耕 19　筛

郭外人家茅舍深门前揚簸趁風林莫令飄墮成狼戾孤負畊夫力作心

簸揚

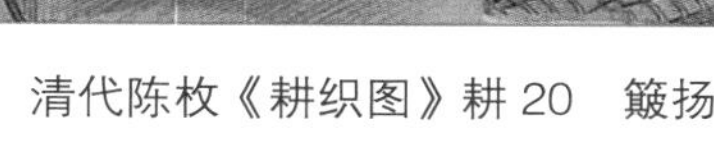

清代陈枚《耕织图》耕 20　簸扬

相將南畝苦胼胝，望歲心覃廩免饑。石磑礱來珠顆潤，家家鼓腹樂雍熙。礱

清代陈枚《耕织图》耕 21　砻

霜點楓林似火然，千倉滿貯賜從天。輸官不假徵催力，喜值如雲大有年。入倉

清代陈枚《耕织图》耕 22　入仓

擊鼓吹豳報屢豐豹秀崇饗萬家同更期來歲如今茲苗碩不知頤莫窮

祭神

乾隆御筆

清代陈枚《耕织图》耕 23　祭神

清代陈枚《耕织图》织 1　浴蚕

女桑揺綠葉條羗曉起人慵欲採遲雙蠶入箔長晝靜再眠恰是仲春時 二眠

清代陈枚《耕织图》织 2　二眠

淑景頻催春載陽，微行步步採條桑。三眠三起新蠶老，篝火看時夜未央。

三眠

清代陈枚《耕织图》织 3　三眠

春光荏苒去堂堂無那黃鶯一日忙箔上吳蠶方大起冰絲色映綠筠筐 大起

清代陈枚《耕织图》织 4　大起

蠶箔高
下蔟蟲
餘食葉
聲頻收
雨間捉
績所秀
光練練
一家婦
女共辛
勤 捉績

清代陈枚《耕织图》织 5　捉绩

清代陈枚《耕织图》织6　分箔

墙畔青條著雨滋繁陰初覆葉齊時春深八繭蠶爭餧稚子攜筐上綠枝
採桑

清代陈枚《耕织图》织 7　采桑

覓樹爲枝手之瘦，桑葉采之飼蠶饑。今朝报道新抽繭，老幼羣欣上簇時。上簇

清代陈枚《耕织图》织 8　上蔟

重簾不捲畏風寒爐爇松明向夜闌瞻雪霏霏堆滿箔殷勤弱女把燈看

炙箔

清代陈枚《耕织图》织 9　炙箔

獻繭由來重女功，繪圖今見列璇宮。聖人不為丹青玩，玉衮珠絲此意同。 下簇

清代陈枚《耕织图》织 10　下蔟

清代陈枚《耕织图》织 11　择茧

春日遲
遲執婦
功何心
遑賞牡
丹紅繭
成好向
村頭窖
荷鍤攜
兒綠蔭
中 窖繭

清代陈枚《耕织图》织 12　窖茧

煮繭炊烟颺絓雜絲腸纍纍練成時探湯試展纖纖手那聽枝頭叫蚕眉

練絲

清代陈枚《耕织图》织 13　练丝

清代陈枚《耕织图》织 14　蚕蛾

年年勞苦事畊桑及早還將租稅償今日蠶成來祀謝西陵功澤載無疆

祀謝

清代陈枚《耕织图》织 15　祀谢

籰繅輪捲過千家午靜人慵鳥語譁浸緯形秀供織作阿香軋軋轉雷車 緯

清代陈枚《耕织图》织 16　纬

織女工夫午夜多
何曾已自著絲羅
銀蘭照處方成寸
卻早循環擲萬梭
織

清代陈枚《耕织图》织 17　织

秋蒸深閨無限情，可怜蟋蟀送寒聲。玉闌菊里征夫遠，惆悵新絲絡不成。

络丝

清代陈枚《耕织图》织 18　络丝

砌下風飄待女蘭
彩絲經理欲朱紈
安排頭緒分長短
約伴同來仔細看
經

清代陈枚《耕织图》织 19　经

清代陈枚《耕织图》织 20　染色

簇々堆成錦綉紋攀花鬭巧家精勤堪憐織婦空勞勸着體無過大布裙　攀花

清代陈枚《耕织图》织 21　攀花

溪尾如藍
秋水清
裁衣寄遠
重閱情
金刀欲下
躊躇意
絲縷皆
從素手
成
剪帛

清代陈枚《耕织图》织 22　剪帛

戔戔束帛費縫紉，只為禦寒事切身。
聖意憂勤圖畫裏，宵衣永庇萬方人。
成衣

清代陈枚《耕织图》织 23　成衣

5. 袖珍型《耕织图》

清代康、雍、乾三代帝王除刊行《耕织图》外，还命臣工绘制《耕织图》贮于宫中。据传这套出自乾隆朝如意馆画师之手的袖珍型《耕织图》就是原藏于清宫养心殿多宝阁中的文物之一。陈列有各式珍玩的多宝阁，在宫中是供帝王随时玩赏文物珍品之所。将袖珍型《耕织图》放在多宝阁中，说明它是皇帝喜爱之物，同时也是为使皇帝在玩赏文物时，时刻不忘“农桑为国之本”的祖训。

袖珍型《耕织图》册，原装上下两函，上函为耕图二十三幅，下函为织图二十三幅，共四十六幅。每函又分四册，耕图第一册最厚，约有 1.74 厘米，其余均在 1.64 厘米左右，长为 9.54 厘米、宽为 5.4 厘米。四册成一函，每函连函套厚约 7.6 厘米、宽约 6.14 厘米。耕图第一册前有康熙帝为焦秉贞所绘《耕织图》作的序文，每图分别题有画目名称，图后有康熙、雍正、乾隆三帝所题《耕织图》诗，均由清代名臣张照以黑纸金字书成。原图为绘于绢上的设色画，画工精细，色泽鲜明，而且在栏外有蘸金彩绘双龙抢珠纹饰，更增加了图册的绚丽。

该图也是以焦秉贞《耕织图》为摹本绘制着色而成的。耕、织画目名称及数量与焦图完全相同，耕图的顺序也相同，而织图的顺序则有些变化，如焦图顺序是“纬”“织”“络丝”“经”；而袖珍图则为“络丝”“纬”“经”“织”，从实际生产过程来看，以袖珍图顺序较为合理。从内容来看，两图都描绘了我国水稻生产从种植、栽培管理直到收获、加工、入仓的全过程；丝织生产从采桑、养蚕、缫丝直到染色、攀花、成衣的全过程。但以袖珍图与焦图相对照，大部分构图基本相同，如袖珍本“碌碡”图中水田作业使用的“碌碡”也画成了“耙”形，与焦图有同样的失误。

由于焦图源于宋版《耕织图》，而至清代农村生活和农耕方式已与宋代有所不同，所以这套袖珍图的细部与焦图所绘也多有差异，除山、水、树木、田舍等配置，以及人物数量、性别、长幼和发式、服饰、动态等多方面有异以外，还有一些明显的不同，如焦图的房舍多用草顶，而袖珍图多用瓦顶；袖珍图的“舂碓”图中有妇女用杵臼捣米，“筛”图中有妇女筛米，“成衣”图中有三个妇女，其中一人裁剪，两人缝制，似乎更重视妇女参加劳动，而焦图中上述劳动却都是男性承担，可见袖珍图作者有意反映了随着时间的推移农村中发生的一些变化。

此外，在工具方面有明显不同的是“持穗”图。“持穗”是收稻后在场院进行脱粒的一道工序，俗称“打稻子”。焦图沿仿宋版《耕织图》，画面是将收割后的稻子运到晒谷场，稻穗朝内、稻秆朝外放好，农夫手持连枷，击打稻穗进行脱粒。而袖珍本“持穗”图中农夫打稻使用的工具却不是连枷，而是脱粒床——稻床。

连枷是我国农民用于谷物脱粒的一种古老的农具。东汉刘熙在《释名》中说，连枷的构造与功能是：“枷，加也。加杖于柄头以挝（zhuā，意为敲打）穗而出谷也。”《王祯农书》说其形制是取四根木条，用生皮革编连起来，长约三尺，宽约四寸，也有用独木板做的。不论是木条编的，还是独木板做的，都是装在长木柄端的横轴上，高举甩转起来，落地时击打稻穗使其脱粒。明人宋应星在《天工开物》中说，豆子连秆收割以后，要用连枷打豆，并说：“凡打豆枷，竹木竿为柄，其端锥圆眼，拴木一条，长三尺许，铺豆于场，执柄而击之。”这是当时农家使用的自制简易连枷。我国历史上南方农家在场上脱粒多用连枷，南宋楼璹《耕织图》中的“持穗”题诗云：“霜时天气佳，风劲木叶脱。持穗及此时，连枷声乱发。黄鸡啄遗粒，乌鸟喜聒聒。归家抖尘埃，夜屋烧榾柮。”生动地描绘了一幅秋高气爽，新谷登场，连枷声声，农人回家洗尘、煮食新粮的农村生活情景。

庄稼连秆收获以后，除用连枷脱粒以外，也有用手抓住禾束向石块上掼打的方法进行脱粒。元代以前还发明了“掼稻簟（diàn，一种竹席）”。《王祯农书》解释说：“掼，抖擞也。簟承所遗稻也。农家禾有早晚，次第收获，即欲随手得粮，故用广簟展布，置木物或石于土，各举稻把掼之，子粒随落，积于簟上，非惟免污泥沙，抑且不致耗失，又可晒谷物，或卷作囤，诚为多便，南方农种之家，率皆制此。”并附诗云：“掼稻当凭广簟中，声如风雨露寒蓬。谁知舒卷皆能用，就贮精粮保岁丰。”《天工开物・攻稻》中说：“凡稻刈获之后，离稿取粒，束稿于手而击取者半，聚稿于场而曳牛滚石以取者半。凡束手而击者，受击之物或用木桶，或用石板。收获之时，雨多霁少，田稻交湿，不可登场者，以木桶就田击取。晴霁稻干，则用石板甚便也。”书中还多别附有用木桶和石板击稻的图。可知，当时稻谷脱粒已用碾压和人力掼击两种方法，可视天气等具体情况选用。但是，书中还指出“来年作种者则宁向石板击取也”，因为“恐磨去壳尖减削生机”。对于作种子用的，不可磨掉保护谷胚的壳尖，以防降低种子的发芽率。后来人们在石板脱粒的基础上，用木板或竹条做成脱粒床，或简单的打稻板，脱粒者把一束束的稻穗举起，向床的方框格上或板的棱上扑打，稻粒就脱落下来了，使用也方便、省力。至今有的地区还在使用这种脱粒工具，当地人称它为“搳（huá）床”。当然，这些桶、床、板之类的脱粒工具，不同地区在形制上往往有差别，名称也不尽相同，但其效果是基本相同的。

由上述可知从掼稻簟到脱粒床的发展过程。袖珍本中的“持穗”图所绘的打稻方式，是将稻穗打在脱粒床的刮板上，刮板的朝阳面似洗衣用的搓板，一棱一棱的，有利于提高脱粒效率，使用这种脱粒床显然比古老的连枷较为进步。

清代袖珍型《耕织图》现由台北故宫博物院珍藏，从图片来看，不仅绘制异常精细，而且可能由于时代较近，保存妥善，且翻阅次数少的缘故，其色泽仍相当绚丽，因而更增加了它的艺术魅力和史料价值。（本书刊图缺耕图“祭神”一幅）

清代乾隆袖珍型《耕织图》耕 1　浸种

清代乾隆袖珍型《耕织图》耕 2　耕

清代乾隆袖珍型《耕织图》耕3　耙耨

清代乾隆袖珍型《耕织图》耕 4　耖

清代乾隆袖珍型《耕织图》耕 5　碌碡

清代乾隆袖珍型《耕织图》耕6　布秧

清代乾隆袖珍型《耕织图》耕 7　初秧

清代乾隆袖珍型《耕织图》耕 8　淤荫

清代乾隆袖珍型《耕织图》耕 9　拔秧

清代乾隆袖珍型《耕织图》耕 10　插秧

清代乾隆袖珍型《耕织图》耕 11　一耘

清代乾隆袖珍型《耕织图》耕 12　二耘

清代乾隆袖珍型《耕织图》耕 13　三耘

清代乾隆袖珍型《耕织图》耕 14　灌溉

清代乾隆袖珍型《耕织图》耕 15　收刈

清代乾隆袖珍型《耕织图》耕 16　登场

清代乾隆袖珍型《耕织图》耕 17　持穗

清代乾隆袖珍型《耕织图》耕 18　舂碓

清代乾隆袖珍型《耕织图》耕 19　筛

清代乾隆袖珍型《耕织图》耕 20　簸扬

清代乾隆袖珍型《耕织图》耕 21　砻

清代乾隆袖珍型《耕织图》耕 22　入仓（耕 23“祭神”缺图）

清代乾隆袖珍型《耕织图》织1　浴蚕

清代乾隆袖珍型《耕织图》织 2　二眠

清代乾隆袖珍型《耕织图》织3　三眠

清代乾隆袖珍型《耕织图》织 4　大起

清代乾隆袖珍型《耕织图》织 5　捉绩

清代乾隆袖珍型《耕织图》织 6　分箔

清代乾隆袖珍型《耕织图》织 7　采桑

清代乾隆袖珍型《耕织图》织 8　上蔟

清代乾隆袖珍型《耕织图》织 9　炙箔

清代乾隆袖珍型《耕织图》织 10　下蔟

清代乾隆袖珍型《耕织图》织 11　择茧

清代乾隆袖珍型《耕织图》织 12　窖茧

清代乾隆袖珍型《耕织图》织 13　练丝

清代乾隆袖珍型《耕织图》织 14　蚕蛾

清代乾隆袖珍型《耕织图》织 15　祀谢

清代乾隆袖珍型《耕织图》织 16　络丝

清代乾隆袖珍型《耕织图》织 17　纬

清代乾隆袖珍型《耕织图》织 18　经

清代乾隆袖珍型《耕织图》织 19　织

清代乾隆袖珍型《耕织图》织 20　染色

清代乾隆袖珍型《耕织图》织 21　攀花

清代乾隆袖珍型《耕织图》织 22 剪帛

清代乾隆袖珍型《耕织图》织 23　成衣

清乾隆帝画像

6. 乾隆《御题棉花图》

《棉花图》是清乾隆三十年（1765 年）直隶总督方观承主持绘制的一套从植棉、纺绩直到织染、成布整个棉花生产和加工过程的图谱。据《清史稿》记载：乾隆三十年“举木棉事十六则，为图说以进”。

方观承（1698—1768），字遐谷，号问亭，安徽桐城人，乾隆年间任直隶总督达二十年。他于乾隆三十年四月十一日，在直隶总督任上，列“棉事十六则，绘画列说，装潢成册”，恭呈在保定行宫的乾隆帝；御览和诗批回后，在同年七月十六日，方观承将原本图册进呈，摹本付刻。刻石为十二块端石，其中十一块长 118.5 厘米、宽 73.5 厘米、厚 14.2 厘米，另一块长 98 厘米、宽 41.5 厘米、厚 13.5 厘米。图为阴文线刻，运用了我国传统绘画中白描和界画的手法，描绘出从植棉、纺绩到织染成布的各种示意图。线条工细谨密，布置严整精到；陂塘畦畛，错落有致；屋舍器械，合乎规矩；人物动作，各具形象；既突出了画目主题，又具有浓厚的生活气息。原刻石现收藏于河北博物院，历经二百余年，至今完好无损。

《棉花图》共计十六幅，其画目及顺序为：布种、灌溉、耘畦、摘尖、采棉、拣晒、收贩、轧核、弹花、拘节、纺线、挽经、布浆、上机、织布、练染。每图除有方观承的文字说明及七言诗外，还有乾隆帝亲题七言诗一首，故名《御题棉花图》。在全图及诗文前还有清圣祖康熙《木棉赋》，及方观承两个奏折和为《棉花图》所作的跋。

《棉花图》及其所著诗文生动地描绘了清代前期冀中一带植棉及棉纺生产的实况和达到的科学技术水平，如“布种”（即棉花播种）图描绘并说明了一套棉花选种及种子处理技术，是提高棉种质量的重要措施，当时在科学技术上居于先进水平。“拣晒”中提出根据棉花外观色泽进行分级的经验；“收贩”中叙述了当时棉花的买卖及定价情况；“轧核”中提供了当时棉花的亩产量，“稔岁亩收子花百二十斤，次亦八九十斤”及“子花三，得瓤花一”的衣分率，等等。

《棉花图》内容丰富、翔实、生动，图文并茂，以图为主，集绘画、书法、镌刻于一身，通俗易懂，是当时倡导和推广植棉及棉纺织技术的优秀作品；是研究我国植棉史、棉纺史，以及清代前期冀中地区社会经济的可贵资料，在 20 世纪 30 年代曾被译成日文出版，流传海外。

1986 年河北科学技术出版社曾出版了由河北农业大学教师王恒铨和冯光明两位先生编辑注释的《御题棉花图》，是根据早年拓本印制。书中除载有《棉花图》的全部内容外，前有当时河北省农业厅厅长仉玉林写的序文，后边附有诗文注释，并有英文译名。此书印制精良，是《棉花图》的一种优秀版本，颇有收藏和鉴赏价值。

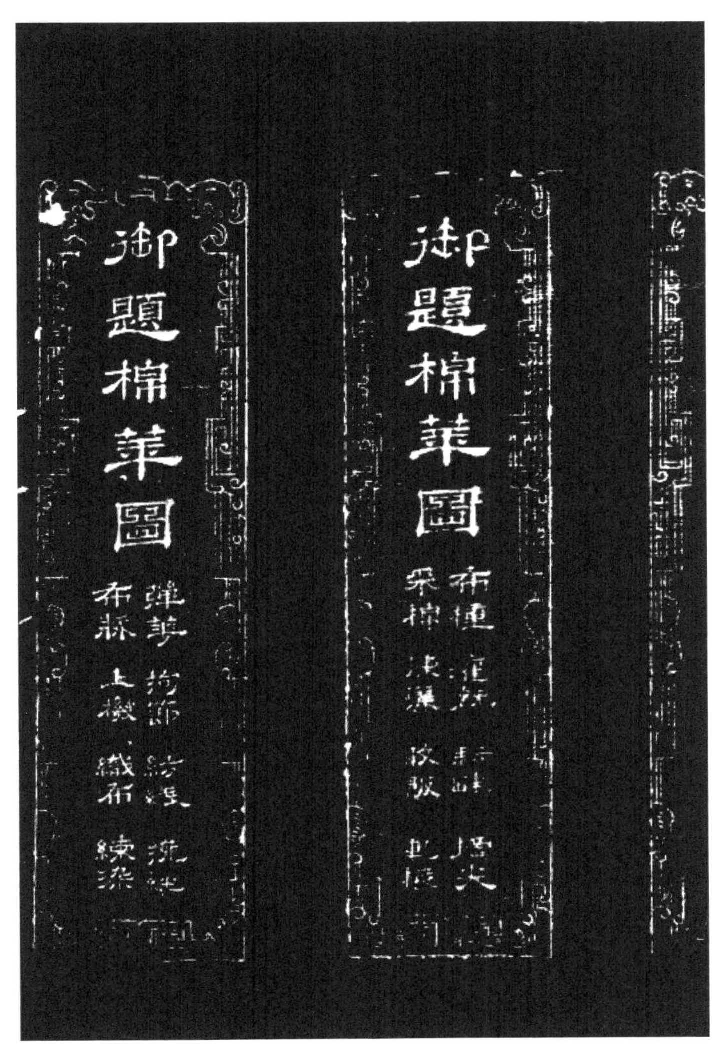

清代乾隆《御题棉花图》题首

聖祖仁皇帝御製木棉賦并序
木棉之為利於人溥矣衣被禦寒實有賴焉夫既
紡以為布復擘以為絮卒歲之謀出之隴畝功不
在五穀下嘗稽之載籍島夷卉服注以為吉貝即
其種也然止以充遠方之貢而未嘗徧植於中土
故周禮婦功惟治絲枲唐徵庸調但及絲麻至木
棉之種後世由外蕃始入於關陝閩粵今則遠邇
貴賤咸資其利而昔人篇什罕有及之者故為之
賦曰
攷吉貝之佳種披正索以窮源道伽毗而遠來由
秦粵而衍蕃傚崖州之紡織製七襄而無痕倣宋
人之洴澼比八綿而同温先麥秋而播種齊壺棗
而登原宿黃雲於萬蕊蔚白雪於千村落秋實於
露晞軋機柚於星昏暎佐耆年之帛暘回寒女之
門幸卒歲之可娛乃民力之普存若應鐘之司律
正薄寒之中人月照牛衣之夜霜侵葛屨之辰家
挾千箱之纊路絕百結之鶉嚶茅簷而歌愛日賽
田祖而洽比鄰謝履絲之靡麗免于貉之艱辛故
夫八口之家九土之氓無沍寒之凓冽罕疾風之
條鳴時和年豐火耨水耕歲落三鍾之棉場登百
畝之杭同欲婦子樂此太平奚羨纂組之巧與夫
縞紵之輕慨風詩之未錄省方問俗將補豳什而
續授衣之經

清康熙帝《木棉赋》

太子太保直隸總督臣方觀承謹
奏為恭
進棉花圖冊仰祈
聖鑒事竊惟五十非帛不煖王政首重夫蠶桑一女不織
則寒婦功莫亟於絲枲然民用未能以徧給斯地利
因之而日闢惟棉種別苧麻功同蠶桑根陽和而得
氣苞大素以含章有質有文即花即實先之以耰鉏
襏襫春種夏耘繼之以紡績組紝晨機夜杼蓋一物
而兼耕織之務亦終歲而集婦子之劬日用尤切於
生民衣被獨周乎天下仰惟我
皇上
深仁煦育
久道化成
巡芳甸以勤農
播薰風而阜物攬此嘉生之蕃殖同於寶稼之滋昌臣
不揣鄙陋條舉棉事十六則繪圖列說裒潢成冊恭
呈
御覽夙在
深宮之洛度授衣時詠豳風冀邀
睿藻以品題博物增編爾雅為此恭摺具
奏伏祈
聖鑒
乾隆三十年四月十一日
奏奉
旨冊留覽欽此
臣方觀承謹
奏為恭繳
御題棉花圖冊奏謝

清直隶总督方观承向乾隆帝进呈《棉花图》奏文

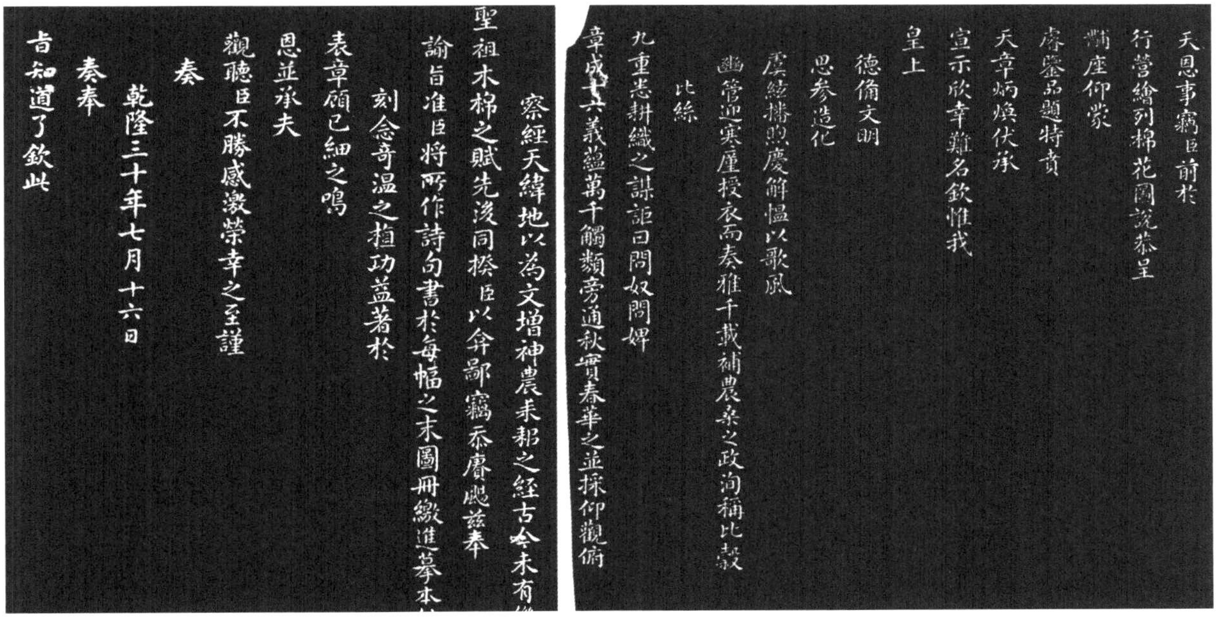

方观承于《棉花图》碑成后再次奏文

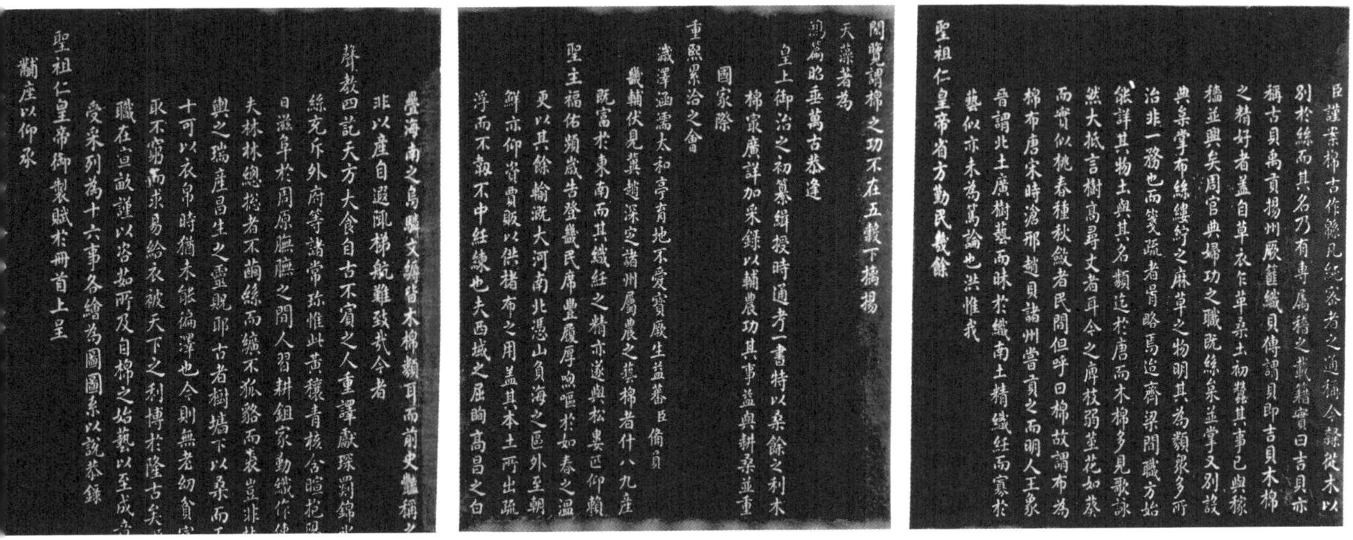

方观承《棉花图》题跋

本從外域入中原
聖賦金聲實探源
雨足清明方佈種
功資耕織慎黎元

種選青黑核冬月收而曝之清明後淘取堅實者沃以沸湯俟其冷和以柴灰種之宜夾沙之土秋後春中頻犁取細列作溝塍種欲深土欲實虛淺則苗出易萎種在穀雨前者為稍棉過穀雨為晚棉

細將青核選春農　會見霜機集婦功　千古桑麻文字外　特摛賡藻補豳風

清代乾隆《御题棉花图》图文 1　布种

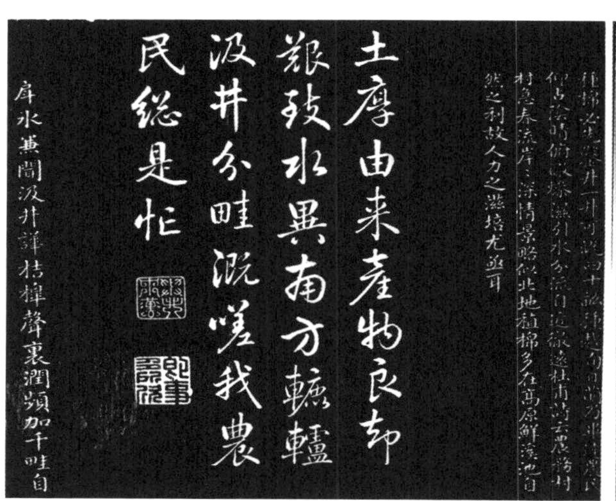

土厚由来產物良
却艱致水異南方
轆轤汲井分畦溉
嗟我農民總是忙

村急春流岸岸溝情景略似北地植棉多在高原鮮溪池自然之利故人力之滋培尤亟可

岸水兼閘汲井譁　桔槔聲裏潤頻加　千畦自

清代乾隆《御题棉花图》图文 2　灌溉

芟密耘長遍野皋
夏畦增此郴辭勞
白家少傅瞑寒中
但識加棉厚絮袍

苗密宜芟苗長宜耘古法一步留兩苗雖不可盡拘大要欲使根科疏洌可時維夏至千鋤畢與一月三耘七耘而花繁葉細猶之穀五耘而糠秕悉除也苗有壯頑異状常草者名雄本不結實然不可盡去備其種斯有助於結實者又或雜植脂麻云能利棉

科要分明行要疏　春經屢雨夏晴初　村墟杞柳人排立　傭趁花田第幾鉏

清代乾隆《御题棉花图》图文 3　耘畦

苗高一二尺視中莖之翹出者摘去其尖又曰打心俾枝皆旁達旁枝尺半以上亦去尖勿令交揉則花繁而實厚實多者一本三十許甚少者十五六摘時宜晴忌雨趁事多在三伏時則炎風畏景青裳縞袂相率作勞視南中之循桑摘茗勤殆過之如或失時入秋候晚雖摘不復生枝矣

尖去條抽始暢然趨晴避雨摘尖天愛之能勿勞乎尒萬事由来一理詮

也如摘茗與條桑長養為功別有方要使莖枝垂四面滑分雨露向中央

清代乾隆《御题棉花图》图文 4　摘尖

花落實生實亦稱花惟棉為然花似葵而小有三色黃白為上紅則結棉有色為鼠花不貴也實攢三瓣間有四瓣者函絮其中呼為花桃桃裂絮見為棉熟隨時采之此枝已絮彼枝猶花相錯如錦自八月後婦子日有采摘盈筐彌往與南畝之饁相望霜後葉乾采摘所不及者剝枝壟隴是為賸棉至十月朔則任人拾取無禁猶然遺秉滞穗之風益徵饒俗之厚焉

實亦稱花々實同攜筐婦子共趨功非雲靚却資真用植物依稀庶子風

入手旋筐煖更妍裹成衣被晚秋天誰家十月寒風起猶向枝頭拾賸棉

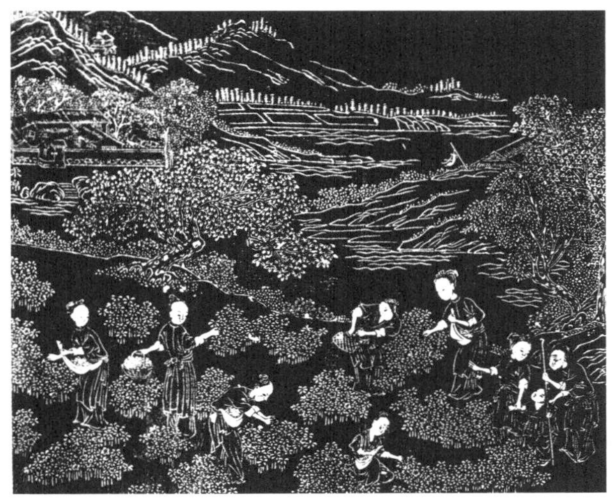

清代乾隆《御题棉花图》图文 5　采棉

自種迄收田功畢而人事起矣棉貴光白土黃[illegible]而且曬水浥者惟供雜用反覆擇之以分差等故布之[illegible]久貯時當秋穫場圃畢登則京坻為[illegible]絮如雲堆光若雪蓋至是而禦寒之計無虞卒歲已[illegible]占以十月朔晴主棉賤故俗有賣絮婆子看冬朔之謠驗之良信

納稼惟時棉亦成等差黃白辨粗精絲羅真有如雲慶吉語猶占冬朔晴

乘除場邊午日暉堆雲劈絮正紛霏廣南有樹何曾采任逐晴空鳥毳飛

清代乾隆《御题棉花图》图文 6　拣晒

粮食惟斯佐化居列
鄽負販多紛如價常
有定斤無定巨屨言
同記子輿

清代乾隆《御题棉花图》图文 7　收贩

轉轂持鈎左右旋左
惟落核去惟棉始由
粗末精斯得勑杵同
農豈不然

清代乾隆《御题棉花图》图文 8　轧核

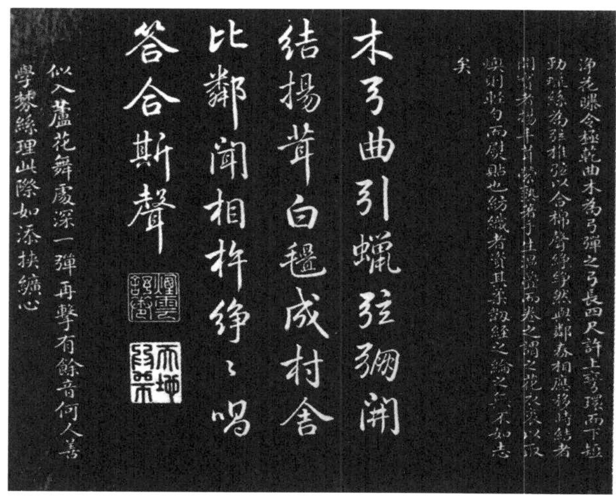

木弓曲引蠟弦繃閙
結揚茸白氎成村舍
比鄰聞相杵錚ㄟ唱
答合斯聲

似入蘆花舞處深一彈再擊有餘音何人善
學搊絲理此際如添扶繡心

清代乾隆《御题棉花图》图文 9　弹花

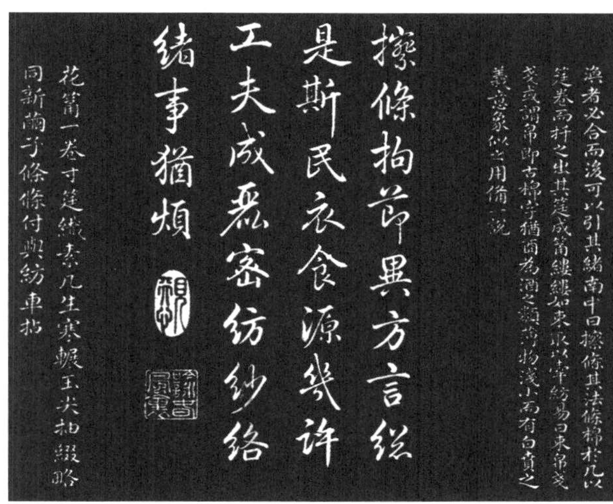

清代乾隆《御题棉花图》图文 10　拘节

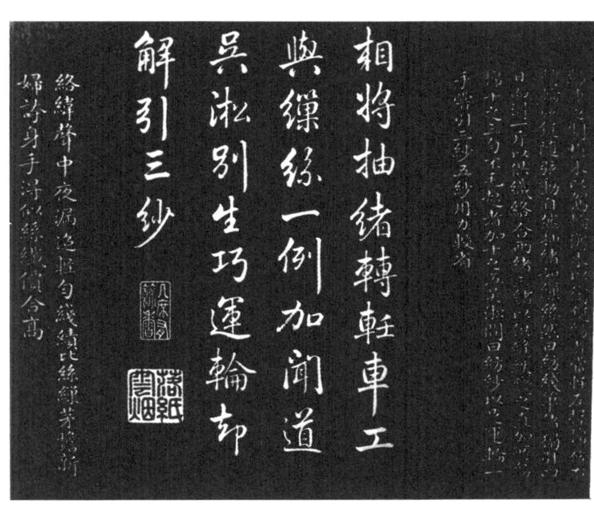

清代乾隆《御题棉花图》图文 11　纺线

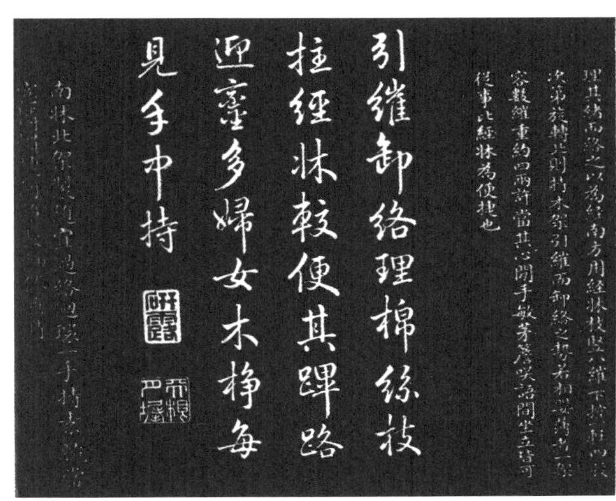

清代乾隆《御题棉花图》图文 12　挽经

經緯相資南北方
藉知物性亦如強
刷紗束縷俾成緒
骨力停勻在布漿

清代乾隆《御题棉花图》图文 13　布浆

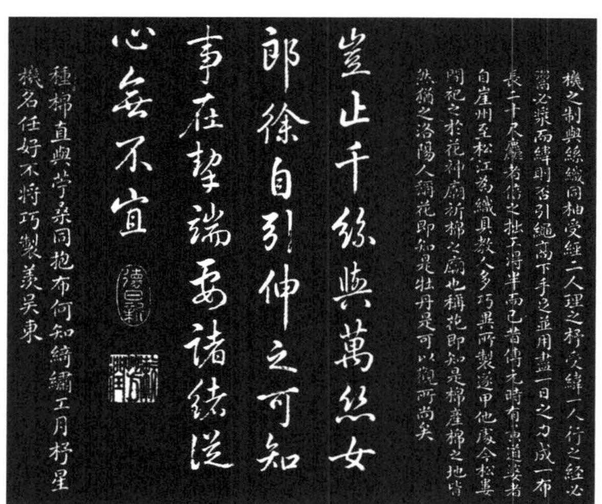

清代乾隆《御题棉花图》图文 14　上机

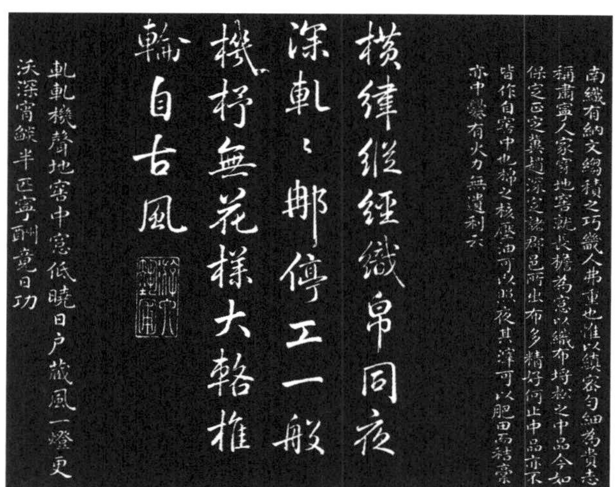

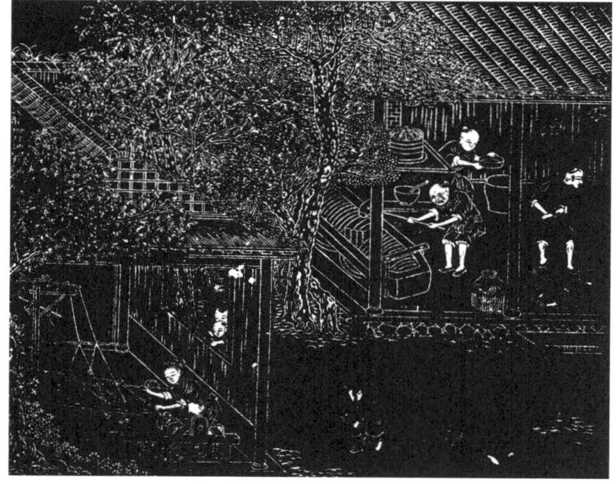

清代乾隆《御题棉花图》图文 15　织布

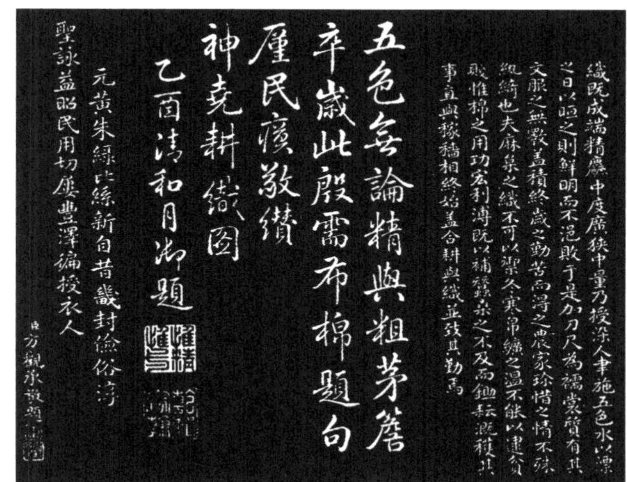

清代乾隆《御题棉花图》图文 16　练染

7. 乾隆石刻《耕织图》

乾隆石刻《耕织图》是乾隆三十四年（1769 年）清高宗弘历命画院据元代程棨《耕织图》双钩临摹的刻石。其内容有：乾隆御题“艺陈本计”四字一方；乾隆御题《耕织图序》一方；耕图二十一方，其画目是：浸种、耕、耙、耖、碌碡、布秧、淤荫、拔秧、插秧、一耘、二耘、三耘、灌溉、收刈、登场、持穗、簸扬、砻、舂碓、筛、入仓；赵子俊、姚式跋一方；织图二十四方，其画目是：浴蚕、下蚕、喂蚕、一眠、二眠、三眠、分箔、采桑、大起、捉绩、上蔟、炙箔、下蔟、择茧、窖茧、缫丝、蚕蛾、祀谢、络丝、经、纬、织、攀花、剪帛；共四十八方。其中石刻图共四十五幅；每图横长 53 厘米、纵高 34 厘米；每图右方置画目，并有南宋楼琇所题五言诗一首，皆用篆书，旁附正楷小字释文。在每图空处，有清高宗弘历步楼琇诗原韵御题行书五言诗一首。现对图前乾隆御题楷书“艺陈本计”四字稍加释意：“艺”即古“蓺”字，其本义为种植，这里“艺”指农桑生产，乾隆帝云：“王政之本，在乎农桑。”笔者认为“艺陈本计”的原意是说陈列描述农桑生产的《耕织图》石刻是为了倡导和发展农桑，解决庶民衣食，这是治国的根本大计。

乾隆御题《耕织图》序文意译如下：

以前蒋溥（乾隆年间著名画家、文臣）曾经进献刘松年（南宋著名画家，曾任宫廷画院待诏）所绘《蚕织图》，并在卷首作序，连同《蚕织图》共同收入《石渠宝笈》（乾隆时期张照等编撰，该书主要记载宫廷所藏历代书画真迹）。现又得到刘松年的《耕织图》，观其笔法，与《蚕织图》相似，便用两卷彼此对照，则纸幅大小、绘

清乾隆帝御题“艺陈本计”

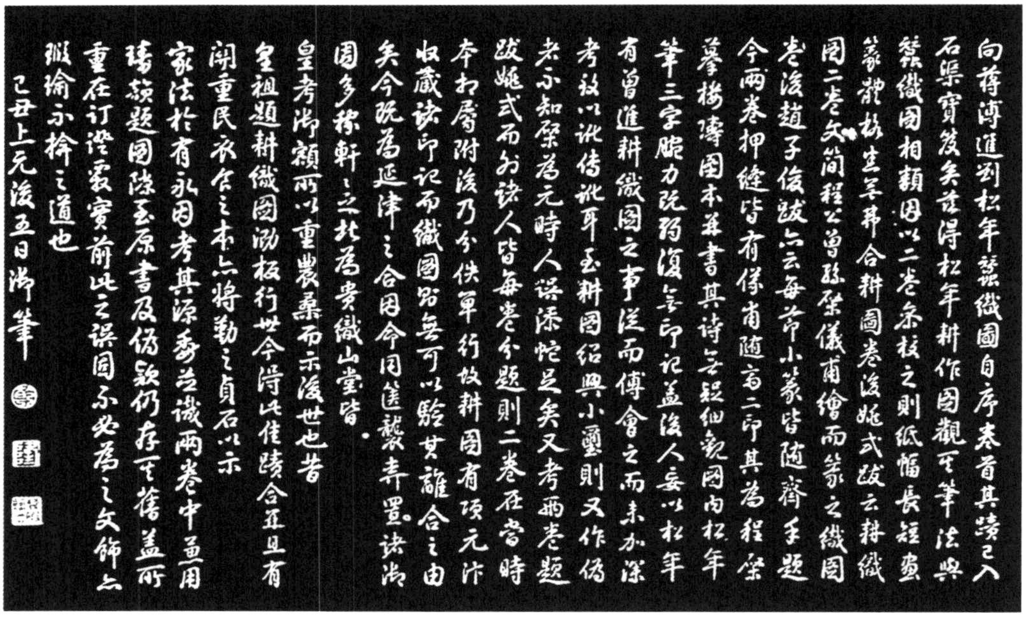

清乾隆帝御题《耕织图序》

画和题字的风格、样式，没有一处不相同的。耕图卷后姚式（元朝文官）题跋说：《耕织图》两卷皆为程文简（北宋大臣程琳，卒谥文简）公的曾孙程棨仪甫（程棨，字仪甫，号随斋，安徽休宁人，元代画家）所绘并亲手题字。织图卷后赵子俊（元朝文官）的题跋也说：每节小篆皆为程棨亲手所题。现在，在两卷折叠的押缝上都有“仪甫”“随斋”二印，所以此《耕织图》为程棨临摹南宋楼俦的图本并书其诗是毫无疑问的。细看图内“松年笔”三字，腕力弱，而且没有他的印章，这是后人错误地以为刘松年曾经献过《耕织图》这么一回事，而加以附会，没有经过深入考证，所以造成以讹传讹。至于耕图加盖有“绍兴小玺”［南宋高宗赵构的年号为绍兴（1131—1162），“绍兴小玺”是高宗的印章］是造假者不知程棨是元朝人而画蛇添足了。再考证两卷的题跋除姚式的题跋以外，其他人则将耕、织两卷分题，这两卷当时是合在一起的，后来才被分开各自流传。所以耕图有项元汴（1525—1590，字子京，号墨林居士，浙江嘉兴人，明代鉴赏家、收藏家，所藏名家书画，极盛一时）的收藏印记，而织图则没有，可以说明这两卷图曾经分离的事实。现在这两卷既然经离而复合［原文“延津之合”取自典故：晋朝龙泉、太阿两剑在延津（水名，古黄河流经河南省延津县，通称“延津”）汇合，化龙而去；又名“延津剑合”，比喻因缘巧合］，所以下令将其放在一个盒中，收藏到圆明园多稼轩以北的贵织山堂，里面都是父皇雍正御笔题额，这就是重农桑以警示后人的道理。过去皇祖康熙爷将御题《耕织图》刻于石板上，以流行于世，今天这两卷优秀的古迹离而复合，而且是有关重民衣食之本，也要将其刻在石上，以使治国之家法世代相传。因为考证清楚了它的原委，所以特意在两卷图中的空隙处，按照原来楼俦的诗韵题诗；至于原来所题之书及其伪款则仍保留，重在订正核实以前的错误，所以不必为其掩盖、修饰，这也是瑕不掩瑜的道理呀！

己丑（乾隆三十四年）上元后五日御笔

以上乾隆帝的“题序”内容主要说明了以下几个问题：

第一，乾隆帝称画家蒋溥向他进呈的《耕织图》，经他亲自考证后认为，原说是南宋刘松年所绘是错误的，肯定此图是元代程棨摹南宋楼俦的《耕织图》本。

第二，元代程棨《耕织图》原为耕、织各一卷，共两卷，但自元代以后，此两卷久经流传而分离开来，现在他将程棨耕、织两卷图本放在一起，加以订正装潢后，收藏到圆明园多稼轩以北的贵织山堂里。

第三，过去康熙皇帝为了重视农桑，曾命人将《耕织图》刻在石板上，让它流传于世；现在乾隆帝也效仿皇祖将此有关重民衣食之本的耕、织两卷摹刻于石上，以便使治国之家法，世代相传。

第四，现在既然考证清楚了此耕、织两卷图本的原委，于是乾隆帝就在这两卷中每幅图的空隙处，按照原图中南宋楼璹所题五言诗的原韵，也亲自题了五言诗一首，共四十五首。

乾隆三十四年（1769 年）乾隆帝命画院工匠将以上四十八方刻石镶嵌于清漪园（颐和园前身）玉河斋左右游廊墙壁上。从摹刻勒石到镶嵌完成，历时三年，至乾隆三十六年（1771 年）才竣工，为清漪园中耕织图景区增添了“耕织图中阅耕织”这一极具特色的人文景观。

可惜的是，咸丰十年（1860 年）英法联军攻占北京，圆明园和清漪园均遭到强盗的焚掠。元代程棨《耕织图》本被抢走，一部分刻石被毁，幸存部分被民国初年总统徐世昌攫为己有，镶嵌在私宅花园（原北京东四五条内），直到 1960 年，残存的二十三方《耕织图》刻石，才由中国历史博物馆收藏。这二十三方刻石中，耕的部分仅存浸种、耕、耙、耖、插秧、二耘、三耘、灌溉、收刈、登场、持穗、入仓十二图；织的部分仅存浴蚕、下蚕、三眠、分箔、采桑、择茧、蚕蛾、剪帛八图，其余三方已完全漫漶，难以辨认。二十三方刻石中，完好无损者仅有十四图，其余均有部分漫漶。但可喜的是此图石刻拓片已被收入法国汉学家、考古学家伯希和（Paul Pelliot，1878—1945）所著《论耕织图》一书中。（本集收入的此石刻拓片选自日本庆应义塾大学斯道文库收藏的伯希和《论耕织图》中清代石刻《耕织图》拓片）

乾隆石刻《耕织图》在我国古代耕织图中堪称是一部优秀而又珍贵的作品。说它优秀，是因为无论从内容，还是摹刻技艺，以及题诗等方面来看均属上乘之作；说它珍贵，是因为用此石刻拓片与古代耕织图的祖本——南宋楼璹《耕织图》的摹本——元代程棨《耕织图》相对照，其画幅与画目完全一致，画面内容及所题诗款也基本相同（画面也有不完全相同的地方）。现在南宋楼璹《耕织图》已佚，元代程棨《耕织图》国内不存，清代乾隆《耕织图》原刻石又已残缺，而此石刻拓片至今不仅保存完整，而且从拓片上看构图严谨，形象生动传神，刻工刚劲有力，描画精细入微，突出了画目的主题，反映了石刻《耕织图》的原貌，故而显得弥足珍贵。它可以使我们看到元代程棨摹楼璹《耕织图》的基本面貌，不仅有四十五幅完整的图像，并且还配有诗歌的语言加以解说，因此它对宣传推广农桑生产技术，研究农学史、纺织史、工具史、经济史，以及社会发展史和艺术史等多方面都有重要的参考价值。

清代乾隆石刻《耕织图》耕 1　浸种

清代乾隆石刻《耕织图》耕 2　耕

清代乾隆石刻《耕织图》耕 3　耙

清代乾隆石刻《耕织图》耕 4　耖

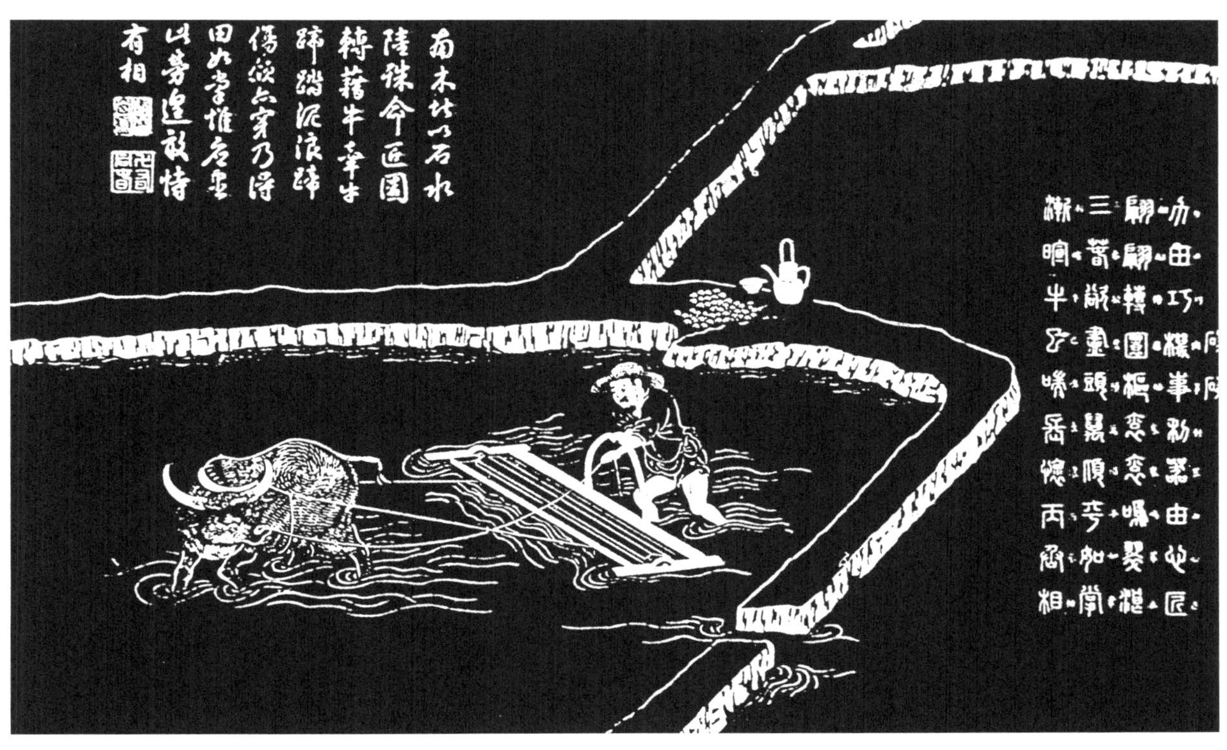

清代乾隆石刻《耕织图》耕 5　碌碡

清代乾隆石刻《耕织图》耕 6　布秧

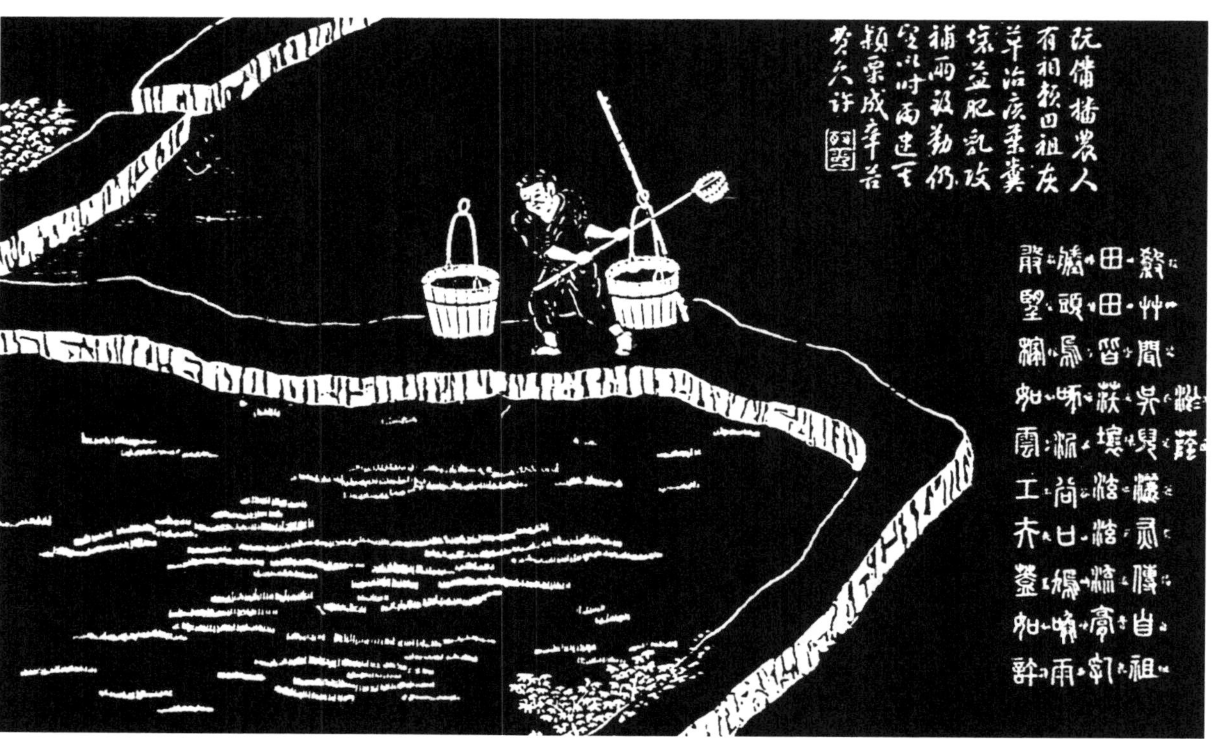

清代乾隆石刻《耕织图》耕 7　淤荫

清代乾隆石刻《耕织图》耕 8　拔秧

清代乾隆石刻《耕织图》耕 9　插秧

清代乾隆石刻《耕织图》耕 10　一耘

清代乾隆石刻《耕织图》耕 11　二耘

清代乾隆石刻《耕织图》耕 12　三耘

清代乾隆石刻《耕织图》耕 13　灌溉

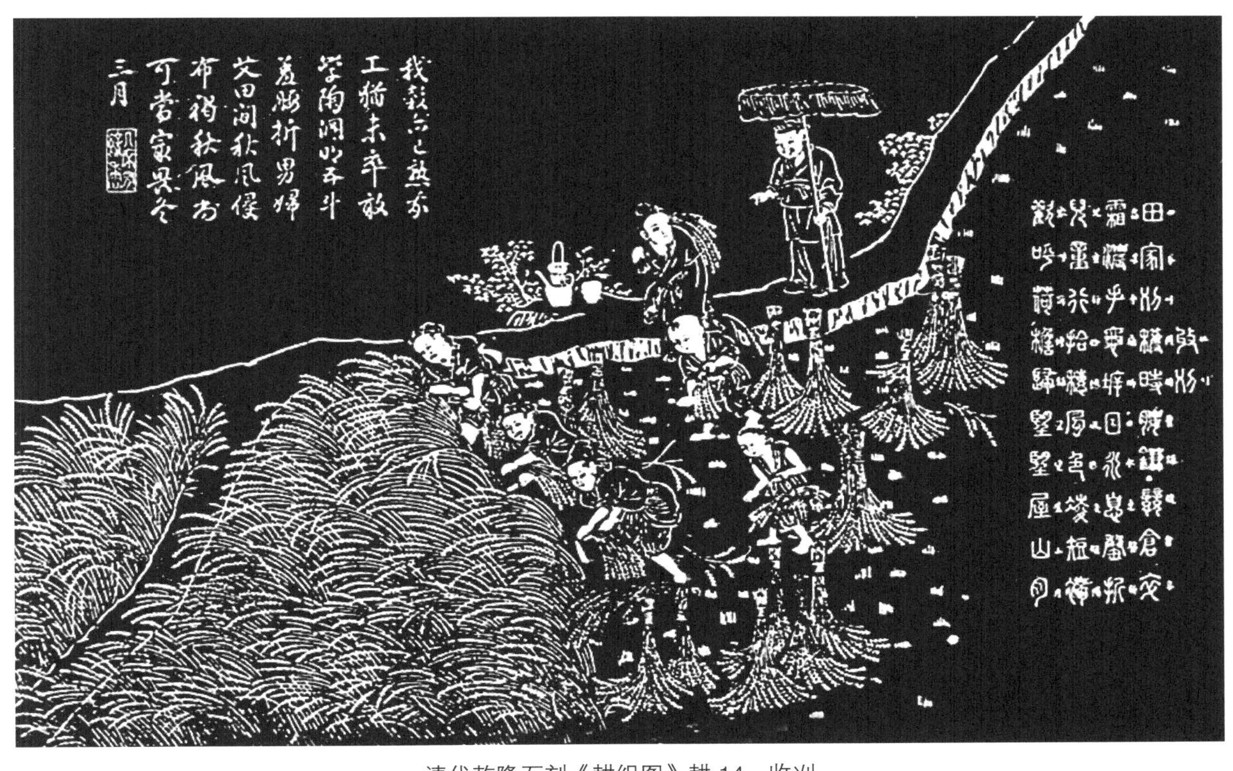

清代乾隆石刻《耕织图》耕 14　收刈

清代乾隆石刻《耕织图》耕 15　登场

清代乾隆石刻《耕织图》耕 16　持穗

清代乾隆石刻《耕织图》耕 17　簸扬

清代乾隆石刻《耕织图》耕 18　砻

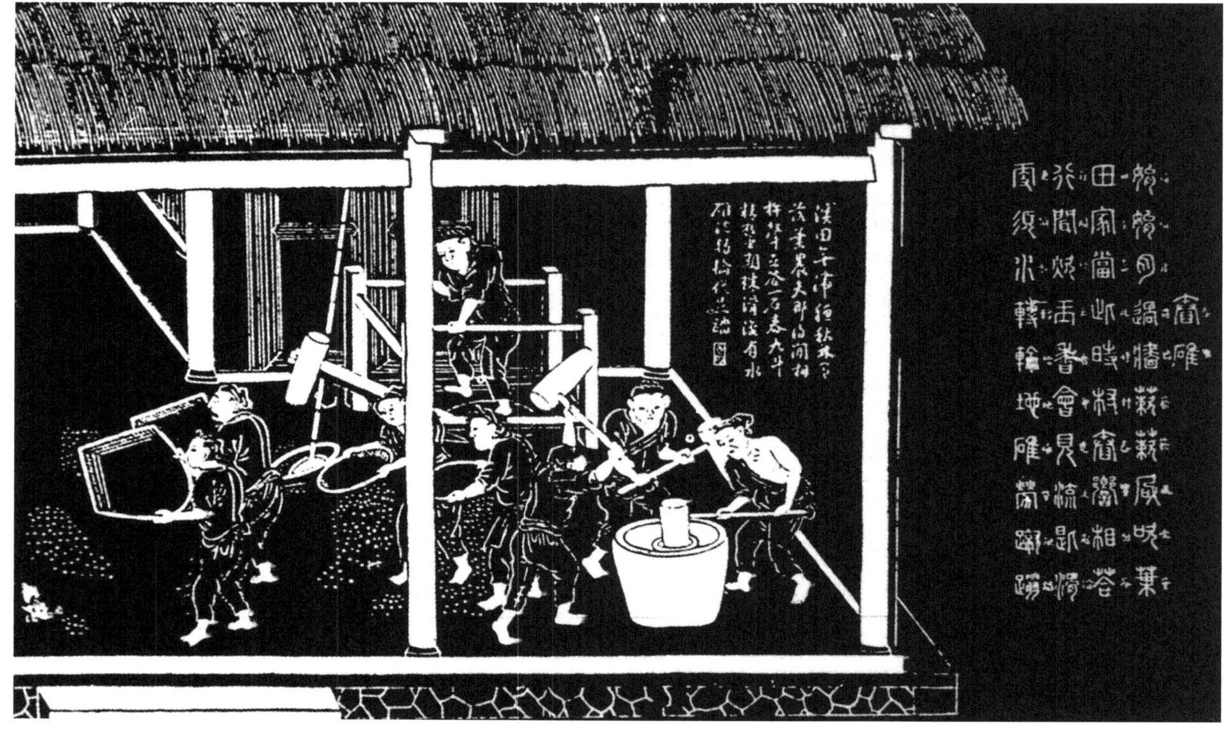

清代乾隆石刻《耕织图》耕 19　舂碓

清代乾隆石刻《耕织图》耕 20　筛

清代乾隆石刻《耕织图》耕 21　入仓

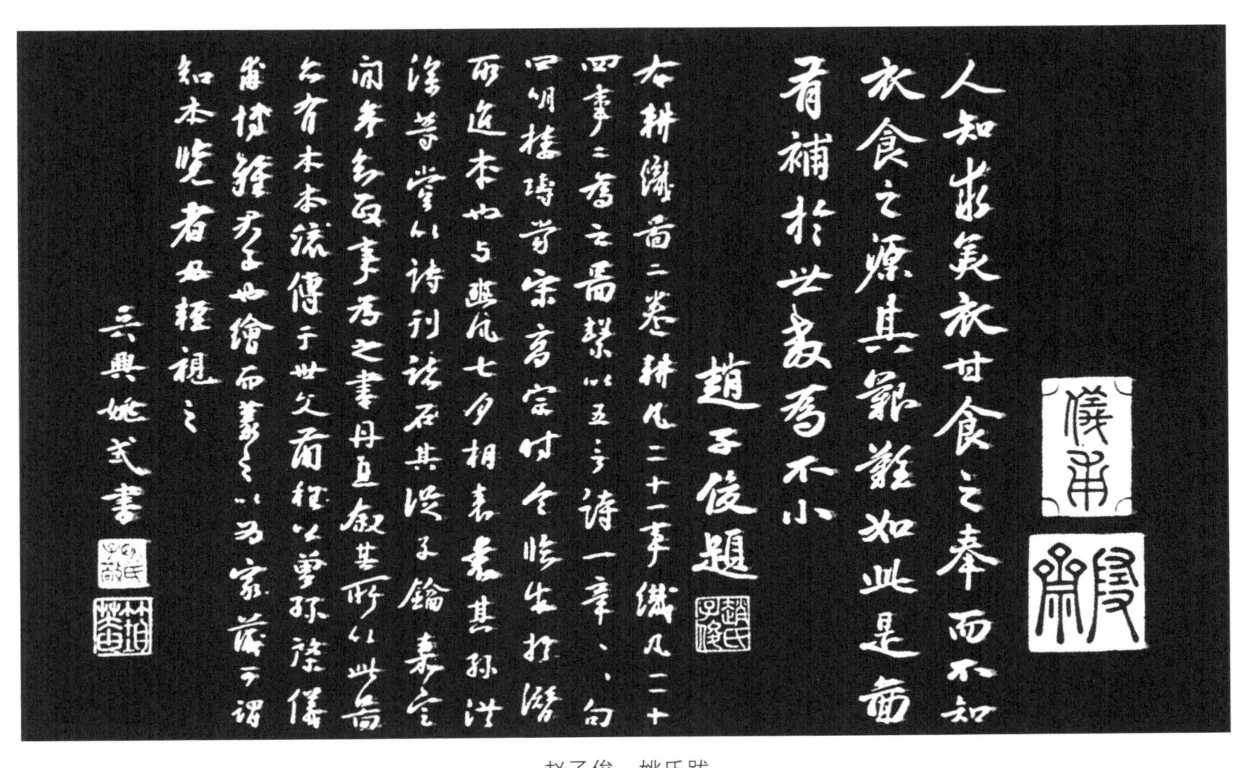

赵子俊、姚氏跋

清代乾隆石刻《耕织图》织 1　浴蚕

清代乾隆石刻《耕织图》织 2　下蚕

清代乾隆石刻《耕织图》织 3　喂蚕

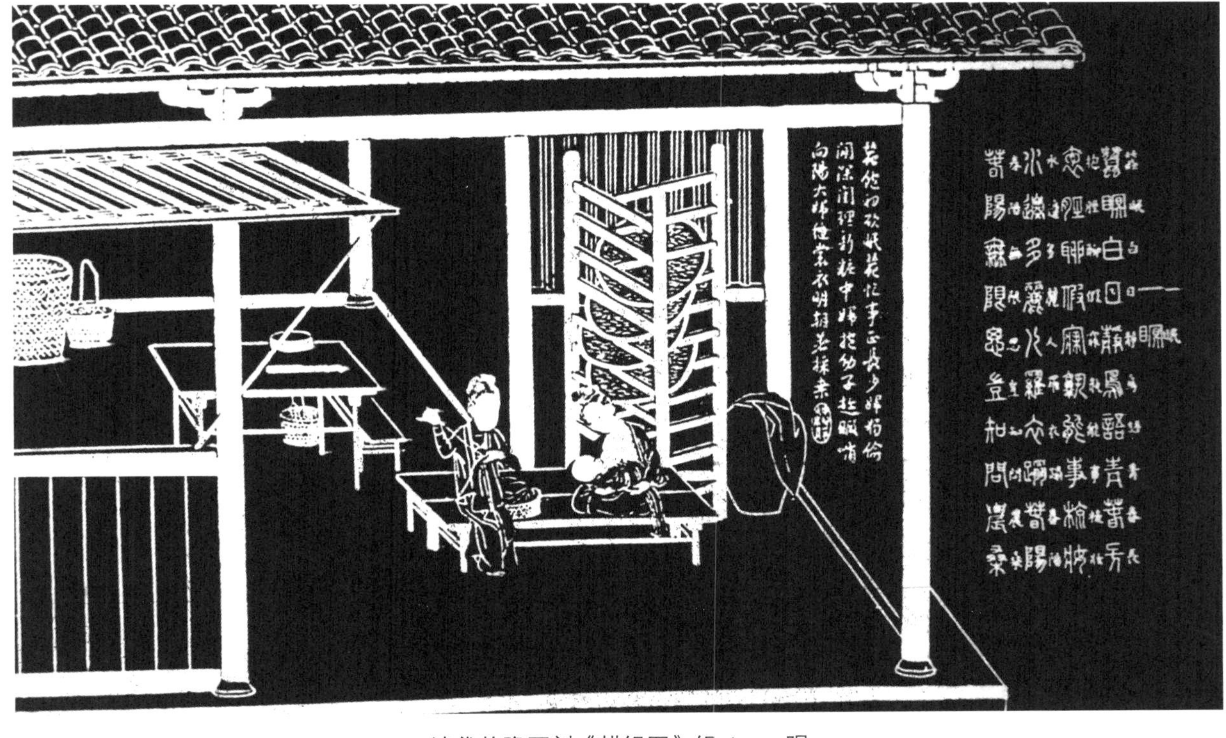

清代乾隆石刻《耕织图》织 4　一眠

清代乾隆石刻《耕织图》织 5　二眠

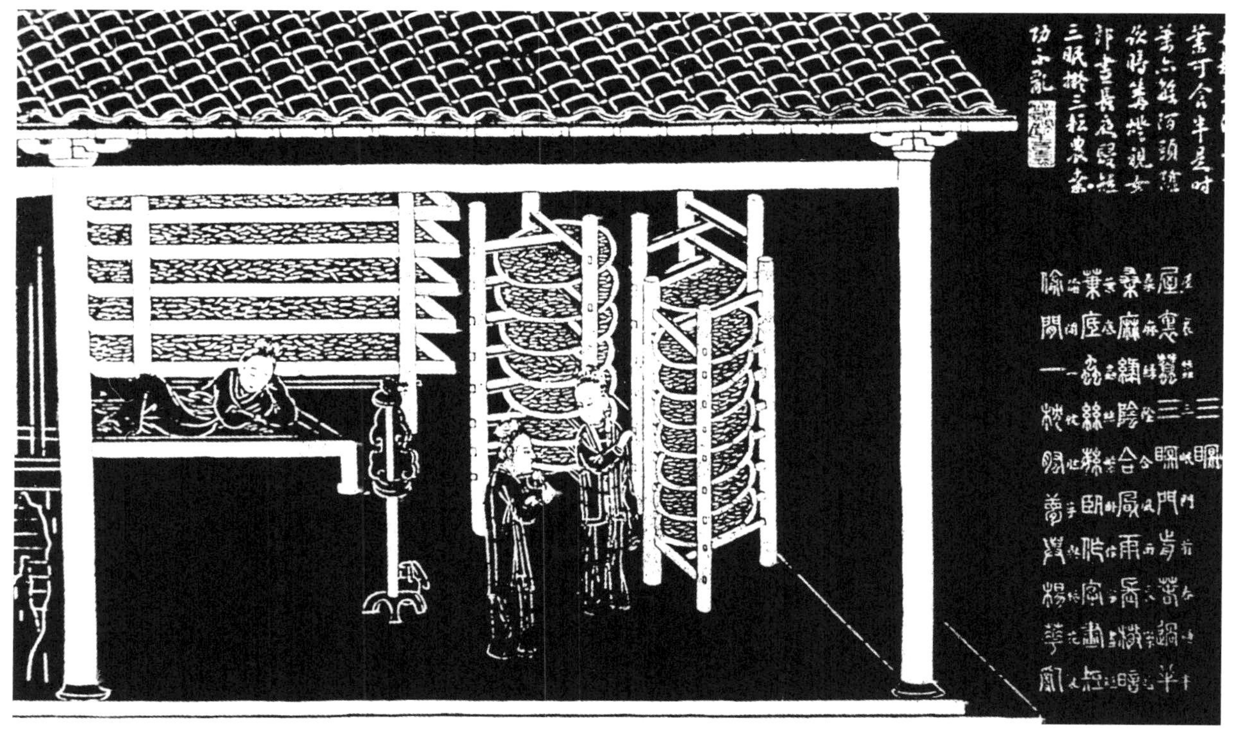

清代乾隆石刻《耕织图》织 6　三眠

清代乾隆石刻《耕织图》织 7　分箔

清代乾隆石刻《耕织图》织 8　采桑

清代乾隆石刻《耕织图》织 9　大起

清代乾隆石刻《耕织图》织 10　捉绩

清代乾隆石刻《耕织图》织 11　上蔟

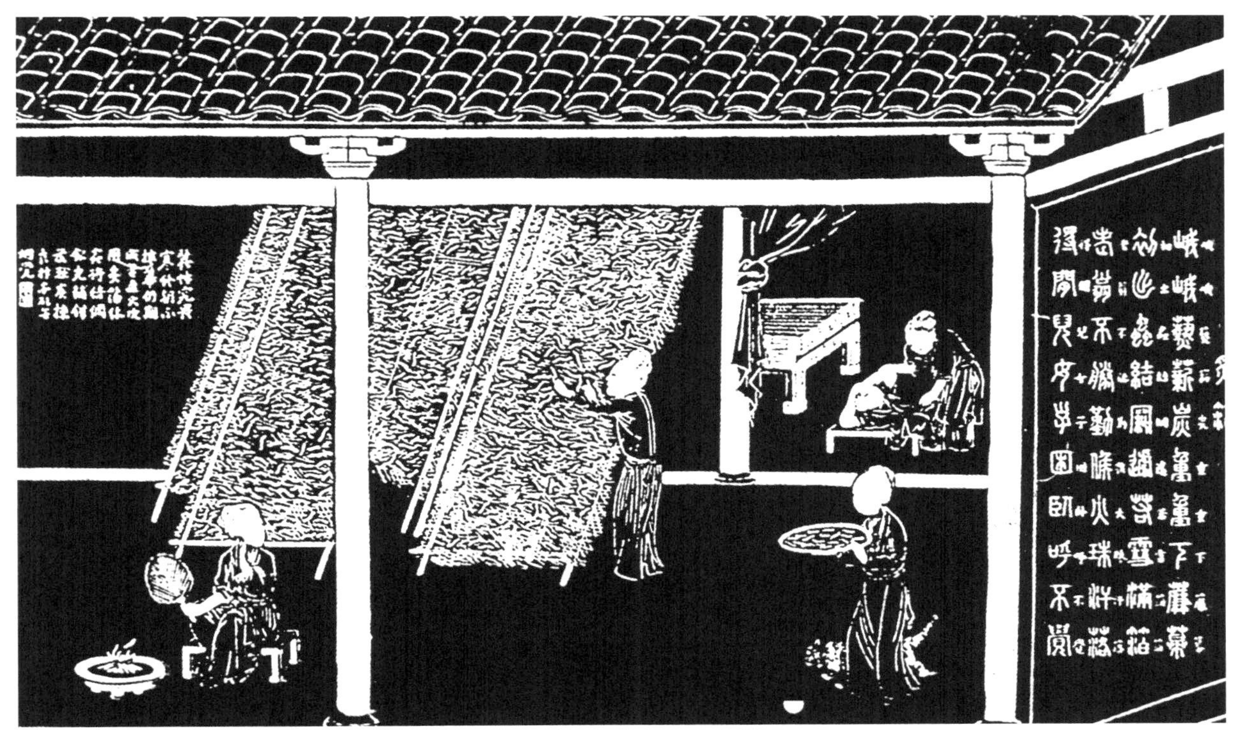

清代乾隆石刻《耕织图》织 12　炙箔

清代乾隆石刻《耕织图》织 13　下蔟

清代乾隆石刻《耕织图》织 14　择茧

清代乾隆石刻《耕织图》织 15　窖茧

清代乾隆石刻《耕织图》织 16　缫丝

清代乾隆石刻《耕织图》织 17　蚕蛾

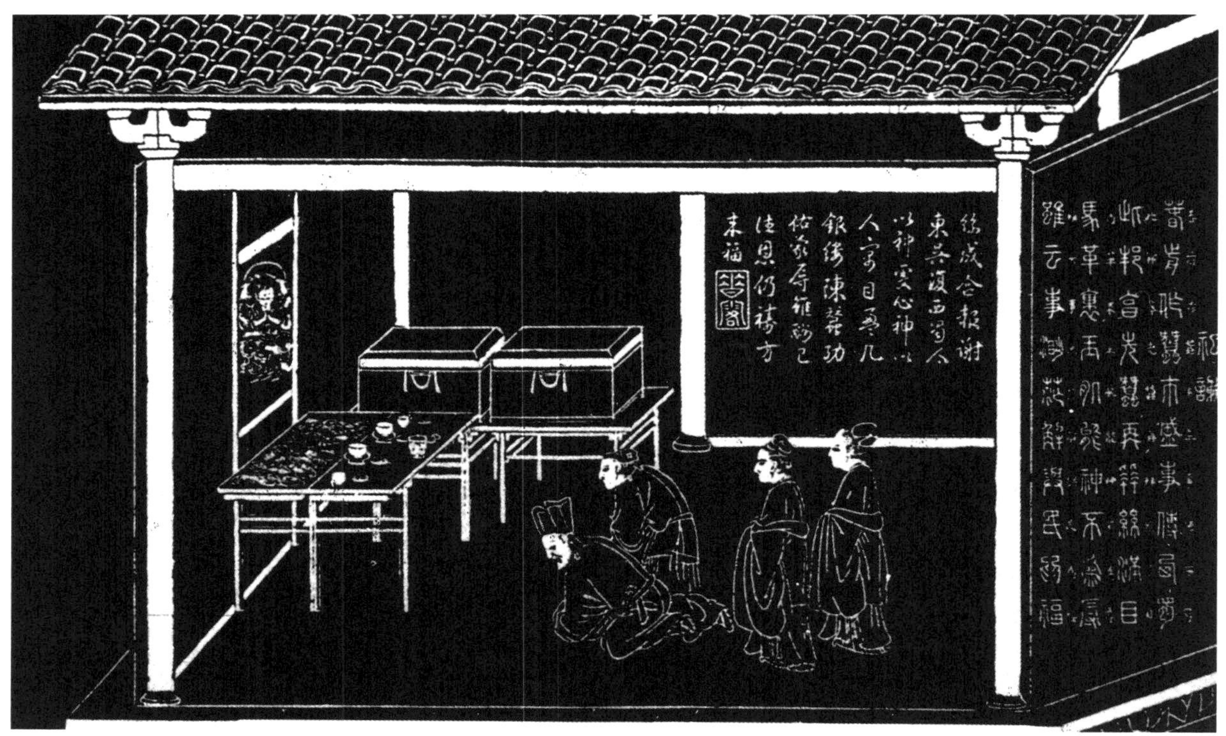

清代乾隆石刻《耕织图》织 18　祀谢

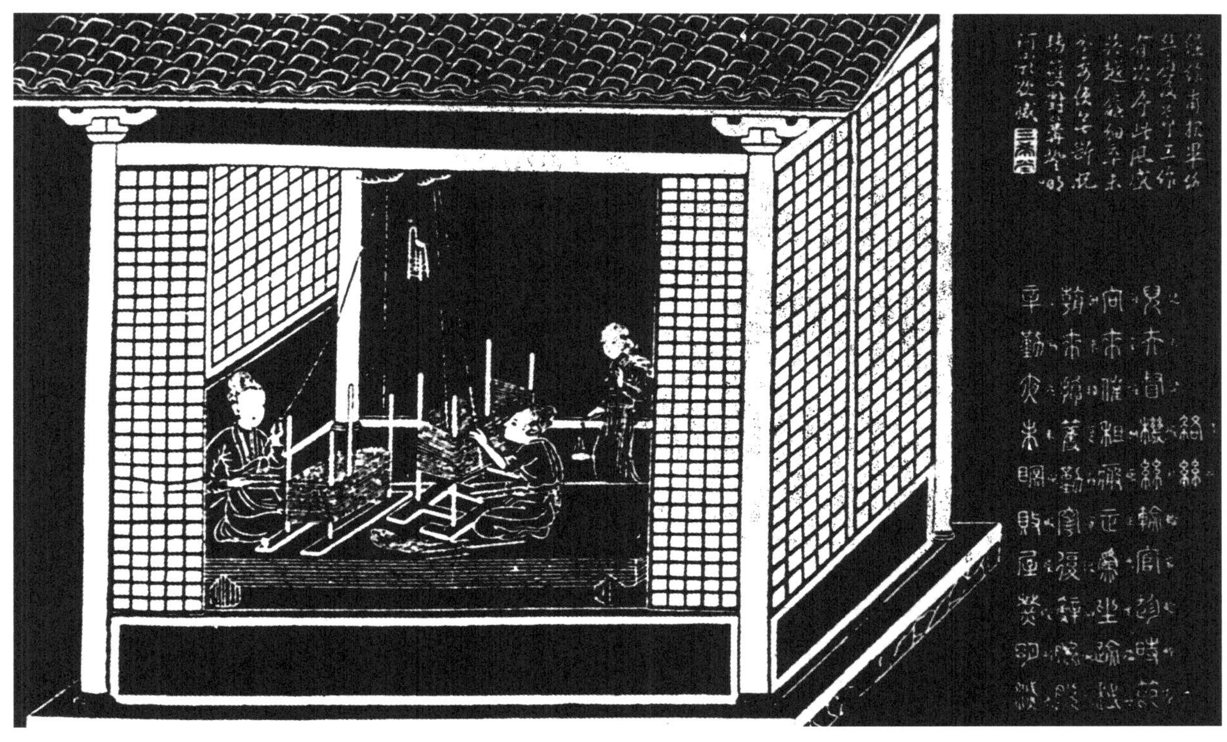

清代乾隆石刻《耕织图》织 19　络丝

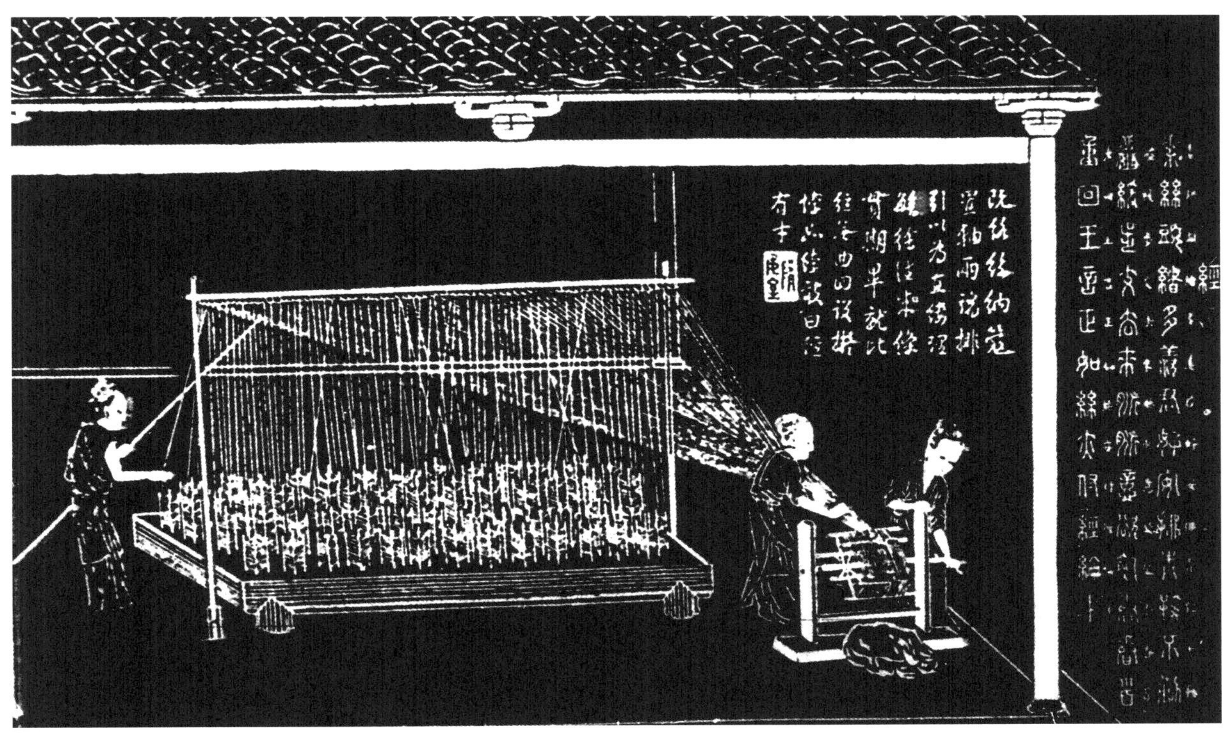

清代乾隆石刻《耕织图》织 20　经

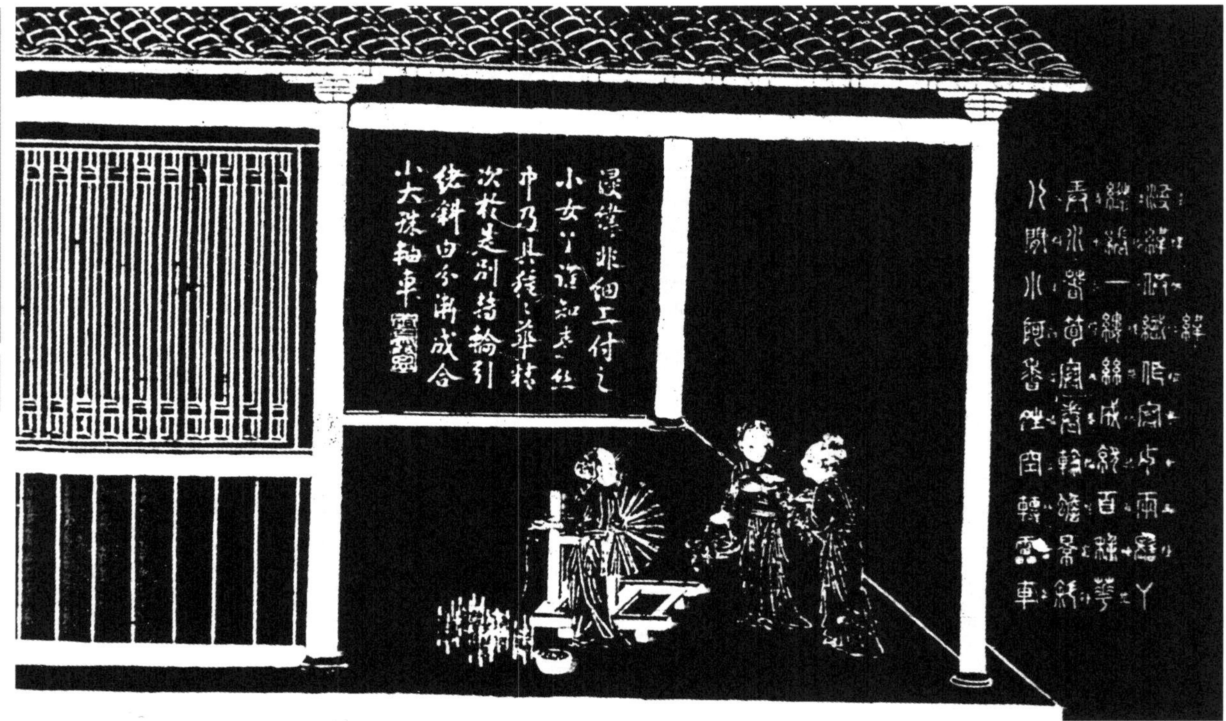

清代乾隆石刻《耕织图》织 21　纬

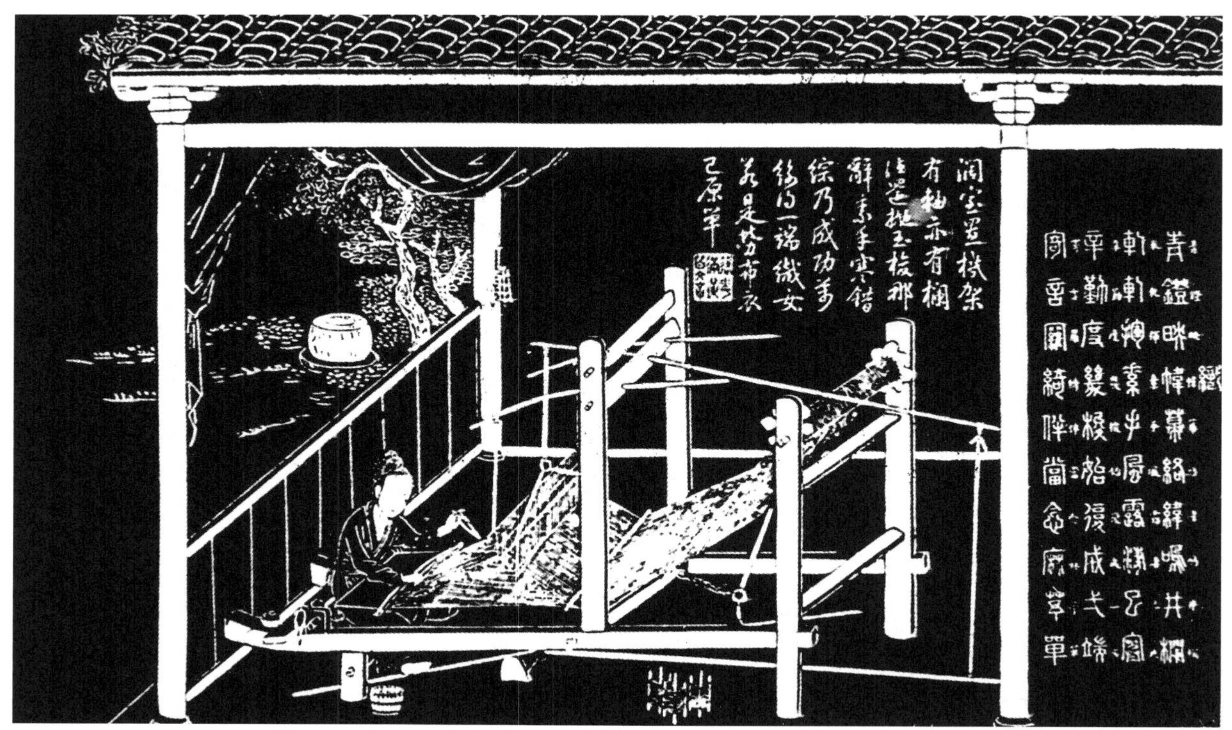

清代乾隆石刻《耕织图》织 22　织

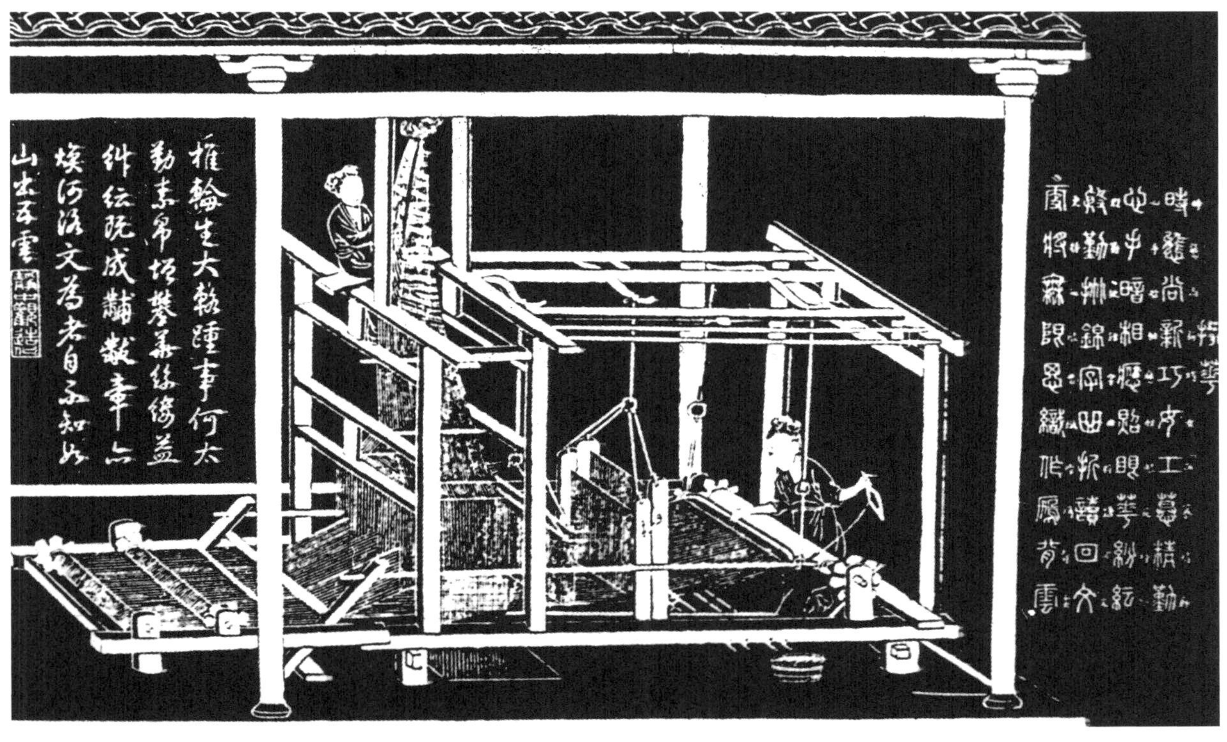

清代乾隆石刻《耕织图》织 23　攀花

清代乾隆石刻《耕织图》织 24　剪帛

8. 乾隆《豳风广义》中《蚕织图》

此《蚕织图》见于乾隆七年（1742 年）清代杨屾（shēn）所著农书《豳风广义》［“豳”（bīn），古地名，在今陕西省彬县、旬邑县一带。《豳风》是《诗经》中豳地民歌。］中。杨屾 (1687—1785），字双山，陕西兴平人，生活在康熙和雍正、乾隆年间；博学多才，不入仕途，以讲学授徒兼营农桑为业，所撰《豳风广义》就是当地农桑生产的经验总结。他认为“耕桑为立国之本”，“耕以供食，桑以供衣”。他极力倡导种桑养蚕发展农桑，将农桑生产知识作为他讲学的重要内容，撰写的《知本提纲》就是给学生讲授农桑生产技术的讲稿。

《豳风广义》一书的特点是其内容本于实践，切实有据，文字浅显，通俗易懂，便于普及推广。书中有以宣传桑蚕之利的《终岁蚕织图说》十二幅图，即从正月至十二月，每月蚕事一幅，包括“浴蚕种图”“下子挂连图”“称连下蚁图”“分蚁图”“二眠图”“大眠图”“上蔟图”“缫火丝图”“摘茧图”“蒸茧图”“晾茧图”“缫水丝图”。书中附有乾隆七年（1742 年）陕西巡抚帅念祖写的序文，及杨屾的同事刘芳序及杨屾门人巨兆文的“跋”，从“跋”文中得知该书写于乾隆五年（1740 年），同年开雕，两年之后即乾隆七年刻成。这部地方性的劝民植桑养蚕的农书，后来在陕西、河南、山东等地重刻，该书及《蚕织图》流传相当广泛。

清代乾隆《豳风广义》中《蚕织图》正月　浴蚕种图

清代乾隆《豳风广义》中《蚕织图》二月　下子挂连图

清代乾隆《豳风广义》中《蚕织图》三月　称连下蚁图

清代乾隆《豳风广义》中《蚕织图》四月　分蚁图

清代乾隆《豳风广义》中《蚕织图》五月　二眠图

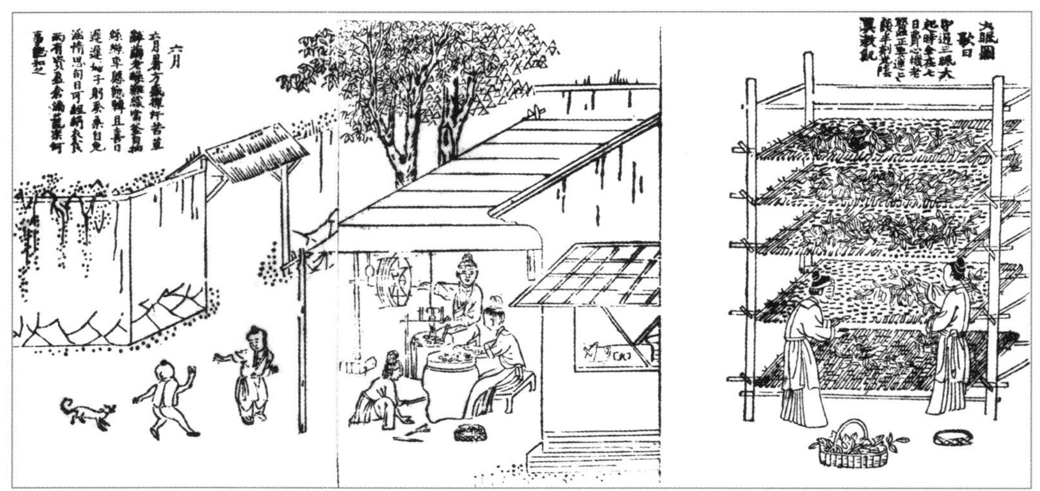

清代乾隆《豳风广义》中《蚕织图》六月　大眠图

清代乾隆《豳风广义》中《蚕织图》七月　上蔟图

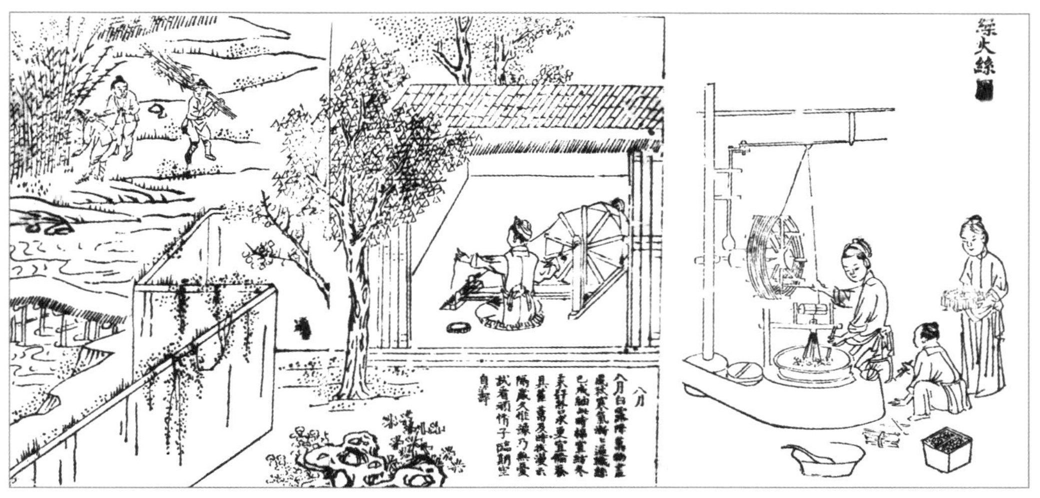

清代乾隆《豳风广义》中《蚕织图》八月　缫火丝图

清代乾隆《豳风广义》中《蚕织图》九月　摘茧图

清代乾隆《豳风广义》中《蚕织图》十月　蒸茧图

清代乾隆《豳风广义》中《蚕织图》十一月　晾茧图

清代乾隆《豳风广义》中《蚕织图》十二月　缫水丝图

9. 碧玉版《耕织图》

天津博物馆藏有清代碧玉版《耕织图》，其制作年代尚难确定，大约是乾隆时期或清中后期。该作品系书册折叠形式，盒装，共两函。上函为《御制耕图诗》，下函为《御制织图诗》，均以挖镶式玉版为册心，边框与册心合长 23 厘米、宽 15.6 厘米、厚 0.5 厘米。每函 5 片玉版，皆为阴刻填以泥金。每函有缂丝织锦包装的封面和封底，与玉版册心装裱成书本形式，合装在四交如意形套扣的缂丝织锦盒内。

碧玉版《耕织图》与一般耕织图除了质地上的区别以外，形式上是一面刻诗文，一面刻图，但不是一诗一图，而是每帧大多合刻两幅图，合刻诗文四至五首。所刻诗文系乾隆帝和康熙帝原韵题《耕织图》七言诗，皆为隶书，与《清

左图：清代乾隆和康熙原韵题《耕织图》七言诗（收刈、登场、持穗、舂碓、筛）

右图：浸种、耕

左图：清代乾隆和康熙原韵题《耕织图》七言诗（捉绩、分箔、采桑、上蔟、炙箔）

右图：择茧、练丝

高宗御制诗》集所载基本相同（只是个别画目的题诗与原文稍有不同）；其画面与焦秉贞所绘的康熙《御制耕织图》也基本相同。

据有关专家称，此件不像宫廷作品，而似民间翻刻，也不知何人绘、刻及书诗文，但却是出于艺术高手，刻画异常精细，生动传神，与其他耕织图相比，艺术形象也无逊色。然而，可能是因为玉质贵重，材料所限，现存除御题刻诗耕二十三首、织二十三首，共四十六首齐全外，耕、织各二十三幅图并没有全刻。耕图中合刻的有“浸种、耕”“拔秧、插秧”“三耘、灌溉”“收刈、登场”“筛、砻”等十幅；织图中合刻的有“浴蚕、分箔”“择茧、练丝”“蚕蛾、经”，单刻的有“采桑”“成衣”等八幅。虽然图版不全，仅存十八幅，但其为《耕织图》系列及其版本流传增加了新的实物资料，仍不失其研究和艺术价值。

10. 嘉庆《棉花图》

清代嘉庆十三年（1808 年）清仁宗爱新觉罗・颙琰命大学士董诰［1740—1818，字雅伦，一字西京，号蔗林，浙江富阳（今属杭州）人。乾隆年间进士，累官东阁大学士、军机大臣、户部尚书等，工诗文，善画］等据乾隆《御题棉花图》编定并在内廷刻版十六幅《棉花图》，又名《授衣广训》。其画目及画面内容与乾隆《御题棉花图》基本相同。书中除辑录有康熙帝、乾隆帝及方观承题诗外，增加了嘉庆帝题《棉花图》七言诗共十六首。《授衣广训》如作为农书来说，只能是《御题棉花图》的别版，并非新作。原书除嘉庆刻本外，还有喜咏轩丛书本，及新中国成立后出版的影印本。

清代嘉庆《棉花图》1　布种

清代嘉庆《棉花图》2　灌溉

清代嘉庆《棉花图》3　耘畦

清代嘉庆《棉花图》4　摘尖

清代嘉庆《棉花图》5　采棉

清代嘉庆《棉花图》6　拣晒

清代嘉庆《棉花图》7　收贩

清代嘉庆《棉花图》8　轧核

清代嘉庆《棉花图》9　弹花

清代嘉庆《棉花图》10　拘节

清代嘉庆《棉花图》11　纺线

清代嘉庆《棉花图》12　挽经

清代嘉庆《棉花图》13　布浆

清代嘉庆《棉花图》14　上机

清代嘉庆《棉花图》15　织布

清代嘉庆《棉花图》16　练染

11. 陈功题跋《耕织图》

陈功题跋的《耕织图》，现由私人收藏。据收藏者说，“此图是近年在国外发现后回流中国的，并在国内某拍卖会上竞拍所得”。因此套《耕织图》上有陈功的题跋，故以下简称“陈本《耕织图》”。陈功，福建闽侯人，清代嘉庆二十二年（1817年）进士，清代道光二十三年至道光二十六年（1843—1846）任江苏按察使。

“陈本《耕织图》”，佚名册页，绢本设色，画目中耕图分二十二幅，计有：浸种、耕、耙耨、耖、碌碡、布秧、淤荫、拔秧、插秧、一耘、二耘、三耘、灌溉、收刈、登场、持穗、簸扬、砻、舂碓、筛、入仓、供奉；织图分二十六幅，计有：浴蚕、下蚕、喂蚕、一眠、二眠、三眠、分箔、采桑、大起、捉绩、上蔟、炙箔、下蔟、择茧、窖茧、缫丝、蚕蛾、祀谢、络丝、经、纬、织、攀花、剪帛、成衣、供奉。耕图与织图总计四十八幅；与南宋楼璹《耕织图》画目相比较，其耕图多“供奉”一图，织图多“成衣”及“供奉”两图。楼璹耕图二十一幅，织图二十四幅，共四十五幅，陈本《耕织图》比楼璹《耕织图》多三幅，但画目基本顺序与楼图一致。

陈功对此《耕织图》按画面所绘内容于每幅图装裱上部题写了“南宋楼璹题《耕织图》诗”，耕二十一首，织二十四首，共四十五首；又在每两幅图装裱边处题写了元代“赵孟頫题《耕织图》诗”共二十四首（原诗按月题写，其中耕十二首，织十二首，与此图并不对称），并于每首“赵孟頫题《耕织图》诗”后略作点评；对于此图装裱前后错位的画面（十一处）均在装裱绫边有标注。

在此《耕织图》中耕图末页上部，陈功题写了“以上二十一事各一首，楼公（指南宋楼璹）此诗功想慕久矣！辛巳（1821 年，道光元年）夏工次无事，阅《知不足斋丛书》，得公（指楼璹）《耕织图》诗，喜而录之”（下边有钤印两枚）。陈功又在织图末页上部及“成衣”和“供奉”二图两边题写五段跋语，现将此五段跋语记录如下。

（1）“按楼公（指楼璹）此图《说郛》亦止载其目，本朝圣祖仁皇帝（指清代康熙帝）南巡儒臣辑《陈旉农书》、秦观《蚕书》合此二图诗为三，钦定曰《授时通考》，其敦本务农之意与前代兼辙矣。”

（2）“此二帧（指织图最后‘成衣’‘供奉’二图）乃二十四图之外，与耕图末幅（指耕图最后‘供奉’一图）同……当置一编于座右，功（指陈功）又识。”

（3）“谨按楼公（指楼璹）作此图，每事系以五言诗一章（指楼璹每图所题五言诗一首），余谫陋，未暇探讨，今读赵文敏（指元代书画家赵孟頫）公咏《耕织图》诗二十四首，自正月以至岁终按月份题，曲尽田家苦情状，与此图可以参观，故录之，叙斋功（即陈功）识。”

（4）“此图（指陈本《耕织图》）未属款，不知何人所绘，其笔墨非近代画手所能及宜珍。”

（5）“农桑为万事之原，王政之本。吾辈饱食暖衣，不念民间勤苦，其罪大矣！一丝一粒当知来处不易，后之观是图、读是诗者，当必恻然恸念，岂可以寻常书画观哉？三山叙斋陈功谨书。”

因陈功题跋《耕织图》现藏于私人手中，近年才被农学研究界一些人看到，并引起了重视，但此图究竟是否为南宋楼璹家藏的《耕织图》的副本，或南宋、元、明、清时代某画家所作的摹本，现在还无法定论；南宋著名画家刘松年在宁宗朝曾呈进《耕织图》，但其图至今下落不明，此陈本《耕织图》是否与刘松年《耕织图》有关，这一疑点尚待查考。此图究竟何人所绘，绘画于何年代，还需要查询古籍中的记载，并从绫绢材质、笔墨风格、颜料矿物成分、人物造型、头饰、服饰、民俗民风、画中织机结构、织机的操作方法、各种劳动工具及陈设物等全方位研究与考证。但无论如何陈功题跋的《耕织图》的发现对于研究中国古代农业的“耕”与“织”都极有参考价值。现将陈功题跋的《耕织图》刊录于本书，以供专家学者研究参考。

陈功题跋《耕织图》耕 1. 浸种，耕 2. 耕

陈功题跋《耕织图》耕 3. 耙耨，耕 4. 耖

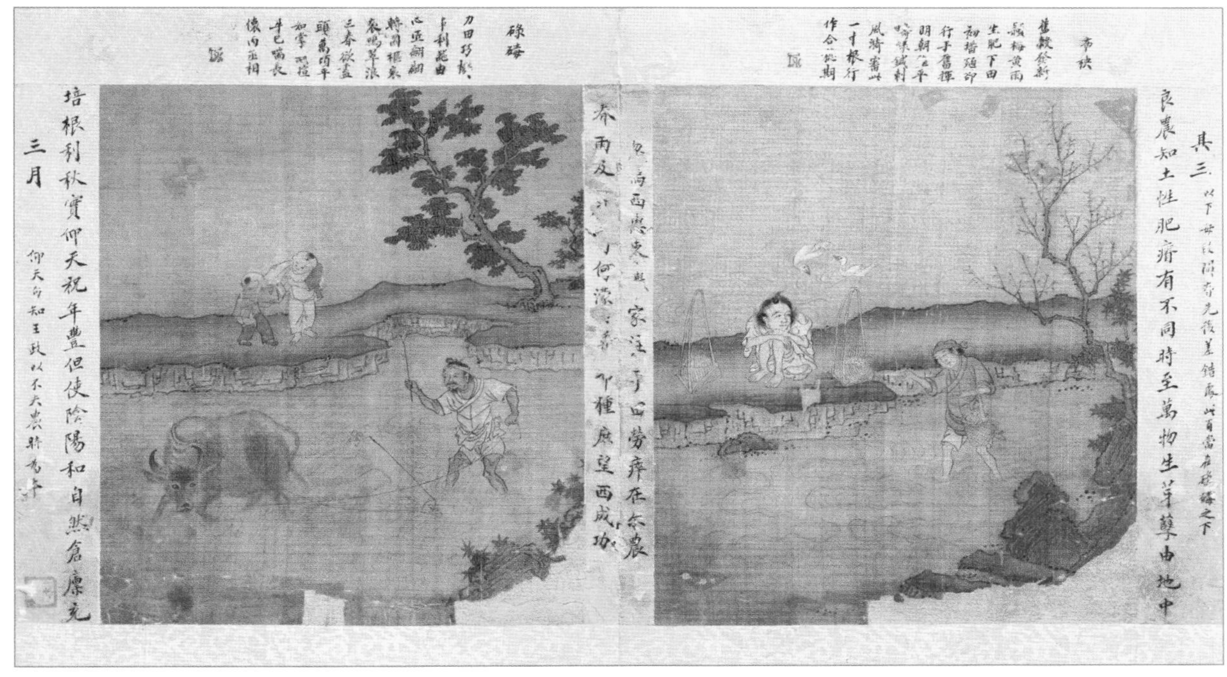

陈功题跋《耕织图》耕 5. 碌碡，耕 6. 布秧

陈功题跋《耕织图》耕 7. 淤荫，耕 8. 拔秧

陈功题跋《耕织图》耕 9. 插秧，耕 10. 一耘

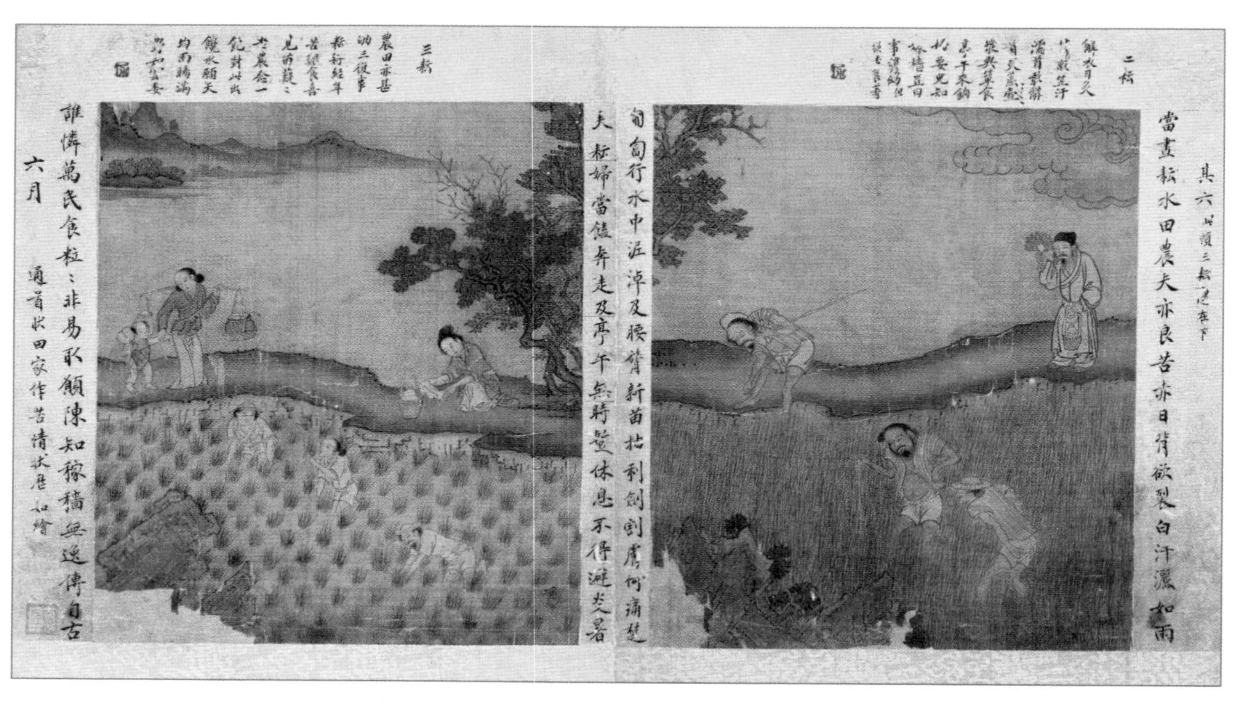

陈功题跋《耕织图》耕 11. 二耘，耕 12. 三耘

陈功题跋《耕织图》耕 13. 灌溉，耕 14. 收刈

陈功题跋《耕织图》耕 15. 登场，耕 16. 持穗

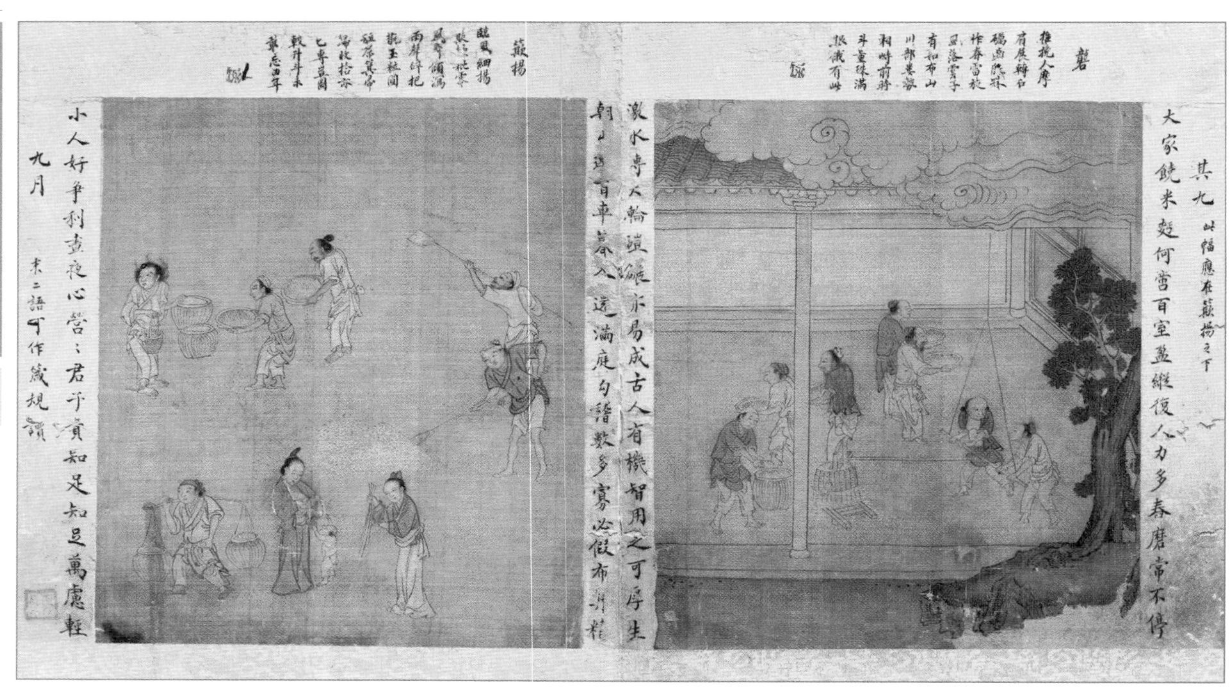

陈功题跋《耕织图》耕 17. 簸扬，耕 18. 砻

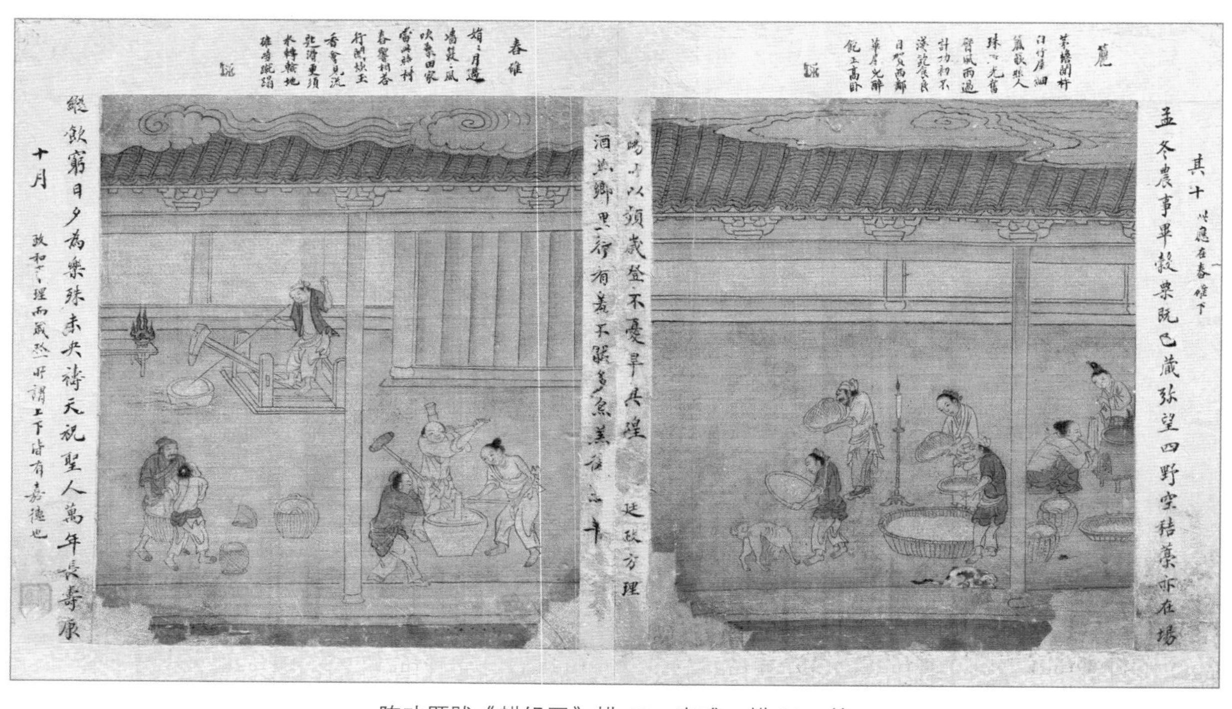

陈功题跋《耕织图》耕 19. 舂碓，耕 20. 筛

陈功题跋《耕织图》耕 21. 入仓，耕 22. 供奉

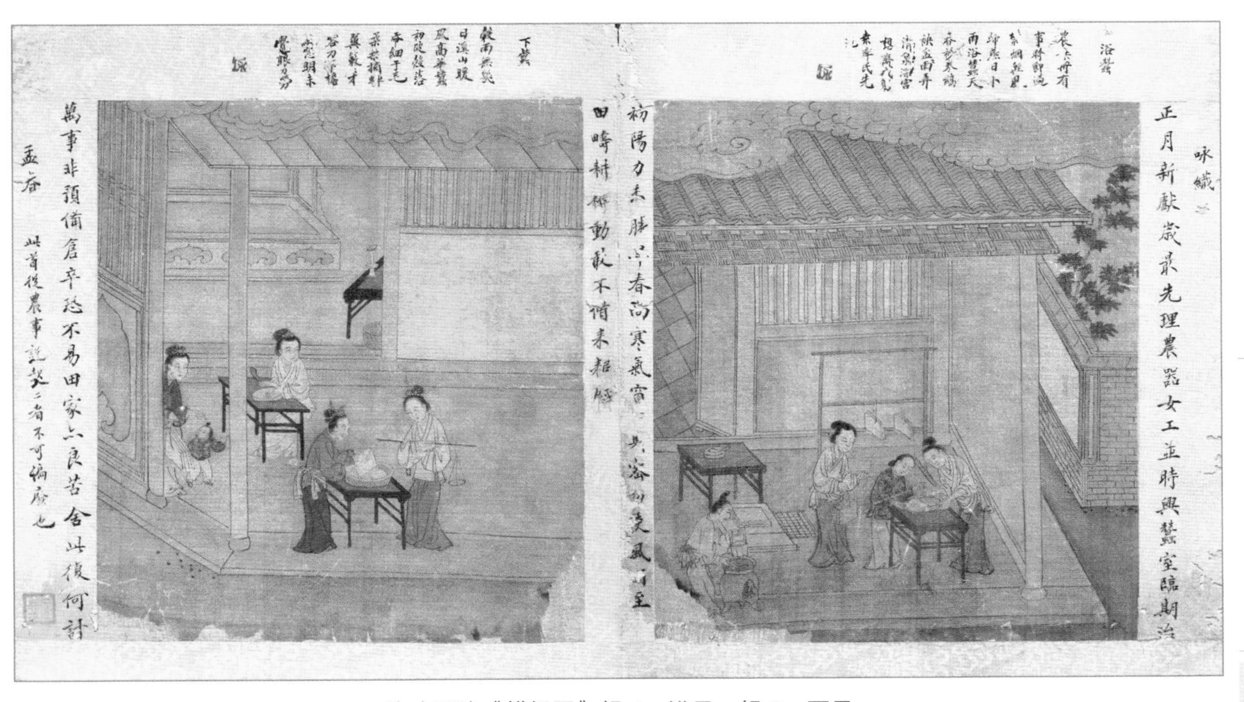

陈功题跋《耕织图》织 1. 浴蚕，织 2. 下蚕

陈功题跋《耕织图》织 3. 喂蚕，织 4. 一眠

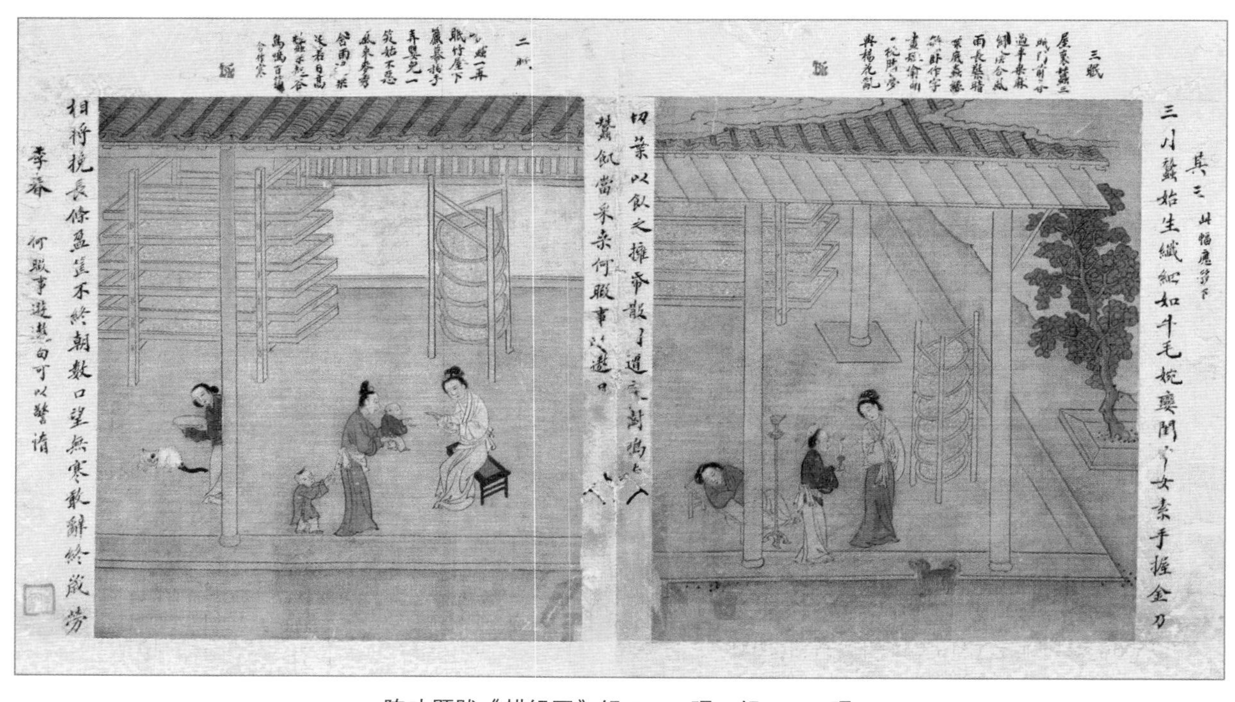

陈功题跋《耕织图》织 5. 二眠，织 6. 三眠

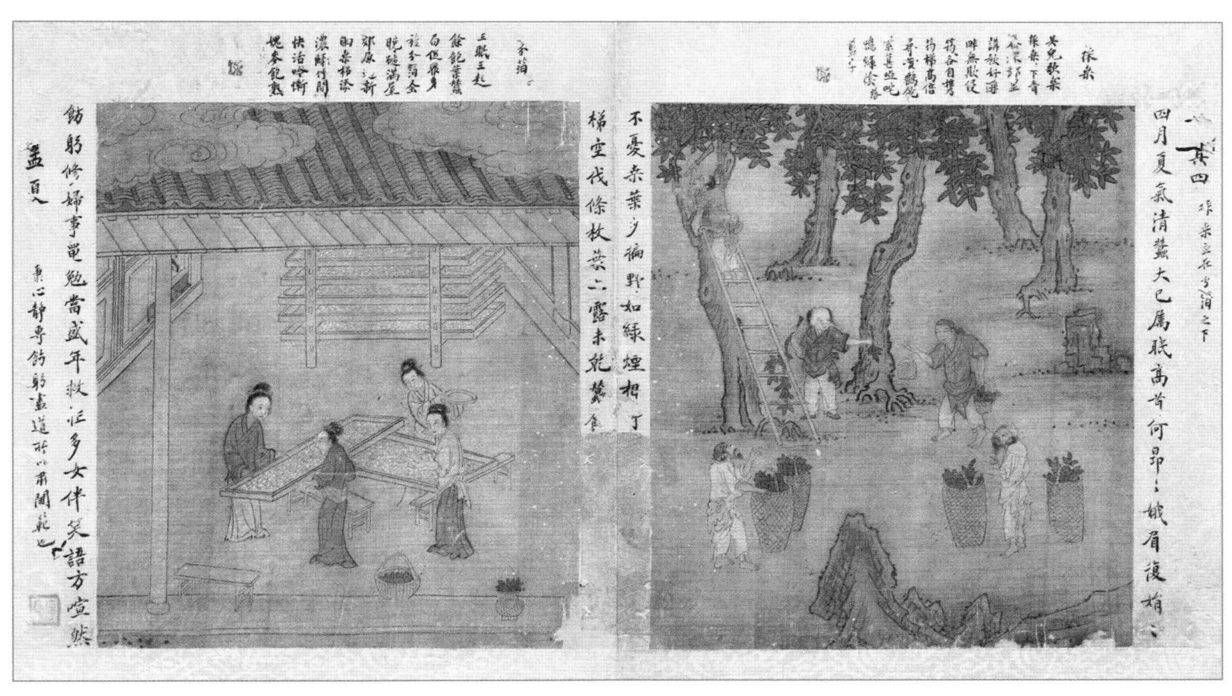

陈功题跋《耕织图》织 7. 分箔，织 8. 采桑

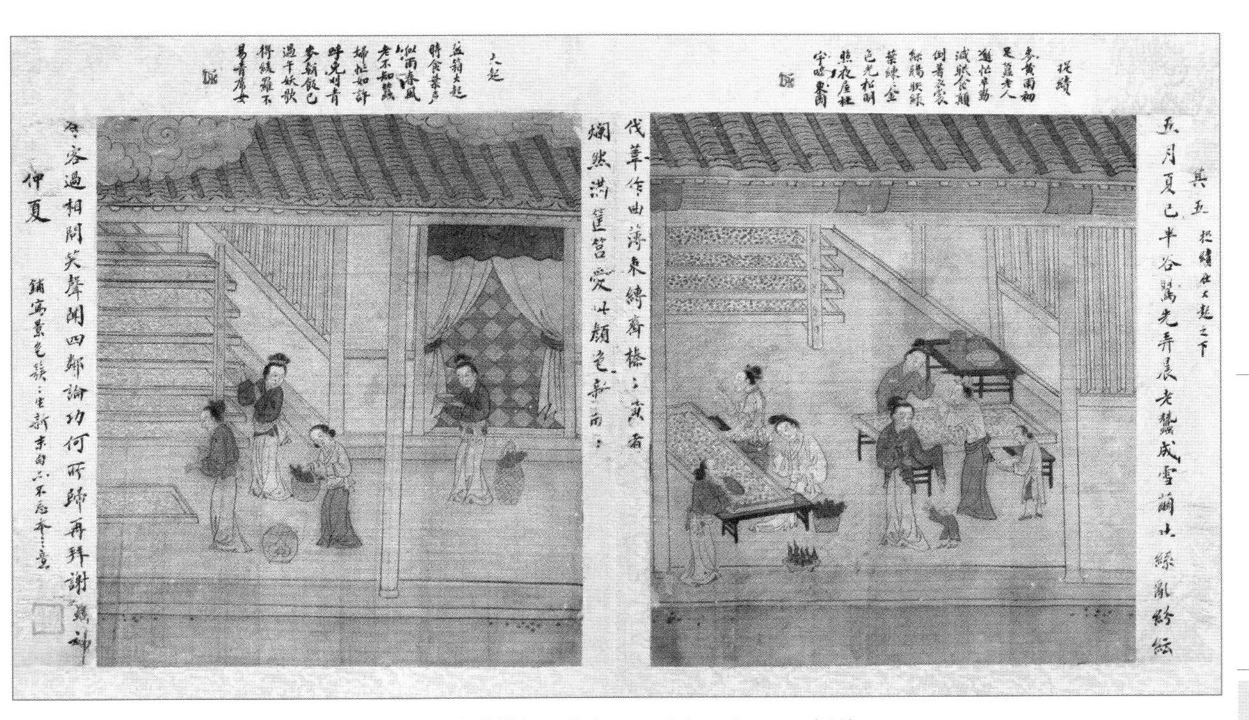

陈功题跋《耕织图》织 9. 大起，织 10. 捉绩

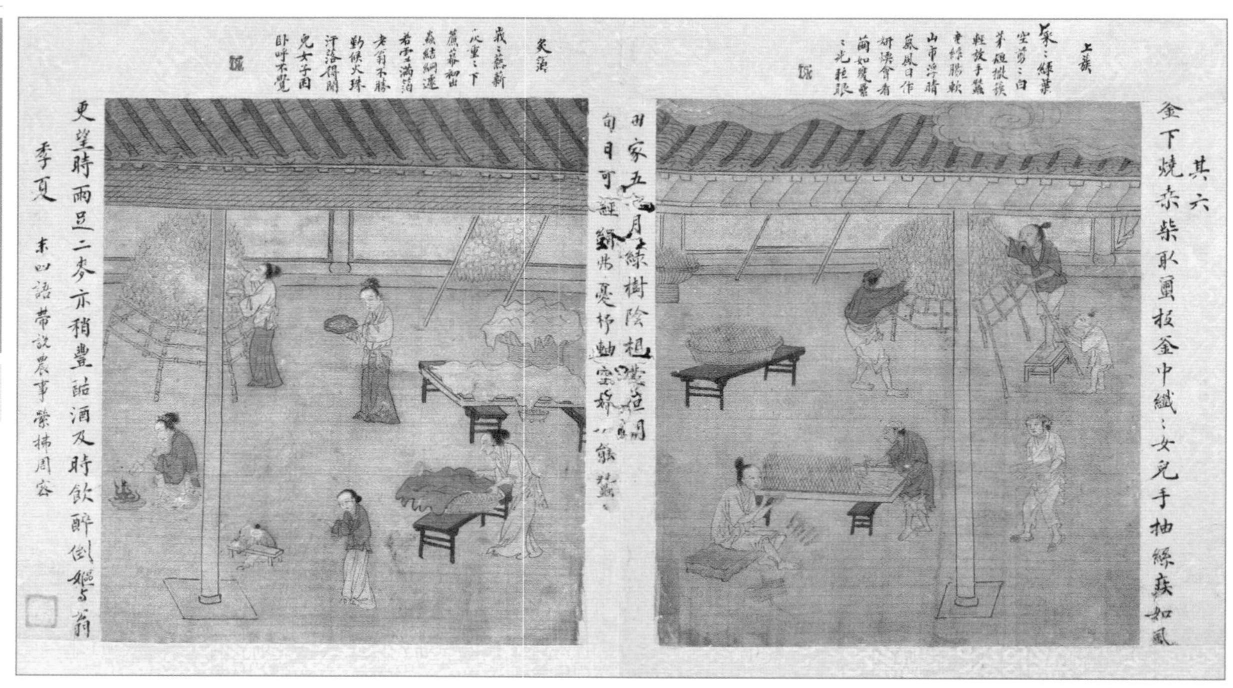

陈功题跋《耕织图》织 11. 上蔟，织 12. 炙箔

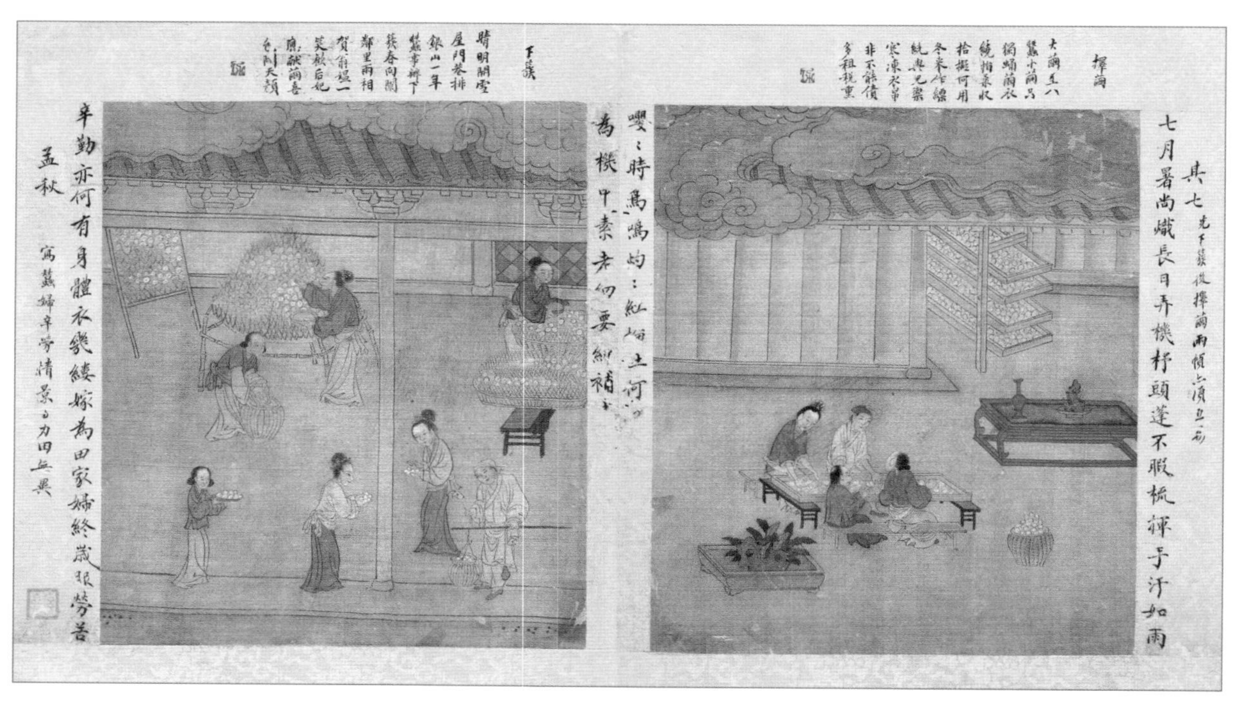

陈功题跋《耕织图》织 13. 下蔟，织 14. 择茧

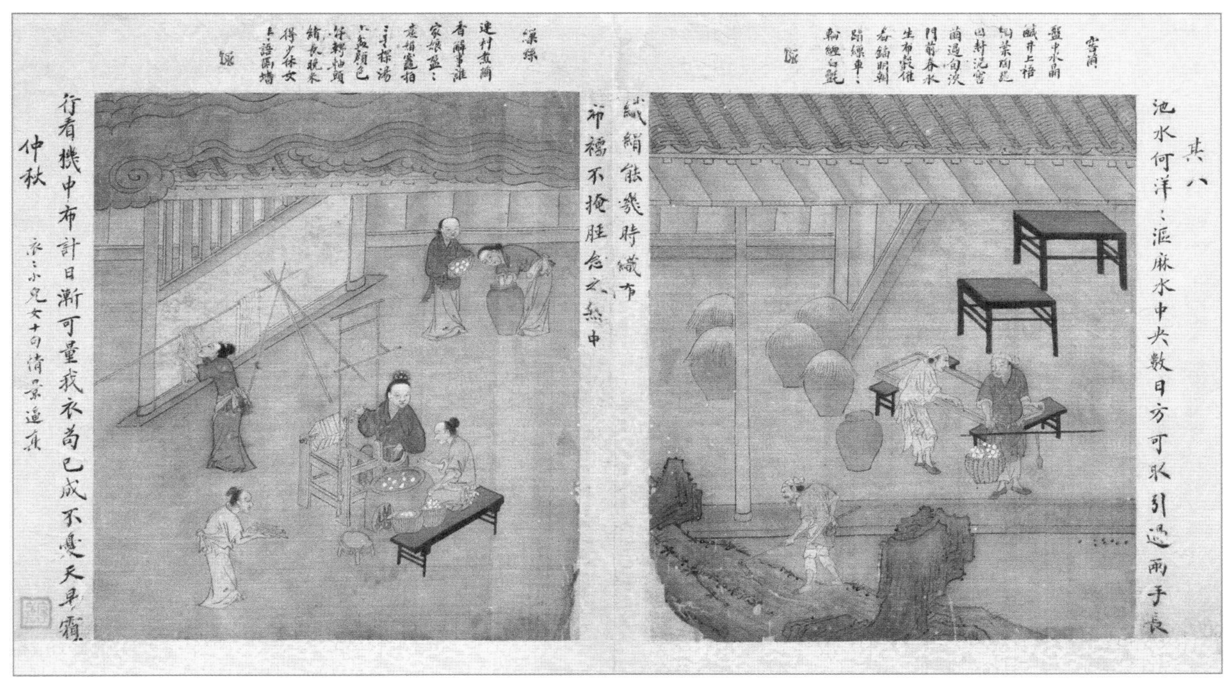

陈功题跋《耕织图》织 15. 窖茧，织 16. 缫丝

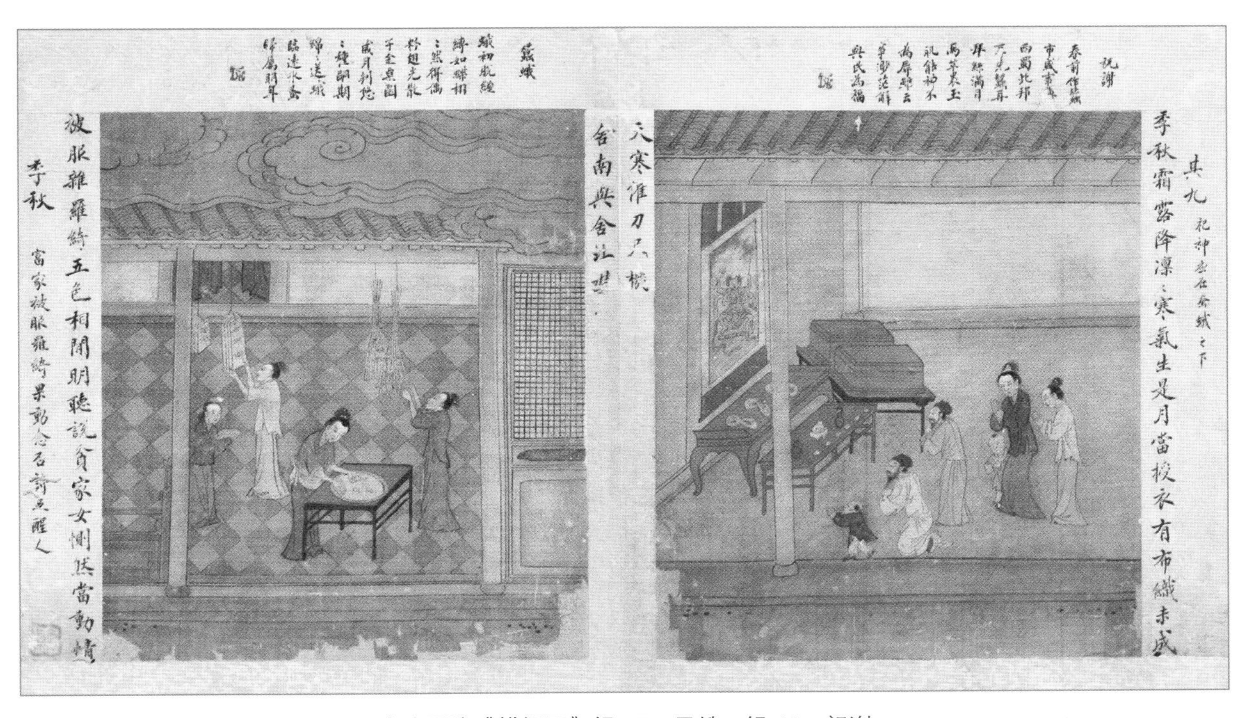

陈功题跋《耕织图》织 17. 蚕蛾，织 18. 祀谢

陈功题跋《耕织图》织 19. 络丝，织 22. 织

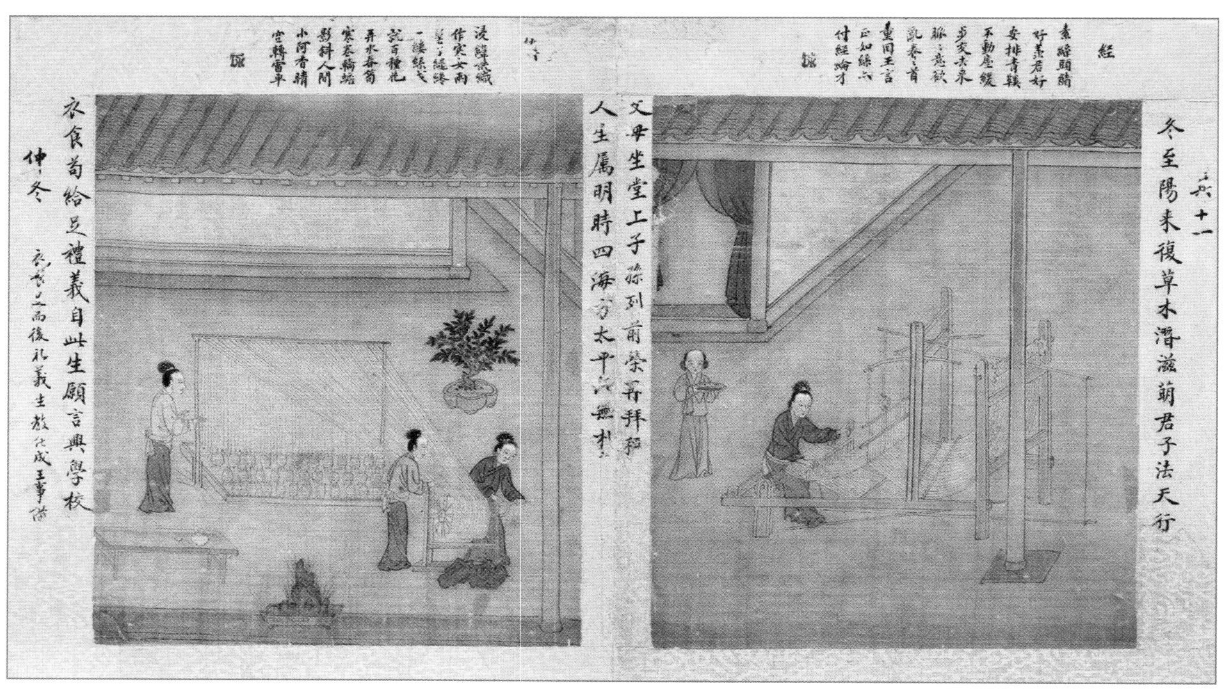

陈功题跋《耕织图》织 20. 经，织 21. 纬

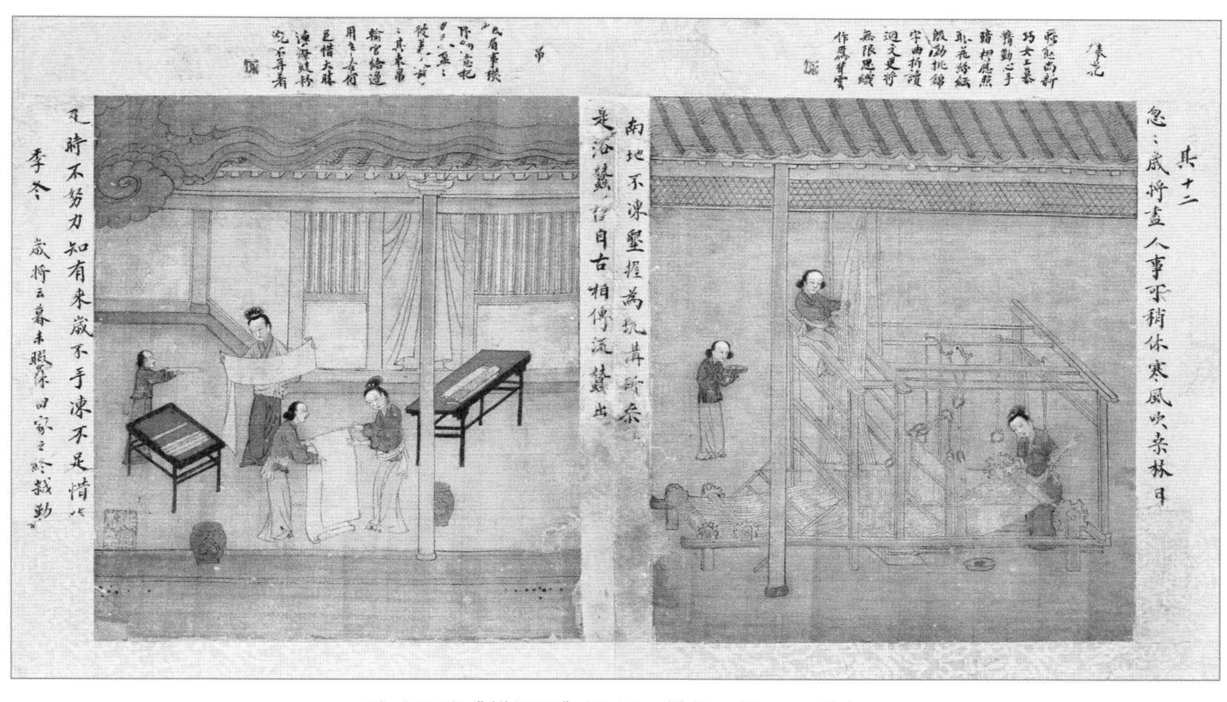

陈功题跋《耕织图》织 23．攀花，织 24．剪帛

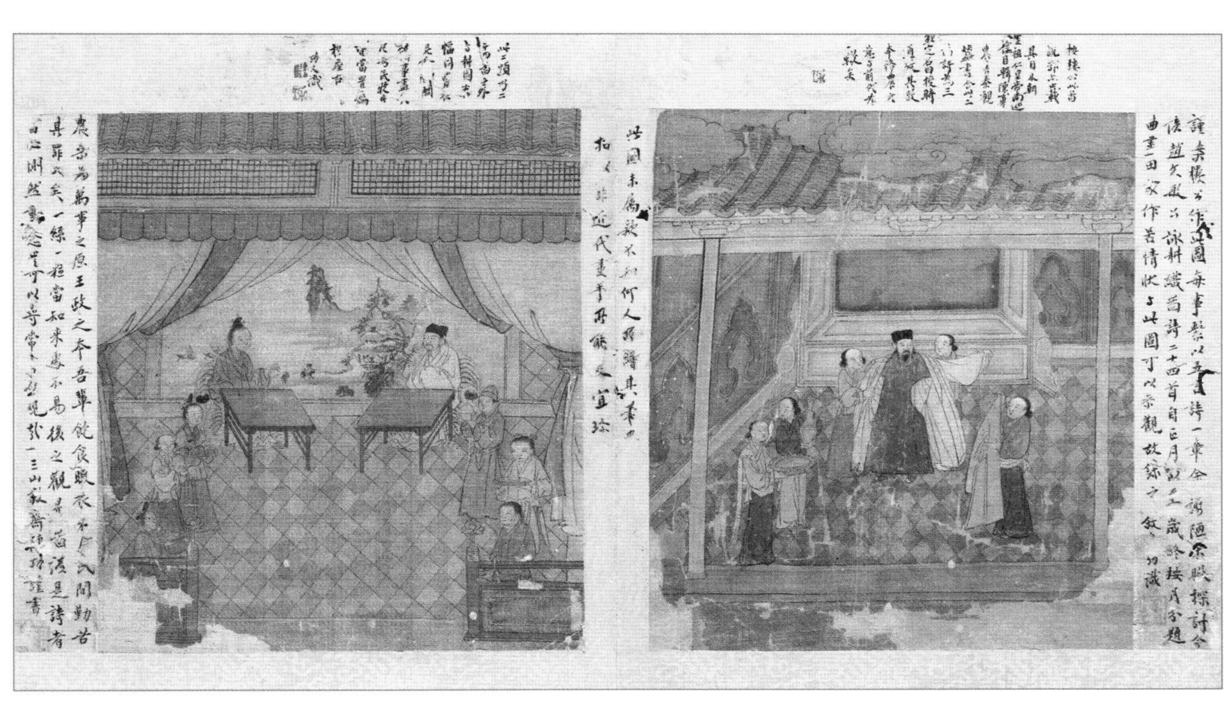

陈功题跋《耕织图》织 25．成衣，织 26．供奉

12. 绵亿《耕织图》

绵亿（1764—1815），系清高宗乾隆帝的孙子。《清史稿·列传八》载："荣纯亲王永琪，高宗第五子，乾隆三十年（1765年）十一月，封荣亲王……子绵亿，四十九年（1784年）十一月封贝勒，嘉庆四年（1799年）正月，袭荣郡王。绵亿少孤体羸多病，特聪敏，工书，熟经史。"可知，绵亿自幼聪颖，书画皆精，这和荣王府文风昌盛、家学相承有密切关系。其父永琪（1741—1766），"少习骑射，娴国语，上钟爱之"。乾隆二十八年（1763年）圆明园九洲清晏殿发生火灾，乾隆帝就是永琪从火场中背出来的。乾隆帝对这第五子倍加宠爱，极力培养。永琪琴、棋、书、画无所不通，并著有文集《焦桐剩稿》等，可惜他英年早逝。永琪第五子绵亿也是当时有名的学问家、画家和书法家；绵亿子奕绘和其夫人顾太清在清代文坛更为有名，太清作品成就卓著，影响极大，有清代第一女词人之美誉。因此，荣亲王永琪、荣郡王绵亿、贝勒奕绘三代所培植的家风，成为当时各王府中绝少的文化府邸。绵亿曾绘制《耕织图》一册，全图彩色，绢本，耕织各二十三幅，共四十六幅，画目与康熙《御制耕织图》同；画面线条匀细，生动简洁。从内容看似是摹绘康熙时期焦秉贞所绘《耕织图》，但也多有简略，如"浸种"图删去了妇女和儿童，"染色"图删去了一个染工，全图也未见附诗；可知摹绘中也有他自己的创作。绵亿《耕织图》册，现由故宫博物院收藏。

绵亿《耕织图》例1　浸种

绵亿《耕织图》例2　耕

绵亿《耕织图》例 3　织

绵亿《耕织图》例 4　染色

13. 道光石刻《蚕桑十二事图》

清代道光年间（1821—1850），四川广元县知县曾逢吉，积极“劝课农桑”，他根据当地蚕桑生产活动主持绘制了《蚕桑十二事图》并石刻成碑画，

嫘祖与白马的传说石刻拓片

此碑高 1.3 米，总长 5.8 米，原立于广元县民教寺内，新中国成立以后移至广元市皇泽寺内，并立“蚕桑亭”。在“蚕桑亭”前立有一马头娘画碑，画面是在大桑树下一女子偎马而坐，一只蚕虫在一支桑枝上悬丝坠向该女子头顶，据说此图取材于嫘祖与白马的传说。

《蚕桑十二事图》碑画描绘了当时当地栽桑、养蚕、选茧、缫丝等蚕桑生产活动的全过程。石刻图虽历经一百余年，但至今基本上仍清晰可见。《蚕桑十二事图》分为：①种桑；②培桑；③条桑；④浴种；⑤窝种（亦称暖种，即催青）；⑥收蚁；⑦替蚕；⑧喂蚕；⑨眠起；⑩上簇；⑪ 分茧；⑫ 缫丝（亦称打丝）。画目与内容相配，碑刻画面生动，形象逼真，堪称是蚕事珍贵的历史文物，对研究清代四川蚕织业的发展很有参考价值，同时也是古代蚕桑生产科普创作的艺术瑰宝。

清代道光石刻《蚕桑十二事图》1　种桑

清代道光石刻《蚕桑十二事图》2　培桑

清代道光石刻《蚕桑十二事图》3　条桑

清代道光石刻《蚕桑十二事图》4　浴种

清代道光石刻《蚕桑十二事图》5　窝种

清代道光石刻《蚕桑十二事图》6　收蚁

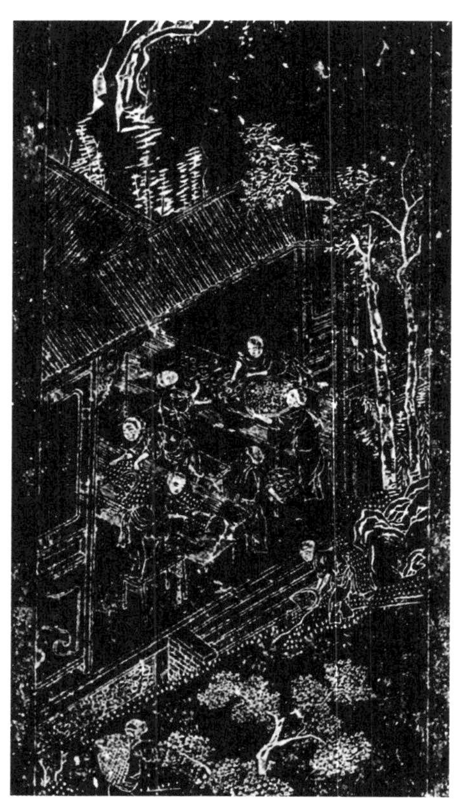
清代道光石刻《蚕桑十二事图》7　替蚕

清代道光石刻《蚕桑十二事图》8　喂蚕

清代道光石刻《蚕桑十二事图》9　眠起

清代道光石刻《蚕桑十二事图》10　上蔟

清代道光石刻《蚕桑十二事图》11　分茧

清代道光石刻《蚕桑十二事图》12　缫丝

14. 道光《橡茧图说》

柞树、栎树当时通称橡树，柞、栎等树木的树叶是柞蚕的食品；这里称“橡茧图”，实为柞栎茧的图说。

在西晋崔豹的《古今注》等古籍上，已有利用柞蚕制成丝棉的记载。因为野生柞蚕栖息在野外的柞、栎等树上，因此，古人又称它为“野蚕”“山蚕”。而人工放养柞蚕是从明朝后期开始的，明末清初，山东益都（今山东博山）人孙廷铨（1613—1674）曾写过一篇《山蚕说》，文中说：“古人遇到野蚕结着大批茧子，便认为是祥瑞的事，现在东齐（即胶东一带）山里，到处都放养着山蚕（即柞蚕）。”由此可知，明末清初胶东一带放养柞蚕已经很普遍了。

贵州是中国西南地区柞蚕传入比较早的地方，早在清代乾隆四年（1739 年）山东历城（今属山东济南）人陈玉壂任贵州遵义知府，他提倡利用当地柞、栎等树木自然资源养蚕抽丝，从而发展了柞蚕，后来柞蚕又从遵义传到了安平（今贵州省安顺市平坝区）等地。道光七年（1827 年）任贵州安平县令的刘祖宪（1774—1831，号仲矩），撰写了《橡茧图说》一书。该书的序言中大意是说，刘县令在安平看到有许多柞、栎等树木，百姓砍伐后当柴烧，他认为很可惜；于是他与县府有关人员商议后发出禁令，禁止砍伐柞、栎等树木，并且要求百姓种植和保护这些宝贵的自然资源，动员乡民利用这些树木养蚕、缫丝、织绸，发展蚕织业，以利民富民，从此教民种树育蚕。贫民苦无蚕种，他即筹措四百六十余金贷之，又购买橡子数十石，给民领种。他在县府旁空地种柞、栎树秧，分给乡民，后又设法建机房三所，招教织匠三十余人，而城乡妇孺相继来学，蚕织技术也不断提高。为了总结生产经验，宣传、推广和促进柞蚕生产，发展蚕织业，他著《橡茧图说》一书，从培养柞、栎林木，放养柞蚕以及络丝、织绸等分条述说其方法，共计四十一条，每条附图一幅，并题七言诗一首。

四十一条条目如下：①橡利；②辨橡；③窖橡子；④择土；⑤种橡；⑥种橡兼种杂粮；⑦畜橡；⑧斫橡；⑨恤橡；⑩择种摇种；⑪ 修理烘房烘种柔种；⑫ 穿种上晾出蛾；⑬ 烘房火候；⑭ 捉蛾配蛾折蛾数蛾；⑮ 伏卵出蚕；⑯ 祈蚕；⑰ 御风雹；⑱ 占茧之成熟；⑲ 分棚；⑳ 计本息；㉑ 春放蚕法；㉒ 驱鸟；㉓ 移枝；㉔ 三眠大眠；㉕ 蚕病；㉖ 收茧收种；㉗ 熏茧；㉘ 晾种；㉙ 秋蚕缚枝；㉚ 驱蚱蜢；㉛ 煮茧取丝；㉜ 导筒；㉝ 套茧；㉞ 络丝；㉟ 攒丝；㊱ 络纬；㊲ 牵丝；㊳ 扣丝；㊴ 刷丝；㊵ 再扣丝系综；㊶ 上机度梭成绸。

放养橡蚕、柞蚕是我国有作为的官府的提倡、推广和广大劳动人民的创造，值得重视，其经验也有一定的参考价值。

清代道光《橡茧图说》1　橡利

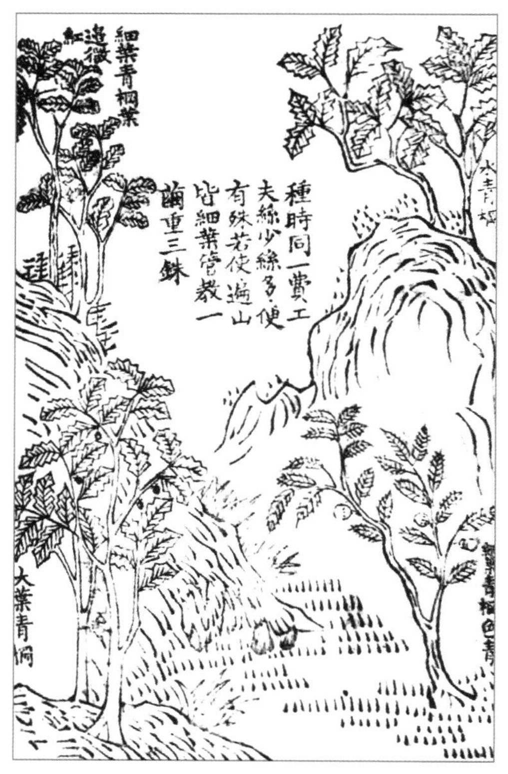

清代道光《橡茧图说》2　辨橡

清代道光《橡茧图说》3　窖橡子

清代道光《橡茧图说》4　择土

清代道光《橡茧图说》5　种橡

清代道光《橡茧图说》6　种橡兼种杂粮

清代道光《橡茧图说》7　畜橡

清代道光《橡茧图说》8　斫橡

清代道光《橡茧图说》9　恤橡

清代道光《橡茧图说》10　择种摇种

天地絪緼物化醇烘
房火候亦稱神莫言
此火祇薪炭妙手能
回九地春

清代道光《橡茧图说》11　修理烘房烘种柔种

清代道光《橡茧图说》12　穿种上晾出蛾

清代道光《橡茧图说》13　烘房火候

清代道光《橡茧图说》14　捉蛾配蛾折蛾数蛾

清代道光《橡茧图说》15　伏卵出蚕

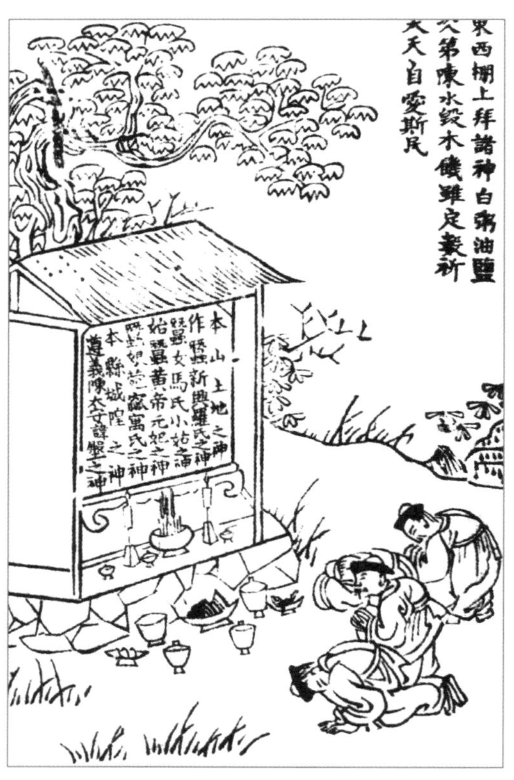

清代道光《橡茧图说》16　祈蚕

清代道光《橡茧图说》17　御风雹

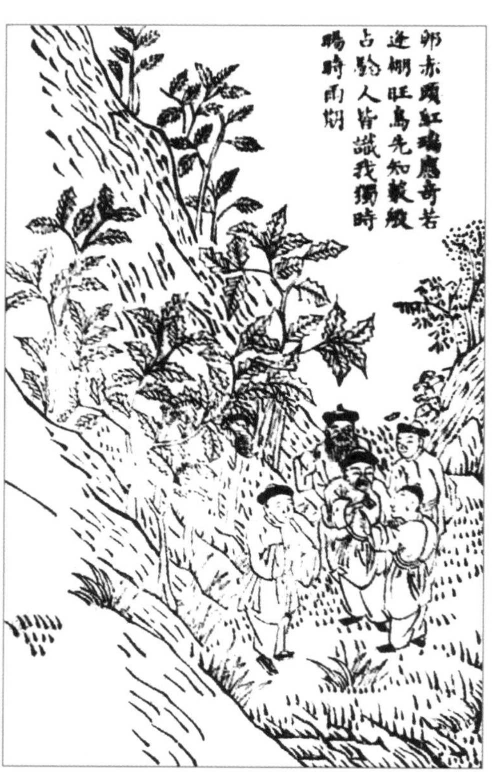

清代道光《橡茧图说》18　占茧之成熟

此繭如何多數千
只因棚小力能專
將蝦釣鯉君知否
莫惜分棚些
少錢

清代道光《橡茧图说》19　分棚

從來子母貴兼權

但使四時調玉燭

清代道光《橡茧图说》20　计本息

暖風和始得宜若使

清代道光《橡茧图说》21　春放蚕法

幾微生氣怕傷摧飛
爆騰空響似雷翔集

清代道光《橡茧图说》22　驱鸟

清代道光《橡茧图说》23　移枝

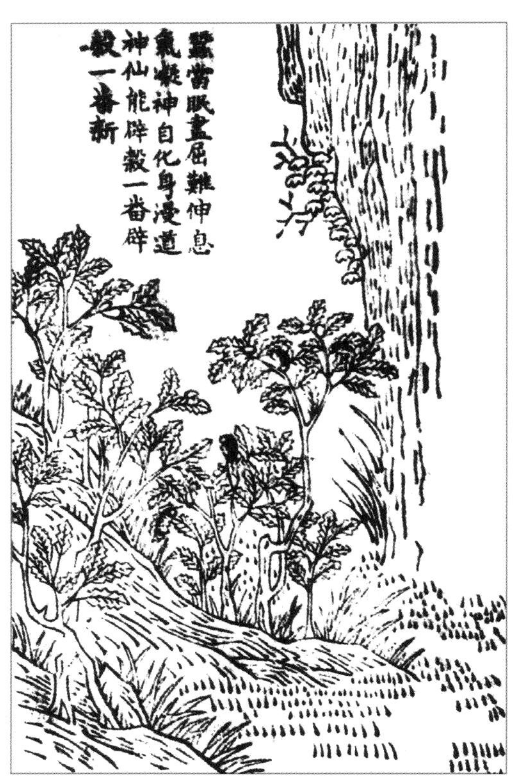

清代道光《橡茧图说》24　三眠大眠

清代道光《橡茧图说》25　蚕病

清代道光《橡茧图说》26　收茧收种

清代道光《橡茧图说》27　熏茧

清代道光《橡茧图说》28　晾种

清代道光《橡茧图说》29　秋蚕缚枝

清代道光《橡茧图说》30　驱蚱蜢

第二章 历代耕织图像的发展

清代道光《橡茧图说》31　煮茧取丝

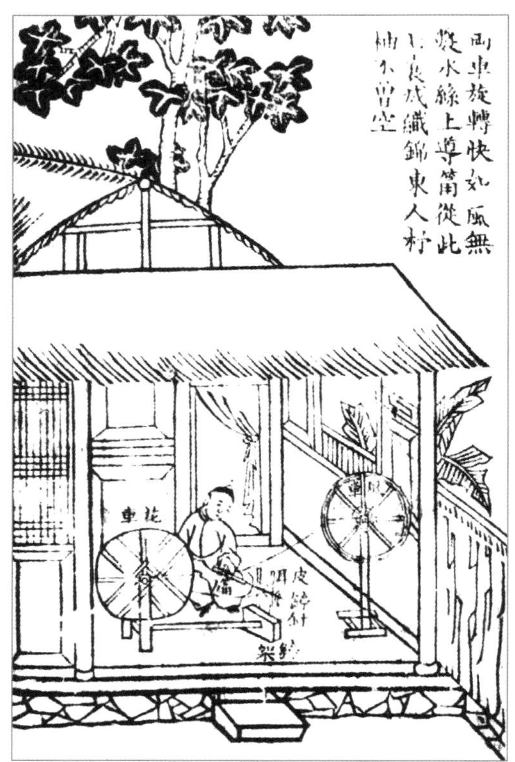

清代道光《橡茧图说》32　导筒

清代道光《橡茧图说》33　套茧

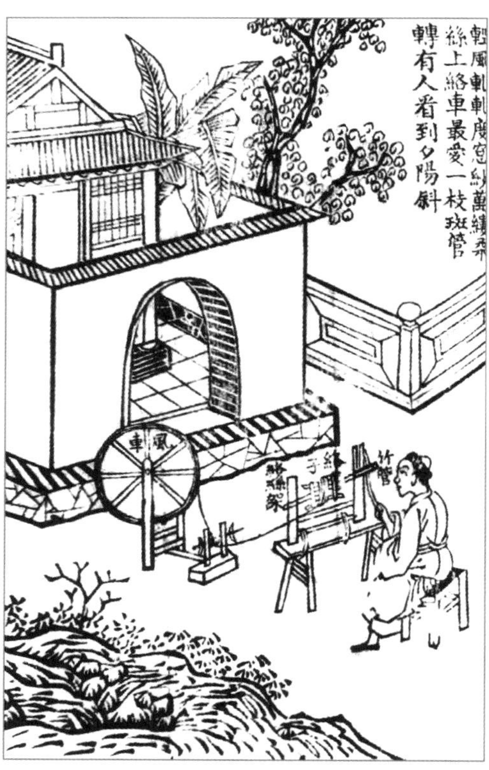

清代道光《橡茧图说》34　络丝

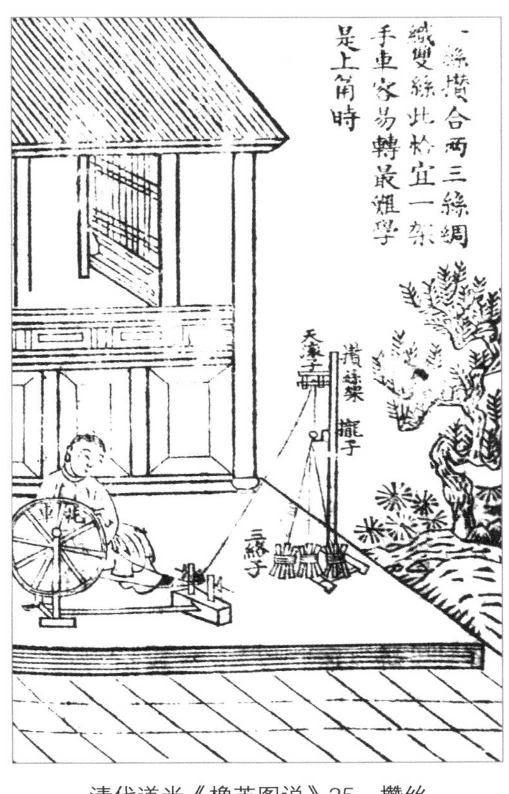

清代道光《橡茧图说》35　攒丝

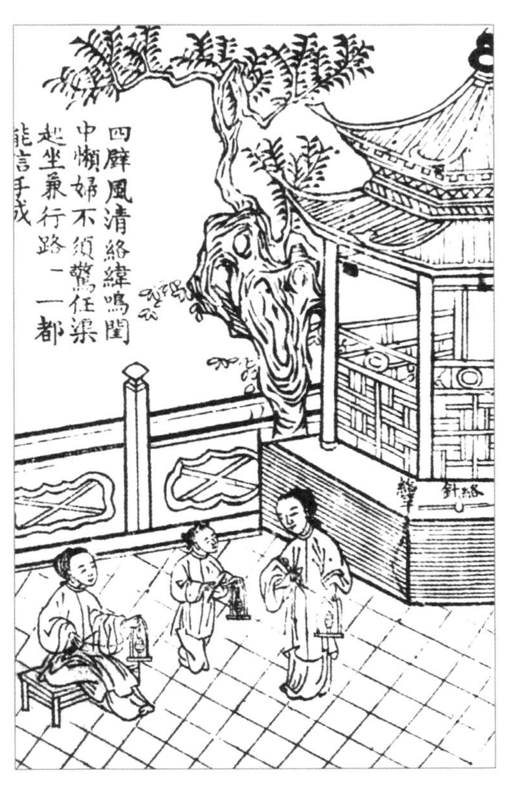

清代道光《橡茧图说》36　络纬

清代道光《橡茧图说》37　牵丝

清代道光《橡茧图说》38　扣丝

清代道光《橡茧图说》39　刷丝

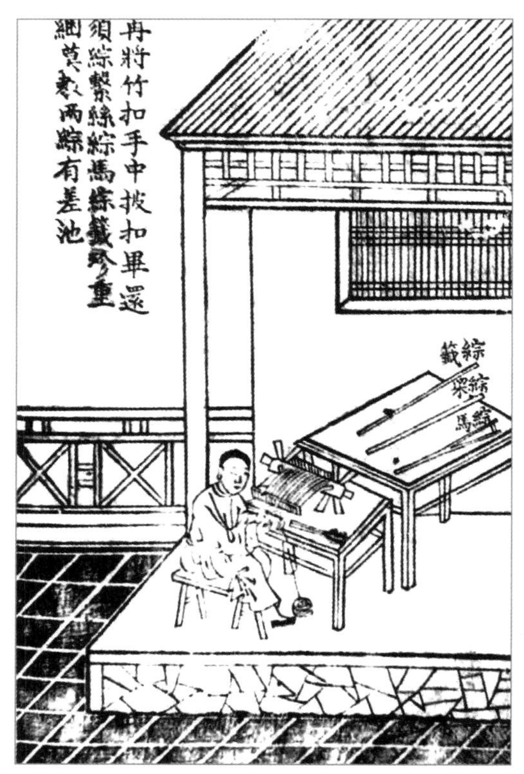
清代道光《橡茧图说》40　再扣丝系综

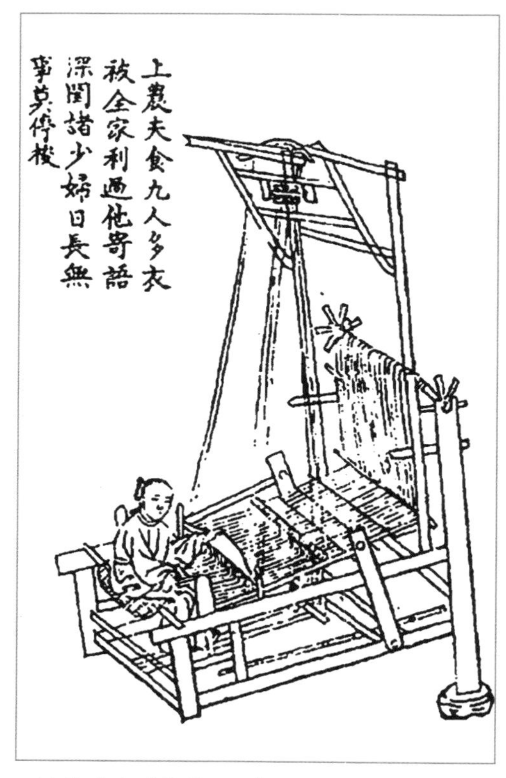
清代道光《橡茧图说》41　上机度梭成绸

15. 光绪石刻《耕织图》

此图1978年发现于河南省博爱县邬庄一农家门楼墙壁上，计有耕图十幅，即耕地、运苗、插秧、浇水、收割、运稻、碾打、扬场装袋、运粮归家、庆丰收，描绘了水稻从种到收的生产过程；织图十幅，即整地、中耕除草培土、摘棉归家、轧弹棉花、纺纱绕线、浆线、络线、经线、梳线、织布与量衣，描绘了棉花从播种到收获、加工织布的全过程；共二十幅，分别刻在四块长200厘米、宽30厘米的青石上。在画面的间隔处，刻有卷云纹和花鸟图案。在一幅“运粮归家”的画面上，有一农民推着独轮车，车上装着两袋粮食，袋上分别写有“光绪捌年”“孟秋月置”

的字样，很可能刻石即成于此时，至于石刻的作者已难以查考。

清代末年，河南博爱一带是水稻和棉花的重要产区，因而此石刻《耕织图》明显地反映了清代晚期北方耕织的特点。如从南宋至清代前期的《耕织图》中都有“耕”“耙”“耖”三图，表现了水田种稻整地过程，而此石刻则反映了北方旱地种稻。耖田是南方水田整地的一道重要工序，北方一般是不用耖的；即使是种水稻，也只是用犁、耙将地耕翻、耙碎、耙平。所以此石刻“耕地”图中只画一农夫左手执鞭驱牛，右手扶犁，正在耕田；另一农夫，右肩扛耙，向田里走来，将北方种水稻插秧前的整地描绘得简单明了。又如此石刻图中收割水稻使用的工具是至今仍广泛流行于北方的长柄镰，柄长约一尺五寸，略弯曲，而南方则用短柄镰。再如水稻脱粒工具，过去耕织图中多画的是连枷，而此石刻却描绘了用牛拉碌碡（石磙）脱粒。碌碡是北方脱粒普遍使用的工具，也可用于水稻脱粒。过去的织图多描绘蚕织业生产，而此石刻的织图则反映了北方棉花的种植、脱籽和纺织三大环节的生产过程，其完整程度超过了耕图。

光绪石刻《耕织图》生动地展现了清代晚期豫北人民男耕女织的劳动景象，但此刻石与南宋楼璹《耕织图》及清代康熙《御制耕织图》等也有不同；之前几版《耕织图》都是以加工蚕丝为对象，而此刻石却是以加工棉花为对象。所以光绪石刻《耕织图》是我国至今发现的清代晚期加工棉花系列图谱的刻石，为我们研究当时使用的农具和棉纺工具以及生产技术提供了形象资料，也为当

清代光绪石刻《耕织图》耕 1　耕地

时发展棉业生产，推广利用棉花解决百姓被服等问题起到宣传倡导作用，对研究农业科技史及艺术史等有一定的参考价值。

清代光绪石刻《耕织图》耕 2　运苗

清代光绪石刻《耕织图》耕 3　插秧

清代光绪石刻《耕织图》耕 4　浇水

清代光绪石刻《耕织图》耕 5　收割

清代光绪石刻《耕织图》耕 6　运稻

清代光绪石刻《耕织图》耕 7　碾打

清代光绪石刻《耕织图》耕8　扬场装袋

清代光绪石刻《耕织图》耕9　运粮归家

清代光绪石刻《耕织图》耕 10　庆丰收

清代光绪石刻《耕织图》织 1　整地

清代光绪石刻《耕织图》织 2　中耕除草培土

清代光绪石刻《耕织图》织 3　摘棉归家

清代光绪石刻《耕织图》织 4　轧弹棉花

清代光绪石刻《耕织图》织 5　纺纱绕线

清代光绪石刻《耕织图》织 6　浆线

清代光绪石刻《耕织图》织 7　络线

清代光绪石刻《耕织图》织8　经线

清代光绪石刻《耕织图》织9　梳线

清代光绪石刻《耕织图》织 10　织布与量衣

16. 光绪木刻《桑织图》

中国国家博物馆收藏有清代光绪十五年（1889 年）木刻《桑织图》。原图共二十四幅，其画目为：种桑、育桑、栽桑、桑树修剪、桑树管理、采桑、祀先蚕、谢先蚕、蚕桑器具、下子挂连、浴蚕种（附：秤连下蚁）、分蚁（附：头眠）、二眠、大眠、上蔟（附：摘茧）、蒸茧（附：晾茧）、缫水丝、缫火丝（附：做棉）、脚踏缫丝车（附：脚踏纺棉车）、解丝纬丝、经、纫丝、织、成衣。画幅纵 32 厘米、横 28.6 厘米。册首图上有《种桑歌》一首，尾有跋语；在多幅图上附有七言诗歌体的文字说明（有些诗歌与《豳风广义》同）。

开篇的《种桑歌》云："种桑好，种桑好，要务蚕桑莫潦草。无论墙下与田边，处处栽培不宜少。君不见《豳风·七月》篇，春日载阳便起早。女执懿筐遵微行，取彼柔桑直到杪。八月萑苇作曲箔，来年蚕具今日讨。缫丝织组渐盈箱，黼黻文章兼缋藻。本来妇职尚殷勤，岂但经营夸能巧。老衣帛，幼制袄，一家大小偕温饱。春作秋成冬退藏，阖户垂帘乐熙皞。更得余息完课粮，免得催科省烦恼。天生美利人不识，枉费奔驰徒扰扰。我劝世人勤务桑，务得桑成无价宝。若肯世世教儿孙，管取吃着用不了。各书一通晓乡邻，方信种桑真个好。"可见作者倡导种桑、养蚕制丝，劝人坐收美利，解决温饱，其情切切。

作者在跋语中叙述了编撰该图册的目的和过程，略谓："桑蚕为秦中故物，历代皆有，不知何时废弃，竟有西北不宜之说。是未悉豳风为今邠州，岐周为今岐山，皆西北高原地，岂古宜而今不宜耶？历奉上宪兴办，遵信者皆著成效，惟废久失传，多不如法，不成中止。奉发《蚕桑辑要》《豳风广义》，或以文繁不能猝识……因取《豳风广义》诸图仿之，无者补之，绘图作画，刻印广布，俾乡民一目了然，以代家喻户晓，庶人皆知；务地利，复其固有。衣食足而礼义生，豳风再见今日，所厚望焉！是举也，书者为甘肃候补州判邑人张集贤，绘者为候选从九品邑人郝子雅。时光绪十五年岁次己丑，冬十一月吉日刻。版存三原县永远蚕桑局。”由此可知，此图是由下层官员及地方绅士以仿《豳风广义》［清人杨屾撰，刊于乾隆七年（1742 年）］诸图为主绘制的，但“无者补之”，也有自己的创作。与清代多由帝王倡导有所不同，绘图的目的是在关中地区宣传推广早已失传的桑蚕种植养殖与丝织生产，具有强烈的劝导和技术推广的目的。

木刻《桑织图》生动描绘了当时植桑养蚕和丝织生产的全过程；画工精细，形象逼真，主要包括栽桑（从种桑到采桑）、育蚕（从育蚕到晾茧）和织造（从缫丝到织帛成衣）三部分内容，集中反映了当时关中一带传播推广的桑织生产技术和所使用的各种工具。光绪木刻《桑织图》对研究我国桑蚕丝织业发展史是重要的参考资料。

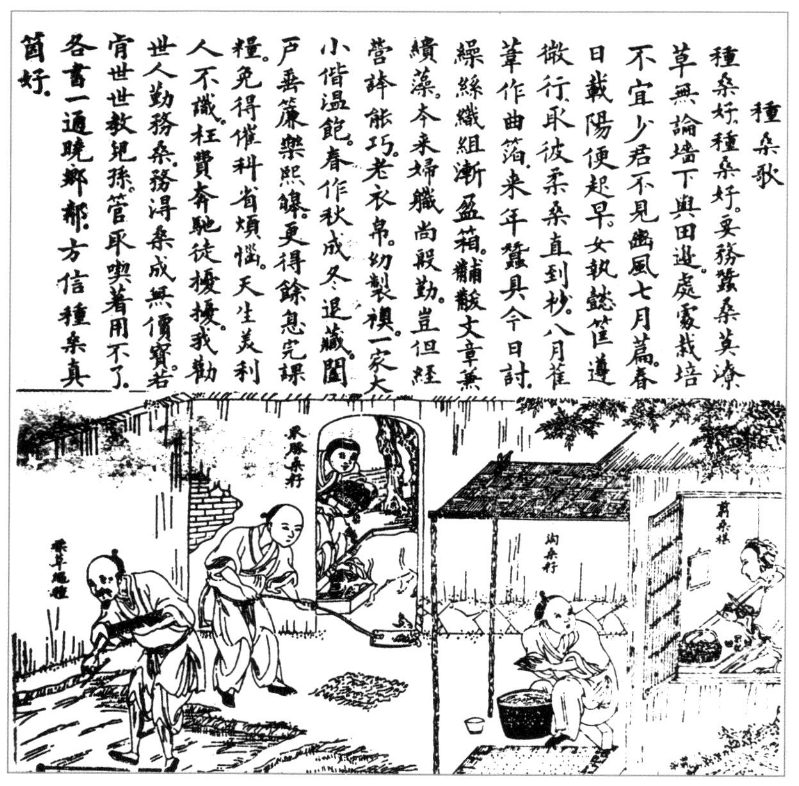

清代光绪木刻《桑织图》1　种桑

清代光绪木刻《桑织图》2　育桑

清代光绪木刻《桑织图》3　栽桑

清代光绪木刻《桑织图》4　桑树修剪

清代光绪木刻《桑织图》5　桑树管理

清代光绪木刻《桑织图》6　采桑

清代光绪木刻《桑织图》7　祀先蚕

清代光绪木刻《桑织图》8　谢先蚕

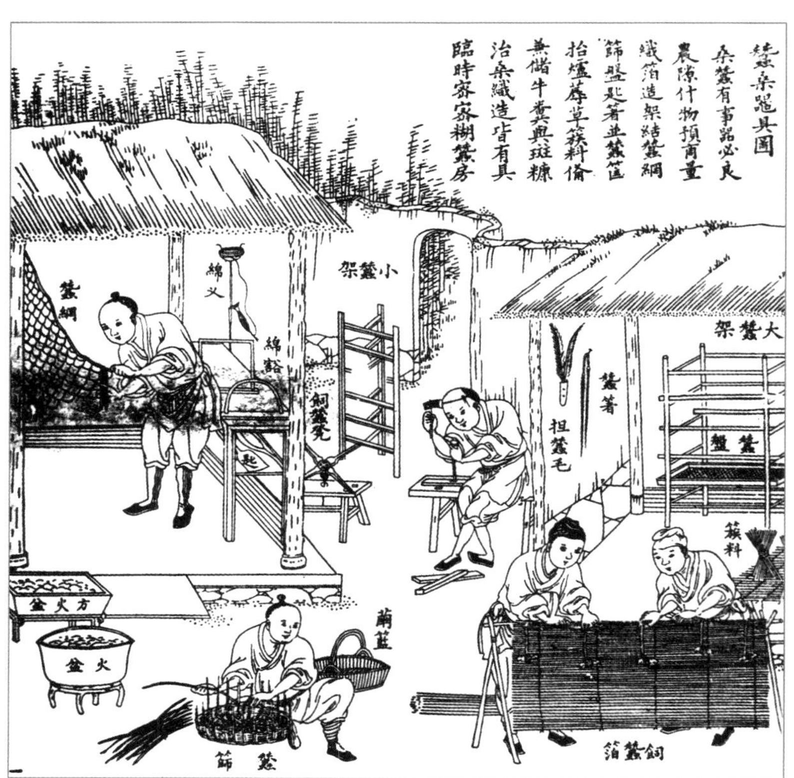

清代光绪木刻《桑织图》9　蚕桑器具

下子掛連圖
雌雄對待造化機
厥氣乃全生子足
辰時相配戌時析
明年出產滿箱衣
三

清代光绪木刻《桑织图》10　下子挂连

清代光绪木刻《桑织图》11　浴蚕种（附：秤连下蚁）

清代光绪木刻《桑织图》12　分蚁（附：头眠）

清代光绪木刻《桑织图》13　二眠

清代光绪木刻《桑织图》14　大眠

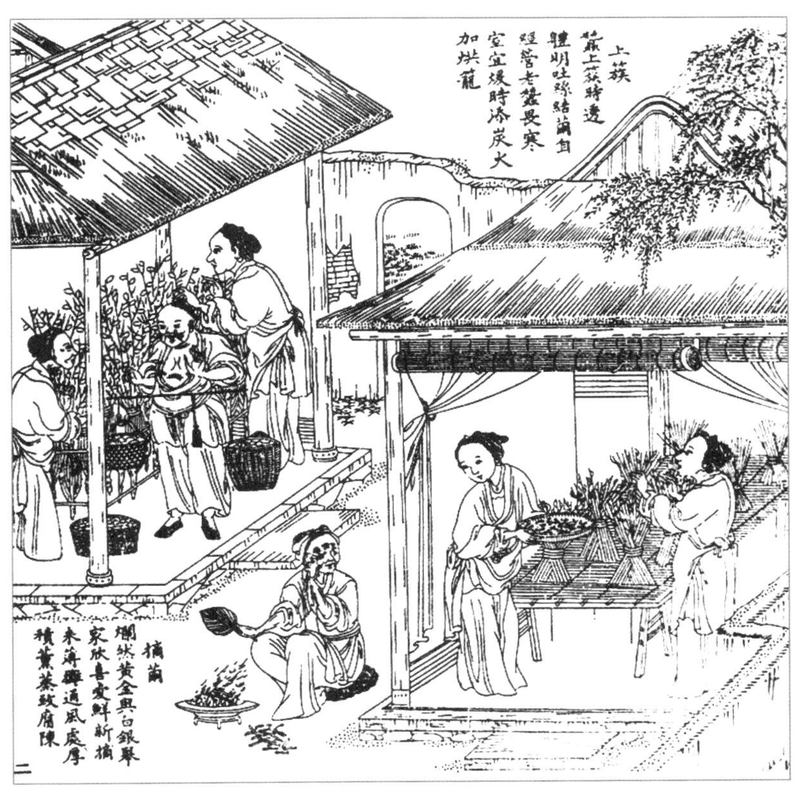

清代光绪木刻《桑织图》15　上蔟（附：摘茧）

清代光绪木刻《桑织图》16　蒸茧（附：晾茧）

清代光绪木刻《桑织图》17　缫水丝

清代光绪木刻《桑织图》18　缫火丝（附：做棉）

清代光绪木刻《桑织图》19　脚踏缫丝车（附：脚踏纺棉车）

清代光绪木刻《桑织图》20　解丝纬丝

清代光绪木刻《桑织图》21　经

清代光绪木刻《桑织图》22　纫丝

清代光绪木刻《桑织图》23　织

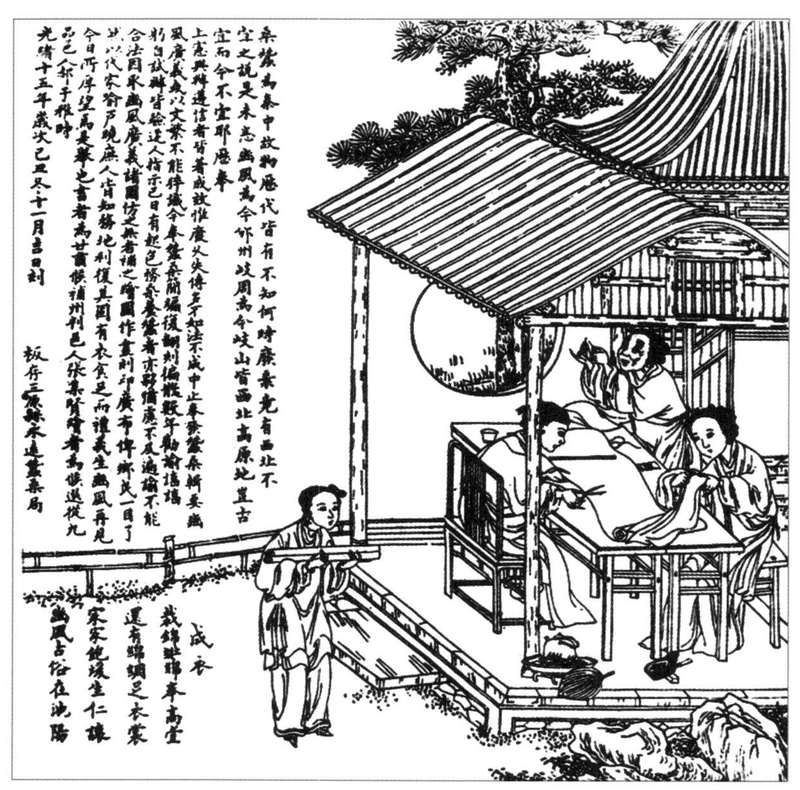

清代光绪木刻《桑织图》24　成衣

17. 光绪《蚕桑图说》

浙江钱塘县（今属杭州）人宗景藩，同治年间任湖北武昌县知县时，撰有《蚕桑说略》，“倡兴蚕桑，著有成效”。至光绪十六年（1890 年）宗承烈请当世名画家吴嘉猷（字友如）据《蚕桑说略》配图，名曰《蚕桑图说》。编书目的宗承烈在序言中说“蚕桑者，衣之源、民之命也”，“植桑养蚕之法，浙民为善”，但楚地却“耕而不桑”，他认为这是“未谙其法”之故；还有人说“蚕桑利东南，不利西北”，他认为从历史上说并不是这样，于是讲了不少种桑养蚕的好处。“桑下可以种蔬，桑落（指桑葚）可以酿酒，桑木可以樵薪，桑皮可以造纸，而蚕沙饲豕、缫汤浇田犹其余利也”。他提倡各有分工，“织者利其帛，缫者利其丝，饲蚕者利其茧，栽桑者利其叶”，不必人人饲蚕，家家缫织。序文最后说：“唯种植饲缫之法，恐不能家喻户晓，爰检朝议公（指宗景藩）《蚕桑说略》，倩名手分绘图说，付诸石印，分给诸屯读书之士，

《蚕桑图说》书影

转相传阅，俾习者了然心目，诚能如法，讲求勤劳树畜，则多一桑即多一桑之利，多一蚕妇即多一养蚕之利……衣食由此而足也。”可见他编著此书的目的，旨在不事桑蚕的楚地宣传植桑养蚕的益处，推广浙江一带桑蚕生产的经验和技术，发展蚕桑业，以利于富民。

《蚕桑图说》中共十五图，其中蚕十图，画目为“蚕种”“收子”“浴蚕”“收蚕”“饲叶”“蚕眠”“上山”“蚕忌”“缫丝”“挑茧”；桑五图，画目为“种桑大要”“种接本桑并剪桑”“种桑秧”“接桑”“下秧”。每图上方附有较详细的文字说明。如“种桑大要”图中不仅指出了楚北植桑的弊病，而且介绍了桑树的特性和种桑及桑园管理等方面的一系列技术要点：“桑宜干燥，须择山下高坡，垦其土，务使松，如麦地然，然后种之，四面开沟，以防积水。树本既大，冬月正月，两次浇肥，浇时将树脚之土，四围掘开，粪灌其根，用土盖好，愈肥愈妙。桑下宜种蔬菜，其土可以随时翻松，并沾肥润，寸草不生，尤为有益。树老须随时察看，见本株上有小孔，出黄水，内必有虫，以铁丝作小钩探入，勾虫出，树多寿。”“下秧”图介绍了种桑秧的经验，文中说：“桑葚俟其极熟，摘数十颗，置掌中，取草绳一条浸湿，连葚带绳，握而捋之。葚粘绳，烂如酱，将绳拉直，埋肥土中，不一月，秧出如草，且排列如绳，埋绳百条，桑出逾万。”将桑籽放在草绳中播种，是金、元时代出现的技术，图中所述方法与元代《农桑辑要》著录基本一致，清代《蚕桑图说》还在推广这种技术，说明它具有一定的生命力。又如“蚕种”及“上山”两图中所示蔟具，已不是方格蔟，而是折帚（亦名柴帚），是由稻秆制成的，农村中可以就地取材，使用也较方便，因而为江浙蚕农所喜爱，这也是蔟具上的一大改革，至今有的地区仍在沿用。再如“挑茧”图（亦名“漂絮”图）说：“两蚕共作一茧，又名同功茧，俗呼大头茧。又茧之薄而软者，下山时均宜挑去，待缫丝事毕，将挑下之茧，一并煮熟，水浸数日，剥开漂洗，与煮茧时剥下外衣及缫剩茧衣，一同捣烂晒干，待暇日，抽丝手捻之，浙中谓之打绵线，可织绵绸，或用以作帛。”据记载（见《庄子·逍遥游》），我国早在春秋战国时期就有了这种丝絮布。当时的宋国，土地肥沃，气候温暖，桑蚕业很盛，手工丝织比较发达；人们把那些难以缫丝的茧衣和缫丝剩下的丝脚，用沸水煮脱丝胶后，拿到小河中边捶边洗，洗净后摊在竹帘上晒干、拉松，可以得到轻暖的丝绵。“挑茧”图形象地描绘了这一生产过程。由此可见这种制取丝绵的漂絮法一直沿用到清代。

以上几例足可说明，《蚕桑图说》在宣传推广蚕桑生产的先进经验方面一定起过积极的作用。

清代光绪《蚕桑图说》蚕图 1　蚕种

清代光绪《蚕桑图说》蚕图 2　收子

清代光绪《蚕桑图说》蚕图 3　浴蚕

清代光绪《蚕桑图说》蚕图 4　收蚕

清代光绪《蚕桑图说》蚕图 5　饲叶

清代光绪《蚕桑图说》蚕图 6　蚕眠

清代光绪《蚕桑图说》蚕图 7　上山

清代光绪《蚕桑图说》蚕图 8　蚕忌

第二章　历代耕织图像的发展

清代光绪《蚕桑图说》蚕图 9　缫丝

清代光绪《蚕桑图说》蚕图 10　挑茧

清代光绪《蚕桑图说》桑图 1　种桑大要

清代光绪《蚕桑图说》桑图 2　种接本桑并剪桑

清代光绪《蚕桑图说》桑图 3　种桑秧

清代光绪《蚕桑图说》桑图 4　接桑

清代光绪《蚕桑图说》桑图 5　下秧

18. 光绪木刻《棉织图》

清代上海布业公所为纪念元代杰出的棉纺织技术革新家黄道婆，于光绪二十年（1894 年）在上海豫园（城隍庙）得月楼旁建跂织亭，并在亭中镶嵌十六幅木刻《棉织图》，其画目及顺序如下：①播种木棉；②把锄刈草；③华铃结实；④采摘晴天；⑤披茸拣择；⑥呕轧如脂；⑦破晓弹松；⑧置版压平；⑨寒灯纺绩；⑩析缕成经；⑪ 刷浆上轴；⑫ 辍耕催织；⑬ 筒卷囊包；⑭ 肩负奔驰；⑮ 上船沙卫；⑯ 庄头柠比。

每幅图上方均有当地名人分别用楷、隶、草、篆四体，针对棉花生产加工的每道工序，于光绪甲午年（1894 年）题写的七言或五言诗句。如“破晓弹松”题诗：“尘痕净扫门双掩，杆影低横月戈弯。”“析缕成经”题诗：“恍惚悬崖飞瀑布，参差拈管费添纱。”诗句对画面的内容作了生动的描绘，诗与画相配寓意深刻，既显古朴典雅，又利于提高宣传效果。

木刻画线条匀细，布局严整，虽显简略，但描绘当时棉花从种植到收获、从纺线织布到成品运售，每道工序寥寥数笔，刻画有序，形象逼真，堪称是木刻画中的优秀作品。

16 世纪明代中叶上海已成为全国棉纺织手工业的中心；19 世纪中叶上海

已成为商贾云集的通商港口，其中布匹是出口的重要商品。因此，清末时上海布业公所在城隍庙这一繁华地区特建跂织亭，并展示木刻《棉织图》，这对宣传黄道婆在棉纺织技术革新方面的历史成就，普及棉纺织知识以及爱国主义教育确有重要意义。

“跂织”一词取自《诗经》，《诗经·小雅·大东》篇早有牛郎、织女二星的记载：“跂彼织女，终日七襄。虽则七襄，不成报章。睆彼牵牛，不以服箱。”《传》：“跂，隅貌。”《疏》：“孙毓云：织女三星，跂然如隅。然则三星鼎足而成三角，望之跂然，故云隅貌。”诗中的意思是说，天上三角的织女星，一天来回移动七次；虽然移动七次；却不能织出最好花样的布锦。看牵牛星闪闪发光，却不能用来驾车。取银河两面的牛宿（牵牛星）和女宿（织女星）而衍化出的古老的牛郎织女的故事来建立“跂织亭”，并用《棉织图》来纪念黄道婆，不能不说是一项创举。

黄道婆（约1245—？）是我国历史上著名的棉纺织技术革新家，生于南宋末年，江苏松江府乌泥泾（今上海徐汇区）人。出身贫苦，年轻时流落到崖州（今海南三亚）。她虚心向当地黎族同胞学习先进的棉花纺织技术，从而成为纺织能手。她于元代元贞年间（1295—1296）回到故乡，积极引入先进的棉纺织工具，传授棉纺技术。如引入黎族的踏车，用以轧棉，代替原来用手剥或用铁杖擀的方法（参见清代光绪木刻《棉织图》6“呕轧如脂”）。对棉花加工则采用黎族的丝弦大弓和檀木弹椎，代替原来的小弓，提高了弹棉与除杂的效率（参见清代光绪木刻《棉织图》7“破晓弹松”）。在纺织上，将手摇纺车改为脚踏纺车，并制成一次可纺三根纱的三维纺车（参见清代光绪木刻《棉织图》9“寒灯纺绩”）。在织布上，对原有的简陋的整经工具进行了改造，使其成为连续的生产过程，提高了整经效率（参见清代光绪木刻《棉织图》10“析缕成经”）。除工具改革外，黄道婆将汉族的丝织和麻织工艺技术与黎族的棉织工艺技术紧密结合起来，织出的棉布不仅带有折枝、团凤等多种图案，美观大方，而且耐用、价廉，成为人们喜爱的、有广泛用途的纺织品，从而有力地推动了我国棉花的种植和加工，促进了棉纺织品贸易的发展，使上海一带在元、明、清时期成为棉纺织品的重要产区。所以黄道婆故乡的人民怀着崇敬的心情，专门建亭制图纪念这位对中国棉纺织业作出过巨大贡献的棉纺织专家。

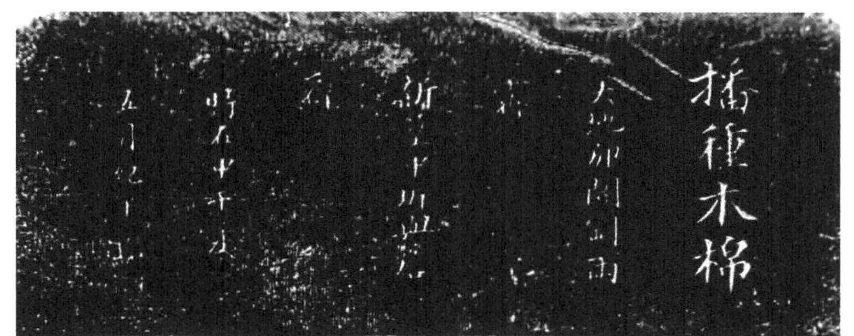

清代光绪木刻《棉织图》1　播种木棉

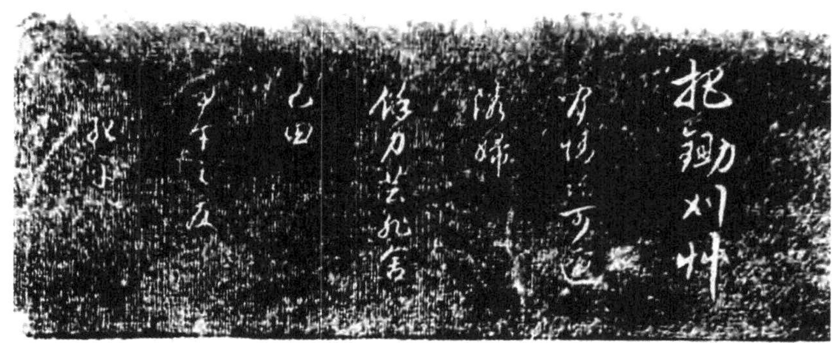

清代光绪木刻《棉织图》2　把锄刈草

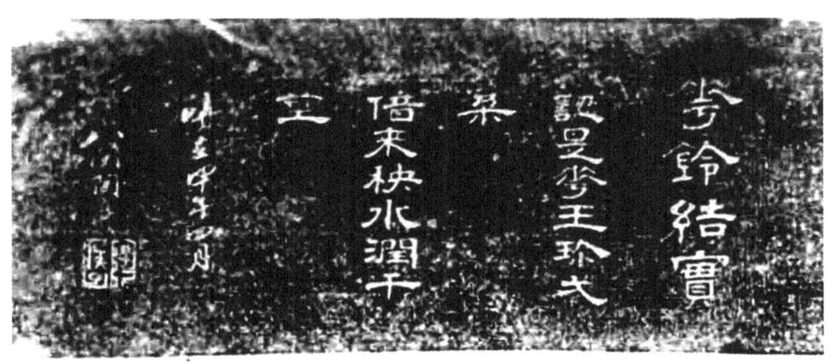

清代光绪木刻《棉织图》3　华铃结实

清代光绪木刻《棉织图》4　采摘晴天

清代光绪木刻《棉织图》5　披茸拣择

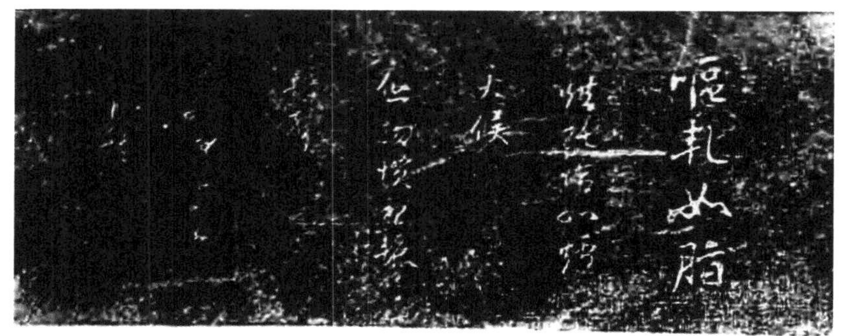

清代光绪木刻《棉织图》6　呕轧如脂

清代光绪木刻《棉织图》7　破晓弹松

清代光绪木刻《棉织图》8　置版压平

清代光绪木刻《棉织图》9 寒灯纺绩

清代光绪木刻《棉织图》10　析缕成经

清代光绪木刻《棉织图》11　刷浆上轴

清代光绪木刻《棉织图》12　辍耕催织

筒捲囊包

漫叒信手搭千莖

端頓泛頭整十分

甲午季夏

陶齋

清代光绪木刻《棉织图》13　筒卷囊包

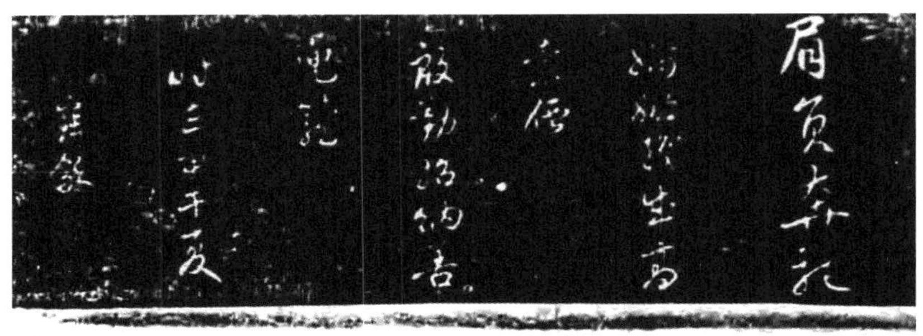

清代光绪木刻《棉织图》14　肩负奔驰

清代光绪木刻《棉织图》15　上船沙卫

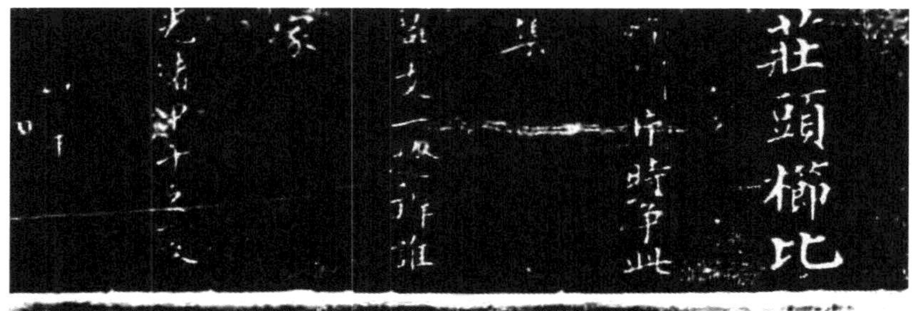

清代光绪木刻《棉织图》16　庄头栉比

19. 何太青《耕织图》

清光绪二十四年（1898年）所修《於潜县志》中，有曾任浙江於潜县令的何太青仿康熙朝焦秉贞《御制耕织图》绘制的《耕织图》四十六幅，其中耕、织各二十三幅，每图上方空白处有康熙题《耕织图》七言诗一首，共四十六首；卷首有康熙亲笔题《御制耕织图序》。另有“民国二年岁在癸丑季冬之月邑人谢青翰”所作《於潜县志重刊序》；卷尾附有南宋楼琦所作题《耕织图》五言诗及何太青题《耕织图》五言诗各四十九首，最后附何太青“《耕织图》诗跋”。现将“跋”文转录如下，以窥端倪：

> 谨案宋於潜令楼琦创《耕织图》，自始迄终，各二十三事（有误，原为耕二十一，织二十四，共四十五事。——笔者注），系之以诗，而献于廷，图尽其状，诗尽其情，重农劝织之心，至深远也。乃阅世屡更，前志失载，邑人有欲询其事，而茫然不识所由来者。恭惟圣祖仁皇帝，研求治理，轸念民依，诏绘厥图，赋诗于上，以昭来许。嗣是世宗、高宗，天章并焕；暨我皇上，深仁笃佑，睿藻重敷，列圣相承，而斯图之题咏，洵足与《无逸》《豳风》并垂亿祀，岂特庆于一邑已哉。岁壬申臣太青来是邑，兴废举坠，志乘聿修，爰稽旧典并采遗亡，寿诸梨枣；敬摹仁皇御翰，用弁简端；复推广圣训，掇拾俚言，刊附于后。他日潜民，披图揽胜，沐浴咏歌，俾知农桑励俗，以共登康和之乐者，其来有自也。
>
> 於潜县知县臣何太青恭跋

由此“跋”文可知，何太青所以绘制《耕织图》是因为“前志（指南宋楼琦《耕织图》）失载，邑人有欲询其事，而茫然不识所由来者”。因此，为了继承“重农劝织”的传统，发展地区农桑经济，增加收入，他才仿康熙《御制耕织图》绘制此图，以便“他日潜民，披图揽胜，沐浴咏歌，俾知农桑励俗，以共登康和之乐者，其来有自也”。

在该图第一幅“浸种”图的左下角空白处有“赵耀廷仿何太青绘法”九个字，并有“耀廷”二字钤章一枚。赵耀廷何许人？尚有待查考，但可说明该图并非何太青所绘原图，而是赵耀廷的仿绘品。

现存民国二年（1913年）由“杭州广文公司代印”的《於潜县志》中的《耕织图》在绘画技艺上较为粗糙，印制质量也较差。用何太青图与焦秉贞图相较，其画目名称及数量完全相同，只是耕图顺序稍有差异，如焦图是“春碓”“筛”“簸扬”“砻”，而何图是“簸扬”“砻”“舂碓”“筛”（与楼璹图顺序同）。画面则基本相同，如“碌碡”图，因仿焦图绘制，同样存在着将“碌碡”画成“耙”形的失误，并且与何太青题“碌碡”五言诗“驾牛服南亩，机轴转辚辚……”的诗意也颇不一致；“灌溉”图也与焦图一样，画面以桔槔为主，水车为辅，与於潜地处南方的实情相左（宋版图则以脚踏水车为主，桔槔为辅）。何图虽然是以焦图为摹本绘制的，但是与焦图也有些不同之处。如有些图没有画目名称；构图上削减了所配人物的数量，背景一般都较为粗略，比焦图显得逊色不少。从其所载楼璹配诗来看也失注明。《宋史·艺文志》等载楼璹原配《耕织图》五言诗四十五首，其中耕图诗二十一首，织图诗二十四首；而《於潜县志》所载楼璹五言诗共四十九首，其中耕图诗二十三首，织图诗二十三首，另有“补录织图”诗三首（即“下蚕”“喂蚕”“一眠”三首有诗无图。用补诗与楼璹原诗对照，除“下蚕”补诗句“簌簌才庸刀”，而原诗为“簌簌才容刀”，其中“庸”字有误外，其余两首均相同），较以前古籍所载楼璹原诗多四首，其中耕图诗二首（即“初秧”“祭神”），织图诗二首（即“染色”“成衣”），因原楼璹图并无上述四个画目，而以焦秉贞图为摹本的何图则有此画目，故此四首配诗并非楼璹原作，显然系后人补作，而该志并未说明。

清代地方官府编修县志将《耕织图》及其诗文作为一项重要内容，详加记录，可谓用心良苦，而其做法也颇为鲜见。

除《於潜县志》有《耕织图》外，据传清代四川省什邡县也曾刻《耕织图》，但至今未见过。《於潜县志·耕织图》的特点是将南宋楼璹《耕织图》题诗，和清代康熙《御制耕织图》题诗，以及何太青《耕织图》题诗集于一志，特别是将康熙御笔题《御制耕织图序》置于卷首，如此既有利于世人了解《耕织图》及其题诗的发展脉络以及诗中所反映的宋、清时期农桑生产状况，又突出表明了本朝帝王历来重视农桑，借以“推广圣训”提高《耕织图》本身的价值，促进《耕织图》的广泛流传，以取得弘扬耕织传统，“劝课农桑”的良好效果。

何太青《耕织图》耕 1　浸种

何太青《耕织图》耕 2　耕

何太青《耕织图》耕 3　耙耨

何太青《耕织图》耕 4　耖

何太青《耕织图》耕 5　碌碡

何太青《耕织图》耕 6　布秧

何太青《耕织图》耕 7　初秧

何太青《耕织图》耕 8　淤荫

何太青《耕织图》耕 9　拔秧

何太青《耕织图》耕 10　插秧

何太青《耕织图》耕 11　一耘

何太青《耕织图》耕 12　二耘

何太青《耕织图》耕 13　三耘

何太青《耕织图》耕 14　灌溉

何太青《耕织图》耕 15　收刈

何太青《耕织图》耕 16　登场

何太青《耕织图》耕 17　持穗

何太青《耕织图》耕 18　簸扬

何太青《耕织图》耕 19　砻

何太青《耕织图》耕 20　舂碓

何太青《耕织图》耕 21　筛

何太青《耕织图》耕 22　入仓

何太青《耕织图》耕 23　祭神

何太青《耕织图》织 1　浴蚕

何太青《耕织图》织 2　二眠

何太青《耕织图》织 3　三眠

何太青《耕织图》织 4　大起

何太青《耕织图》织 5　捉绩

何太青《耕织图》织 6　分箔

何太青《耕织图》织 7　采桑

何太青《耕织图》织 8　上蔟

何太青《耕织图》织 9　炙箔

何太青《耕织图》织 10　下蔟

何太青《耕织图》织 11　择茧

何太青《耕织图》织 12　窖茧

何太青《耕织图》织 13　练丝

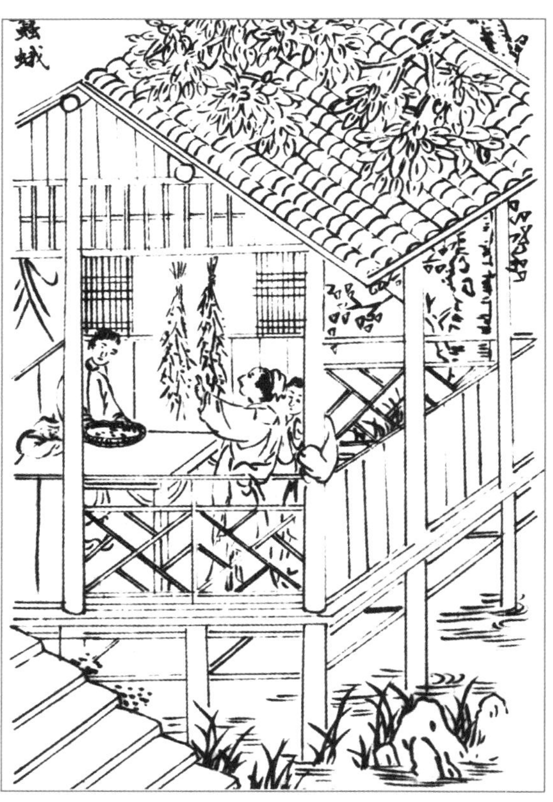

何太青《耕织图》织 14　蚕蛾

何太青《耕织图》织 15　祀谢

何太青《耕织图》织 16　纬

何太青《耕织图》织 17　织

何太青《耕织图》织 18　络丝

何太青《耕织图》织 19　经

何太青《耕织图》织 20　染色

何太青《耕织图》织 21　攀花

何太青《耕织图》织 22　剪帛

何太青《耕织图》织 23　成衣

（八）苗族仿绘《耕织图》及其他

据传说，云南省存有古代苗族人仿汉人《耕织图》的形式绘制的反映苗族人民耕织生产情况的彩色图百余幅，但笔者至今未见过这些图，不知其详。

苗族是中国的古老民族，其养蚕的起源也很早，在“织”的方面多以蚕织、麻、棉织、挑花、刺绣、织锦、蜡染和草实染色的纺染等工艺为主；在“耕”的方面多以种植水稻为主。

据查，现有《百苗图》临摹本传世。《百苗图》产生于清代乾隆、嘉庆时期，其原本已佚，其后有多种苗族临摹抄本、多种再创本，且名称各异，年代待考，作者不详。它是历史上流传下来的一种反映当时贵州地区苗族的物质生活、耕织生产、服装服饰、礼仪风俗和民族信仰等的民族图志，其绘画色彩丰富、造型生动。这其中反映生产劳作的绘画是研究古代贵州苗族人民农耕与蚕织生产极为珍贵的历史图像资料。本书选取与“农耕”和“丝织”有关的十几幅图作为图例，供农业历史研究者参考。

在我国描绘农桑生产的历史上，除出现了系列化的《耕织图》以外，还出现了一些与描绘耕织有关的著名的单幅画页，如：

（1）原画已被美国波士顿美术博物馆收藏的我国唐代著名人物画家张萱创

纺线图

整地、耘田、插秧图

纺织图

谷藺苗在定番州
男女皆短衣婦人
以青布蒙髻勤紡
織其布寂精密有
谷藺布之名男子
性剽悍善發弩刺出
入必持鎗弩諸苗
皆畏

纺线图

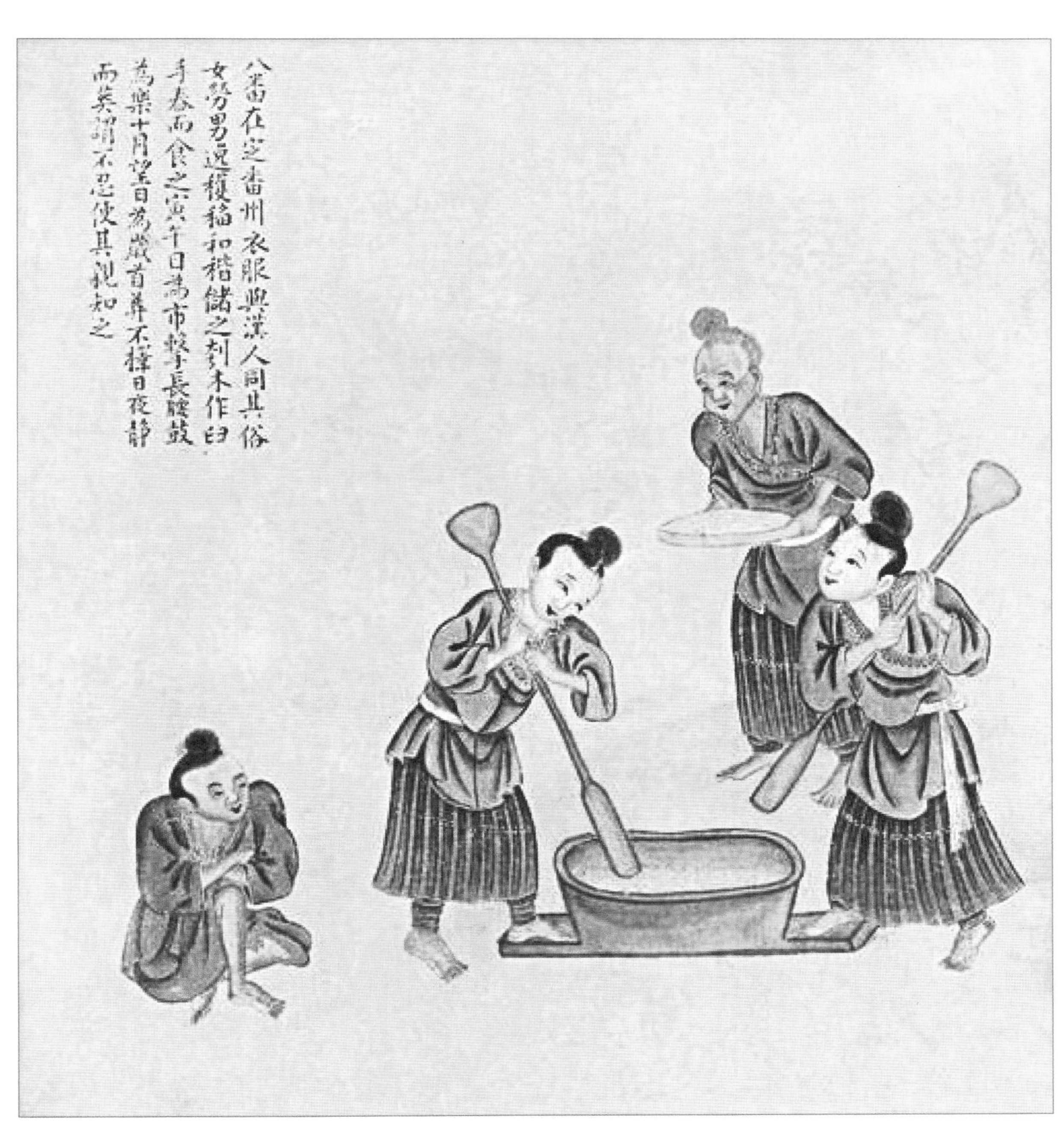
八番在芝番州衣服與漢人同其俗
女勞男逸穫稻和稭儲之刻木作臼
手舂而食之寅午日為市擊長腰鼓
為樂十月望日為歲首葬不擇日夜靜
而葬謂不忍使其親知之

稻米加工图

打稻图

纺织图

插秧图

耕织图

插秧图

稻米加工图

犁田图

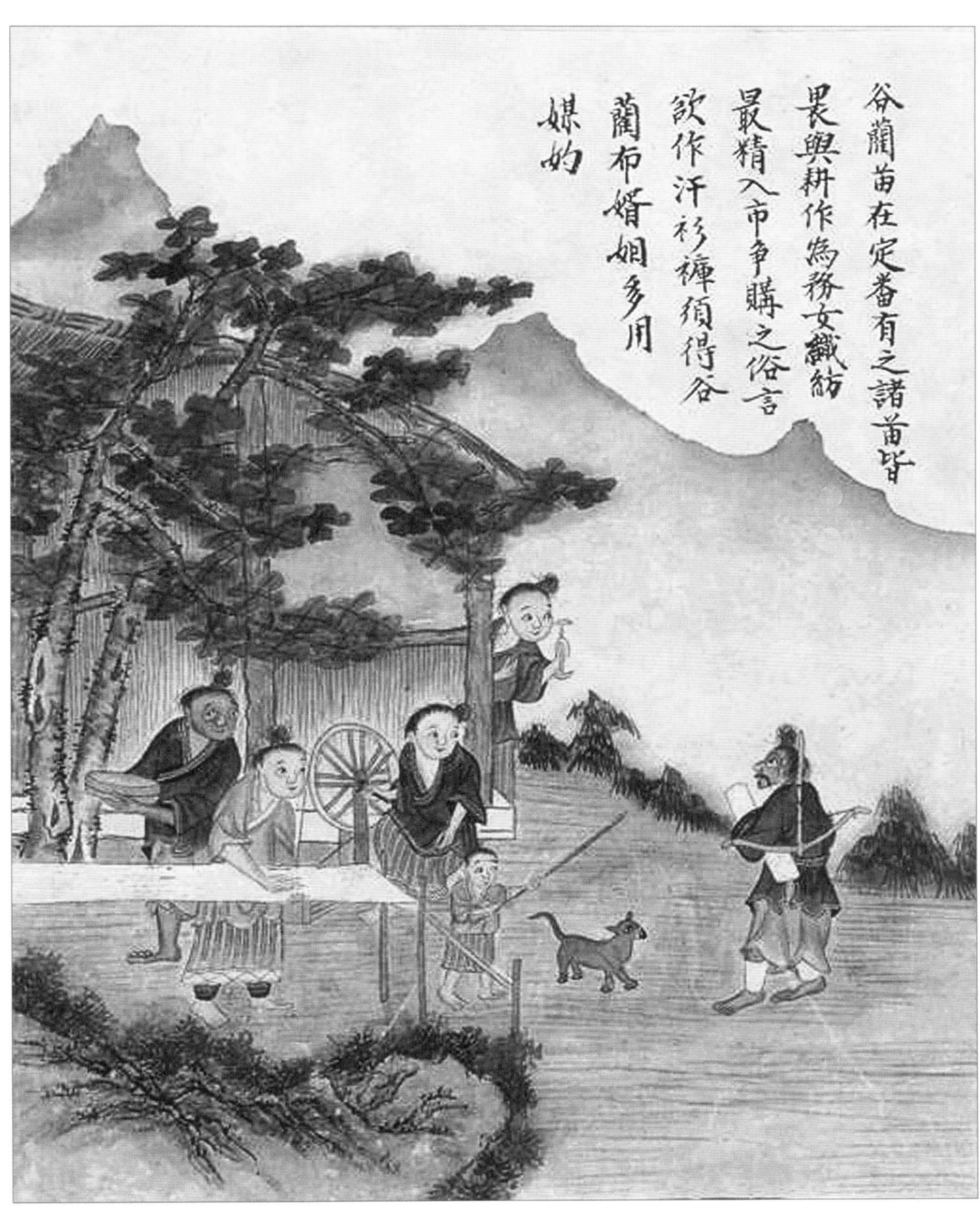
谷蘭苗在定番有之諸苗皆
畏與耕作為務女織紡
最精入市争購之俗言
欲作汗衫褲須得谷
蘭布婚姻多用
媒妁

纺织图

八番苗在定
番州衣與汙
同女勞男逸日出而耕
夜入而織紡績以備用刳木
作臼曰椎塘稻叅之宴會擊
長腰鼓爲歡十月朔爲大節
葬不擇期滿出棺謂之不忍
死者云

打稻图

插秧图

作的《捣练图》。张萱（生卒年不详），京兆（今陕西西安）人，唐玄宗开元、天宝年间做过宫廷画师。他绘制的现存的《捣练图》传为宋徽宗赵佶的摹本，但据北宋《宣和画谱》记载：认为写“宋摹即可，如确指徽宗手摹未必有当”。《捣练图》绢本，设色，图纵 37 厘米、横 145.3 厘米；画面生动地描绘了唐代官营作坊中女工匠制作丝绢的情景。“练”是丝织物的一种，刚刚织成的练，含有丝胶，不仅质硬，颜色还发黄，须煮过，漂白，再用杵捣，为的是让生丝彻底脱胶，使它柔软后熨平使用，唐代宫廷及官宦之家多用丝绢之类制成白练，以作夏衣。

张萱《捣练图》绘有似贵族装饰的妇女共十二人（其中九位成年女性，两名少女，还有一个女童）忙于制作丝绢的劳动场面，图分三节，分别具体描绘砧上打丝绢、检查修缝、熨烫的过程，好似三幅连环图画。

唐代张萱《捣练图》

第一节画妇女四人，其中两人对面站着齐举手持的木杵正打着砧上的一匹丝绢，另一妇女手持木杵站在一旁，对面一妇女身靠木杵作卷袖状，她们两人正准备接替前两个妇女进行“捣练”；木杵均为细腰形，其长度与妇女身高相仿。第二节画一妇女侧面坐在毡上，正注视着牵引车上掌握丝线的左手；坐在凳子上的妇女，正专心检查打过的丝绢上的微小破绽，用她熟练的手技进行缝修。第三节是描绘这匹绢经过打、修之后进行烫熨的情景，一手中执扇看守炉火的女孩，在她前面左右两个妇女分开站立着，两人双手用力拉着一匹洁白丝绢，中间一妇女左手把持帛边，右手握着熨斗柄（熨斗内有炽热的火炭）正在小心翼翼地熨烫白绢；其对面一少女用手托着轻柔的丝绢并注视着移动的熨斗，作配合状，以防烫焦丝绢；另一顽皮的女孩弯着腰似要从绢下爬过。全图十二名妇女或长或幼，或坐或立，神情姿态生动；人物之间彼此呼应，显得既联系紧密又自然和谐。无论捣练者的执杵挽袖，缝修者的细心理线，拉练者的仰身用力，及其煽火幼女之畏热，观熨女孩之好奇等，都刻画得惟妙惟肖。所以综观全图，不但是一幅优美动人的人物画卷，而且生动地描绘了制作丝绢的过程和女工匠的劳动情景，突出反映了唐代织造工艺的发展。

《捣练图》为我们考证和研究唐代的纺织技术、纺织业发展的历史，以及美术史提供了珍贵的形象资料。

（2）北宋画家王居正绘有《纺车图》。王居正生卒年不详，河东（今山西永济）人。真宗大中祥符（1008—1016）年间，与父王拙同驰名于画坛。王居正的传世作品《纺车图》卷，绢本，设色，纵 26.1 厘米、横 69.2 厘米。此图描绘农村妇女的户外劳动，主题突出，构图巧妙。画面右端是一位中年农妇怀抱着哺乳的婴儿，坐在纺车前边摇纺车边哺乳，其左右有戏蟾的童子和狂吠的黑犬，左侧一端绘有一弯腰伛背的老年村妇双手牵持线团站立为之引线。背景描绘着随风披拂的柳树丝和粗壮的树干。图中人物头发荆钗蓬鬓，鹑衣百结，曲尽情状。此图生动地描绘了宋代农村妇女纺线、织布、日常劳作的艰辛生活。元代书画家赵孟頫为此图题跋："图虽尺许，而笔韵雄壮，命意高古，精彩飞动，真可谓神品者矣。"

王居正出身劳动人民，深谙民间疾苦，对农民有着深厚的感情。此《纺车图》正是他看到贫苦的农妇纺线情景所创作的一幅农家图。此图现由故宫博物院收藏。

北宋王居正《纺车图》

（3）中国历史博物馆收藏有南宋及元代佚名单幅《耕织图》，此二图设色，绢本，画面上部为耕种，下部为纺织，全图描绘了耕织结合的农村生产场景。

（4）故宫博物院还收藏有明代画家孙艾绘制的《木棉图》与《蚕桑图》两幅珍品。孙艾字世节，自号西川翁，生卒年不详，江苏常熟人。约在明代弘治年间（1488—1505），学诗画于吴门画派领袖沈周（1427—1509）。孙艾所绘《木棉图》，纸本，设色，纵 75.4 厘米、横 31.5 厘米。我国古代有些地区将棉花称为木棉，即锦葵科的棉花，并非木棉科的木棉。元代农学家王祯在其所著的《王祯农书·农器图谱集之十九》"木棉序"中说："木棉产自海南，诸种植制作

南宋佚名《耕织图》，上部耕图、下部织图

元代佚名《耕织图》，上部耕图、下部织图

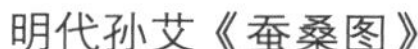

明代孙艾《蚕桑图》

明代孙艾《木棉图》

之法骎骎北来，江淮川蜀，既获其利。至南北混一之后，商贩于北，服被渐广，名曰‘吉布’，又曰‘棉布’。”王祯在这里所说的“木棉”和“吉布”，则分别指的是棉花和棉织品。

《蚕桑图》，纸本，设色，纵 65.7 厘米、横 29.4 厘米。画有三条成蚕，正伏在桑叶上，津津有味地咀嚼着桑叶，桑叶上斑斑点点，有些连成大洞，损叶成片；并绘出桑葚四个，成熟饱满，生机盎然。可见作者是经过仔细观察和深思熟虑后落笔的，从而才出现如此生动有趣的画面。历代《耕织图》中也都有采桑养蚕的图像，但像孙艾《蚕桑图》这样单纯描绘蚕在桑树上进食的画面却属少见，所以此图在蚕桑写生画艺术中确有其显著特色。

此《木棉图》与《蚕桑图》两幅下端均有当时书画名家沈周和钱仁夫（1446—1526）的题诗和跋。如沈周对《蚕桑图》题诗云：“啮蚕惊雨过，残叶怪云空。足食方足用，当知饲养功。”钱仁夫题诗云：“只愁我蚕饥，不愁桑树空。衣被天下人，自不屈其功。”书画家们对发展蚕桑业，“衣被天下人”的功绩予以充分的肯定和赞扬。从题诗及跋来看，可知孙艾和沈周、钱仁夫是同时代的人。《木棉图》上沈周的跋语写于弘治元年（1488 年），也可说明孙艾所绘《蚕桑图》与《木棉图》大约是该时期的作品。

以上举例说明的这些单幅绘画也都是了解中国历史上耕织生产状况难得的形象资料。

（九）清代创建耕织图景区及其重农特色

乾隆十七年（1752 年）乾隆作《泛舟玉河至静明园三首》：

玉带长桥接玉河，雨余拍岸水增波。
静明园古林泉秀，便趁清闲一晌过。

两旁溪町夹长川，稚稻抽秧千亩全。
意寄怀新成七字，绿香云里放红船。

吴越曾经风物探，每教位置学江南。
请看耕织图中趣，一例豳风镜里涵。

以上是在《乾隆御制诗集》中首次出现的乾隆咏清漪园耕织图景区的诗，诗中描绘了耕织图景区的位置、自然景观及形成的原因，并表达了他对耕织图景区的浓厚兴趣。

乾隆创建耕织图景区是清代极具特色的劝农、勤农象征的一大创举，是乾隆承继先帝重农思想的具体体现，是在营建皇家园林中摹绘男耕女织、发展农桑生产生活的画卷。这一创举可以从营建颐和园的前身——清漪园说起。

乾隆帝多次下江南，特别喜爱江南的风光。他对帝京已有的圆明园、畅春园、静明园（玉泉山）、静宜园（香山）这四园并不满足，又于乾隆十五年（1750 年）以为母祝寿为名，颁旨营建清漪园（万寿山），而在这合称的“三山五园”中，乾隆对清漪园是情有独钟的。据清人吴振棫的《养吉斋丛录》（卷十八）记载：“清漪园在圆明园西约五里，即万寿山，旧名瓮山，前临昆明湖。”可见清漪园是一座山水兼备的名园。园中昆明湖所占面积很大，经疏浚后，湖水清澈，水波漪澜，故取“清漪”二字命名“清漪园”。昆明湖旧名西湖，早在康熙年间，西湖周边就进行了大规模的开垦，从东、南、西三面环湖，耕种水稻，栽植荷花、蒲苇等。乾隆十四年（1749 年）乾隆发布上谕，要充分利用北京西北郊得天独厚的自然山水环境，大规模地整理西北郊的水系。从玉泉山—玉河—昆明湖修建了可以调控的供水系统，这不仅有利于发展当地的农桑，而且也为皇家开辟了一条水上游览的路线，从而也为清漪园的修建创造了条件。可见乾隆不仅重视园林建设，而且很懂得农田水利的重要性。

乾隆十五年（1750 年）在营建清漪园时，乾隆要求在园之西部，利用玉带桥以西河湖密布的水系和新绿接天的稻田以及蚕桑生产等场景，构建一幅以耕、织为主，有江南风韵的田园景观。乾隆乘船游览时，常面对湖畔绿树掩映的农舍和星罗棋布的水田中农夫耕作以及蚕事活动的场景，触景生情赋诗抒怀，曾有诗云：“渚宫通一水，泛览乘余闲。两岸耕织图，民务取次看。新蚕已分箔，初秧绿针攒。林翠藏鸟声，啁嘺复间关。半月未命游，景光顿改观。浩劫浴佛日，视此一指弹。”（《自玉河泛舟至玉泉山》）“入画偏欣耕织图，鸣机声里过飞舻。醉鱼逐侣翻银浪，野鹭迷群伫绿蒲。”（《泛舟至玉泉山》其二）江南农家风情已融入自然风光之中，令人陶醉。

据《日下旧闻考》及清宫档案等文献记载，乾隆曾命内务府将位于地安门附近的专供宫内所用丝织布匹的生产机构——织染局迁移到玉带桥西北与稻田毗邻的地方，又将隶属于圆明园的农家蚕户也迁移到织染局内。织染局内前为织局，后为络丝局，北为染局，西为蚕户房；织染局内设织机十六架，每年由苏州、杭州、江宁（今南京）三处“织造”选送织匠、染匠等技工来此值班生产带有“耕织图”标签的丝织品，上交内务府。当时这一带除水田外，还遍植了大量的桑树，这样就使关系国计民生衣食之本的“男耕”与“女织”进一步融为一体，使自然田畴与人文耕织的场景更加鲜活起来。此外，当时这里还配有一组建筑，从南到北由澄鲜堂、玉河斋、延赏斋、水村居，以及蚕神庙、织染局等所组成，除敬农事的蚕神庙和织染局外，其他皆为专供皇帝及宫廷贵戚读书、看画、品茗、观景、垂钓、游憩的场所。对当时的主要建筑，我们还可以从《乾隆御制诗集》中获得一些了解。

（1）澄鲜堂：前后皆有湖泊夹绕，“澄鲜”二字是形容水的澄澈、鲜明。乾隆帝诗有“溪堂责实与名殊，鱼陟依然冰负湖”（《澄鲜堂》）等句。他常于冬季游览，看到澄清鲜亮的水域已被冰封冻，因此觉得与“澄鲜”名不符。可随后又有“冰无澄鲜能，水实澄鲜所。冰水本一体，虚寔用因迕”（《澄鲜堂》）等句，说明已认识到水因季节的不同而有自然的变化是正常的，所以澄鲜意在其中。

（2）玉河斋：系因斋前玉河流过而得名。玉河是当时帝后乘船来往于静明园和清漪园必经的水路，两岸有大片的稻田。乾隆有诗云：“迩日炎歊特异常，放舟川路取延凉。几湾过雨菰蒲重，夹岸含风禾黍香。”（《高梁桥放舟至昆明湖沿途即景杂咏》其一）雨后的玉河水草丰茂，在微风的吹拂中，两岸弥漫着禾稻的清香，令人流连。

（3）延赏斋：“延赏”是坐在室内即可欣赏美景的意思。乾隆有诗云：“处处堪延赏，渠宁于是斋。却因虚且静，足纳景之佳。暖旭烘窗朗，和风入户谐。能无役耳目，惟是惆吾怀。”（《延赏斋》）为什么要在这里建延赏斋？因为这里“近临耕织图”，地势开阔而且清静。“湿岸生春芷，新波下野凫。”（《题延赏斋》）可以欣赏到和耕织图相融的最美的景观。

（4）水村居：乾隆帝诗云：“舟往仍须舟与还，沿缘棹过水村湾。竹篱茅舍春增趣，蚕事农功时尚闲。墙外红桃才欲绽，岸傍绿柳已堪攀。蓄鸡放鸭非无谓，借以知民生计艰。”（《水村居》）可知当时水村居纯系一处江南水乡农村民居的景象。

（5）蚕神庙：庙内有一座正殿及东西两座配殿，蚕神嫘祖供奉于正殿。据《日下旧闻考》记载：“蚕神庙每年九月间织染局专司祈祀，又清明日于水村居设祀。”每年祭蚕神的相关活动有两次。乾隆有多首咏蚕事诗句。在景区内植桑养蚕、祭祀蚕神是帝王重农思想的体现。

乾隆不仅对这里的一组建筑多有雅兴，而且对这里稻田棋布、树桑葳蕤、男耕女织、机杼声闻、鸥鹭纷飞，极富江南水乡的风情更是倍加赞赏，于是他将这个既有诗情画意的文化艺术韵味，又有宣教农桑之本鲜明特色的地方命名为“耕织图”。显然，乾隆帝这里所说的“耕织图”并非一般的绘画作品，而是一幅独具特色的“活画”，他也多次在御制诗中提及。如：“耕织图常揽，而非赵子昂。”（《雨后万寿山二首》其一）“耕织图边看活画，四明楼琦较应惭。”（《昆明湖泛舟至玉泉山》其二）“图过耕织看活画，十日前思未敢然。”（《玉河泛舟至万寿山清漪园》其二）诗中赵子昂（赵孟頫字子昂）系元代书画家，曾为《耕织图》题诗；浙江四明楼琦系南宋首次绘制《耕织图》的作者。可见乾隆帝独具慧眼，视清漪园这处景区恰似一幅以耕织劳作为主题，体现发展农桑，并且有江南农村风情的生动、鲜活的画卷，所以雅称“耕织图”。

据《日下旧闻考》记载：“乾隆十六年……立石曰‘耕织图’。”可知弘历于乾隆十六年（1751 年）欣然命笔，楷书“耕织图”三字，并命工匠镌刻在玉河北岸特备的一块昆仑石碑上。石碑坐北朝南，长方形，圆头，高 1.94 米、宽 1 米、厚 0.7 米。碑身下相连高浮雕波浪式海水江崖纹山形石座，座高 0.9 米、长 2.54 米、宽 1.1 米；上部左右各凿一方形凹槽，槽宽 0.5 米、长 0.55 米、深 0.5 米；凹槽内多种植长青柏树，或其他水生植物，借以象征皇家园林的自然繁衍，江山永续。碑身还刻有几首乾隆御制诗，如：“玉带桥边耕织图，织云耕雨肖东吴。每过便尔留清问，为较寻常景趣殊。”（《自玉河放舟至玉泉山》其二）“稻田蚕屋带河滨，正值课耕问织辰。漫拟汉家沿故事，一般深意在勤民。”“稻苗欲雨蚕宜霁，万事从来艰两全。造化且艰副民欲，临民者合惧瞠然。”经查考，此诗是乾隆五十四年（1789 年）弘历皇帝七十八岁时的作品，名为《耕织图二首》。诗后还镌刻着两方御玺，一方为“古稀天子之宝”，一为“犹日孜孜”，均为方形篆字。右侧（东边）的御制诗句是：“岂不诗题图以识，欲看活画得真情。三眠欣暖一耘润，庆慰中饶敬惕生。”此诗是乾隆五十六年（1791 年）弘历皇帝八十岁时的作品，名曰《耕织图题句》。诗后也镌刻着两方御玺，一方为“八征耄念之宝”，另一为“自强不息”。可见乾隆帝虽已进入耄耋之年，仍坚持以“自强不息”为座右铭而孜孜以求。

乾隆在清漪园中立“耕织图”石碑的用意究竟何在呢？我们可以从他的御制诗及其御注中窥见端倪。《乾隆御制诗五集》卷六十六《耕织图题句》中的“御注”说：“界湖桥之西为延赏斋，其前为玉河斋，左右廊壁嵌《耕织图》石刻，因于河北立石镌‘耕织图’三字，而以图名者即景可得画意，且小民耕织之劳如在目间，欲不勤民事可乎！”诗中的“民事”是指农桑生产。乾隆御注与《日下旧闻考》的记载是一致的，不仅明确了“耕织图”石碑的位置，而且说明了立石的原意。立“耕织图”石碑以标名耕织图景区的主题，耕织图景区是清漪园的核心，正是帝王重视农桑的象征，让人观览男耕女织的活画，要时刻牢记劝民务农、勤于农桑，这一要义，不可忘却。我国自古以来以农业为立国之本，农耕蚕织广受历代统治者的重视，乾隆深记祖训，敬天法祖，弘扬耕织文化，励精图治，雄心未泯，所以清漪园中的耕织图景区成为乾隆最钟爱的一景，从他多次题诗中已经充分显现。

乾隆在清漪园除立“耕织图”石碑外，还在游廊镶嵌石刻《耕织图》。《日下旧闻考》记载：“（前为）玉河斋，左右廊壁嵌‘耕织图’石刻。”此外，在《乾隆御制诗集》中有三首题诗及“御注”均提及此事。现仅举其一：乾隆三十四年（1769 年）所作《延赏斋》其三：“程棨双图弆御园，此教泐石列前轩。宁因缀景增佳话，重织勤耕意并存。”御注：“近日题次程棨耕织图诗，既合装原卷贮御园多稼轩中，而以摹成石刻列置于斋之前轩，是地本名耕织图，得此尤为名实相副。”乾隆三十四年弘历命画院将宫中所藏元代画家程棨据南宋楼琫《耕织图》摹绘的四十五幅《耕织图》（其中耕图二十一幅，织图二十四幅，加赵子俊及姚式跋一幅共四十六幅）加以订正装潢后，庋藏于圆明园多稼轩以北的贵织山堂内。随后又命工匠按照程棨《耕织图》用双钩法临摹刻石，每图横长 53 厘米、纵高 34 厘米，每图右方置画目，连有原楼琫五言诗一首，皆为篆书，旁附正楷小字释文；每图空白处，乾隆帝按楼琫诗原韵加题行书五言诗一首；共得图四十六方（包括“跋”一方）加乾隆御题字、序二方，共得刻石四十八方，镶嵌于玉河斋左右游廊墙壁上。

《耕织图》从摹刻勒石到镶嵌完成，前后用了三年时间，乾隆三十六年（1771 年）才竣工，这标志着清漪园耕织图景区已全部建成。镶嵌《耕织图》石刻，既进一步体现了乾隆帝重视农桑之本，宣教耕织之道，又为耕织图景区锦上添花，增加了一道耕织劳作的直观艺术景象，这应该说是乾隆帝独创的“耕织图中阅耕织”精彩的点睛之作，他赋诗一首云：“图非柳绿与花红，耕织勤劳体验中。石版嵌廊摹程棨，重民本务古今同。”另有诗云：“玉带桥西耕织图，织云耕雨学东吴。水天气象略如彼，衣食根源每廑吾。”（《耕织图口占》）“稻已分秧蚕吐丝，耕忙亦复织忙时。汉家欲笑昆明上，牛女徒成点景为。”（《耕织图口号》）这是随着汉家的人很自然地将昆明湖东堤上的铜牛与昆明湖西面的耕织图联系在一起了，把昆明湖比喻为天上的银河，两处景观就象征着“牛郎”与“织女”，这也是借题对“男耕女织”的进一步发挥而已。

可惜的是清漪园在清咸丰十年（1860 年）遭英法联军洗劫后，清廷由于财力拮据，在光绪十七年（1891 年）圈筑颐和园围墙时，将“耕织图”石碑置于园外。光绪二十六年（1900 年）颐和园又遭八国联军劫毁，致使“耕织图”石碑被弃落园外菜畦之中；历经磨难，除“耕织图”石碑及少部分不甚完整的《耕织图》刻石，以及残余的澄鲜堂、络丝房、织机房等建筑外，其余皆无存。晚清著名学者、大诗人王闿运曾写过一首七言长诗，名曰《圆明园词》，诗中云："玉泉悲咽昆明塞，惟有铜犀守荆棘。青芝岫里狐夜啼，绣漪桥下鱼空泣。"这里除玉泉在静明园外，昆明（湖）、铜犀（牛）、青芝岫、绣漪桥均在清漪园，因此，诗中所云实际上是一代名园——清漪园遭劫后凄凉景象的真实写照。

光绪十二年（1886 年）清廷为了给慈禧太后修建颐和园，又为掩人耳目，曾在耕织图景区的废墟上兴建了昆明湖"水操学堂"（即满族海军军事学校），学堂四周添建了围墙，使其独立于园林之外。不过"水操学堂"仅存在了短短九年，就在甲午中日战争失败的屈辱中告终，仅留下两组院落令人凭吊。新中国成立以后，原耕织图景区被划在了颐和园围墙之外，该地一直被居民和工厂占用，原有的建筑也日益残破，直到 1998 年，在北京市政府的大力支持下，此地才重归颐和园。经过专家多次论证，制定了恢复耕织图景区的规划设计方案，并获得了有关部门批准。从 2001 年底开始，经过两年多的紧张施工营建，此项工程在恢复清漪园时期的景观风貌，复建延赏斋、澄鲜堂、蚕神庙、玉河斋、水村居等原有主要建筑的基础上，保存和修复了前"水操学堂"的部分遗留的古建筑，并疏浚、扩修水面，整治了山形水系，重建了植被景观。如为了体现江南水乡的"耕、织"主题，陆地上以桑、柳、杨、桃为骨干配植树种，保留景区内乾隆时期栽植的古桑、荷柳，间植海棠、油松等乔木，调配了迎春、碧桃等花草灌木。水域中大量种植荷花、睡莲、香蒲等水生植物；同时增建了许多与耕织图相适应的农村场景，并有所创新，再现了极富江南风韵的田园风貌。尤其是又经过多方考证，将乾隆三十四年（1769 年）画院双钩临摹的元代程棨《耕织图》石刻拓本，花了很大功夫重新摹刻的四十八方石镶嵌于复建的玉河斋廊壁间。

这四十八方《耕织图》刻石的内容有：乾隆御题"艺陈本计"四字一方；乾隆御题《耕织图序》一方，其文如下：

> 向蒋溥进刘松年《蚕织图》，自序卷首其迹已入《石渠宝笈》矣。兹得松年《耕织图》，观其笔法与《蚕织图》相类，因以二卷参校之，则纸幅长短画篆体格悉无弗合。耕图卷后姚式跋云，《耕织图》二卷文简程公曾孙棨仪甫绘而篆之；织图卷后赵子俊跋亦云，每节小篆，皆随斋（程棨字仪甫，号随斋）手题。今两卷押缝皆有"仪甫""随斋"二印，其为程棨摹楼璹图本并书其诗无疑。细观图内"松年笔"三字，腕力既弱，复无印记，盖后人妄以松年有曾进《耕织图》之事，从而傅会之，而未加深考，致以讹传讹耳。至耕图"绍兴小玺"，则又作伪者不知棨为元时人，误添蛇足矣。又考两卷题跋，姚式而后诸人皆

每卷分题，则二卷在当时本相属附，后乃分佚单行，故耕图有项元汴收藏诸印记，而织图则无，可以验其离合之由矣。今既为延津之合，因命同箧袭弆，置诸御园多稼轩，轩之北为贵织山堂，皆皇考（雍正）御额，所以重农桑而示后世也。昔皇祖（康熙）题《耕织图》泐板行世，今得此佳迹合并，且有关重民衣食之本，亦将勒之贞石以示家法于有永。因考其源委，并识两卷中，兼用琦韵题图隙。至原书及伪款题仍存其旧，盖所重在订证核实，前此之误，固不必为之文饰，亦瑕瑜不掩之道也。

己丑（乾隆三十四年）上元后五日御笔

耕图二十一方，即浸种、耕、耙、耖、碌碡、布秧、淤荫、拔秧、插秧、一耘、二耘、三耘、灌溉、收刈、登场、持穗、簸扬、砻、舂碓、筛、入仓；赵子俊、姚式“跋”一方；织图二十四方，即浴蚕、下蚕、喂蚕、一眠、二眠、三眠、分箔、采桑、大起、捉绩、上蔟、炙箔、下蔟、择茧、窖茧、缫丝、蚕蛾、祀谢、络丝、经、纬、织、攀花、剪帛。

以上四十八方刻石（包括乾隆御题“艺陈本计”四字一方及乾隆御题《耕织图序》一方）从内容上说，分别再现了水稻生产和蚕织生产的每个生产环节的场景和全部生产过程；从工艺上说，每方摹刻严谨，工细精致，画面清晰，各具形象，风格高古，尤其是带有动感的耕织劳作生动有趣，艺蕴深厚。它集历史、科技、诗词、艺术于一身，既突出了耕织的主题，又富含浓厚的生活气息和具有艺术感染力的文化底蕴，反映了乾隆时期作品的原貌，因此，魅力彰显，弥足珍贵。

此《耕织图》的摹刻与镶嵌工程的完成，无疑为颐和园耕织图景区的内涵增加了更鲜明的文化与艺术特色，而且生动的耕织石刻艺术与鲜活的耕织自然景观的紧密结合，更加集中地体现了我国自古以来以农为本的悠久的耕织文化和精良的耕织艺术经典作品之美。现在《耕织图》石刻游廊已构建成为耕织图景区中最重要、也是最亮丽的和最具有深刻农业文化韵味的人文景观。

“耕织图”石碑历经二百多年的风霜雨雪的侵袭，其表面已有些粗糙，留下岁月的痕迹，现在用不锈钢栏杆围了起来，得到保护，供游人瞻仰。

二百五十年岁月荏苒，沧桑巨变。今天颐和园这处融园林艺术、自然风光与人文历史于一体的，具有较高历史文化价值和艺术风采的耕织图景区，已呈现在广大中外游客的面前，它既符合《保护世界文化和自然遗产公约》的要求，又适应了新时代继承和发展中华优秀传统农耕文化的需要。现在颐和园耕织图景区已经成为中外人士瞩目的游览胜地。

乾隆御题“耕织图”石碑

耕织图景区全景

耕织图景区水景

游廊《耕织图》石刻

水村居

耕织图景区蚕神庙

第三章 《耕织图》内容释义

清代乾隆石刻《耕织图》的拓片可以使我们看到元代程棨摹南宋楼璹《耕织图》的基本面貌，因此，本书以清代乾隆石刻《耕织图》为例，按照原图内容，仅从历史上（主要是南方）农耕及蚕织生产的角度，对耕二十一幅、织二十四幅，共四十五幅石刻图像做一些解释。

一、耕图二十一幅

（一）“浸种”图

浸种是播种之前处理种子的一种方法，其法是将选好的种子经水浸泡后再播种，这样不仅能催芽，而且有利于作物耐旱和减少病虫害。古人最早是用雪水浸种（溲种），这在两千多年前西汉《氾胜之书》已见记载。北魏《齐民要术》中讲到水稻浸种催芽技术说：“净淘种子（浮者不去，秋则生稗），渍经三宿，漉出，内草篅（chuán，系一种盛粮食的器物）中浥之。复经三宿，芽生，长二分。一亩三升掷。”先要淘净稻种，去掉会长稗子的浮谷，再用水浸泡三夜后滤出，放在草编或竹编的盛稻谷的圆形筐中沾湿，再放三夜，等稻种长出“二分”长的芽，每亩用“三升”种芽，撒入秧田。

元代《王祯农书》“播种”篇说，南方种水稻的浸种法是：“至清明节取出，以盆盎别贮，浸之，三日，漉出，纳草篅中，晴则暴暖，浥以水，日三数，遇阴寒则浥以温汤，候芽白齐透，然后下种。”进一步讲到天晴用冷水，阴寒天气则用温水调节浸种催芽的温度。

明代《便民图纂》中说：“早稻清明前，晚稻谷雨前，将种谷包投河水内，昼浸夜收，其芽易出。若未出，用草盦（ān，意为覆盖）之。芽长二三分许，拆开，抖松，撒田内。”讲到早稻与晚稻浸种催芽时间有所不同。《便民图纂》

的《农务图》中“浸种”所题竹枝词为：“三月清明浸种天，去年包裹到今年。日浸夜收常看管，只等芽长撒下田。”石刻“浸种”图中描绘的就是将稻种装在竹篓中放入水中进行浸种的情景。南宋楼璹“浸种”图配诗有“筠篮浸浅碧，嘉谷抽新萌”句，其中“筠”是竹子，“筠篮”或称“筠笼”“筠筐”，即用竹编的竹篮或竹篓，其网眼很小，种子放里边掉不出来，而水可漏掉。诗中说，只有经过用筠篮在水中浸泡过的种子，这样好的稻种才能抽出新的萌芽，也才能有希望长好的稻穗，从而获得好收成。

清代乾隆石刻《耕织图》耕 1　浸种

（二）“耕”图

耕就是犁田、翻土，是整地的第一道工序。石刻“耕”图中描绘在水田里一农夫左手牵牛绳，右手握犁梢，驱一水牛拉犁耕地，田埂上放着休息时喝水用的水壶及碗，这是符合实际的。牛的套具包括曲轭、耕盘、绳索等都较完备；所用的犁似是直辕犁，元代程棨耕图上是直辕犁，刻石与程图相同。据说东汉时已发明曲辕犁，但使用并不普遍，在唐、宋、元时期尚在逐步推广中。楼璹“耕”图配诗云：“东皋一犁雨，布谷初催耕。”告诉人们季节到了，东边靠水的高地已下雨，应该赶紧趁着墒情好进行春耕了。

清代乾隆石刻《耕织图》耕 2　耕

（三）“耙”图

画面突出了农具耙，耙是耕后碎土、平整地面、清除杂草的农具，耙地也是整地的一项重要工序。耙的构造是木框上每隔数寸装一根硬木齿或铁齿。木框做成长方形或呈人字形，即方耙和人字耙两种形制。使用时用牲畜拉着耙地，人可站在耙上，以增大耙的压力，耙碎土块。耕后往往连续耙几次地，以达到深耕细耙的要求。

清代乾隆石刻《耕织图》耕 3　耙

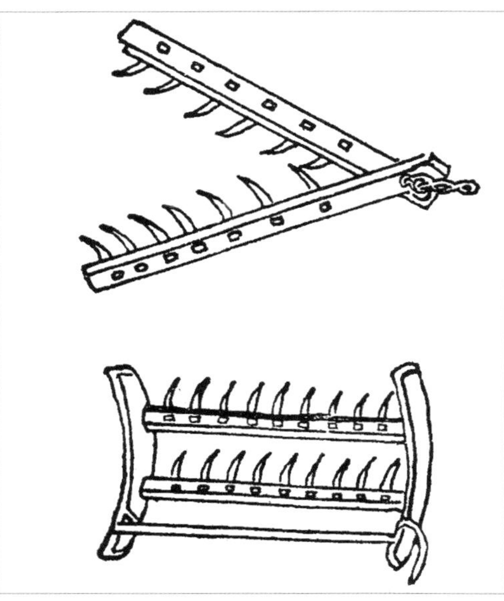
方耙和人字耙（采自《王祯农书》）

西晋陶质犁田耙田模型

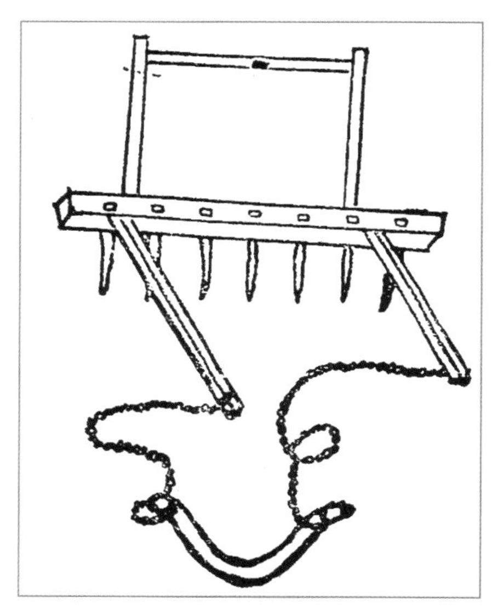
耖图（采自《王祯农书》）

耙是三国两晋时期发明的，嘉峪关魏晋墓壁画已见。1963 年广东连县出土有西晋墓陶质犁田耙田模型，至今已有一千七百多年的历史。石刻“耙”图描绘了稻田耙地的劳动场景，一个头戴斗笠、身披蓑衣的农夫，正冒着春寒细雨站在方形钉齿耙上赶着水牛耙田。楼璹“耙”图配诗云：“雨笠冒宿雾，风蓑拥春寒……泥深四蹄重，日暮两股酸……”道出了农夫在耙田中的艰辛。

（四）“耖”图

耖是一种水田整地必备的农具，在耕、耙以后用它疏通水田、碎泥、平土熟田、清除杂草。《王祯农书》云：“（耖是）疏通田泥器也……耕、耙而后用此，泥壤始熟矣。”可见耖田在熟化水田土壤中的重要作用。我国早在晋代已有耖的使用，但也有人认为水田耖是宋代南方稻作区发明的，其形状像个“而”字，有人称它“而字耙”，因用于水田，实为“水田耙”，但南方多称为“耖”。其形制《王祯农书》有较详细记载：“高可三尺许，广可四尺，上有横柄，下有列齿。其齿比耙齿倍长且密。人以两手按之（农夫用手按耖的扶手），前用畜力挽行。一耖用一人一牛，有作连耖，二人二牛，特用于大田，见功又速。”可知至元代使用这种类似长钉齿耙的耖田耙还有单耖和连耖之分。

据考证，到目前为止，我国耖田技术的绘图和文字歌咏最早见于南宋楼璹《耕织图》中的“耖”图，可惜此图已佚，但此石刻“耖”图却生动地描绘了耖田的情景。画面中一农民将裤子卷得高高的，正一手扶耖，一手牵牛，在水田中耖田；田塍上放着草帽、茶壶和碗。楼璹配“耖”图诗云：“脱裤下田中，盎浆（指瓦壶盛着的茶水）著塍尾。巡行遍畦畛，扶耖均泥滓……”楼诗比较典雅，而明代《便民图纂》中《农务图》里“耖田”吴歌竹枝词说得通俗易懂：“耙过还须耖一番，田中泥块要摊匀。摊得匀时秧好插，

清代乾隆石刻《耕织图》耕 4　耖

摊弗匀时插也难。”可见耖田是水田整地作业中一项不可少的工序。

（五）“碌碡”图

碌碡是一种碎土、平土和镇压、脱粒使用的农具。发明于何时？有人认为是汉代，但多认为发明于魏晋时期，至唐代陆龟蒙的《耒耜经》已有明确记载：“耕而后有耙，渠疏之义也，散墢去芟者焉。耙而后有砺䃈焉，有碌碡焉。自耙至砺䃈，皆有齿；碌碡，觚棱而已。咸以木为之，坚而重者良。”其构造是外有框，内有磙。磙是圆筒形。元代《王祯农书》中说，北方多用石磙，南方水田多用木磙，磙上有角棱，两头中心有铁轴，外有木框，挽拉木框可带动石磙或木磙转动，既可平田碎土，也可用于谷场上碾谷脱粒。从石刻“碌碡”图可以看到一个头戴斗笠、卷着裤腿的农夫在水田中驱牛，用“碌碡”中间圆磙在平田、打混泥浆的情景（清代耕织图中将“碌碡”画成了“耙形”，显然失误）。楼璹配“碌碡”图诗云：“力田巧机事，利器由心匠。翩翩转圜枢，衮衮鸣翠浪……”说明了碌碡的作业特点。

耕、耙、耖、碌碡四图集中描绘了我国宋代江浙一带水田耕作技术。以耕、耙、耖为主的一套耕作技术大约在西晋至隋唐时期逐步形成和发展起来，至宋元时期已成为南方水田耕作的常规。南方种植水稻，主要采取育秧移栽的方法，土壤耕作要求：大田平整，田土糊烂，以便插秧，这和北方旱作明显不同。此石刻耕、耙、耖、碌碡图反映了我国南方形成的水田精耕细作体系。

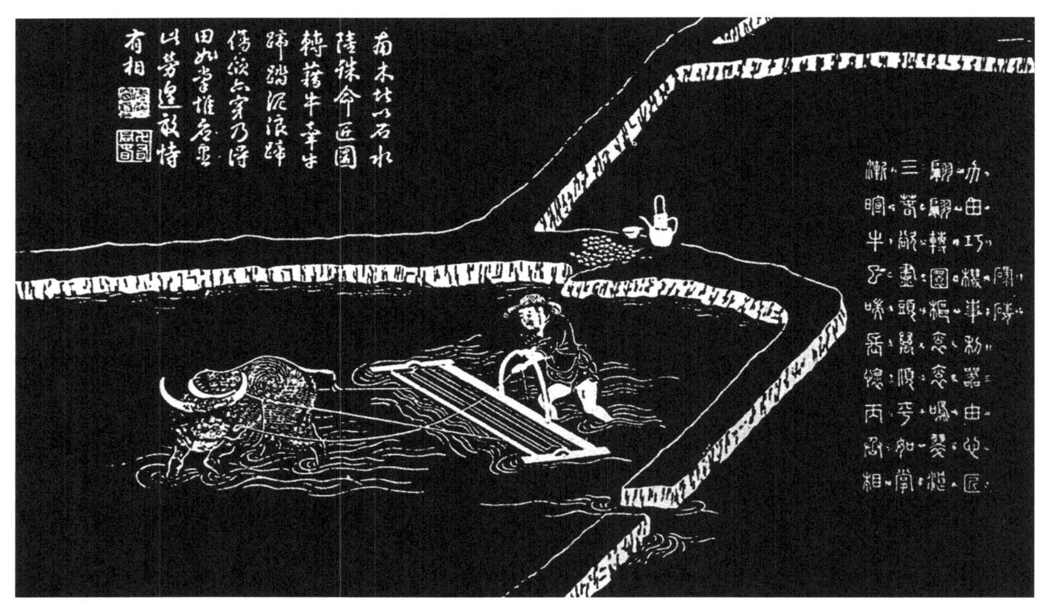

清代乾隆石刻《耕织图》耕 5　碌碡

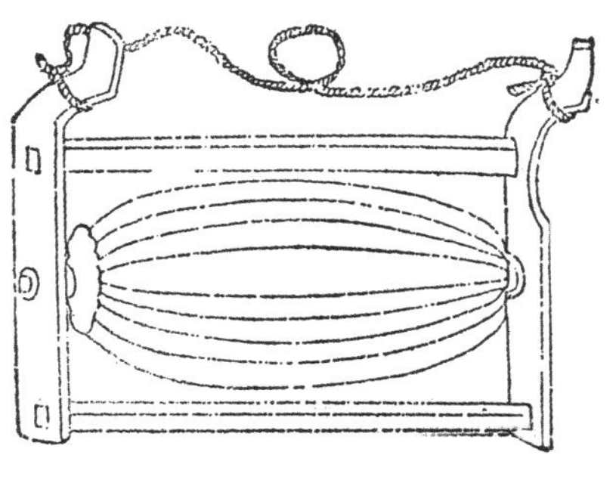

碌碡图（采自《王祯农书》）

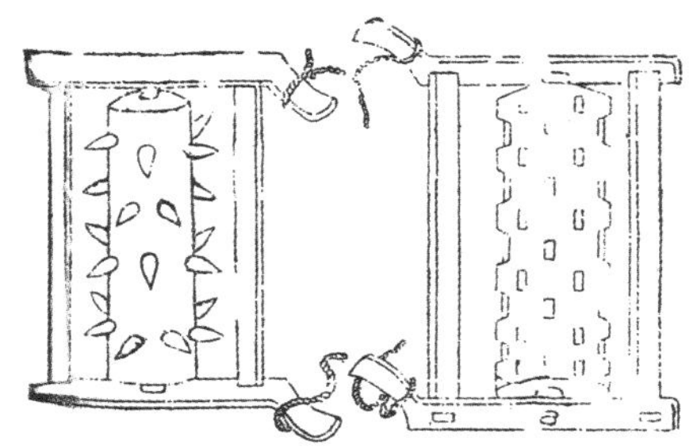

木砺础（采自《王祯农书》）

（六）“布秧”图

布秧即播种，也称布种，就是将经过浸泡过的种子撒在秧田里，秧田是专用作培育秧苗的田地。从石刻“布秧”图上看，一老农手持盛稻种的提篮，正在秧田里撒种。楼璹配“布秧”图诗云：“旧谷发新颖，梅黄雨生肥。下田初播殖，却行手奋挥……”描述了播种的情景。

（七）“淤荫”图

淤荫亦称下壅或培壅，即在秧田或稻田施肥。石刻“淤荫”图上一农夫挑来一担肥，正站在田塍上，用粪勺从桶中舀出，向秧田中洒去。施肥的目的是促使稻苗长得又壮、又快、又好。清代吴邦庆编撰的水稻专著《泽农要录·培壅》说：“稻田淤荫，其种类尤多，或用石灰，或用火粪，或碓诸牛羊牲畜杂骨以肥田杀虫。”从楼璹“淤荫”图配诗“杀草闻吴儿，洒灰传自祖……”来看，当时往田里洒的可能是稀释后的人畜粪便或是草木灰、糠秕灰、灶灰等。南宋

清代乾隆石刻《耕织图》耕 6　布秧

清代乾隆石刻《耕织图》耕 7　淤荫

时粪土可以像商品一样买卖。施肥是田间管理的一项重要措施，宋代已有了一套水稻培育壮秧的经验。

（八）“拔秧”图

拔秧就是将秧田中已经培育好的秧苗拔起来，随即移栽到经过整地的水田中。我国早在汉代就已施行水稻育苗移栽技术，东汉崔寔所著《四民月令》中已有记载，当时称为“别稻”。从石刻“拔秧”图上可以看到有几个农夫在秧田中拔秧，田塍上有农夫挑着稻秧送到大田中去插秧。楼璹“拔秧”图配诗云：

清代乾隆石刻《耕织图》耕8　拔秧

“新秧初出水，渺渺翠琰齐。清晨且拔擢，父子争提携……及时趁芒种，散着畦东西。”看来，当时浙江於潜一带拔秧和插秧的节气是在“芒种”（约在农历四月底五月初），要求在“芒种”这个节气内及时将稻秧插完。

（九）“插秧”图

插秧即将秧田中拔来的秧苗插到整治好的稻田中。石刻“插秧”图上有几个农夫正在大田中弯腰插秧，田塍上几人抬着大筐运来秧苗，描绘了当时拔秧和插秧密切配合的紧张劳动情景。楼璹“插秧”图配诗云：“晨雨麦秋润，午风槐夏凉。溪南与溪北，啸歌插新秧。抛掷不停手，左右无乱行。我将教秧马，代劳民莫忘。”

诗中提到“我将教秧马”，“秧马”是宋代劳动人民发明的一种插秧和拔秧都可使用的农具。宋代苏轼的《秧马歌》及序文中说，秧马形如小舟，首尾上翘，腹部用枣木或榆木等硬木，背部用楸木或梧桐木等轻木做成，用双足在泥水中撑行滑动，可减轻劳动强度。秧马在水浅泥深的田里使用，不仅不会陷入软泥，而且便于滑行。秧马前头捆着一束稻草，用于捆扎插秧用的秧苗。它在水田里滑行很快，比弯着腰插秧或拔秧劳动效率显著提高，而人的劳动强度也大为减轻。楼诗中提到他正在推广秧马，但石刻图上却看不到秧马的形象，因为元代程棨图上并无秧马，元、明、清代的耕织图及题诗均未见“秧马”，但“秧马”在宋代以后还在沿用，元《王祯农书》、明徐光启《农政全书》、明宋应星《天工开物》等都有使用秧马的记载。直到近代，在江、浙、闽、赣一带还在使用，当地也有称为“秧船”或“秧凳”的。

清代乾隆石刻《耕织图》耕 9　插秧

古代秧马（采自《王祯农书》）

近代秧马（产地江苏苏州）

（十）“一耘”图

（十一）“二耘”图

（十二）“三耘”图

“耘”是田间手工除草作业。在水稻田中称为“耘稻”，它是水稻分蘖期间中耕除草的措施，随着苗情的不同，往往要经一耘、二耘、三耘，即三次中耕除草。其实我国耘田早在周代即已出现，《诗经·小雅·甫田》中说：“今适南亩，或耘或耔，黍稷薿薿。”“适”者往也；耘，锄草；耔，用土培苗根；薿薿是茂盛。说明黍、稷两种作物，经过耘、耔长得都很茂盛。

耘田的方法有手耘和足耘，有时也手足并用，扒松苗根周围泥土，并将杂草压入土中让它腐烂。从石刻“一耘”“二耘”“三耘”图来看，一耘和二耘主要是手耘，三耘似是手足并用，这是描绘宋代的耘田；元代以后不少地区以足耘为主，这种足耘的方法，古代有的地区也称为“耔”。元代著名书画家赵孟頫在题《耕织图》诗二十四首中《六月》专门对农民耘水田作了细致的描绘，诗云：“当昼耘水田，农夫亦良苦。赤日背欲裂，白汗洒如雨。匍匐行水中，泥淖及腰膂。新苗抽利剑，割肤何痛楚。夫耘妇当馌，奔走及亭午。无时暂休息，不得避炎暑。谁怜万民食，粒粒非易取。愿陈知稼穑，《无逸》传自古。”农民在赤日炎炎下，爬行在水田中耘田，背欲晒裂，汗如雨下，稻叶如利剑，割伤皮肤，耘田是多么辛苦；丈夫耘田，妻子还要不停地奔走，往田里送饭；后四句发出告诫，深化了诗意。

宋、元时期江浙一带出现了稻田中耕除草的农具，如耥耙、耘爪等。耥耙又称耘荡，其构造是在屐形木块或木框的背面装有长柄，底面装有多排钉齿，人可手持长柄，推荡禾垄间草泥，达到中耕除草的目的。耘爪既是农具又是一种劳动保护工具，耘田时套在手指上的竹制或铁制的尖形管。《王祯农书·农器图谱》云：“其器用竹管，随手指大小截之，长可逾寸，削去一边，状如爪甲，或好坚利者，以铁为之，穿于指上，乃用耘田，以代指甲，犹鸟之用爪也。”使用耘田工具提高了作业效率。

耘田时一般是先将稻田中的水基本上放掉，然后除草，除完草接着施一次肥，再放水入田。石刻“一耘”图上，除画有四个农夫在水田中进行耘田以外，还画有两个农夫合力往稻田中灌水，他们使用的灌溉工具是“戽斗”，“戽斗”是我国发明的一种古老的灌溉工具。据明代罗颀《物原》记载：“公

清代乾隆石刻《耕织图》耕 10　一耘

清代乾隆石刻《耕织图》耕 11　二耘

清代乾隆石刻《耕织图》耕 12　三耘

刘作戽斗”，公刘是古代周部族的祖先，如可信的话，“戽斗”已有三千多年的历史了。《王祯农书》中说，戽斗的斗是用木制或柳条编的（北方多用柳条，南方多用竹），两边各系长绳，两个人各自拉着绳端，一起用力，双手一张一弛，将河水或渠水用中间的桶舀起，甩到岸一边的沟渠或大田中。这种劳动不只要有力气，而且要有一定的操作技巧方可胜任。

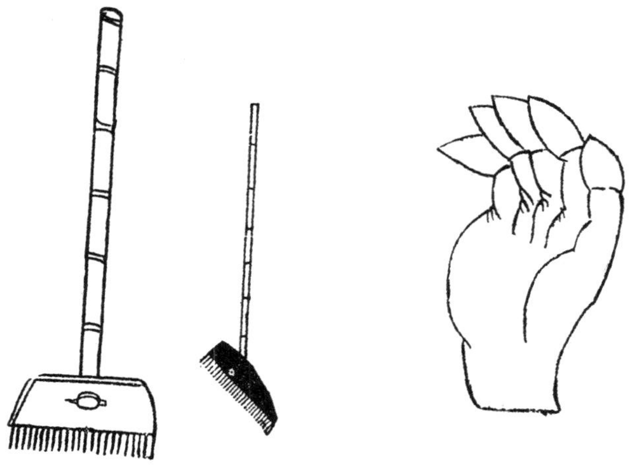

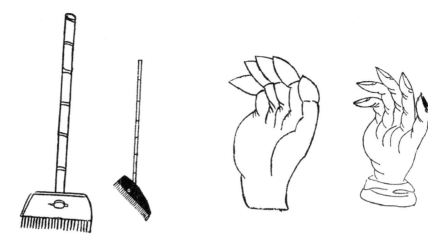

耘荡（采自《王祯农书》）　　耘爪（采自《王祯农书》）

（十三）“灌溉”图

这里说的灌溉就是往稻田里灌水。水稻经过三次耘田以后，根据苗情需进行灌溉。从石刻“灌溉”图中可以看到宋元时期南方灌溉稻田使用的工具是以脚踏水车为主，桔槔为辅。至清代焦秉贞所绘《耕织图》中的“灌溉”图则是以桔槔灌田为主，水车为辅，描绘了当时北方灌田的实际情景。有意思的是南宋楼璹“灌溉”图配诗，生动形象地描绘了当时於潜一带灌溉稻田的情景，诗云：“揠苗鄙宋人，抱瓮惭蒙庄。何如衔尾鸭，倒流竭池塘。穲稏舞翠浪，籧篨生昼凉。斜阳耿衰柳，笑歌问女郎。”

“揠苗鄙宋人”，说的是宋人揠苗助长的故事（见《孟子·公孙丑上》）：一个宋国人嫌禾苗长得慢，就用手一棵棵拔起一点儿，结果苗都枯死了，比喻“急于求成”。“抱瓮惭蒙庄”，说的是汉阴丈人抱瓮灌田的故事（见《庄子·天地》）：子贡过汉阴（今山西境内）见一老农抱瓮灌田就跟他说：“有械于此，一日浸百畦，用力甚寡而见功多。”又说：“凿木为机，后重前轻，挈水若抽，数如泆汤，其名为槔。”可见“桔槔”在春秋战国时已经使用。“何如衔尾鸭”，将龙骨水车形容为“衔尾鸭”。“倒流竭池塘”，描绘了龙骨水车抽水的情景（参见苏轼：《无锡道中赋水车》）。“穲稏舞翠浪”，“穲稏”是稻名，描写风吹稻苗摇摆的样子，好似舞起来的绿色浪花，非常好看。“籧篨生昼凉”，“籧篨”是古代用竹或苇编的粗席，诗中是指罩在车水人头上的苇席棚子，用来遮蔽阳光，这样白天可以凉快一些。“斜阳耿衰柳”，耿，通“炯”，光明之意，“衰”是稀疏之意，这里说下午的阳光透过稀疏的柳叶。“笑歌问女郎”，这是对车水的人形象的描绘，说车水的人一边车水，一边说着闲话，有时唱着山歌，挑逗女郎。全诗与图相配合，精确地描绘了南方灌溉稻田农夫辛劳而又快乐的劳动场景。

楼璹在诗中说到我国古代劳动人民的两大发明，一个是桔槔，一个是龙骨水车。桔槔又名吊杆，其形制已见于汉画像石（砖）。“桔”是树立起来的木桩，“槔”是系于木桩上的可以俯仰的横杆；如有位置适宜的树木也可将横杆绑在树上。横杆的后端系一石块或其他重物，前端则系上绳索，绳索上再系上木桶或柳罐等汲水工具，这样人拉系桶的绳子，使桶进入水中，灌满水后，借另一端重物下坠之力，人稍稍一提绳，水桶就上来了。桔槔安装简单，操作方便、省力，所以是很受人们欢迎的汲水工具，不过桔槔只适用于浅井，深井要用辘轳。

图中的脚踏水车即龙骨水车，又名翻车。据《后汉书·张让传》记载，系东汉毕岚创造的。其车身为槽形，“长约两丈，阔有四寸、七寸不等”，槽中架有在行道板上下环绕大小轮轴的龙骨叶板（即刮板）。水车岸边一端有一根大轮轴，两端各有拐木四至八根。车水时，人的两臂伏在木架上，用脚踏动拐木转动大轮轴，刮板即循槽刮水上行，将低处水提到高处。翻车可用人力、畜力、水力、风力等不同动力运行。最早是手摇翻车，后来三国时期经马钧加以改进，有了脚踏水车。它既可用于灌溉农田，又可用于排除农田内的积水，所以它是我国南方抗旱、排涝的重要工具，至今有些地区仍在使用。

从石刻“灌溉”图上看，是四人共踏的水车，这在宋元时期也是先进的排灌工具。我国的翻车少说也有一千七百多年的历史了，而这类龙骨水车在西方只有三百多年的历史。

清代乾隆石刻《耕织图》耕 13　灌溉

戽斗（采自《古今图书集成》）

脚踏翻车（采自《天工开物》）

桔槔（采自《天工开物》）

辘轳（采自《古今图书集成》）

（十四）“收刈”图

“刈”是割除，收刈即收割。在稻子成熟以后，当时人们是用镰刀之类的工具进行收割。从石刻“收刈”图来看，几个农夫在主人的监督下，手持半月形镰刀正在紧张地割稻，后边有几个儿童手持小筐在捡拾稻穗。旁边有捆好的一束束的稻把，田塍上有农夫肩扛稻把正在运送。

楼琦“收刈”图配诗云：“田家刈获时，腰镰竞仓卒。霜浓手龟坼（chè，同‘皲’，裂开），日永身罄折（罄通‘磬’，古代一种如曲尺形的乐器，这里意为天天身子弯曲如磬）。儿童行拾穗，风色凌短褐（风色指寒气，短褐即粗布短衣）。欢呼荷担归，望望屋山月（屋山指房屋两边的山墙，这里当指东边的屋山）。”这是一幅农夫繁忙又辛苦的收割劳动的场面，儿童也前来帮忙拾稻穗，他们天天弯腰如磬，日长力乏，风霜凌厉，双手都已皲裂仍不能停。傍晚，好容易盼着完工了，他们挑着一担担的稻谷回来时，看着一轮明月冉冉升起，心中也觉得轻松一些了。

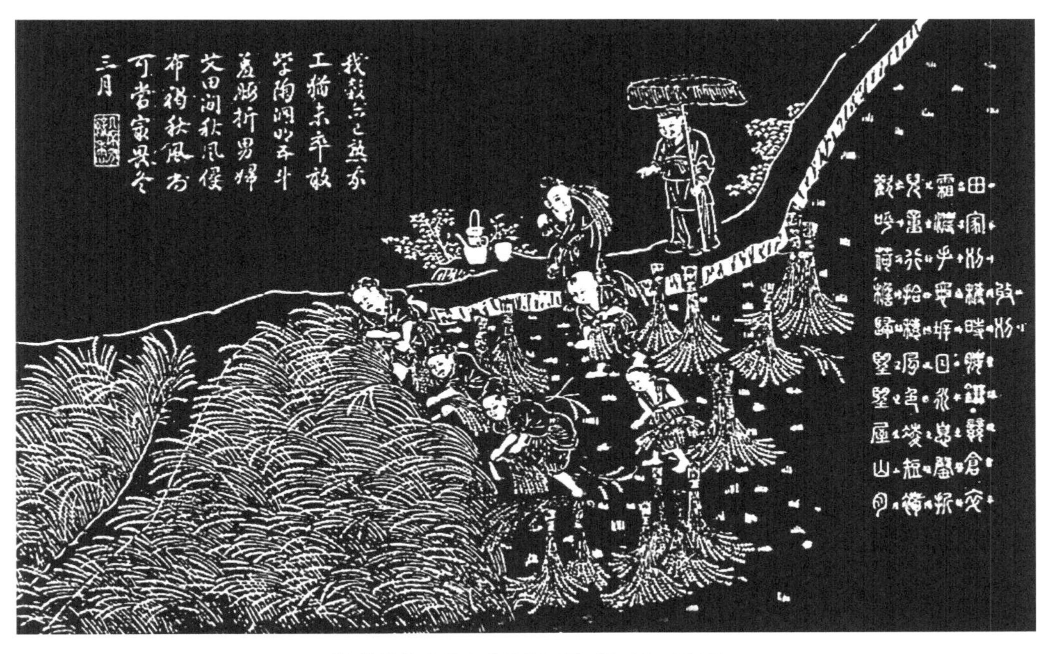

清代乾隆石刻《耕织图》耕 14　收刈

（十五）“登场”图

登场即将收割下来的稻谷连同稻秆一起运到农家场院（晒谷场）上，以便脱粒。从石刻“登场”图来看，几个农夫正在将收割完的稻谷挑回来，另几个农夫正将一束束稻把放到晒谷架［古代称笐（hàng），一种用竹木制成的挂稻谷晾晒的工具］上晾晒。楼琦题“登场”诗有“黄云满高架”句，说的就是晒谷架上挂满晾晒着的金黄色的稻谷，是一片丰收的景象。

清代乾隆石刻《耕织图》耕 15　登场

笐（晒谷竹木架）（采自《王祯农书》））

（十六）“持穗”图

持穗就是打稻子，使其脱粒。从石刻“持穗”图看，是将晒过的稻把放在打谷场上，稻秆朝外、稻穗朝内两排放好，四个农夫正手持连枷拍打稻穗，场上还有一大堆稻谷。持穗所用工具是连枷。连枷是我国古老的谷物脱粒工具，东汉刘熙《释名》云：“枷，加也。加杖于柄头以挝穗。”其在《管子》及《国语》中均有记载，可见在春秋战国时期已经使用，至少已有两千多年的历史了。南宋著名诗人范成大写的《四时田园杂兴》农事诗很有乡土气息，其中一首云：“新筑场泥镜面平，家家打稻趁霜晴。笑歌声里轻雷动，一夜连枷响到明。”他用生动的艺术语言，描绘了农村获得丰收后，家家连夜用连枷打稻的欢乐景象。元代《王祯农书》中说：“连枷的形制是取四根木条，用生皮革条编连起来，长约三尺，宽约四寸，也有用独木板作的。”不论是木条编的，还是独木板做的，都是装在长木柄一端的横轴上，高举甩转起来，落地时击打稻穗，使其脱粒。我国历史上南方农家在场上脱粒多用连枷，至今有的地区仍在应用。楼琦题“持穗”诗云：“霜时天气佳，风劲木叶脱。持穗及此时，连枷声乱发。黄鸡啄遗粒，乌鸟喜聒聒。归家抖尘埃，夜屋烧榾柮（gǔ duò，木柴块）。”生动地描绘了一幅秋高气爽，新谷登场，连枷声声，忙于脱粒，农夫收工后回家洗尘、煮食新粮的农村生活情景。

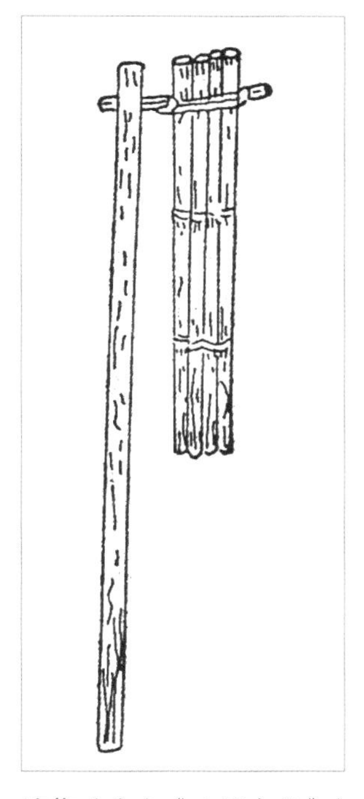

连枷（采自《王祯农书》）

下面“簸扬”“砻”“舂碓”“筛”这四道工序都是在稻谷脱粒以后去掉外壳、去掉糠皮的加工过程。

清代乾隆石刻《耕织图》耕 16　持穗

（十七）“簸扬”图

簸扬是用簸箕颠动谷粒，借风力扬去糠秕和灰尘。从石刻“簸扬”图上可以看到两个农夫正用簸箕簸扬稻谷，另一农夫高高举起长柄簸箕借风力扬去稻谷中的杂质。画面中还有农夫用筐挑运稻谷，另几个妇女用木棍敲打用连枷打过的稻秆，搜集剩下的稻粒，地上放着装粮的箩筐。簸扬的过程正如楼璹题“簸扬”诗中所描述的“临风细扬簸”，而落下时“倾泻雨声碎”那样，十分贴切。

清代乾隆石刻《耕织图》耕 17　簸扬

（十八）“砻”图

稻粒经过初步簸扬以后，就放到砻里磨，目的是去掉稻子的外壳，而不是将子粒搓碎。砻是一种谷物脱壳的工具。西汉末年，汉画像石（砖）上已有图像。其结构见于《王祯农书》记载，大意是用竹木编织作围，围内填实泥土，较密地钉入一排排竹齿或木齿，上下两扇相合，状如小磨。由于竹木比石轻，硬度亦差，所以用以砻谷不致损米。运转时在上扇侧边横穿一短木把，作一丁字砻柄，在其连杆前端装一掉转直轴，插入把孔，用绳挂在房檩上。从石刻“砻”图上看，有四个农夫手执拐木一起用力推砻，另一农夫手持盛谷的长柄簸箕向砻上填谷；砻旁还有几人执筛正在筛粮，描绘了为稻谷脱壳的劳动场景。楼璹题“砻”诗云：“推挽人摩肩，展转石砺齿。殷床（指“脚踏箩”）作春雷，旋风落云子……”似是描述用石磨磨面的情景，当然也可能他的原图上还有石磨磨面的图像，而元代程棨图及此石刻图均未摹绘。

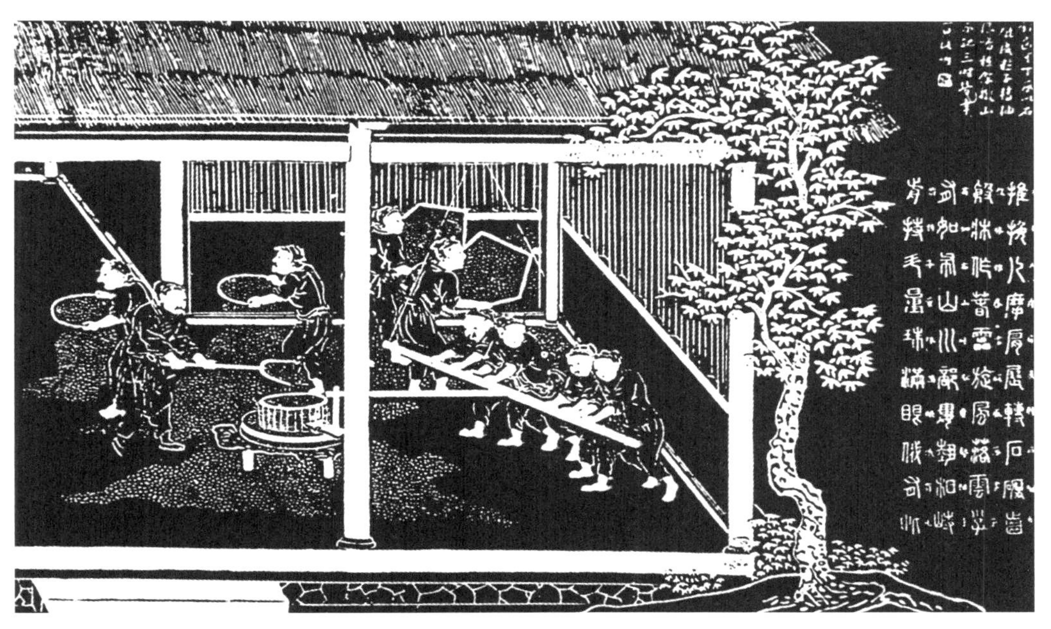

清代乾隆石刻《耕织图》耕 18　砻

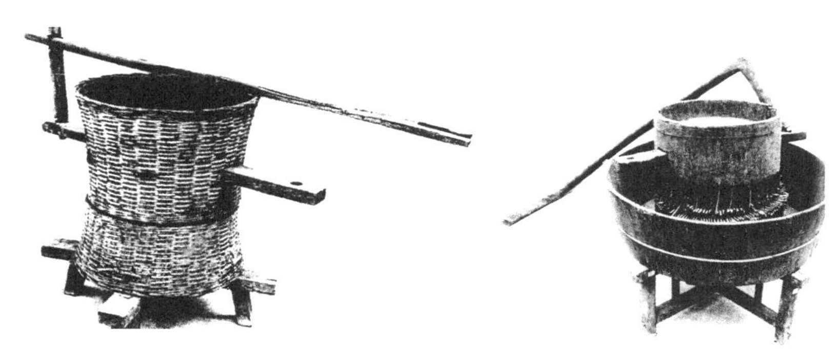

竹砻（产地云南石屏）　　木砻（产地广东）

（十九）“舂碓”图

“舂”就是将谷粒的皮壳捣掉，“碓”即杵臼。《王祯农书》云：“碓，杵臼之一变也。”而杵臼是原始的谷粒脱壳工具。“杵”是下端成椭圆形而又比较重的硬木棒（最早有石杵）；“臼”最早是在地上挖一个坑，后来则用木块或石块凿成圆槽做成臼，即石臼和木臼。加工时将谷粒放到臼中，用杵反复向下舂捣，直到谷壳脱落或谷粒舂碎成粉。这种工具在我国至少已有四千多年的历史了。

汉代已使用了“脚踏碓”。东汉桓谭《新论·离事》中说：“宓牺之制杵臼，万民以济。及后世加巧，因延力借身重以践碓，而利十倍杵舂。”脚踏碓是在杵臼的基础上发明的，其结构是木架上装一根较长的杠杆，杠杆的一端装杵，杵头向下，正对着臼口。人手扶木架，用脚踏动杠杆的另一端使杵头抬起，当脚松开时杵头下落舂入臼内谷物。由于利用体重及杠杆原理，所以比杵臼既方便又能改善劳动条件。从石刻“舂碓”图来看，去掉稻粒外壳的方法是两种：一种是手力舂碓，一种是脚踏碓。除此，画面上还有几个人在簸、筛，与舂碓相互配合。值得注意的是楼琦题“舂碓”诗中提到：“更须水轮转，地碓劳蹴踏。”他是说用脚踏碓太辛苦了，现在更需要用水转轮，就是用水作动力的“水碓”。其实据东汉桓谭《新论·离事》记载，汉代已有，但当时只是在局部地区使用，并未获推广，至宋代楼琦所在的於潜一带可能还很少用，所以楼琦希望能使用这种更先进的水力脱壳工具，以减轻劳动强度，提高生产效率。

清代乾隆石刻《耕织图》耕 19　舂碓

杵臼（采自《王祯农书》）

脚踏碓图（采自刘仙洲《中国古代农业机械发明史》）

（二十）“筛”图

《说文解字·竹部》：“筛，竹器也，可以去粗取细。”筛子是用竹编的、有孔的工具，可以将细东西漏下去，粗的留下。这种竹器早在汉代已广泛使用。经过砻、舂碓的稻米还要过筛，以去粗取精后食用。从石刻“筛”图可看到四个农夫正在筛米，地上放着盛米的筐篮及丁字形刮器。楼璹题“筛”诗云：“茅檐闲杵臼，竹屋细筛簸。照人珠琲光，奋臂风雨过……”经过筛、簸的稻米光洁得像珠子，经过艰苦的劳动，终获此成果。

清代乾隆石刻《耕织图》耕 20　筛

（二十一）“入仓”图

“仓”即专门贮藏粮食用的粮仓。如果收割下来的新稻谷需要立即食用，就及时经过持穗、簸扬、砻、舂碓、筛几道工序后，可达到食用要求，如果不是立即食用，即经过持穗以后晒干，即可入仓贮藏。石刻“入仓”图上可看到有两个农夫在主人指挥下正担运稻谷入仓，其仓为室内木板仓，地上放着木板，可随贮粮增多而加高。

南宋楼璹题“入仓”诗很有意义，因为它揭露了当时南宋劳动人民耕织生产的辛劳和遭受封建剥削的真实情况，诗云：“天寒牛在牢，岁暮粟入庾。田父有余乐，炙背卧檐庑。却愁催赋租，胥吏来旁午。输官王事了，索饭儿叫怒。”在宋代的农村，凡是拥有土地而向官府纳税的称为“主户”，其中占地很少的自耕农或半自耕农，被称为“下户”，没有土地的称为“客户”（即佃农）。在农村租种地主的土地，受地主剥削和奴役的那些下户和客户，要把收获的谷物的五六成，甚至七成交给地主作为地租。除交纳地租以外，还要代地主缴纳各种赋税，受地主的役使，甚至生命也没有保障。所以北宋政治家、史学家司马光说："谷未离场，帛未下机，已非已有，所食者糠籺而不足，所衣者绨褐而不完"（《宋史》卷一七三《食货志上一·农田》），描写得非常深刻。

清代乾隆石刻《耕织图》耕 21　入仓

二、织图二十四幅

（一）"浴蚕"图

浴蚕亦称浴种、浴连，它是我国古代保护蚕种的技术措施。古时用清水或盐水浸泡蚕种（即雌蛾产的蚕卵），目的是清除蚕卵表面所附的脏物，以保证蚕的健康成长。

我国早在春秋战国时期劳动人民已经注意到蚕的清洁卫生，《礼记·祭义》中记载："古者天子诸侯，必有公桑蚕室，近川而为之……奉种浴于川。"在进蚕室前，要将蚕种放到河里洗浴干净，可见当时古人已有防蚕病的意识。而且通过浴蚕不仅起到消毒作用，还可以选择优良蚕种，淘汰不健康的蚕子。浴种的方法，古代主要有淡浴和咸浴两种，淡浴是用清水或石灰水浸泡，咸浴是用盐水浸泡，这在明代《天工开物·乃服·蚕浴》中有较详细的记载。还有一种名"天浴"。据元代《农桑辑要·养蚕·浴连》载："腊日取蚕种，笼挂桑中，任霜露雨雪飘冻，至立春收，谓之'天浴'。盖蚕蛾生子，有实有妄者，经寒冻后，不复狂生（不应生而生，生而无用），唯实者生，蚕则强健有成也。"

但此法收效亦微，故一般多采用淡浴或咸浴。浴蚕的时间，说法不一，有的是在农历腊月上旬，低温下进行。如清代《豳风广义》载：“南方有一法，于腊八日将蚕种以盐水浸三日夜，取出悬院中高竿上三昼夜，仍悬室中，次年耐养。”但据《周礼·夏官》“禁原蚕”注引《蚕书》云：“蚕为龙精，月值大火（二月）则浴其种。”认为仲春是浴蚕的时节。从石刻“浴蚕”图看，几个妇女在室内用盆池洗浴蚕种，时间似是春天。南宋楼璹题“浴蚕”诗有“轻风归燕日，小雨浴蚕天”句；清康熙帝题《耕织图·浴蚕》诗有“蚕事初兴谷雨天”句，均言浴蚕时间在农历三月清明前后。经过浴蚕以后，所孵出的都是强健的幼蚕，对以后多出丝以及丝的质量也较有保障。

清代乾隆石刻《耕织图》织 1　浴蚕

（二）“下蚕”图

下蚕亦称收蚁，蚁即幼蚕，南方也称“乌儿”“蚕宝宝”等。下蚕即将已孵出的幼蚕，用羽毛轻轻地扫到蚕匾中，撒上切细的嫩桑叶末，然后将蚕匾放到蚕架上。收蚁的时间，各地不完全相同，因要看桑芽发育的情况而定。江浙一带流传有“谷雨不藏蚕”的谚语，即定谷雨节前后为收蚁的时限。当地蚕户用鹅毛将孵出的小蚕扫到衬有白纸的蚕匾内，撒上砻糠灰等。用蚕筷将蚕群分散铺匀，再撒上切细的嫩桑叶末，收蚁即完成。从石刻“下蚕”图可以看到，有一妇女手持羽毛将蚕连（蚕卵产在纸或布上，古代常把两张蚕种纸或蚕种布连缀在一起，故称为蚕连）扫到蚕匾中。楼璹题“下蚕”诗有“华蚕初破壳，落纸细于毛”等生动的形容。这里也提到下蚕所用的工具，一是羽毛，北魏《齐民要术》载：“（蚕）初生以毛扫，用荻扫则伤蚕。”此处毛指家禽的羽毛，“荻”为芦苇一类的植物，此处指芦花。二是蚕匾，又称蚕筛，多用竹篾（也有用柳条）编成的育蚕工具，有圆形也有长圆形的。我国的蚕具春秋时已见记载。《礼记·月令》有“季春之月……命野虞无伐桑柘，鸣鸠拂其羽，载胜降于桑，具、曲、植、籧、筐”。可知当时箔、架、席、筐等蚕具均已使用。

清代乾隆石刻《耕织图》织 2　下蚕

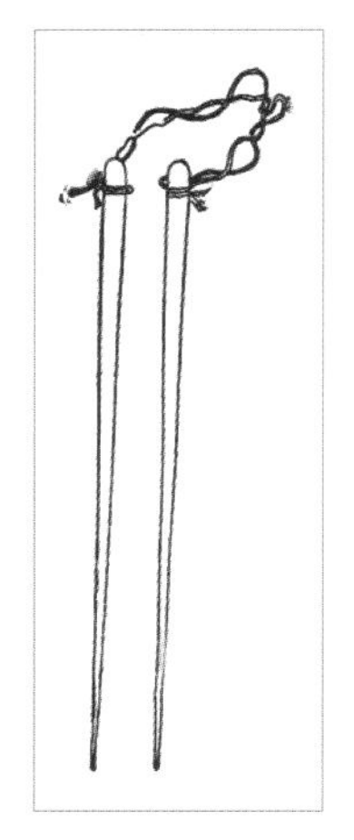

蚕筷（采自赵敬如《蚕桑说》）

蚕连（采自《王祯农书》）

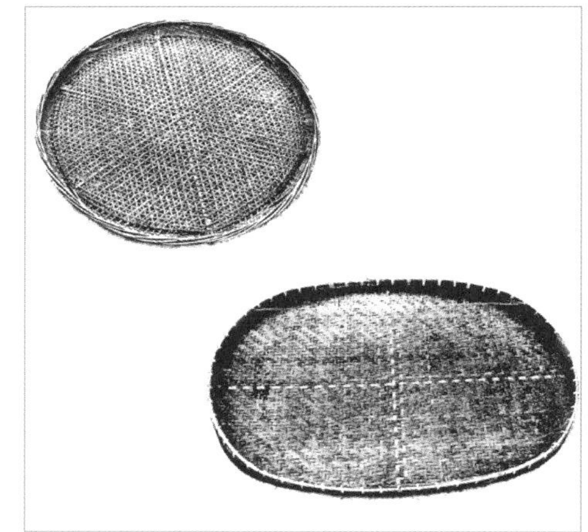

圆蚕匾、长圆蚕匾（产地江苏苏州）

（三）“喂蚕”图

从此图可以看到一男子在采桑；室内几个妇女，有人在加工桑叶，有人在喂蚕，有人在整理蚕箔，系一幅相互配合的喂蚕场景。喂幼蚕必须用桑的嫩叶，正如楼璹题“喂蚕”诗所云：“蚕儿初饭时，桑叶如钱许。攀条摘鹅黄，藉纸观蚁聚。”诗中“鹅黄”即指尚为鹅黄色的嫩桑叶，可见当时人们已经认识到，只有选择适熟的偏嫩的桑叶才符合幼蚕的生理要求。其实古人早就有了防病的意识，古人云：“桑于公桑，风戾以食之。”（《礼记·祭义》）从桑田中采回的桑叶要晾干，去掉水汽后，方可喂；因为蚕，特别是幼蚕，吃了有水汽的桑叶，容易生病。采来的桑叶还要经过加工，“初饲蚁……宜旋切细叶微筛”（元《农桑辑要》引《务本新书》）。而切要用切叶刀及切叶砧。切叶刀“长尺余阔三四寸者为箔刀，四方而嵌在铁架者为闸刀”（清俞墉：《蚕桑述要》）。切叶砧又名叶墩，“（叶墩）以稻草为之，芟净稿叶，用篾箍三层紧束。高可四寸，圆经尺余，两面皆须截平”（清高铨：《吴兴蚕书》）。即将稻草或麦秸紧密捆扎，两端截平，用以代替木砧，用它切桑叶，丝丝分开，不伤刀刃。至于“切叶之粗细，以蚕之大小酌之。蚕初生时，所上之叶，宜细如丝线；初眠起后则可宽至半分；二眠起后则可宽至分许；三眠起后则可宽至二三分；至大眠起后，但去其枝与葚，以闸刀大致闸之可矣”（清沈练：《广蚕桑说辑补》）。而喂时要用叶筛，叶筛为“饲蚕布叶筛也。蚕小时用手撒叶，未免厚薄不匀，压伤小蚁。宜用竹编小筛，径五六寸，孔如胡椒大。将叶以利刀切碎，置筛内，细细匀筛，不可过厚，须频频筛之。蚕食均匀，自然眠起皆齐”（清杨屾《豳风广义》）。从石刻“喂蚕”图可以看到一妇女用叶筛筛桑叶喂蚕的情景。

喂蚕也颇多讲究，古人云：“养蚕莫巧，食到便老。”给桑次数多少与蚕

清代乾隆石刻《耕织图》织 3　喂蚕

切桑叶刀及墩砧（产地江苏）

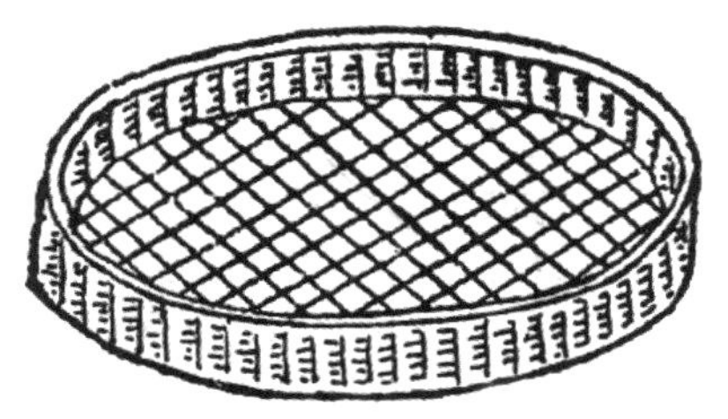

叶筛（采自《天工开物》）

发育的快慢有一定关系，一般是“叶足则丝多，不足则丝少”。《豳风广义》中说：“若殷勤布叶，按时饲养，蚕室温暖，不惟茧坚多丝，亦且省叶丝韧。若怠惰因循，或饥一顿饱一顿，紧一顿慢一顿，寒一时热一时，不惟茧薄丝少，亦且费叶丝腐。”至于究竟喂多少顿，各地经验不一。据清代沈秉成编著《蚕桑辑要》记载：“头一日拂下之蚁与第二日各置一处。如头一日之蚁多饲叶三四顿，即将蚁置之稍凉处以减顿；第二日之蚁置之暖处，每日加一二顿，前后各饲叶三十五顿，即齐眠于一日。大眠后……食叶快，食叶鲜，食尽再饲。更鼓时饲一顿，可以卧寐，二时复起再饲，蚕不受饿，人亦省功。”利用温度的高低和给桑次数的增减进行发育调节，这种方法至今仍为蚕农所沿用。

（四）“一眠”图

（五）“二眠”图

（六）“三眠”图

所谓“眠”是指蚕在生长期中的蜕皮变化，此时蚕不食不动，似睡眠状态，故称“眠”。但为什么要蜕皮？因为蚕体的皮肤为角质层，质地较硬，不能随着蚕体的增长而伸展扩大，因此蚕发育到一定程度时必须脱去旧皮，另换上稍宽大的新皮后才能继续生长发育。蚕在脱皮期间，不食不动，叫做“眠”。眠不是休息，而是在生理上发生很大变化的过程。

幼蚕一般在清明以后，谷雨以前孵出后，用桑叶喂食数日，蚕就需要休眠，眠后脱下一次壳而醒，醒后食叶，随后再眠，前后要经过三次，所以有一眠、二眠、三眠。而蚕眠和喂叶有密切关系，古人在这方面也积累了不少经验，如北宋秦观《蚕书》中说：“蚕生明日，桑或柘叶风戾以食之，寸二十分，昼夜五食。九日不食，一日一夜谓之初眠。又七日，再眠如初。既食叶，寸十分，昼夜六食。又七日，三眠如再。又七日，若五日不食，二日谓之眠。食半叶，昼夜八食。又三日健食，乃食全叶，昼夜十食。不三日遂茧。”其中的“寸二十分”“寸十分”是说“一寸阔”的桑叶要切成二十条、切成十条。“昼夜五食”“昼夜六食”是说一昼夜要给桑五次、给桑六次。这种育蚕法已很精细。

从石刻“一眠”“二眠”“三眠”图上可以看到妇女们在蚕室中精心喂蚕的情景。正如楼玮题“三眠”诗云：“屋里蚕三眠，门前春过半。桑麻绿阴合，风雨长檠暗。叶底虫丝繁，卧作字画短。偷闲一枕肱，梦与杨花乱。”诗中“檠”（qíng）是灯架，即指灯。“三眠”图中一妇女在灯旁床上枕着

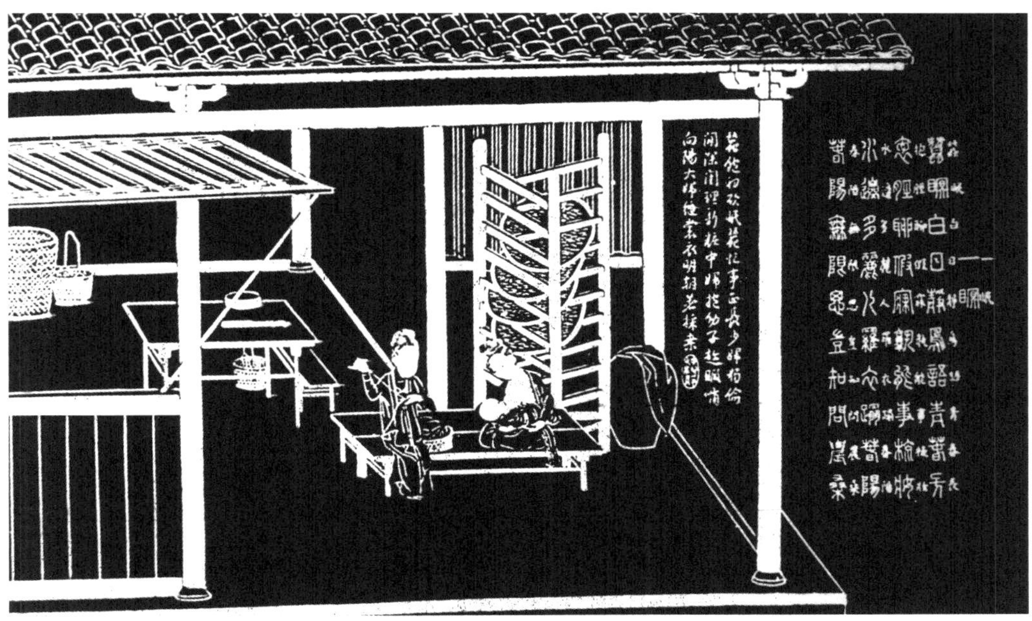

清代乾隆石刻《耕织图》织 4　一眠

清代乾隆石刻《耕织图》织 5　二眠

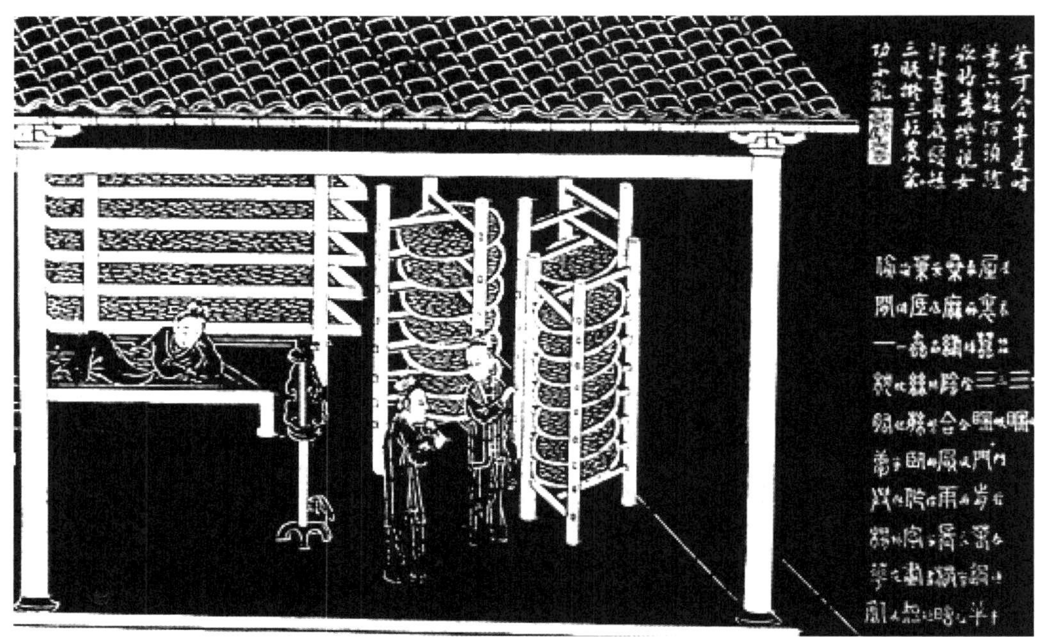

清代乾隆石刻《耕织图》织 6　三眠

胳膊（即“肱”）在偷闲睡觉。妇女日夜育蚕异常辛劳，轮流休息十分必要。绘图形象生动逼真，反映了蚕户育蚕的真实情景。

（七）“分箔”图

分箔亦称腾筐、开筐、分替、分窝等，各地叫法不同。前面已提到蚕箔，一般多用竹篾编成，有长方形和圆形两种。有的地区用长方形木框蚕箔或杞柳编成的长方形蚕箔。分箔就是在蚕生长期未吐丝以前，将蚕移置到更合适的蚕箔上，若不随时分箔，则蚕愈大愈挤，必有损伤，所以分箔有利于蚕的卷舒、抬运。清代张宗法《三农纪·下蚁》记载：“蚁三两可铺一箔，老可三十箔。”即一周龄的蚕一箔，长大须分置三十箔，即饲养面积须增加三十倍方足用。而分箔宜与除沙（即除蚕粪）结合。元代《农桑辑要》引《务本新书》云：“蚕沙宜频除，不除则久而发热，热气熏蒸后多白僵。每抬之后，箔上蚕宜稀布，稠则强者得食，弱者不得食，必绕箔游走。”除沙和分箔结合，其操作方法必须注意“轻”和“疾”二字。清代《吴兴蚕书》云：“轻、疾二字，最是分替良法。顾轻易失之迟缓两不疾，疾易失之卤莽而不轻，二者能兼，斯尽善矣。”这是说“轻”“疾”二字，确是分箔和除沙操作的要旨。轻则不致伤蚕，疾则不致使蚕受饿，所以最好“二者能兼”。这些经验值得重视。

从石刻“分箔”图可以看到几个妇女在搬运蚕箔。分箔时蚕喜凉爽，所以要将蚕室窗户打开，以利于流通空气。楼璹题“分箔”诗云：“三眠三起余，饱叶蚕局促。众多旋分箔，早晚碓（duī）满屋。”“碓”即“槌”，是蚕架的

清代乾隆石刻《耕织图》织 7　分箔

直柱，因为它是直立的，故又称“植”，这里“碓”是指蚕架满屋。诗中描述了经分箔后蚕室中摆满了装蚕的蚕架。

（八）“采桑”图

养蚕需要大量桑叶喂食，所以采桑是养蚕的一项重要工作。据《尚书》记载，我国早在三千年前的商周时期栽桑养蚕已经普及到黄河中下游地区。《诗经》是西周到春秋中叶以前的诗歌总集，从《诗经》中可以看到当时黄河中下游各地都有以采桑养蚕丝织为题材的诗篇。例如，《豳风·七月》中有一段：

春日载阳[①]（春天的阳光多么明亮），
有鸣仓庚[②]（黄莺儿在树上歌唱），
女执懿筐[③]（采桑的女郎手提深深的桑筐），
遵彼微行[④]（走在桑林的小路上），
爰求柔桑（寻采那鲜嫩的桑树叶）。
…………
蚕月条桑[⑤]（三月里桑儿壮又肥，要修剪桑枝），

---

① 载：开始。阳：指气候温暖。
② 仓庚：黄莺，又名黄鹂。
③ 懿筐：深筐。
④ 遵：顺着，沿着。微行（háng）：小路。
⑤ 蚕月：夏历三月，正是养蚕季节，故称“蚕月”。条桑：修剪桑枝。

取彼斧斨[①]（抡起刀斧砍远枝），
以伐远扬（用刀斧砍去又高又长的桑枝），
猗彼女桑（嫩桑只用手摘取）。

这是一幅多么美丽的采桑图呀！它生动形象地描写了当时豳（古地名，在今陕西省彬县、旬邑县一带）地农村姑娘们，在风和日丽、鸟语花香的暮春季节里为采桑养蚕而忙碌的情景。

从出土文物看，我国四川成都百花潭中学出土的战国时期的青铜器“采桑宴乐射猎攻战纹铜壶”上，也有很清楚的采桑图，画面上有三个妇女在桑树上采桑叶，树上挂着桑筐，树下一个妇女手提桑筐，似在捡树上掉下来的桑叶。从树形看，当时已有经过人工整修后树冠展开着的乔木桑。

从石刻“采桑”图上看，描绘的是几个男子在采桑，有人在树下采矮枝的桑叶，地上放着小桑篮；还有人登着竹梯、手持桑钩采高枝上的桑叶，下面有几个桑筐，有人将筐装满桑叶待运；有人扶着桑筐等待装桑叶，地上有掉下来的桑枝及桑叶，一片繁忙的采桑景象。楼璹题“采桑”诗有“筠篮各自携，筠梯高倍寻。黄鹂饱紫葚，哑咤鸣绿阴”句，可见高大繁茂的桑树，人们要登梯携筐采桑叶，不仅桑叶丰收，而且结了很多桑葚，黄鹂吃饱了桑葚，在桑树间叫得更欢了。诗与图相配，完全与采桑情景相契合。

清代乾隆石刻《耕织图》织 8　采桑

① 斧斨（qiāng）：斧子，装柄的孔是圆形的为斧，方形的为斨。

采桑图（周慕乔绘，采自《浙江认知的中国蚕丝业文化》）

采桑图（周慕乔绘，采自《浙江认知的中国蚕丝业文化》）

战国采桑宴乐射猎攻战纹铜壶拓纹

战国采桑宴乐射猎攻战纹铜壶局部摹绘：采桑

（九）“大起”图

蚕经过三眠三起后不再眠了，即为大起。元代《农桑辑要》载“大眠起……蚕宜频饲”。清代《三农纪》云：“若饲得顿数多者，早老得丝多；顿数少者，迟老得丝少。自蚁至三眠俱用切碎叶饲，自三眠后可用囫叶。若遇雨阴，以灰火烘箔下，迫出温寒气，然后饲叶，蚕快而无恙。”可知蚕眠起后及时饲叶对蚕的发育及产丝是有密切关系的。

（十）“捉绩”图

“捉绩”又称提老蚕。大起以后，要将老蚕捉离休眠时的蚕箔，放到盘中，准备上蔟，谓之捉绩。老蚕色微红，其软如绵，通体明亮，蚕应随老随捉随上蔟。未老即捉上蔟，一两日才做茧而丝少；老过了不捉绩不上蔟而吐丝，则影

清代乾隆石刻《耕织图》织 9　大起

响蚕茧的质量。明代《天工开物》中说：“凡蚕……老足者喉下两颊（指蚕体胸部腹面）通明。捉时嫩一分则丝少，过老一分又吐去丝，茧壳必薄，捉者眼法高，一只不差方妙。”强调要适时捉绩而且要看准蚕的老嫩。石刻“捉绩”图上左方的妇女正将老蚕捉起置于圆盘中，准备去上蔟。楼瑇题“捉绩”诗有“麦黄雨初足，蚕老人愈忙”等句。清乾隆题程棨《耕织图》“捉绩”诗云：“家家闭外户，知是为蚕忙。夙夜视箔间，敞衣复短裳。绿形将变白，丝肠渐含光。拣择戒迟疾，齐栋堆如冈。”描述了养蚕户捉老蚕的繁忙和老蚕变化的情景。

清代乾隆石刻《耕织图》织 10　捉绩

（十一）“上蔟”图

“蔟”是供熟蚕（即老蚕）吐丝做茧用的器具。将熟蚕移置到蚕蔟上，使之吐丝做茧的操作，谓之“上蔟”。上蔟的目的就是为老蚕吐丝结茧创造适宜的条件。说到蚕茧，我国考古发掘已经证明至迟在五千年以前，远古先人们在求生存的斗争中发现蚕可由野生驯化为家养，家养取丝的时代已经开始。古人经过长期的实践，积累了丰富的蚕织经验，很早就认识到熟蚕上蔟，不仅要适时而且密度要适当，分布要均匀，这是提高蚕茧品质的一个重要环节。上蔟过早或过迟，青蚕和熟蚕混在一起上蔟，都会增加次茧、劣茧，降低蚕茧的品质。清代《豳风广义》云：“候蚕尽皆身体透明，不食游走（蚕性聚而不散，守而不走；如有游走者，是病蚕也，弃之。今蚕老丝成，游走上缘，寻蔟作茧，乃造化自然之妙），则作茧也，急宜拨之上蔟。”均强调适时上蔟。

蚕蔟的种类很多，有用稻草、麦秆等制成的蜈蚣蔟、伞形蔟、墩蔟、马头蔟、团蔟，也有竹制的花蔟，以及纸板、竹木等制成的方格蔟等。各地所用蚕蔟也多有不同。如广东过去用的花蔟，用竹竿、竹篾制成长方形架子，中间排插竹棒，上缠竹篾，供蚕结茧。而近代南方养蚕户多用稻草扎成的“蜈蚣蔟”，现在则多用硬纸板搭成的方格蔟，每格正好是一个茧子大小，每蚕一室，互不相扰，避免了双蚕合作结成的无法抽丝织绸的“双宫茧”。据了解，用“方格蔟”所获上等茧可在 93% 以上，丝厂增加了 20% 的出丝率，农民一担茧可增加上百元的收入。

从石刻“上蔟”图看当时用的长方形蔟，似是上铺草类，供蚕做茧；而上

清代乾隆石刻《耕织图》织 11　上蔟

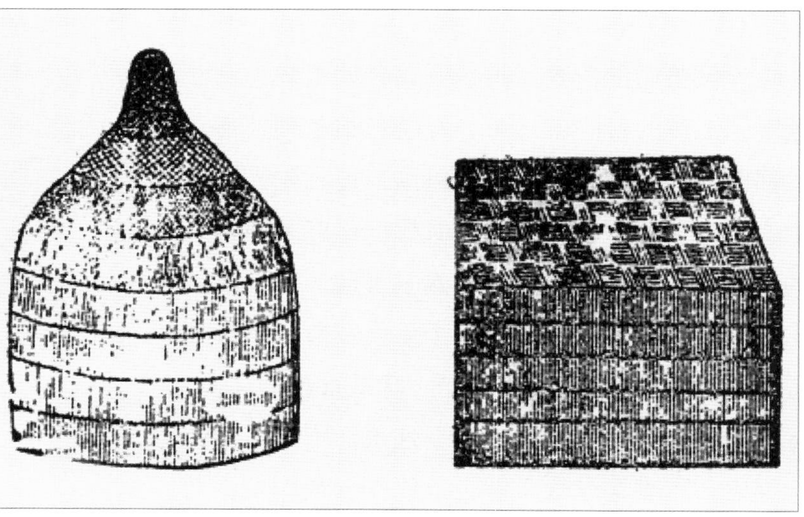

马头蔟、团蔟图
（采自《王祯农书》）

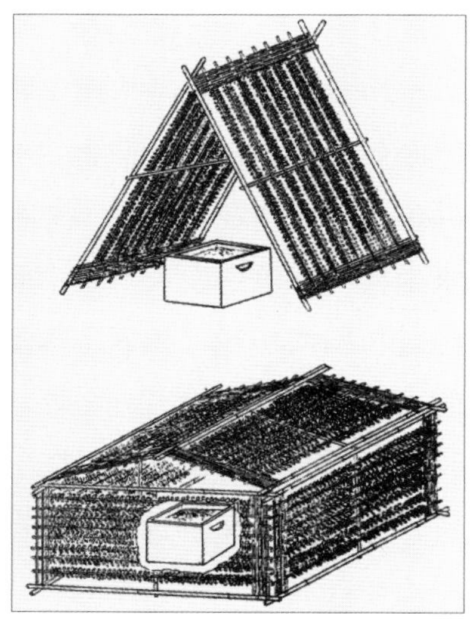

广东省花蔟烘蚕
（采自王庄穆主编：《民国丝绸史》）

蔟劳动都由男人负担。前面“捉绩”中谈到，蚕应边老边捉上蔟，而且搬运蚕茧宜轻拿轻放。正如楼璹题“上蔟”诗云：“采采绿叶空，剪剪白茅短。撒蔟轻放手，蚕老丝肠软……”对蚕蔟轻拿轻放，以防伤蚕，这样上蔟后很快做茧，有利于提高蚕茧质量。

（十二）“炙箔”图

炙箔是成蚕吐丝做茧期间加温管理的技术措施。清代陈开沚《裨农最要》中说：“蚕老上山，遇天气寒冷，定宜用火。若不用火，约四五日方能成茧，谓之冷蚕丝。用火者约两昼夜即可成茧，谓之热蚕丝。冷蚕丝缫丝时易断，不如热蚕丝之省力。”古代蚕室加温的方法有两种，一般多用火盆或抬炉，另一种是用“火仓”，即类似壁灯、抬炉。但蚕室中“火盆之多寡，须视屋之大小，亦当酌量炭之大小”，而且“要审天时，天寒火宜旺，天热火宜微，天燥火宜缓”（清高铨：《吴兴蚕书》），这也是经验之谈。

楼璹题“炙箔”诗中有“老翁不胜勤，候火珠汗落”等句。从石刻“炙箔”图看，在蚕已上蔟的室内，地上放着一个炭火盆，一老妇坐在火盆旁，正用扇子扇火，火上来了，老妇的汗珠儿也落了下来。诗与图契合，生动地描绘了当时“炙箔”的情景。

蚕是一种变温昆虫，蚕的体温常随气温变化，所以蚕室内温度的高低，对蚕的生长发育有很大的影响。特别是蚕吐丝做茧一般多在农历四月左右，这时江南已进入梅雨季节，这时只要掌握好蚕室的温度，既可加快蚕的吐丝做茧，又可使丝胶迅速干燥，改善丝的舒解性能。这种“炙箔”加温技术措施，直到近代南方个体蚕户仍在应用。

清代乾隆石刻《耕织图》织 12　炙箔

（十三）“下蔟”图

下蔟就是将蚕茧从蔟上一个一个地摘取下来，与“上蔟”相对，故称“下蔟”。先上蔟的先采，后上蔟的后采。采下的茧放到一般用细竹篾编成的茧篮中。清代《豳风广义》中说“上蔟六七日之间方可摘茧”，这是指北方，而南方一般五日即可采茧。

抬炉（采自《王祯农书》）

“采茧之要，不贵速而贵净……凡茧须称较斤两，庶知蚕事之丰歉。”（清高铨：《吴兴蚕书》）采茧后需用秤先称轻重，知道了茧的斤两，就可知道出丝多少；知道了出丝的斤两，就可以计算出缫丝需要多少时间，同时也就知道了收成的丰歉。从石刻“下蔟”图上可以看到妇女们采茧后，一男子正用秤称茧篮中刚下蔟的蚕茧。称茧后，得知今年丰收，所以楼璹题“下蔟”诗云：“邻里两相贺，翁媪一笑欢。”诗中道出了互庆蚕事丰收的景象。

清代乾隆石刻《耕织图》织 13　下蔟

（十四）“择茧”图

择茧即选茧，就是区别茧的好坏，茧以坚实为佳，因为坚实而莹白的茧出丝细，轻软而晦暗的茧出丝较粗，所以必须区分开来。要“将坚实良茧另放一器；将薄茧、两头薄的茧、有孔的茧（指蛆孔茧或穿头茧）、二三蚕相合的茧（即同宫茧）、血蚕茧（可能是指患败血病后流出的红色液体污染的茧）择出，另放一器，制作绵用”（清杨屾：《豳风广义》）。好茧用来缫丝，劣茧（即弱茧）只可用作丝绵。然而对于劣茧的处理，古人也有些经验，如清代刘辅庭《蚕桑实济》记载：“有孔之茧，乃蚕身生蛆，咬断丝头而出者。当初下茧时，蛆未及出，赶紧择出蒸之，可得完茧，以之缫丝，仍可与常茧同。”

一般摘茧时都须剥去茧的外层浮丝（即“丝匡”），以便之后抽丝之用。从石刻“择茧”图中可看到几个妇女正在挑茧，并且剥掉茧的浮丝，也称茧衣。楼琦题“择茧”诗云：“大茧至八蚕，小茧止独蛹。茧衣绕指柔，收拾拟何用。冬来作缥纩（指丝绵），与儿御寒冻。衣帛非不能，债多租税重。”和楼琦同时期的著名诗人范成大在他的《田园杂兴》诗中也有同样的诗句，如：“小妇连宵上绢机，大耆催税急于飞。今年幸甚蚕桑熟，留得

茧篮（产地江苏苏州）

清代乾隆石刻《耕织图》织 14　择茧

黄丝织夏衣。”说的是养蚕刚完，蚕妇们就立即收茧，并连夜缫丝、上机织绢，但是绢还在机上没织完，官府的胥吏已如狼似虎，迫不及待地来催租索赋了。遇上好的年景，蚕妇们还可在缴纳租税之余，留一点儿黄丝织绢，给自己缝一件夏衣；可是遇到年成不好，所织的绢缴纳租税还不够呢，千辛万苦结果落得一场空。这确是当时封建剥削的残酷、农民生活困苦的真实写照。

（十五）“窖茧”图

窖茧又称杀茧，就是在蚕茧丰收来不及缫丝时，将茧放入瓮中暂时储存起来，以待缫丝。为什么要储存呢？目的就是杀蛹，使其暂缓变蛾。如果蚕蛹变成蚕蛾，穿茧而出，这个茧就不能用来缫丝了。杀茧的方法，早在北魏《齐民要术》中已见记载：“用盐杀茧，易缫而丝韧，日曝死者，虽白而薄脆，缣练衣著，几将倍矣。甚者虚失岁功，坚脆悬绝。”根据经验用盐杀比日晒强，因为日晒有紫外线能破坏丝质，使丝脆易断。元代《王祯农书》云：“茧多不及缫取，即以盐藏之，蛾乃不出，其丝柔韧润泽，又得匀细。此南方腌茧法……生茧即缫为上。如人手不及，杀过茧慢慢缫者。杀茧法有三：一曰日晒、二曰盐浥、三曰笼蒸。笼蒸最好，人多不解。日晒损茧，盐浥瓮茧者稳。”这里说蒸茧法，人多不会，因为此法比较烦细，当时并未被广泛采用；日晒法伤茧，所以也是主张用盐茧法。

古人对盐茧法也积累了不少经验。明代《农政全书》云：“盐著于茧，到底浥湿。今人只于瓮中藏茧，另用纸或箬或荷叶包盐一二两，置茧上亦可，但只须瓮口密封，不走气耳。”清代蒲松龄《农桑经》载：“腌茧之法，将茧纳大瓮中，每茧一斤，盐四两，撒其上，黄泥涂之，勿令少隙。任何时取出缫之，

清代乾隆石刻《耕织图》织 15　窖茧

色鲜易售。”用盐腌法藏茧，可使蚕蛹在瓮中窒息而死，所以瓮口必须用泥密封，不能有一点儿裂缝；盐腌有预防蚕蛹腐烂的作用。从石刻“窖茧”图上可以看到三个已用泥和稻草封好的藏茧大瓮，有三人正在操作。一人收茧；一人称茧，准备装瓮；一人在和泥，准备封瓮。旁边桌上有盛盐的盘碗。图像简单明了，将窖茧瓮藏的方法描绘得直观形象，易懂易学。

盐茧瓮藏是蓄茧的有效措施，效果较好。所以楼琦题“窖茧”诗云：“盘中水晶盐，井上梧桐叶。陶器固封泥，窖茧过旬浃……”应当说明的是我国盐茧瓮藏技术虽然最早记载见于北魏《齐民要术》，但以图像直观反映窖茧的场景，当以南宋楼琦“窖茧”图为先。楼图已佚，而元代程棨摹楼图国内不存，此摹程图的石刻“窖茧”图则更显珍贵。

（十六）“缫丝”图

古代将蚕茧用热水浸泡抽丝称为“缫丝”，亦称“练丝”。早在《礼记·祭义》中对缫丝已见记载：“及良日，夫人缫，三盆手，遂布于三宫夫人世妇之吉者，使缫。”说明在周代或周代以前在缫丝工艺中为使蚕茧渗透均匀已采取多次浸渍。西汉时，已用沸水煮茧。为什么要煮茧？因为蚕丝是借丝胶结成茧壳，所以缫丝以前，必须先将茧子在热水中浸煮，使丝胶软化，蚕丝舒解，丝绪（绪表示每个茧的茧丝头）才能浮出。煮茧掌握水温是关键，如水温低，煮茧不足，丝胶软化不够，丝的张力大，缫丝时易断绪；相反水温过高，煮茧过度，丝胶溶解过多，丝的抱合力差，丝条不匀，则影响丝的质量。古时无测温仪，全凭经验，用目测水温，煮茧时掌握以水面出现蟹眼大小的气泡为宜。

古时缫丝分为水缫（也称水丝）法和火缫（也称火丝）法两种。清代张宗法《三农纪》载：“火丝法：以釜盛水，炊温入茧，收丝头贯筒轮，小车引大车，拨转环旋，要知抽添火候；不上头者，另处为绵。水丝法：以茧入温汤釜内，捞上头者入清凉水盆中，然后轮抽，叩定茧数，或头断，或丝净方绪，不得加减。不上头骤口者另处为绵。”简要地说，就是将茧下锅煮后，再放入温水盆，然后缫丝为水缫；茧煮过之后，不经过温水盆，直接将丝车横放在锅上，就锅缫的为火缫。古时一般好茧多用水缫，其丝光洁，坚韧有色，为丝中上品；次茧多用火缫，其丝质量较差。

从石刻“缫丝”图上可以看到一妇女送来煮茧，一妇女在缫丝。楼璹题“缫丝”诗中有“上盆颜色好，转轴头绪长”之句，说明其法似是“水缫”。缫丝时将丝头插入筒轮中，用手转动线轴，将抽出的丝就绕在大轴上了。缫丝时所用缫车有脚踏缫车和手摇缫车。手摇缫车一般多是两人操作，一人放茧索绪，一人手摇绕丝轴。而脚踏缫车可由一人分别用手和脚完成索绪和回转绕丝轴，这样可以节省劳动力并可提高缫丝的功效。脚踏缫车是从手摇缫车发展来的，我国汉代已有脚踏织机，受其启发，唐宋之际出现了脚踏缫车。从宋代《蚕织图》中的“生缫”图可以清楚地看到所用脚踏缫车及其操作的情景，这时的脚踏缫车已基本定型，可以说，宋代所绘的是我国最早的脚踏缫车的形象。而此石刻“缫丝”图中所绘缫车则不太明显，但从一人缫丝操作来看，似是用脚踏缫车，楼璹题诗中也未明确说明，这是有待进一步研究的问题。

清代乾隆石刻《耕织图》织 16　缫丝

明代脚踏缫车（采自《天工开物》）

手摇缫车（采自《豳风广义》）

生缫图（采自南宋《蚕织图》局部）

（十七）“蚕蛾”图

“茧蛹化蛾”，蚕蛾雌雄交配后产的卵才能孵化出蚕，所以蚕蛾有繁育后代蚕种的任务，所以在选择蚕茧时就要十分注意，因为蚕茧除用来缫丝以外，还涉及留种育种。育种的茧必须选茧中最好的，一般茧长而尖者多为雄性，阔而肥者多为雌性。好的蚕茧，茧蛹化的蚕蛾交配产卵后孵出的幼蚕便不会有黄、软等弱质，生长发育较为健康。蚕蛾产卵以后怎么处理？古代的民俗，一般是将蚕蛾送到溪水里，使其随水流去。所以楼璹题“蚕蛾”诗有“送蛾临远水，早归属明年”句。但根据记载，有的地区是采取挖干净的坑，将雌雄蛾一并掩埋的办法。从石刻“蚕蛾”图可以看到蚕蛾在草把上交配后，放到蚕筛中产子，将蚕子形成蚕连挂起来保存的操作情景。

清代乾隆石刻《耕织图》织 17　蚕蛾

（十八）“祀谢”图

祀谢是古人在蚕事丰收后感谢蚕神，并乞求蚕神保佑来年蚕事平安、获得更大丰收的一种祭祀仪式。从石刻“祀谢”图上看，当时是用一束束的丝把和酒食上供，家里主要成员跪拜祭祀蚕神。楼璹题“祀谢”诗云：“春前作蚕市，盛事传西蜀。此邦享先蚕，再拜丝满目。马革裹玉肌，能神不为辱。虽云事渺茫，解与民为福。”诗中“蚕市”是指买卖养蚕器具的集市，当时这种集市在相传蚕桑的发源地——蜀地是很多的。北宋黄休复《茅亭客话》卷九《鬻龙骨》记载：“蜀有蚕市，每年正月到三月，州城及属县一十五处。耆旧相传。”可见蚕市是很受人们欢迎的。“先蚕”，传说是古代最早教人育蚕的蚕神。但各代及各地因信仰和风俗的不同，所祭蚕神也有不同，并且各有不同的称谓。如马头娘、马明（鸣）王菩萨、蚕丝仙姑、蚕皇、蚕三姑、蚕花五圣、蚕母娘娘等。诗中提到“马革裹玉肌”，即指“马头娘”，也就是古代女化蚕的故事。据东晋史学家干宝《搜神记·卷十四》记载：“太古之时，有大人远征，家无余人，唯有一女。牡马一匹，女亲养之。穷居幽处，思念其父，乃戏马曰：‘尔能为我迎得父还，吾将嫁汝。’马既承此言，乃绝缰而去，径至父所。父见马惊喜，因取而乘之。马望所自来，悲鸣不已。父曰：‘此马无事如此，我家得无有故乎？’亟乘以归。为畜生有非常之情，故厚加刍养。马不肯食，每见女出入，辄喜怒奋击，如此非一。父怪之，密以问女，女具以告父，必为是故。父曰：‘勿言，恐辱家门，且莫出入。’于是伏弩射杀之，暴皮于庭。父行，女与邻女于皮所戏，以足蹙之，曰：‘汝是畜生。而欲取人为妇耶，招此屠剥，如何自苦。’言未及竟，马皮蹶然而起，卷女以行。邻女忙怕，不敢救之，走告其父。父还求索，已出失之。后经数日，得于大树枝间，女及马皮，尽化为蚕，而绩于树上。”这就是女化为蚕，食桑叶吐丝为茧，以衣被于人间。楼琫诗中说，这种事虽然是远古的传说，事很渺茫，但它为百姓造福却是真的，所以被后人尊为蚕神，崇拜祭祀。但我国自古有“伏羲氏化蚕，西陵氏养蚕”之说。根据《史记·五帝本纪》记载：黄帝居轩辕之丘，而娶于西陵（据传说古代西陵即今山西省夏县尉郭乡西阴村）氏之女，是为嫘祖。嫘祖为黄帝正妃。一般多将西陵氏（即“嫘祖”）尊为先蚕或蚕神。相传祭祀先蚕始于商周，后来历代将皇帝亲耕、皇后躬蚕，每年祭先农、先蚕成为定制。

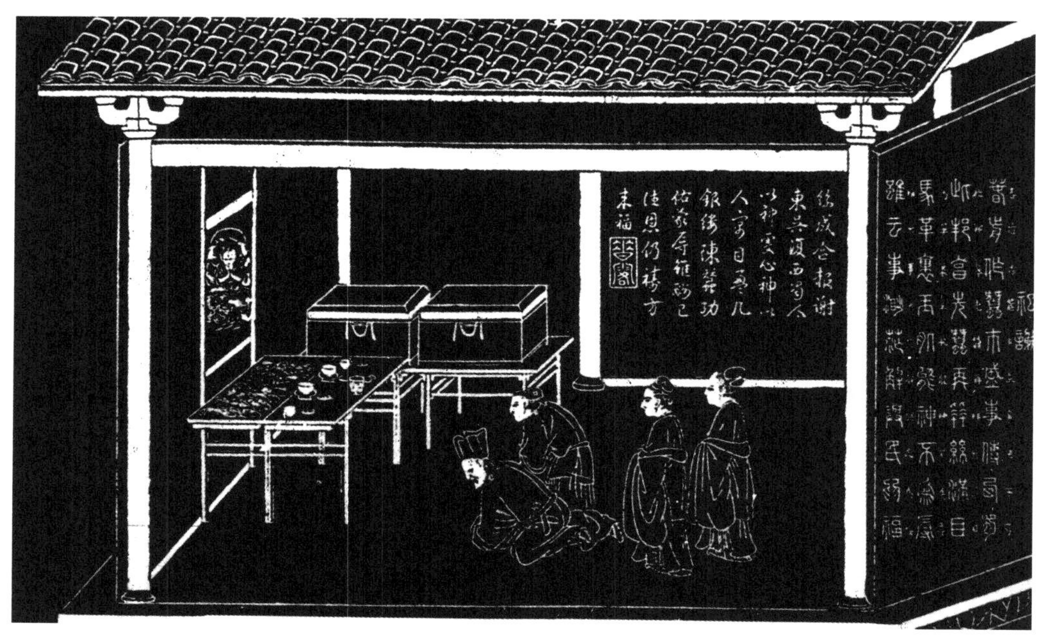

清代乾隆石刻《耕织图》织 18　祀谢

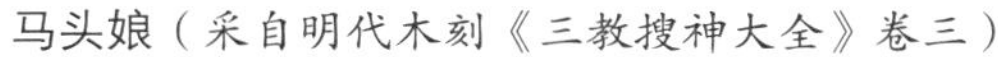
马头娘（采自明代木刻《三教搜神大全》卷三）

嫘祖育蚕图（清代王鹤绘）

（十九）“络丝”图

“络”是缠绕的意思。“络丝”是整理丝线的一道工序，这道工序商周时就有了，当时主要是去掉缫丝时的疵点，即有毛病的劣丝，并可改变卷绕形式。至秦汉以后，络丝还起到分类的作用，即操作时用拇指和食指捏住丝条，在丝条通过时靠指面的感觉分辨出丝条的粗细，然后用篗（yuè，同“籰”，一种收丝工具，竹制）子分别卷绕起来，所以又称为“调丝”。这样按质量分级，便于优丝优用。络丝时要用络车。元代《王祯农书》云：“其车之制，必以细轴穿籰（绕丝线的工具），措于车座两柱之间（谓一柱独高，中为通槽，以揠其籰轴之首，一柱下而管其籰轴之末）。人既绳牵轴动，则籰随轴转，丝乃上籰。”络车的形制，必须用一根细轴穿籰孔，安置在车床的两柱之间。一根柱要高些，中间有个槽管，用来插入籰轴的首端；一根柱要低些，管住籰轴的末端。由于丝籰放在络车的横轴上，人牵动络车横轴，则籰随轴转，丝就绕在籰上了。这说的是北方的络丝车，南方人则习惯用手摇籰子上丝，但手摇籰子终究不如络车妥善而且快速。

从石刻“络丝”图上可以看到几个妇女似是用南方络车正在络丝的情景。楼璹题“络丝”诗云：“儿夫督机丝，输官趁时节。向来催租瘢，正为坐逾越。

清代乾隆石刻《耕织图》织 19　络丝

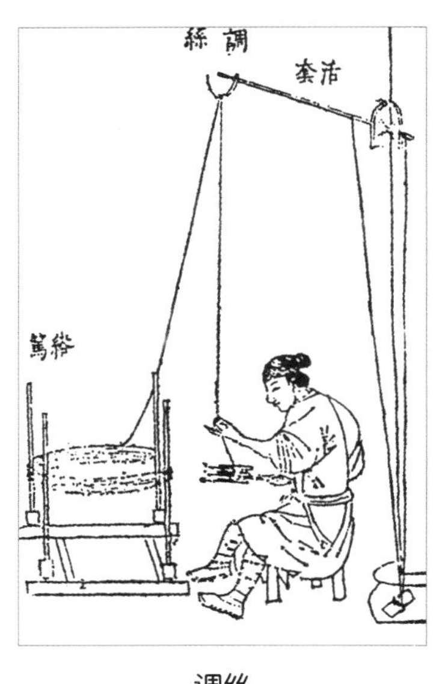

调丝

（采自《天工开物》）

晋代籰子

（1966 年出土于新疆吐鲁番，采自《中国纺织科技史》）

络车

（采自《中国纺织科技史》）

朝来掉籰勤，宁复辞腕脱。辛勤夜未眠，败屋灯明灭。”其大意是：“络丝的妇女说丈夫监督我，让我快把丝络好，按时送给官家。过去一向是催租的说我们蚕农不遵守法规。不交租税要跑是跑不了的，没办法，从早到晚宁肯累断了手腕络丝也不敢停呀！更苦的是一夜一夜的不能睡觉，这个破屋子里的灯直到天亮了才能熄灭。”诗与图相配，又一次深刻地描绘了当时蚕户紧张艰辛的劳动和受官府剥削的苦难生活。

（二十）“经”图

（二十一）“纬”图

（二十二）“织”图

“经”是将纺好的纱密密地绷起来，来回梳理，使它成为经线。在纺织上竖者曰“经”，横者曰“纬”。经线就是在织布机上纵方向的线，纬线是织布机上的横线，即由梭带动的横纱。

纬时要将大篗上的丝重新缠绕在若干小篗上，小篗上的丝再根据织造时经

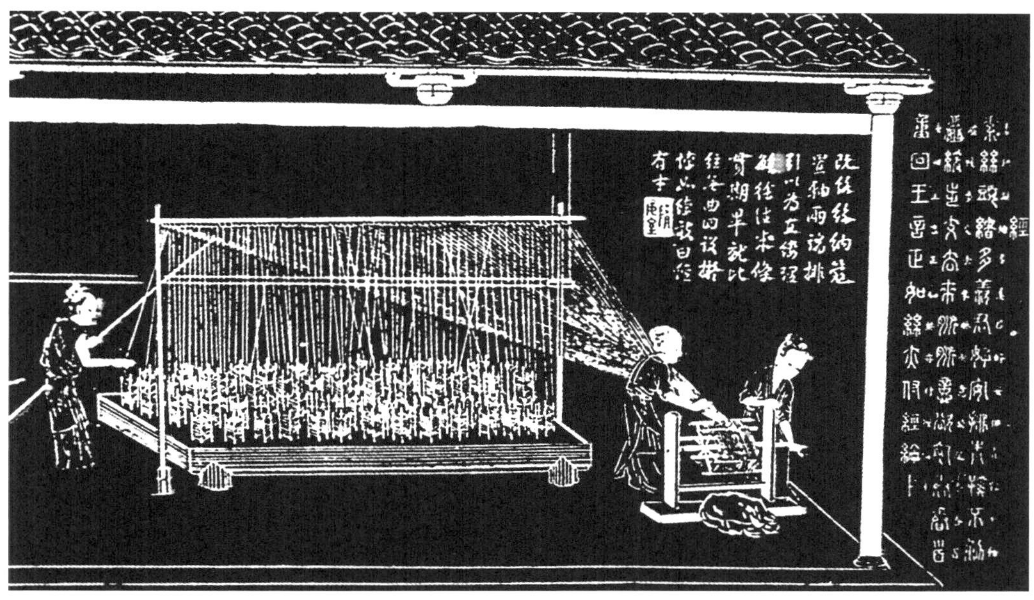

清代乾隆石刻《耕织图》织 20　经

清代乾隆石刻《耕织图》织 21　纬

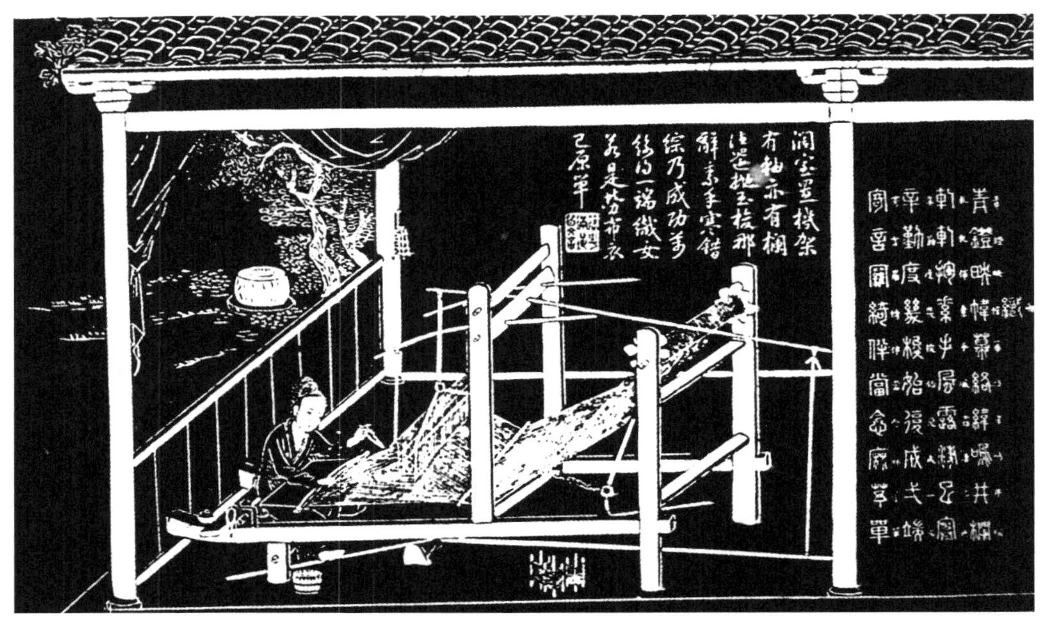

清代乾隆石刻《耕织图》织 22　织

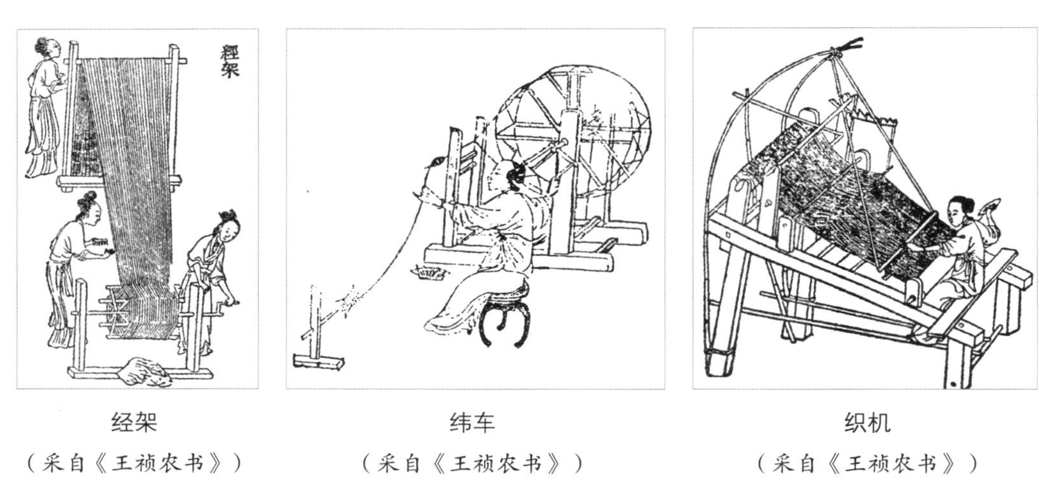

经架（采自《王祯农书》）　　纬车（采自《王祯农书》）　　织机（采自《王祯农书》）

纬线所需的根数，分别缠绕在经籰和纬籰上，然后就可以上机织帛了。从石刻“经”“纬”图可以看到妇女们正用经籰缠线和纬车缠线的情景。

“织”是将经、纬纱线在织机上相互交织成织物的工艺操作过程。在织造时经纱应具均匀的张力，并按照预定的规律与纬纱交织，从而构成有一定的组织、幅度和密度的织物。从石刻“织”图可以看到一织女在用平织机左手挥梭正在织帛的情景。楼琦题“织”诗中有“轧轧挥素手，风露凄已寒。辛勤度几梭，始复成一端”之句，说明织女的操作与辛劳。

（二十三）“攀花”图

“攀花”即织造各种花样，也就是在织帛的时候，同时织花纹。如绸缎上的暗花就是在织的时候一气呵成的，但如果织平纹的绢一类没有花纹的就不需要攀花了。

我国提花技术历史悠久，早在周代就已出现，这个时期出土的丝织品，已有带花纹的绢物，如绮、锦等，特别是织锦的出现，证明当时人们已经掌握了提花技术。以后几经改进，至宋代提花技术及提花机具更臻完善。从石刻“攀花”图上可以看到元代程棨摹绘的南宋楼璹“攀花”图中的一台大型提花织机（亦称花织机、拉花机），纺织界专家多认为从图上看“宋代的提花机已发展得相当完整”。图上有一高起的花楼，一个挽花女士坐在花楼上，正用双手忙于提牵经丝，提花的束综较明显；下边一织女坐在机板上，右手握着筘框打纬，左手拿着梭子，正在投梭引纬，双脚踏着踏杆，踏杆带动综框升降。看得出两个人密切配合，上下呼应，织造的动作紧张而又和谐，可以织出美丽的花纹织物。楼璹题“攀花”诗云：“时态尚新巧，女工慕精勤。心手暗相应，照眼花纷纭。殷勤挑锦字，曲折读回文。更将无限思，织作雁背云。”用这种织机织出来的复杂的花纹像雁背云一样好看。

据纺织专家分析，我国虽然很早就有提花织物，但古代文献对提花机的结构及操作方法均缺乏详细记载，更没有完备的图像流传下来。而此摹刻元代程棨的“攀花图”却对宋代使用的提花机的全部结构及形态逼真的操作方法作了精心的描绘，使我们看到我国现存最早的结构完整的大型提花织机图像，所以甚为难得。

专家称明代的提花机图中的“花机、花楼、衢盘、衢脚部分的结构与楼图（即程棨摹仿绘的图）的提花机是完全一致的”（以上关于提花机，均参见陈维稷主编：《中国纺织科学技术史》）。但明代《天工开物》《农政全书》

清代乾隆石刻《耕织图》织 23　攀花

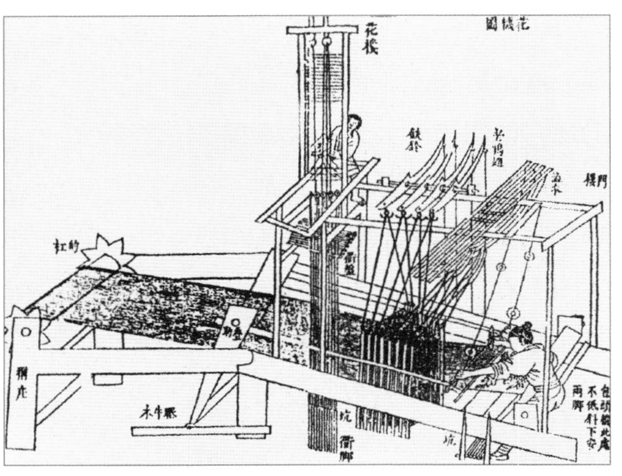

明代花机图（采自《天工开物》）

等古代文献所绘的花机图要比此图晚四百余年，所以许多人认为此图不仅是我国，也是世界上最早的手工提花织机的图像，并已将它收入《中国之最》《中国文化艺术之最》及《中国大百科全书·纺织》卷等书中，作为一项重要内容。

我国的手工提花织机，随着丝绸之路的昌盛，经过六百多年流传到亚欧各国，至18世纪后半叶经欧洲人根据我国手工提花机的基本原理，改进为织造大型花纹的机械动力的提花机，这种机器一直沿用到现代。

（二十四）“剪帛”图

“帛”是织物的总称。“剪帛”就是用尺量布，用剪裁布，准备缝制衣服。从石刻“剪帛”图可以看到妇女们正在量布、裁布的情景。楼璹题“剪帛”诗中有“细意把刀尺”“剪剪其束帛”等句加以描述。

清代乾隆石刻《耕织图》织24　剪帛

总之，这套反映《耕织图》祖本的清代乾隆石刻《耕织图》，为我们生动形象地展现了近五十项农耕和蚕织生产劳动的场景，描绘了六十多种农具和二十几种与农桑生产有关的生活器具，以及许多工具的操作使用的图像。

第四章　创造仿制耕织图像的各种器物

清代康熙帝首命宫廷画师焦秉贞绘制《耕织图》四十六幅，并亲自撰写序文和配诗四十六首，开《御制耕织图》之先河。自此耕织图得到进一步普及和发展。清代《耕织图》作为皇帝倡导的农桑生产的系列图谱，除绘摹在纸、绢及刻木、石质载体外，还被广泛“移植”于瓷器、墨锭、屏风、织锦、挂屏、扇面、文玩等器物上，成为实用、欣赏和收藏等价值兼备，同时又具有高雅文化品位的艺术精品。应该说这是清代宣传、推广耕织图的突出创举，它从一个侧面反映了清朝历代皇帝的重农之意。

现仅以清代几件仿制有耕织图像的器物举例，并加以说明。

（一）康熙五彩耕织图瓷瓶及瓷碗

耕织图作为瓷器纹饰的出现，始见于清康熙时期。如康熙五彩耕织图瓷瓶的形状似木棒槌，所以又俗称“棒槌瓶”。此瓶洗口、折肩、圈足，足内有青花双圈，底无款识。高 46.5 厘米，口径 12.3 厘米，足径 13.2 厘米。瓶口用绿彩墨线勾有回纹，瓶颈绘风景、人物、山水，一面远山、近水清晰可见，一叶扁舟泊于江心，舟上坐一人独钓，意境飘逸；另一面山石、树木之间掩映着几间茅屋，屋外一老者执杖而望，是一幅清幽的山中妙景。瓶肩绘有梅花锦纹及四组开光，开光内分绘琴、棋、书、画。瓶身通体彩绘“耕织图”，其内容为“舂碓”及“分箔”两幅场景。经与焦秉贞所绘《耕织图》对照，瓶身彩绘系摹自焦图“耕图”中第十八图“舂碓”及“织图”中第六图“分箔”，画面基本相同，可知并非制瓷技术人员的创作。

“舂碓”是粮食加工的重要步骤，该图画面是农夫在舍内用踏碓和杵臼舂米，有人在运粮，舍外有农田、树木、行人等配置。“碓”和“杵臼”是舂米器，即去掉稻谷壳的工具。东汉桓谭在《新论·离事》中说：“宓牺之制杵臼，万民以济。及后世加巧，因借身重以践碓，而利十倍杵舂。”画面上正是那种凭

清代康熙五彩耕织图瓷瓶（棒槌瓶），左“舂碓”图、右“分箔”图

借体重用脚踏的、功效可超过十倍的“踏碓”。画面空白处保留着原图上南宋楼璹所题“舂碓”五言诗一首，诗云：“娟娟月过墙，簌簌风吹叶。田家当此时，村舂响相答。行闻炊玉香，会见流匙滑。更须水转轮，地碓劳蹴踏。”诗与画配合，描绘了农民从早忙到夜里紧张地进行舂碓脱粒，力争粮食早日归仓。

“分箔”是养蚕的一道工序。该图画面是在蚕室中有两位蚕妇正在抬放装满蚕儿的蚕箔，另一蚕妇正在烧炭火为蚕室增温，旁有蚕架、蚕箔数个，室外有妇女、儿童走来。“蚕箔”也称“蚕帘”，是养蚕的工具，北方多用苇箔，南方多用竹匾。蚕性喜温而恶湿，分箔时要除掉残桑叶和蚕矢，以防受湿热而使蚕生病。画面空白处保留着原图上南宋楼璹所题“分箔”五言诗一首，诗云：“三眠三起余，饱叶蚕局促。众多旋分箔，早晚磓满屋。郊原过新雨，桑柘添浓绿。竹间快活吟，惭愧麦饱熟。”

康熙五彩耕织图瓷瓶通体彩绘用“舂碓”和“分箔”两图代表“耕”与“织”，抓住了农桑生产中的重要环节，明确体现了设计者的意图。其工艺特点是造型挺拔，结构精巧，饱满有力，形体各部关系处理严谨，直线和弧线结合紧密，细部和整体协调。色彩鲜明，特别是以黑彩画人物须发，光亮如漆，和其他彩色组合一起，互相映衬，充分体现了康熙时期瓷器造型、色彩、纹饰的风格特征，显示了动人的艺术效果。清末民初许之衡所著《饮流斋说瓷》中说：“康熙耕织图为瓷界可珍之品，所作以盘、碗为多，图凡多幅，每幅各系以御制诗一，诗乃短五古也。青花、五彩均有之，五彩尤为罕见。”康熙五彩耕织图瓷器确为稀有，目前除故宫博物院藏有此瓶外，上海博物馆还藏有一件康熙五彩耕织图瓷碗，碗身摹有焦秉贞所绘“耕”图中第四幅“耖”图，画面是一农夫在水田中驱牛耖田。“耖”是水田中使用的平田碎土农具。元代《王祯农书》云：“耖”，“疏通田泥器也。高可三尺许，广可四尺，上有横柄，下有列齿。其齿比耙齿倍长且密。人以两手按之，前用畜力挽行。一耖用一人一牛，有作连耖，二人二牛，特用于大田，见功又速。耕耙而后用此，泥壤始熟矣！”可知“耖田”是水田整地中疏平田泥，使泥土透熟的一道工序。

碗身空白处书有原图上南宋楼璹题“耖”五言诗一首，诗云：“脱袴下田中，盎浆著膝尾。巡行遍畦畛，扶耖均泥滓。迟迟春日斜，稍稍樵歌起。

薄暮佩牛归，共浴前溪水。”耖田的农夫从脱裤下水田，到日暮归里，整日来往于埂畦之间，行走于泥泞之中，直到春阳西坠，樵歌四起，才得以收工，和牛一起在村前小溪里，清洗一下满身的泥浆。诗歌与画面相配，生动地描绘了农夫耖田的艰辛。

康熙五彩耕织图瓷瓶及瓷碗均出自景德镇官窑。但也有人认为，康熙五彩中，官窑出品多为碗、盘之类小件器物，而色彩鲜丽的大件一般多为民窑所产。

（二）康熙青花耕织图瓷碗

康熙青花耕织图瓷碗，撇口，深腹，圈足。口径 20 厘米，高 10 厘米，足径 9.3 厘米。内口沿绘一周龟背饰纹，内底心双线圈内绘有牧牛图，外底青花双重圈内以青花料楷书“大清康熙年制”双行六字款。

该碗外壁书有“耙耨”二字，字下为图，经与焦秉贞所绘《耕织图》中耕图第三幅“耙耨”画面对照，基本相同，无疑是参照焦图绘制而成，并非烧瓷人员的创作。“耙”是碎土农具，“耨”是除草（古代也有一种锄草工具叫“耨”）。“耙耨”是耕后碎土、平茬、除草的一项整地工序。唐代陆龟蒙在他所撰《耒耜经》中称：“耕而后有耙，渠疏之义也，散坺去芟者焉。”“耙耨”的作用一是将耕翻上来的土块耙碎疏散开（散坺），二是除去耕出的杂草（去芟）。画面的主题明确：在水田中一牛拉一方形耙（系用条形方木做成的一方形框架，架上的两个平行主梁上密排铁齿数十只），一农夫头戴斗笠，身披蓑衣，手持鞭子，站在耙上，正冒雨驱牛耙地。从此“耙耨”图可以看出，清代康熙《御制耕织图》独具的特色。

由于画师焦秉贞在画院接触西洋画师，学习并借鉴了西洋透视技法，而康熙青花瓷碗上摹绘的“耙耨”图明显地体现了此种技法。画面布局严谨，层次分明，用色浓淡有致；画中的山水、人物、田野、阡陌、花草树木等都颇有立体感，与其他“耕织图”迥异。

清代康熙青花耕织图瓷碗外画“耙耨”

清代康熙青花耕织图瓷碗碗心

清代康熙青花耕织图瓷碗碗底

碗身“耙耨”图上未见康熙帝在原图上的题诗，但画面空白处保留了南宋楼璹所题“耙”五言诗一首，诗云：“雨笠冒宿雾，风蓑拥春寒。破块得甘霔，啮塍浸微澜。泥深四蹄重，日暮两股酸。谓彼牛后人，着鞭无作难。”诗与画相配合，细致地描绘了农夫为抢农时冒着春雨耙田的情景以及人和牛的辛劳状况。

清代青花瓷以康熙时期最为著名，康熙青花的图案题材多样，造型众多，形式齐备，极具古拙、凝重、质朴等特点。瓷胎精细洁白，侧光视之，常有微细的闪光出现，似煮熟的糯米，故素有“糯米胎”之称。瓷界称康熙官窑所出“康青”的欣赏价值和收藏价值都很高，而“康窑”所出青花耕织图瓷碗更是“康青”中之精品。除故宫博物院珍藏此瓷碗外，上海博物馆也藏有一件康熙官窑青花耕织图瓷碗，其型为直口、弧腹、圈足，也在外底青花双重圈内以青花料楷书“大清康熙年制”双行六字款。该碗外壁所绘内容不同于故宫的藏品，系摹自焦秉贞《耕织图》中“耕”图第十一幅“一耘”图。“耘田”即中耕除草，稻秧在生长过程中往往要经过三次耘田，可见“耘田”是稻田管理中一项很重要的工序。耘田的方法有手耘和足耘（有时也手足并用），而元代以后多以足耘为主。《王祯农书·锄治篇》中说：“足耘，为木杖如拐子，两手倚以用力，以趾塌拨泥上草秽，壅之苗根之下，则泥沃而苗兴。”这种足耘方法，古代也称为“耔”。“一耘”图画面是稻苗已渐长，几个农夫正在水田中耘田除草，其中有两个农夫使用木杖进行足耘，另有两个农夫用戽斗从河里往田中灌水，田边绿柳繁茂，远处牧童骑牛而来，一片农忙景象。图中空白处有原图上南宋楼璹所题“一耘”五言诗，诗云：“时雨既已降，良苗日怀新。去草如去恶，务令尽陈根。泥蟠任犊鼻，膝行生浪纹。眷惟圣天子，傥亦思鸟耘。”图诗相配，描绘了当时耘田劳作的艰辛。

清代人陈浏著《匋雅》中称：“康熙彩画精妙，官窑人物以耕织图为佳。”但关于康熙时期官窑所产有“耕织图”的瓷器的年代问题，目前尚有不同意见。有的学者认为，康熙三十五年（1696 年）焦秉贞受命创作的《耕织图》至康熙五十一年（1712 年）正式刊行后，才流传到社会，并“移植”于瓷器上，因此，凡有《耕织图》画面的器物均为康熙五十一年以后即康熙晚期所产。也有的学者认为康乾时期景德镇官窑所产各种瓷器中有不少是根据当时皇上的喜好，以朝廷发出的宫廷画师的图样为蓝本，由技艺高超的画工依样摹绘到瓷器上，因此“康窑”所产瓷器上出现“耕织图”也有很多是在康熙三十五年焦秉贞绘制《耕织图》以后，遵照康熙帝的旨意而生产的，并非康熙五十一年以后才制作的。笔者倾向于前一种说法，但究竟如何还有待于瓷界专家进一步考证。

此外，据日本学者渡部武先生在《中国农书“耕织图”的起源与流传》一文中介绍，“耕织图被用为瓷器图案的实例，福兰克在其著作（*Keng Tschi Tu Ackerbau and Seidengewinnang in China Aanburg 1913*）中列举了花瓶二例、盘三例，均认为是清代康熙时期所制造”。其中一块瓷盘的盘面摹绘的是焦秉贞所绘《耕织图》中“织图”的第十二幅“窖茧”图。画面所表现的是在春夏之交，在农舍内一蚕农正弯腰用手从地上茧筐捧出茧，放入另一持秤人的茧篮中，以便称重。旁有茧箔，桌上有盐盘、茶壶、碗，以及带盖的淹茧陶瓮等物。左上角空白处保留着原图上南宋楼琦所题“窖茧”五言诗，诗云：“盘中水晶盐，井上梧桐叶。陶器固封泥，窖茧过旬浃。门前春水生，布谷催畚锸。明朝踏缫车，车轮缠白氎。”

清代康熙耕织图瓷盘盘面“窖茧”图

窖茧就是缫丝前用盐杀茧。用盐杀茧早在北魏贾思勰所著《齐民要术》中已见记载。书中大意是说：用盐杀茧，容易缫丝且丝的韧性好。如用太阳晒茧，虽然白但茧变薄变脆，织就衣物则需成倍的蚕茧。更甚至可能一年的劳动都要白费，连脆硬的丝都可能收获不到。南宋《陈旉农书》中记载的“藏茧之法”是“先晒令燥，埋大瓮地上，瓮中先铺竹箦，次以大桐叶覆之，乃铺茧一重，以十斤为率，掺盐二两，上又以桐叶平铺，如此重重隔之，以至满瓮，然后密盖，以泥封之，七日之后，出而澡之，频频换水，即丝明快，随以火焙干，即不黯敉（色泽暗浊不鲜明）而色鲜洁也”。陈旉所述宋代藏茧法与焦图“窖茧”画面的内容及楼琦题诗的描述基本上是一致的。

另外两块瓷盘大小相同，盘沿均有花纹，似是成套瓷盘中的两块，其盘面分别摹绘有焦秉贞“耕图”中第十幅“插秧”图及第十六幅“登场”图，画面景物虽与原图稍有变动，但主题内容基本相同，并都删去了原图上南宋楼琦所

清代康熙耕织图瓷盘盘面“插秧”图

清代康熙耕织图瓷盘盘面“登场”图

清代康熙珐琅彩耕织图“络丝”图纹盘

题五言诗。此外，法国吉美博物馆收藏有清代康熙珐琅彩“络丝”图纹盘。

日本学者渡部武先生还发现一部由霍华德（D.Howard）与阿耶斯（J.Ayers）合著的 *China for the West*（Sotheby Parlce Bemet，London and New York；1978）一书，其中列举了一个19世纪末在欧洲制造的饮料杯，杯上用中国耕织图的场景代替了惯用的英国田园风景画，这也是近代风行欧洲的所谓“中国艺术风格”（Chinoiserie）的产物。利用中国耕织图作图案制作既有实用价值又有艺术欣赏价值的器物或工艺品，不仅在我国流传，而且已远及欧洲。我国古代耕织图的影响由此可见一斑。

（三）康熙《御制耕织图》墨锭与乾隆《御题棉花图》墨锭

在康熙《御制耕织图》刊刻两年以后，即康熙五十三年（1714年），在当时的制墨中心——皖南徽州开始陆续出现了几种《御制耕织图》墨锭，其中以清代徽墨名家曹素功、汪希古所制最为著名。

曹素功、汪希古两家所制《御制耕织图》墨均为精料精工制成的“进贡墨”，都是根据木刻康熙《御制耕织图》缩小临摹后刻制在印模上加工制成的。

汪希古制墨为“耕图”二十三锭，“织图”二十三锭。每锭长9厘米，宽3厘米，厚1厘米。每锭分正反两面，正面是图，背面是康熙题诗。诗的上端有篆书“御制诗”三字，墨之侧面镌阳文楷书“大清康熙五十三年”款，另一侧楷书“歙县草莽臣汪希古恭摹”。第一锭正反两面为康熙手书《御制耕织图序》全文。以下各锭顺序为“耕图”部分：“浸种”图，附诗曰：“暄和节候肇农功，自此勤劳处处同。早辨东田穜稑种，褰裳涉水浸筠笼。”“耕”图，附诗曰：“土膏初动正春晴，野老支筇早课耕。辛苦田家惟穑事，陇边时听叱牛声。”（以下附诗略）“耙耨”图、“耖”图、“碌碡”图、“布秧”（播种）图、“初秧”图、“淤荫”（施肥）图、“拔秧”图、“插秧”图、“一耘”图、“二耘”图、“三耘”图、“灌溉”图、“收刈”图、“登场”图、“持穗”图、“舂碓”图、“筛”图、“簸扬”图、“砻”图、“入仓”图、“祭神”图，共二十三锭。“织图”部分：“浴蚕”图，附诗曰：“豳风曾著授衣篇，蚕事初兴谷雨天。更考公桑传礼制，先宜浴种向晴川。”“二眠”图，附诗曰：“柔桑初剪绿参差，陌上归来日正迟。村舍家家帘幕静，春蚕新长再眠时。”（以下附诗略）“三眠”图、“大起”图、“捉绩”图、“分箔”图、“采桑”图、“上簇”图、“炙箔”图、“下簇”图、“择茧”图、“窖茧”图、“练丝”图、“蚕蛾”图、“祀谢”图、“纬”图、“织”图、“络丝”图、“经”图、“染色”图、“攀花”图、“剪帛”图、“成衣”图，共二十三锭。连同序文共四十七锭。

曹素功（1615—1689）是清代徽墨四大名家（曹素功、汪近圣、汪节庵、胡开文）之一，名圣臣，字昌言，号荩庵，又号素功，安徽歙县人。道光年间《歙县志》记载："康熙朝帝幸江宁进墨，蒙赐紫玉光三字，后之制墨者皆宗之圣臣，裒集一时，投赠诗文为墨林二卷，子孙世守其业。"曹素功制墨是凭借明末制墨名工吴叔大的基础，开设了"艺粟斋"，远近闻名。所制《御制耕织图》墨实为其后人所为。该墨第一锭正面是楷书《御制耕织图序》六个字，两边有双龙护绕，上端正中有一颗珍珠，背面是康熙帝手书《御制耕织图序》全文。其余各锭与汪希古所制相同，为"耕图"二十三锭，"织图"二十三锭，每锭正面为图，背面为康熙帝题诗，连同序文，共四十七锭。

汪、曹两家所制《御制耕织图》墨锭均有特制的檀木锦盒包装，是精美的工艺贡品，为清宫所珍藏。

乾隆《御题棉花图》墨锭是胡开文墨店精工制作的"两淮贡墨"。《棉花图》是清乾隆三十年（1765 年）直隶总督方观承主持绘制并进呈高宗的一套从植棉、纺绩直到织染成布整个过程的连环画式的图谱。其画目顺序为布种、灌溉、耘畦、摘尖、采棉、晒棉、收贩、轧核、弹花、拘节、纺线、挽经、布浆、上机、织布、练染共十六幅。原墨模曾按照进献的十六幅《棉花图》，由如意馆画家刻工仿制，上有御制诗题字及"乾隆年制"字款。但原模已失，现存此套墨模是安徽休宁人、在海阳（休宁）屯溪开设两家墨店的胡开文的后人于光绪年间据《御题棉花图》翻刻，每锭将画与诗各分一面，长 11 厘米、宽 3.3 厘米、厚 1 厘米，无年款，顶加阳文楷书"两淮贡墨"款，墨面加有回纹边饰，形式优美，雕工精良，系胡开文墨店所出墨锭中之精品。

清代康熙年间"汪希古恭摹"《耕织图》墨锭"一耘"

清代康熙年间"汪希古恭摹"《耕织图》墨锭"二耘"

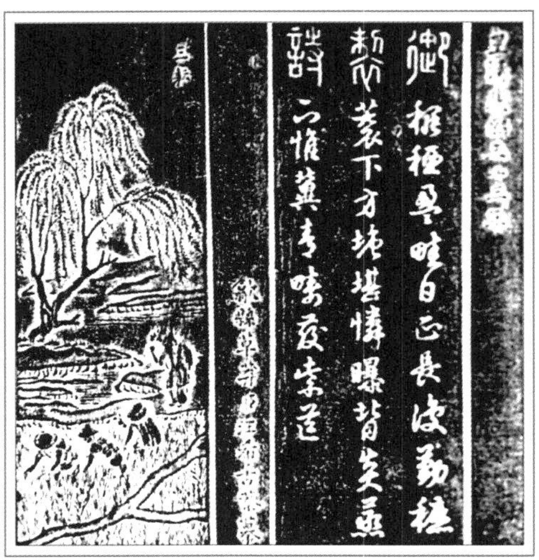

清代康熙年间“汪希古恭摹《耕织图》墨锭“三耘”

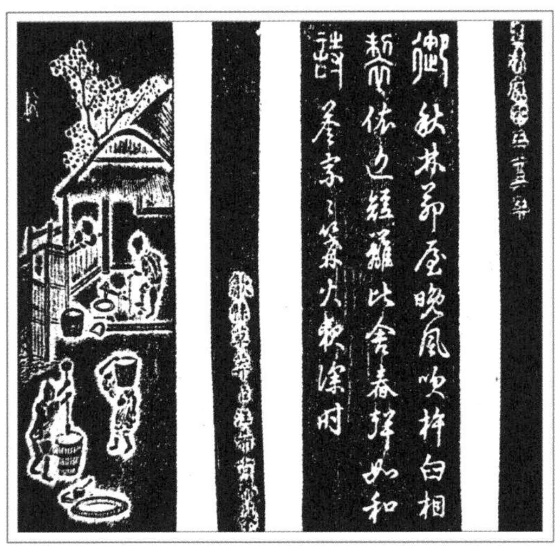

清代康熙年间“汪希古恭摹”《耕织图》墨锭“舂碓”

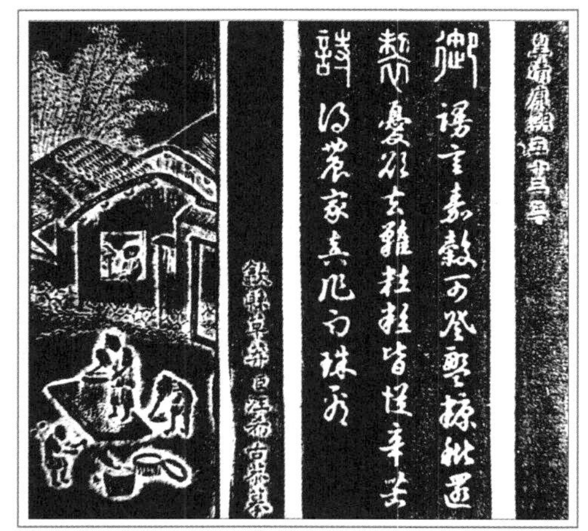

清代康熙年间“汪希古恭摹”《耕织图》墨锭“筛”

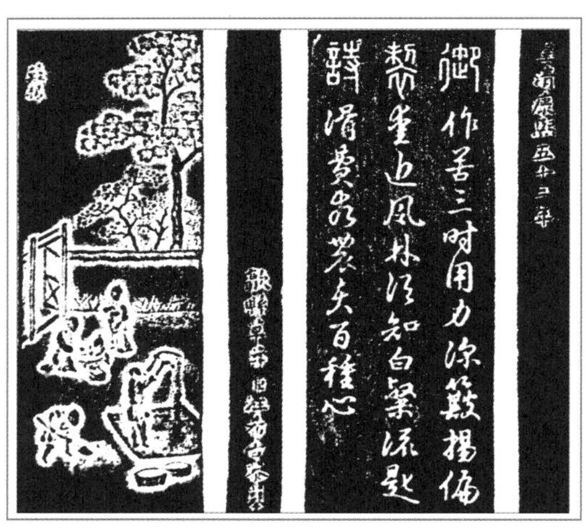

清代康熙年间“汪希古恭摹”《耕织图》墨锭“簸扬”

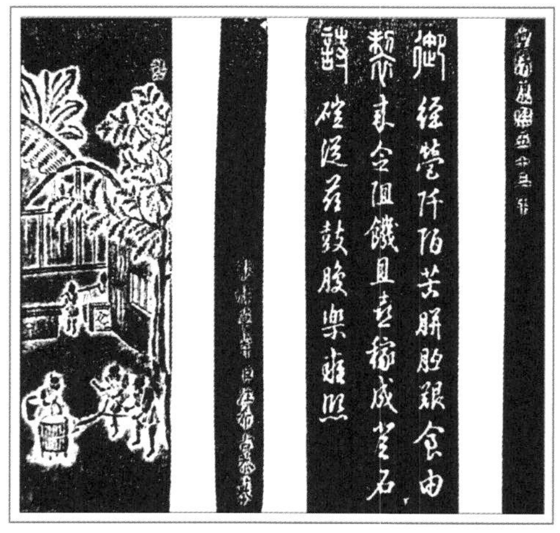

清代康熙年间“汪希古恭摹”《耕织图》墨锭“砻”

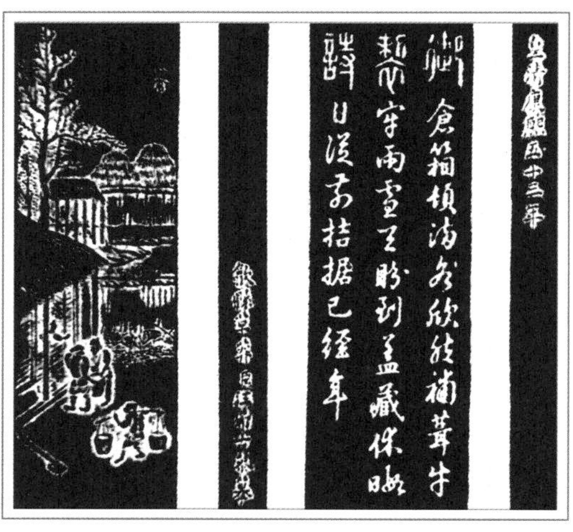

清代康熙年间“汪希古恭摹”《耕织图》墨锭“入仓”

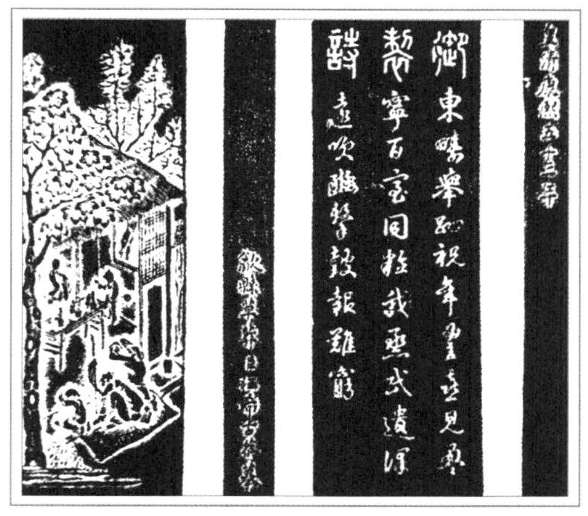

清代康熙年间“汪希古恭摹”《耕织图》墨锭“祭神”

清代康熙年间“汪希古恭摹”《耕织图》墨

清代乾隆漆刻耕织图屏风：耙、耖、碌碡、布秧

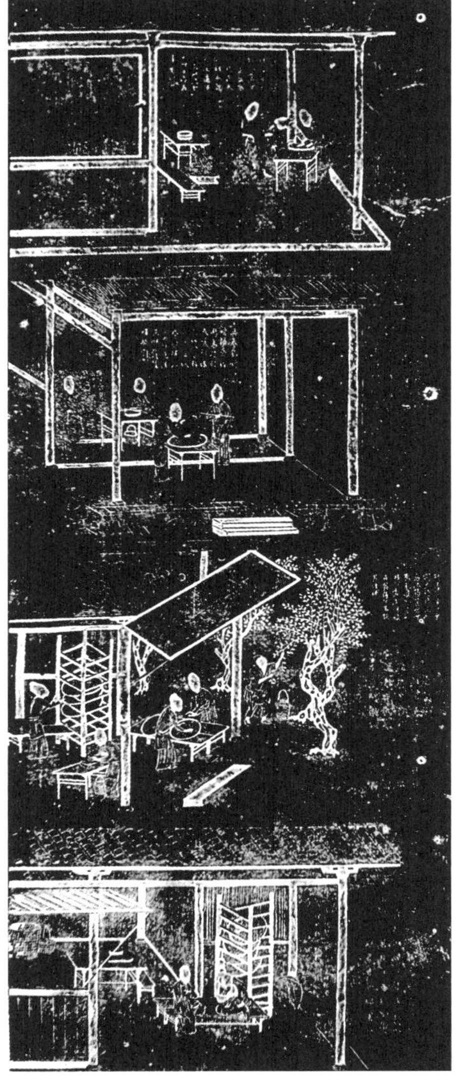

清代乾隆漆刻耕织图屏风：浴蚕、下蚕、喂蚕、一眠

清代康熙耕织图屏风

（四）清代木刻及漆刻耕织图屏风

在承德避暑山庄的“澹泊敬诚”殿陈设着一件紫檀木雕刻的耕织图屏风，又称围屏。围屏通高3米、宽约4米，由宝座、地坪、围屏三体构成。底座面部雕有龙纹饰，座上立五扇组成的围屏，屏上冠以缠枝、牡丹及佛手等浮雕图案，前后图案相同，纹饰相对，但前为浮雕，后为阴刻。屏风正反两面均刻有农耕图像，画面上下分别有长约90厘米的木框，框上绘有祥云五蝠和海水江崖图案。

围屏上农耕图像的画目及内容与康熙《御制耕织图》中的二十三幅耕图基本相同，所描绘的内容包括浸种、耕、耙耨、耖、碌碡、布秧（播种）、初秧、淤荫（施肥）、拔秧、插秧、一耘、二耘、三耘、灌溉、收刈、登场、持穗、舂碓、筛、簸扬、砻、入仓、祭神。整个画面联系紧密，结构完整，刻画出一幅远处山峦起伏连绵，近处片片水田，人们忙忙碌碌地从事着各种农田劳作的田园风貌。用此耕作图围屏作为承德避暑山庄的装饰和陈设，也从一个侧面反映了清代帝王布置行宫也不忘重农之意。

此外，在安徽省歙县博物馆还藏有传为清代乾隆年间的漆刻耕织图屏风一件。屏风由六块木板组成，每块高272.5厘米、宽53.5厘米。每块板刻图（包括文字）八幅，共四十八幅。除乾隆帝题款“艺陈本记”四字和《耕织图》序文以及赵子俊和吴兴姚式题跋占三幅外，耕图包括：浸种、耕、耙、耖、碌碡、布秧（播种）、淤荫（施肥）、拔秧、插秧、一耘、二耘、三耘、灌溉、收刈、登场、持穗、簸扬、砻、舂碓、筛、入仓，共二十一幅；织图包括：浴蚕、下蚕、喂蚕、一眠、二眠、三眠、分箔、采桑、大起、捉绩、上蔟、炙箔、下蔟、择茧、窖茧、缫丝、蚕蛾、祀谢、络丝、经、纬、织、攀花、剪帛，共二十四幅；耕、织合计四十五幅。每幅图长51厘米、宽32.5厘米。此外，屏风上还写有“赐臣洪愿仁”五个字。据原收藏者介绍，洪氏祖上系歙县富商，曾以极为珍贵的珍珠门帘贡上，于是龙颜大悦，将此宫廷所用漆刻耕织图屏风赐给他。至于洪愿仁的生平以及究竟为哪代清帝所赐尚有待进一步查考。

从屏风上乾隆所题《耕织图》序文及《耕织图》画目名称、数量及画面内容来看，与乾隆三十四年（1769年）乾隆命画院据元代程棨所绘《耕织图》摹本所作《耕织图》刻石相符。唯清高宗在刻石上的题识（序文）中说，程棨摹本原耕图卷后有姚式“跋”，织图卷后有赵子俊“跋”，而屏风漆刻耕织图却将“赵子俊、吴兴姚式题跋”合在一起，刻在耕图最后一幅，比程棨原图摹本有所改动。

此屏风木质优良，做工精细，唯年久失修，保存欠佳，但其漆刻耕织图在目前南宋楼璹《耕织图》宋本已佚，元代程棨《耕织图》摹本国内不存，乾隆《耕织图》刻石又已残缺的情况下，此漆刻耕织图却是接近原图真迹之作，因此，其历史价值和艺术价值更显珍贵。

（五）乾隆墨彩耕织图诗瓷版

乾隆墨彩耕织图诗瓷版，外形似是一本折叠式的书，紫檀木的书皮上阴刻小楷《御制耕织图诗》六字。书页由九十二块（耕图二十三幅，织图二十三幅，每幅附加题诗一首，共九十二块）黄绢镶边的长方形瓷版所组成。图诗每页长12厘米、宽8.5厘米。书心瓷版长7厘米、宽5.3厘米。全套图诗共四函，包括“耕”与“织”两部分内容，每一部分有上、下两函，上函展开长230厘米，下函展开长315厘米。整套瓷版将绘画、诗词、书法、装裱，以及釉彩艺术等融于一体，集烧瓷工艺与笔墨功夫之精华，充分显示出古朴、高雅、清新明秀的艺术特色。

乾隆墨彩耕织图诗瓷版的画目名称及数量，与康熙年间焦秉贞所绘整套耕织图完全相同。其耕图包括浸种、耕、耙耨、耖、碌碡、布秧、初秧、淤荫、拔秧、插秧、一耘、二耘、三耘、灌溉、收刈、登场、持穗、舂碓、筛、簸扬、砻、入仓、祭神，共二十三幅；织图包括浴蚕、二眠、三眠、大起、捉绩、分箔、采桑、上蔟、炙箔、下蔟、择茧、窖茧、练丝、蚕蛾、祀谢、纬、织、络丝、经、染色、攀花、剪帛、成衣，共二十三幅，合计四十六幅。画面内容除个别细部与原图略有出入外，也基本相同。每幅画按内容分别用隶、篆、楷、行、草等不同书体，题有乾隆步康熙诗原韵七言诗一首，诗文句末均有乾隆红彩印章款。由此可知，该套瓷版画并非制瓷技术人员的独立创作，而是据焦秉贞《耕织图》精心摹绘后烧制的。

整套墨彩瓷版诗与画紧密结合，相映成趣。例如“耕”图，画面上春色融融，农舍旁的稻田中，一农夫正扶犁驱牛耕地，一老人拄着拐杖在田边指点，远处树丛中掩映着农舍，近处有粼波闪闪的水田，一片农忙景象。图左的白釉瓷版上所配乾隆帝步康熙帝原韵御题七言诗云：“宿雨初过晓日晴，乌犍有力足春耕。田家辛苦哪知倦，更听枝头布谷声。”“织”图描绘的是农舍内一农妇在织机上正在织布，机旁放着蜡烛，日夜不停紧张织作的情景；其题诗云：“织女工夫午夜多，何曾己自着丝罗。银兰照处方成寸，却早循环掷万梭。”

瓷版画是一种直接在瓷板上绘画的瓷制艺术品，烘烧后，画面永不褪色。乾隆墨彩耕织图瓷版画将我国古代劳动人民从事耕织生产的场景艺术地再现在瓷板上，其高超的绘画技巧及烧瓷技术，令人叫绝，为清代宫中难得的艺术珍品。

清代乾隆墨彩耕织图诗瓷版

清代乾隆墨彩耕织图诗瓷版

清代乾隆墨彩耕织图诗瓷版
（“浸种”图及附诗）

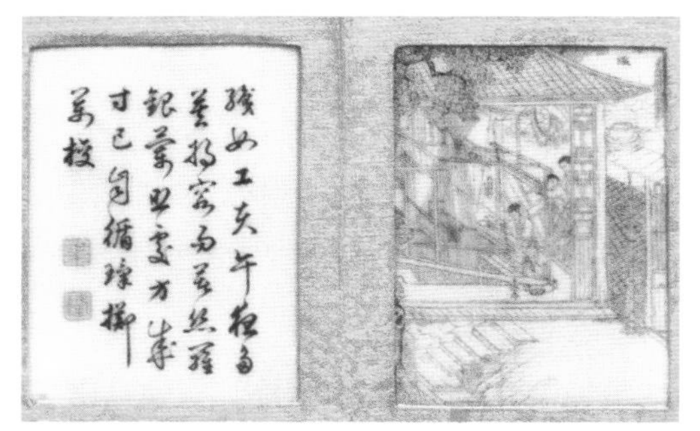

清代乾隆墨彩耕织图诗瓷版
（“织”图及附诗）

（六）乾隆粉彩耕织图瓷挂屏

故宫博物院藏有清代乾隆粉彩耕织图瓷挂屏，共六屏，每屏幅长 77.5 厘米、宽 31 厘米。瓷屏釉色艳亮，有青绿、粉彩红色，其中粉色相对浅淡。青绿艳丽。人物线条勾勒形象生动，物景分明清晰，图中可见除从事耕织的青壮年专心劳作外，老者悠闲自得，幼童玩耍嬉戏，一派农村的田园风光。

每屏耕、织劳作场景分别为五幅或四幅，描绘耕、织生产过程中的各道工序，但并不完整。从画目来看，耕图只有插秧、一耘、二耘、三耘、灌溉、收刈、登场、持穗、舂碓、筛、簸扬、砻、入仓、祭神，共十四幅；织图只有择茧、窖茧、练丝、蚕蛾、祀谢、纬、织、络丝、经、染色、攀花、剪帛、成衣，共十三幅，合计共二十七幅。每幅均采用田垄或院墙为界，区分不同的耕织生产场景，整个画面连贯有序，条理分明。

从每幅画面来看，在空隙处都附有南宋楼璹题《耕织图》五言诗一首。如耕图中“插秧”诗云：“晨雨麦秋润，午风槐夏凉。溪南与溪北，啸歌插新秧。抛掷不停手，左右无乱行。我将教秧马，代劳民莫忘。”织图中“择茧”诗云：“大茧至八蚕，小茧止独蛹。茧衣绕指柔，收拾拟何用。冬来作缥纩，与儿御寒冻。衣帛非不能，债多租税重。”诗与画相得益彰。

但楼璹《耕织图》有耕图二十一幅，织图二十四幅，共四十五幅，与此挂屏对照，其耕图中并无“祭神”一幅，织图中并无“染色”及“成衣”两幅，因而更无题诗。可见此挂屏中耕图之“祭神”及织图之“染色”“成衣”共三幅的题诗，无疑为后人补作。

再将此挂屏画目及画面与康熙帝命焦秉贞所绘《耕织图》，即康熙《御制耕织图》相较，画目及顺序完全相同，画面则大同小异，除人物多少、布局设置、场面动作稍有不同外，其他大体相同。可见此耕织图瓷挂屏系焦秉贞《耕织图》的摹本，但也稍有自己的创作。焦图共四十六幅，其中耕、织各二十三幅，而现存挂屏耕图只有十四幅，尚缺浸种、耕、耙耨、耖、碌碡、布秧、初秧、淤荫、拔秧九幅；织图只有十三幅，尚缺浴蚕、二眠、三眠、大起、提绩、分箔、采桑、上蔟、炙箔、下蔟十幅。此挂屏现存耕、织图共二十七幅，尚缺十九幅，由此看来，这套粉彩《耕织图》瓷挂瓶，原应包括耕、织图各五屏，共十屏，但目前乾隆粉彩耕织图瓷挂屏仅存六屏，至少尚缺四屏，原件可能为十屏。现存挂屏虽然属于非完整品，但从其独特的艺术形式来看，仍不失为清代耕织图器物中之奇葩。

清代乾隆粉彩耕织图瓷挂屏
（插秧、一耘、二耘、三耘、灌溉）

清代乾隆粉彩耕织图瓷挂屏
（收刈、登场、持穗、舂碓）

清代乾隆粉彩耕织图瓷挂屏
（筛、簸扬、砻、入仓、祭神）

清代乾隆粉彩耕织图瓷挂屏
（择茧、窖茧、练丝、蚕蛾）

清代乾隆粉彩耕织图瓷挂屏
（祀谢、纬、织、络丝、经）

清代乾隆粉彩耕织图瓷挂屏
（染色、攀花、剪帛、成衣）

（七）乾隆斗彩耕织图扁壶

天津博物馆珍藏着一件乾隆时期斗彩耕织图扁壶，口径为 10.6 厘米，通高 57.1 厘米，扁壶底部用蓝料篆书“大清乾隆年制”六字方款。该扁壶制作工艺精细，颈左右有双龙耳，颈上绘有似蝙蝠的图案，两面绘圆形图案。一面为“耙田图”，画面是一农夫站在方形耙上，扬鞭驱牛在水田中耙地，远有山丘、绿林，近有大树、农舍。另一面为“耕地图”，画面是一农夫头顶烈日，右手扶曲辕犁，左手扬鞭，驱牛在水田中耕地，田边有两棵粗壮大树，远处似有农舍，显现一派田园风光。从画面看两图也都是参照焦秉贞《耕织图》摹绘的，但删去了原图上所有的题诗。扁壶周边配有花纹装饰。整个图案规整，色彩淡雅，青花以正蓝色为主，画面清晰。此扁壶原系清宫摆设，是清代

乾隆斗彩耕织图扁壶

清代道光粉彩耕织图八方碗

官窑制造的有农耕图案的瓷器精品。

（八）道光粉彩耕织图八方碗

此碗直径 16.5 厘米、高 7.5 厘米，碗外周边绘有耕织图，左为耕图中“耖”图，右为织图中“三眠”图。彩绘精细，生动逼真，图隙有南宋楼璹题《耕织图》五言诗。“耖”田是种植水稻前整地的一道重要工序，其题诗为：“脱袴下田中，盎浆著塍尾。巡行遍畦畛，扶耖均泥滓。迟迟春日斜，稍稍樵歌起。薄暮佩牛归，共浴前溪水。”“眠”是蚕在生长期中必经的蜕皮变化，“三眠”是蚕第三次脱皮，其题诗为：“屋里蚕三眠，门前春过半。桑麻绿阴合，风雨长檠暗。叶底虫丝繁，卧作字画短。偷闲一枕肱，梦与杨花乱。”诗与图相配，集中描绘了耕织的重要内容和农民劳动的艰辛。

（九）光绪粉彩耕织图瓷尊及瓷葫芦

笔者于 1986 年参观中国历史博物馆举办的“征集文物展览”，曾见展出有光绪年间景德镇出产的粉彩耕织图瓷尊一对。二瓷尊形制相同，圆口，颈左右双耳，大肚，圈足，高 44 厘米、口径 16.5 厘米、足径 25.4 厘米，通身上下彩绘耕织图。两尊上部均绘织图中的“采桑”“分箔”“练丝”“织”四幅；下部均绘耕图中的“耕”“舂碓”“砻”“簸扬”四幅，两瓷尊画目及画幅相同。每幅图分别附有清帝康熙、雍正、乾隆的题诗。如“耕”图附康熙题诗云：“土膏初动正春晴，野老支筇早课耕。辛苦田家惟穑事，陇边时听叱牛声。”“砻”图附乾隆帝题诗云：“相将南亩苦胼胝，望岁心酬庶免饥。石硙碾来珠颗润，家家鼓腹乐雍熙。”“采桑”图附雍正帝题诗云：“清和天气佳，户户采桑急。白露繁欲流，绿阴染可湿。枝高学猱升，葚落教儿拾。昨摘满笼阳，姑犹嗔不给。”“织”图附雍正帝诗云：“一梭复一梭，委委青灯侧。明明机上花，朵朵手中织。娇女倦啼眠，秋虫寒语唧。檐头月已高，盈窗惊晓色。”粉彩耕织图瓷尊将精到的烧瓷技艺及精美的耕织图绘图融为一体，堪称是晚清瓷器中的珍品。

另据有关报道，苏州丝绸博物馆收藏有一只“粉彩耕织图双螭耳尊”，该尊四边形，每面有耕图、织图各一幅，共八幅，每幅图均配有南宋楼璹题《耕织图》诗。台北故宫博物院收藏有清代景德镇窑所产绘有“择茧”图的黄地粉彩瓷葫芦一件。此图摹自焦氏《耕织图》中织图第十一幅“择茧”图。其画面是一蚕户，夫妇两人正在蚕室外的荫棚下挑茧，案上有装茧提篮，旁有装茧筐等物。画面空白处保留有原图的南宋楼璹所题五言诗，诗云：“大茧至八蚕，小茧止独蛹。茧衣绕指柔，收拾拟何用，冬来作缥纩，与儿御寒冻。衣帛非不能，债多租税重。”

（十）耕获图纨扇

故宫博物院藏有绘《耕获图》的绢本彩色纨扇面一件。据张安治所著《宋代小品画》中称，此扇面为北宋画家杨威所绘，但也有另一说为明末清初毛奇龄所绘。究竟是宋人还是后人所绘，尚待查考，现被命名为宋代《耕获图》。该图描绘了农村夏收夏种时劳作的繁忙景象。画面上有几十个农民正在紧张地从事着各种不同的农业劳动，包括从耕作、田间管理直到收获、粮食加工、入仓等南方稻谷生产的整个过程。画面中有一片片水田、弯弯曲曲的田塍、农舍、池塘和小桥。四个农夫正在踏龙骨车车水，一块稻田中人们正忙着收割，另一块稻田中人们在耕种，旁边有人在忙于场上脱粒、晾晒和入仓；人物形态各异，生动逼真。画家以娴熟的笔墨，将不同的生产场景巧妙地绘制在一幅画中，不受时间和空间的限制，展示出整体的效果，充分反映了中国绘画的艺术特色。用画面上各项作业场景与楼璹《耕织图》中浸种、耕、耙、耖、插秧、耘田、灌溉、收刈、登场、持穗、舂碓、筛、簸扬、砻、入仓等各幅图相对照，大部分相吻合，显然该图作者也是以《耕织图》为蓝本而摹绘的，但也有自己的创作。纨扇画面刻画细腻，用色精致，将农家那种“娟娟月过墙，簌簌风吹叶。田家当此时，村舂响相答。行闻炊玉香，会见流匙滑。更须水转轮，地碓劳蹴蹋”（南宋楼璹《耕织图》中“舂碓”题诗）淳朴的田园风光描绘得惟妙惟肖。

彩色耕获图纨扇上的《耕获图》

（十一）缂丝耕织图挂屏

缂丝是我国特有的一种丝织手工艺品，它创始于织造技术高度发展的隋唐时代，当时称为“织成锦”，以后才称“缂丝”。它是在经线织成后，用小梭织纬线时，先留出要补织图案的地方，然后再用各种不同颜色的丝线补织于经纬之上，织出后好像是刻出的图画，所谓“如雕镂之象”，故又称“刻丝”。这种具有悠久历史的丝织工艺，织法特殊，成品正反花纹如一，织造的各种图案惟妙惟肖，风格独具，成为历代备受人们喜爱的丝织品之一。

清代各地生产的丝织品种类繁多，而贵州苗族人民织造的缂丝耕织图挂屏则实属罕见，一直为故宫博物院所珍藏。

清代贵州苗族人织造的缂丝耕织图挂屏

清代双面绣耕织图屏（画面系康熙《御制耕织图》中的“蚕蛾”图）

清代粉彩耕织图“收割”对筒

清代中期象牙雕耕织图瓶

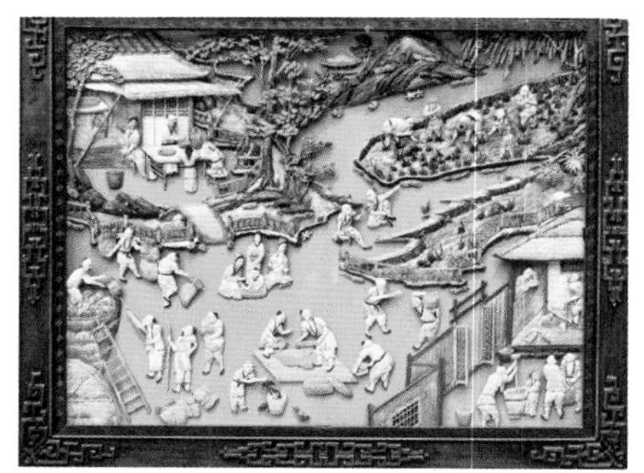
清代象牙雕屏“农家乐”

清代慎德堂款粉彩耕织图盖碗（故宫博物院藏品）

清代碧玉刻诗春耕图双面插屏（故宫博物院藏品）

挂屏长127.2厘米、宽77厘米，为蓝色缂丝地，在右上角缂金“黔苗勤织”四个字。画面细致地描绘了农田耕种、耘锄和收获、登场、谷物加工、粮食入仓，以及农民喜庆丰收等场面。构图严谨，布置精到；远山近树，陂塘畦畛，错落有致；屋舍器械，合乎规矩；人物动作，各具形象。画面主题突出，具有浓厚的生活气息，充分表现了贵州苗寨的风光和人们从事农业生产的情景。

缂丝挂屏的经线每厘米 32 根，纬线每厘米 45 根；每根经线直径为 0.1 毫米，每根纬线直径为 0.3 毫米。织法以平缂为主，兼用搭缂。织工精细，用色协调，有红、绿、浅绿、蓝绿、灰、驼、浅驼、粉、月白、黑、橘黄、沉香等色。屏面简洁，生动逼真，为清代少数民族用缂丝描绘耕织图像的佳作。

此外，故宫博物院还藏有清代双面绣耕织图屏，以及其他地方收藏的粉彩耕织图“收割”对筒等，都异常精致，但限于篇幅，不再详述。

从以上简要介绍，可以看出清代自康熙颁布焦秉贞所绘《御制耕织图》以后，作为帝王喜爱并倡导的描绘农桑生产的系列图画，被广泛地“移植”于各种器物和工艺品上，成为既有实用价值又有欣赏价值和收藏价值的艺术精品，从而使《耕织图》呈现出普及化和大众化的现象。清代中叶以前，《耕织图》及其器物，作为陈设品和装饰品主要流行于宫廷，它既可供帝王鉴赏，又可美化环境，同时“用以示子孙臣庶，俾知粒食维艰，授衣匪易”（清康熙：《御制耕织图序》），提醒人们莫忘农本。清代中叶以后，《耕织图》及其器物逐渐流传于民间，其形式及内容更加丰富多彩，成为宣传农业生产知识，推广农业生产技术的一种“劝农”的新的形式和工艺技术发展的一种新的类型。

仿制耕织图像的器物，包括清代宫廷使用的瓶、壶、尊、盘、碗、罐、杯、挂屏、瓷板等各种器物，还有很多，如浙江省温州市还收藏有清代郑松耕织图屏条（八幅），及葛聋子耕织图屏条（四幅）等，有些省、市、区也收藏有仿制耕织图的器物，恕不赘述。

第五章 《耕织图》中的科学技术和文化内涵

历代的《耕织图》作品，不仅绘制精美，而且其内容有丰厚的科学文化内涵，真实反映了当时先进的农桑生产经营和科学技术，以及当时当地的民风、民俗等文化现象。现仅举例说明如下，先从“耕”的方面说：

（一）“布种”图

清代乾隆《御题棉花图》中的“布种”（即棉花播种）图说明中指出：“种选青黑核”，就是要求选用当时冀中一带种植的“青核”和“黑核”两个棉花优良品种，并剔除其中杂劣，即进行粒选。“冬月收而曝之”，即要求晒种，可以提高发芽率。“清明后淘取坚实者”，即进行水选，继之，再“沃以沸汤”，即进行烫种，以便起到催芽的作用。烫种后“俟其冷，和以柴灰”，即用含钾较多的草木灰拌种，也就是施种肥。这套棉花选种及种子处理技术是提高棉种质量，保证全苗、壮苗的重要措施，当时在科学技术上居于先进水平，至今仍

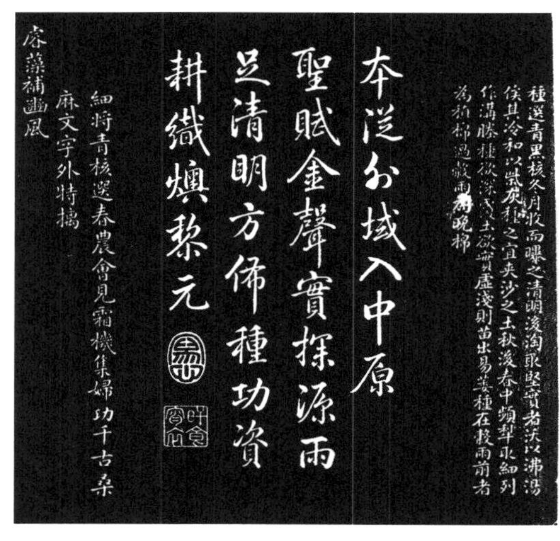

清代乾隆《御题棉花图》中的“布种”图

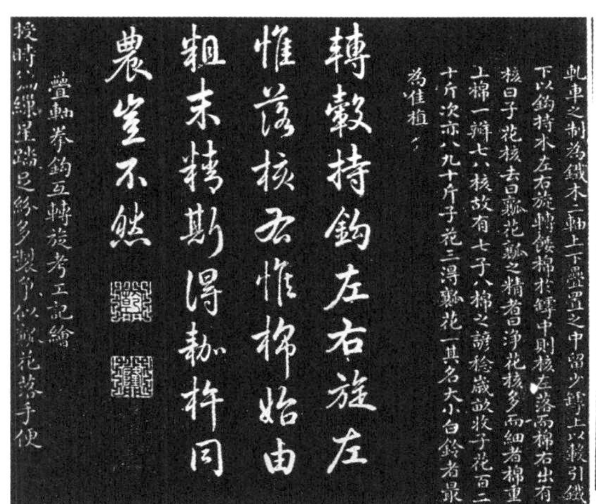

清代乾隆《御题棉花图》中的“轧核”图

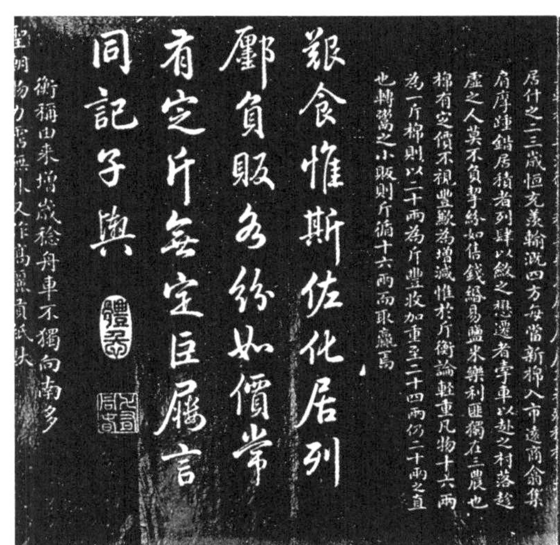

清代乾隆《御题棉花图》中的“收贩”图

有其实用价值。

又如“轧核”图说明中提供了当时河北一带棉花亩产量，“稔岁亩收子花百二十斤，次亦八九十斤”及“子花三得瓤花一”的衣分率等。“收贩”图题记中叙述了当时棉花的买卖及定价情况：“凡物十六两为一斤，棉则二十两为一斤，丰收加重至二十四两，仍二十两之直（值）也。转鬻之小贩，则斤循十六两而取赢焉。”收购时，一般年景以二十两为一斤，丰收时加至二十四两为一斤，实际上棉花越是丰收，收购价就越低。等棉商卖棉花时，一般棉花又按社会通行的十六两计算，实际上又抬高了棉花的出售价格，这反映了当时社会普遍实行的低价收购、高价售出的情况，由此可知，农民所受到的剥削。

（二）“下秧”图

清代光绪十六年（1890年）《蚕桑图说》中介绍种桑技术的“下秧”图，文中说：“桑葚俟其极熟，摘数十颗，置掌中，取草绳一条，浸湿，连葚带绳，握而捋之，葚粘绳，烂如酱，将绳拉直，埋肥土中，不一月，秧出如草，且排列如绳，埋绳百条，桑出逾万。”将桑籽放在草绳中播种是金、元时期出现的技术，图中所述的方法与元代《农桑辑要》的记载基本一致，清代还在推广这种种桑技术，说明它具有很好的效果。

清代光绪《蚕桑图说》中的“下秧”图

（三）从元代程棨图看南宋楼琦图中的“耖”图

“耖”是宋代发明的一种在水田整地中用以碎土、平田、打混泥浆的先进工具。楼琦诗中云：“扶耖均泥滓”；元代《王祯农书》中说：“耖，疏通田泥器也”。它是在南宋建炎、绍兴年间（1127—1162）开始在江南水田整地种稻中使用的，这种工具的发明和运用，使我国江南水田整地形成了耕、耙、耖一套精耕细作的技术体系，直到现在，仍在沿用。据考证，到目前为止，耖田技术的绘画及文字歌咏，在我国最早是见于南宋楼琦《耕织图》中的“耖”田图。

元代程棨《耕织图》中的“耖”图

（四）“秧马”图

秧马是种稻时插秧和拔秧使用的工具，从著名文学家苏轼的《秧马歌》可知秧马是北宋时武昌地区农民发明的。楼琦在题“插秧”图的诗中有“我

古代“秧马”图（采自《王祯农书》）

将教秧马，代劳民莫忘”等句，可见在南宋时这种节省劳力、提高劳动效率的先进工具，虽然使用已较普遍，但仍在推广这种工具。

从“织”的方面说：

（一）“炙箔”图，南宋《蚕织图》中名“熁茧”图

它是描绘成蚕吐丝作茧期间加温管理的技术措施。楼璹在“炙箔”图的题诗中有“老翁不胜勤，候火珠汗落”等句。从“熁茧”图画面来看，在立满蔟山的蚕室内，地上放着两个炭火盆，一老者蹲在炭火盆旁，续炭调火，旁置一水盆，用来调节湿度；又置一高脚灯台，表明须夜以继日地精心管理。画面与题诗相符。按题注，当时吐丝作茧是在农历四月下旬，江南当时已进入梅雨季节，这时提高蚕室温度，既可加快蚕的吐丝，又可使丝胶迅速干燥，减弱其胶着程度，改善丝的舒解性能。八百多年前的这种加温技术措施，至今在我国南方有些蚕户仍在应用。

南宋《蚕织图》局部“熁茧”图

（二）“盐茧瓮藏”

“盐茧瓮藏”是蓄茧的科学技术措施之一。南宋《蚕织图》上“盐茧瓮藏”的画面上有三口大瓮，两口已经用泥封好，一口敞开待装茧放盐，画中三个男子，一人在桌前收茧，一人在称茧，一人在和泥，远处桌上有装盐用的碗。这一蓄茧技术在我国最早见于北魏贾思勰所著《齐民要术》记载：“用盐杀茧，易缫而丝韧。”明代徐光启《农政全书》中引《蚕书》记载：“凡泥茧，列埋大瓮地上，瓮中先铺竹箦，次以大桐叶覆之，乃铺茧一重，以十斤为率，掺盐二两，上又以桐叶平铺，以此重重隔之，以至满瓮，然后密盖，以泥封之。”大约七天以后，便可以出瓮进行缫丝了，这样可以使蚕丝明亮柔韧。这仅是文字记载，而以图像和诗文描绘这种蓄茧技术则以南宋楼璹《耕织图》为最早，其“织图”摹本南宋《蚕织图》上称“盐茧瓮藏”图虽然只画了三个人操作，却把“盐

南宋《蚕织图》局部“秤茧、盐茧瓮藏”图

元代程棨《耕织图》中的“窖茧”图

南宋《蚕织图》中的“生缫”图

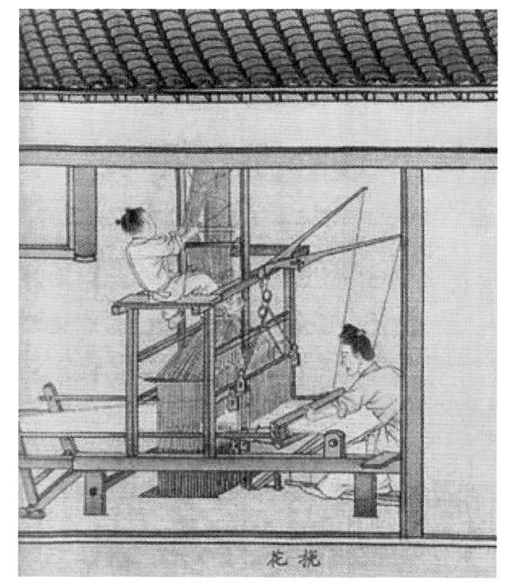

南宋《蚕织图》中的“挽花”图

茧瓮藏”方法表现得直观生动，简单明了。

（三）南宋《蚕织图》中“生缫”图

它是描绘有脚踏缫车的结构和操作方法的图像。此缫车可由一人用手和脚同时来完成丝线索绪、添绪和回转丝纫的过程，比两人操作的手摇缫车的功效倍增，是目前所知我国最早的脚踏缫车的图像，从而改写了过去人们认为明代才有脚踏缫车图像的历史。

早在商周时代，劳动人民在育蚕取丝的过程中发现缫丝作帛、绢后残留下来的丝絮粘在帘席上，晒干后揭剥下来即是一张可供笔墨书写用的“丝絮纸”，史书上又称它为“薄小纸”“方絮”。但是因为残絮有限，这种最原始的纸产量稀少，价格昂贵，且易腐坏，不宜长期保存，故难以普及推广。但古人发明的这种“絮纸”应该可称之为中国造纸术萌芽的开端。

（四）“攀花”图，在南宋《蚕织图》中名“挽花”图

右图是我国现存最早的提花机图。该图所绘的提花机及其操作方法甚为详备，纺织界专家看后认为“宋代的提花机已发展得相当完整”。从画面看，上有高起的花楼，一少年提花工坐在花楼上，正用双手忙于提牵经丝，下有一女织工，坐在机板上，右手握着筘框打纬，左手拿着梭子，正在投梭引纬，双脚踏着踏杆，踏杆带动综框升降，看得出两个人密切配合，上下呼应，织作动作紧张而和谐。楼璹在“攀花”图上题诗云：“时态尚新巧，女工慕精勤。心手暗相应，照眼花纷纭。殷勤挑锦字，曲折读回文。更将无限思，织作雁背云。”织出来的复杂的花纹图案，像雁背云一样漂亮。据专家分析，这台提花机的地经和花经是分开的，地经穿过综框为坐在下边的织女所控制；花经穿过束综为花楼上的提花工所操纵，两人密切配合才能织出复杂的大花纹织物。

故宫博物院收藏有周代玉刀一件，刀上保存着提花纱罗组织和重经组织的痕迹，这说明二千五百年前我国劳动人民就已掌握了提花技术。此外，还有我国在“丝绸之路”上不断发现的汉唐时期的织物，如1959年在新疆民丰县（民丰西汉时名精绝，位于楼兰、于阗间）北部的一座东汉时期坟墓中发现大批丝织物，有三种织出铭文的平纹织锦，其中有用绛、白、宝蓝、浅驼、浅橙五色

丝线织成的“延年益寿大宜子孙”锦。据考古学家夏鼐先生研究，认为“这种锦需要七十五片提花综才能织成”（夏鼐：《新疆新发现的古代丝织品——绮、锦和刺绣》，《考古学报》1963 年第 1 期）。这种锦是当时制作最复杂的一种织物，由挑织、平纹到提花，是我国丝织工艺技术上一个极大的进步。

东汉“延年益寿大宜子孙”锦手套（采自《丝绸之路——汉唐织物》，文物出版社 1973 年版）

我国很早就有提花织物，自商周以来虽然有文献记载，但对提花机的机件结构及操作方法等都记录不详，更没有完备的图像流传下来，而《耕织图》的《织图》摹本《蚕织图》中的“挽花”（即“攀花）图却对宋代使用的提花机的全部结构及形态逼真的操作方法作了精心的描绘，使我们看到了我国现存最早的、结构完整的大型提花机及攀花技术，非常难得，因此，它对研究我国蚕织技术史和机械史有相当重要的价值。而明代《天工开物》及《农政全书》等古代文献所绘提花机已晚于此图四百余年。现在很多人认为提花机是我国人民的伟大发明,这幅提花机图像描绘的是世界上最早的结构完整、效率很高的大型提花机，应该说它是我国古代织造技术的最高成就的代表，因此，已将其收入《中国大百科全书·纺织》等重要书籍之中。

东汉“延年益寿大宜子孙”锦袜（采自《丝绸之路——汉唐织物》，文物出版社 1973 年版）

对我国古代在农桑生产科学技术上取得的成就，国外著名科学家给予很高的评价，如英国著名科学史专家李约瑟博士曾说：“中国人的发明就多了，这些发明公元 1 世纪到 18 世纪期间先后传到了欧洲和其他地区。这里包括龙骨水车、石碾、

南宋《耕织图》中的“花楼机图”（采自《中国大百科全书·纺织》，中国大百科全书出版社 1984 年版）

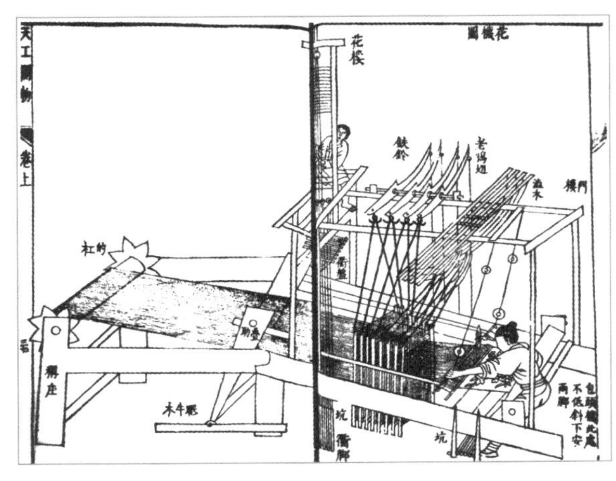

花机图（采自《天工开物》）

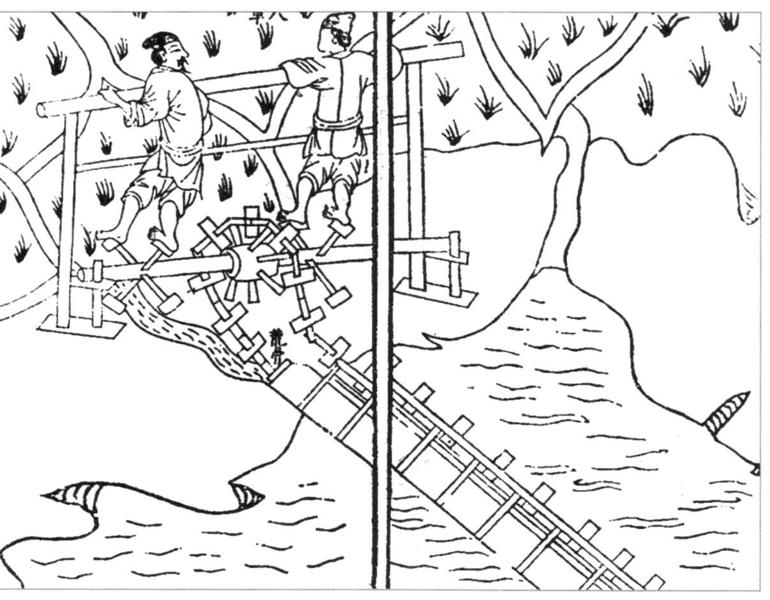

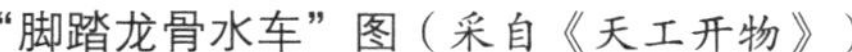

“脚踏龙骨水车”图（采自《天工开物》）

“手摇龙骨水车”图（采自《天工开物》）

“石碾”图（采自《天工开物》）

“水碓”图（采自《天工开物》）

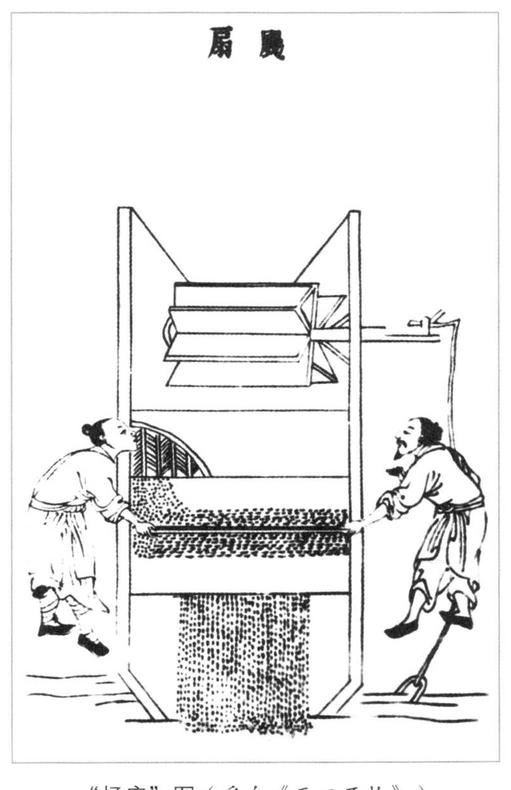

“扬扇”图（采自《天工开物》）

“风扇车”图（采自《天工开物》）

“缫丝”图（采自《天工开物》）

“纺缕”图之一（采自《天工开物》）

“纺缕”图之二（采自《天工开物》）

“治丝”图之一（采自《天工开物》）

“治丝”图之二（采自《天工开物》）

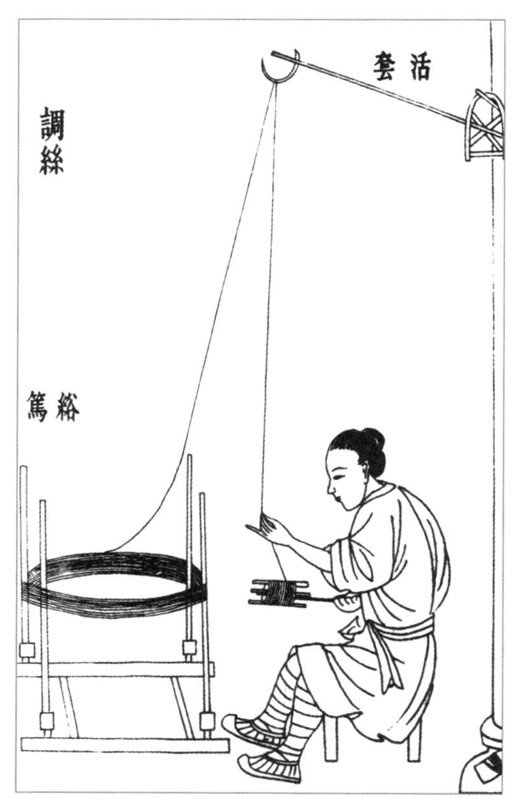

“调丝”图（采自《天工开物》）

水碓、簸扬机……平纺织机和提花机、缫丝、纺丝、调丝机……所有这些例子有一个共同之点，就是在它们应用的时期，确实早于它们在世界其他部分出现的时期，有时甚至要早得多。”（见闵宗殿等编著：《中国农业技术发展简史》，农业出版社1983年版）可见中国人不止“四大发明”。在《中国三十大发明》（华觉明、冯立昇主编，大象出版社2017年版）一书中，著名自然科学史专家华觉明提出三十项由中国人完成的原创性重大发明，其中有粟作、稻作、蚕桑丝织、犁耧、精耕细作的生态农艺、杂交水稻等项。而我国在农桑生产方面很多发明创造在古代耕织图像中都有描绘和文字说明。

《耕织图》中还有很多反映各地不同社会习俗的画面，如有人说，古代一向是男子力田，妇女力桑，而南宋《蚕织图》中却画有采桑皆为男子，何故？其实这是反映了宋代浙江一带的习俗。养蚕期间，男子不进蚕室，女子不出蚕室；直到上蔟时，男子方得进入蚕室，帮助收拾蚕蔟。因此，女子一般不去采桑，况且当时多为乔木桑，采时要用梯，挑桑叶用笼，费力较大，由男子承担也较为合理。又如祭蚕神，据史书记载，黄帝娶西陵氏之女为元妃，始蚕作，故世祀之，谓之先蚕。后世称西陵氏为“嫘祖”，如陕西关中一带反映桑织生产的木刻《桑织图》中的“祀先蚕”图所供即为“嫘祖”。而南方有些地区，如浙江民间多不祭“嫘祖”，而流传的风习是祀“马头娘”（或称“马鸣王”“马明王”），这与东晋史学家干宝的《搜神记》所载蚕业起源的传说有关。至南宋江南民间已将“马”作为蚕神。楼璹在“祀谢”图上题诗中有“马革裹玉肌，能神不为辱”句即指此事（参见本书第三章“《耕织图》内容释义”），称其为“马鸣王菩萨”；而《蚕织图》中的“谢神供丝”图所绘正是“马鸣王菩萨”，

元代《王祯农书》“祭蚕神”图

南宋《蚕织图》中的“谢神供丝”图

马鸣王菩萨图

这使人们得知历史上不同地区桑织的不同风俗。

南宋《蚕织图》中绘有七十四人，其中男子二十七人，妇女四十七人。除“谢神供丝”图中绘有一身着绿袍、头戴东坡巾的老者和一身披彩帛外衣长衫的中年妇女外，其余人物皆为宋时庶民装束。少男服色稍异，妇女服饰则花色各异。成年妇女，头梳发髻；少女头梳垂鬟双丫髻。露足之妇女皆为天足，这种民俗可证实妇女缠足在宋代及其以前并不普遍。“忙采叶”图中绘有中年男子，袒露左臂，自肩到腕刺一蟠龙图案，反映出宋代时江浙一带有文身的社会风习。

需要说明的是，各地很多的习俗，尤其是蚕俗，并非是群众的愚昧，而是处在科学不很发达的古代，人们对农桑丰收期望的心理信仰、传承的力量和习惯，它们也是反映中国农桑文化的内容之一。

仅从以上几例，不难看出，我国古代《耕织图》中传递着丰富的古代农业社会经济文化信息，积淀着深厚的耕织结合的科学文化内涵。它为农耕、蚕桑、纺织、工具、建筑、服饰、绘画、石刻、木刻、民俗，以及诗词创作等多方面都提供了珍贵的历史资料，所以对研究农学史、纺织史、工具史、农业科技史、农业经济史，以及社会发展史、民俗史和艺术史等都有重要的参考价值，值得我们深入探讨。

第六章　古代倡导和宣传《耕织图》所起的作用及其效果

《耕织图》是我国古代采用绘画形式翔实记录“农耕”与“蚕织”的系列图谱，由于它细腻传神地描绘了劳动人民耕作与蚕织的场景和生产操作步骤的全过程，而起到普及农业生产知识、推广农业生产技术、促进社会生产力发展的重要作用，同时也为现在人们研究中国古代“农耕”与“蚕织”的历史提供了生动的形象资料，并且《耕织图》本身也是极其珍贵的艺术瑰宝。对《耕织图》所起的作用及其效果简要分析，主要有以下几点。

第一，《耕织图》在传播和推广先进的农耕、纺织工具和农业生产技术方面，起到了一定的促进作用。

据元人虞集（1272—1348）所撰《道园学古录》中记载，宋代曾于“郡县所治大门东西壁皆画《耕织图》，使民得而观之”。由于各郡县积极向广大基层民众宣传《耕织图》，从而有利于较快推广先进的农桑生产工具和各项技术。

耕地图（采自清代雍正《耕织图》“耕”）

耙地图（采自清代雍正《耕织图》“耙耨”）

耖田图（采自清代雍正《耕织图》“耖”）

碌碡图（采自日本狩野永纳翻刻明代宋宗鲁《耕织图》“碌碡”）

灌溉图（采自元代程棨《耕织图》“灌溉”）

在工具方面，如耕种上使用了碎土平田、打混泥浆的稻田整地农具“耖”，从而提高了整地的效率和质量，经过近千年的实践，至今这种工具还在南方水田作业中应用；再如拔秧和插秧用的秧马、灌溉和排水两用的水车、纺织用的提花机等，不少当时先进的生产工具通过图像宣传和生产实践得到应用和推广。在耕作技术方面，如南方水田耕、耙、耖相结合的精耕细作的体系就是在宋代形成的，至今很多农业历史著作都是引用《耕织图》中“耕、耙、耖”加“碌碡”进行稻田整地的形象资料，用来说明我国耕、耙、耖系列技术的形成和发展。此外，在蚕织方面的炙箔加温、窖茧以及素织和花织等先进技术，通过图像和文字宣传也都得到了较快的传播和推广，从而在历史上为发展和增加农桑生产的数量和提高质量，起到推动作用。

第二，《耕织图》描绘了男耕女织的艰辛劳动和封建剥削的残酷，并表现出悯农和为苍生鸣不平的思想感情。

早在唐代就有很多这方面的描述，如唐代李绅（772—846）的《悯农·其一》诗：“春种一粒粟，秋收万颗子。四海无闲田，农夫犹饿死。”为什么农民种了粮食还饿死呢？就是因为“苛政猛于虎”，苛捐杂税太重，农民自己的命都保不住了。唐代元稹（779—831）在荆州任职时，就“目击贡绫户有终老不嫁之女”（《元氏长庆集》），他为此作《织妇词》诗悲叹：“织妇何太忙，蚕经三卧行欲老。蚕神女圣早成丝，今年丝税抽征早。早征非是官人恶，去岁官家事戎索。征人战苦束刀疮，主将勋高换罗幕。缫丝织帛犹努力，变缉撩机苦难织。东家头白双女儿，为解挑纹嫁不得。檐前袅袅游丝上，上有蜘蛛巧来往。羡他虫豸解缘天，能向虚空织罗网。”

择茧图（采自元代程棨《耕织图》“择茧”）

这是织女多么悲惨的遭遇，古代统治者就是这样进行残酷的剥削。

宋代也和唐代一样，在《耕织图》和题诗中对比也都有较深刻的反映，如楼琦在耕图中题“入仓”图诗有“却愁催赋租，胥吏来旁午。输官王事了，索饭儿叫怒”等句，描述了农民将粮食收回来了，但是发愁完不成租税，官府和地主拿走了粮食，全家还是吃不饱饭。

又如楼琦在织图中题“择茧”图诗中有“茧衣绕指柔，收拾拟何用。冬来作缥纩（指‘丝绵’），与儿御寒冻。衣帛非不能，债多租税重”等句，为什么不能给儿女穿上完整的御寒冬衣呢？就是因为“债多租税重”；正因为租税重，而负债累累，仍得不到温饱。南宋诗人范成大有诗云：“小妇连宵上绢机，大耆催税急于飞。今年幸甚蚕桑熟，留得黄丝织夏衣。”（《四时田园杂兴·夏日之五》）遇上收成好的年头，农妇们还可在缴纳租税之余留一点儿黄丝绢，给自己裁制一件夏衣；如果年成不好，缴纳租税还不够，千辛万苦几个月，最后落得一场空。

南宋时编纂的《吴兴志》上说：“湖丝遍天下，而湖民身无一缕。”种田人没有饭吃，养蚕织绸人穿不上一件完整的衣服，在当时的社会，世道是多么不公平啊。正如北宋政治家、史学家司马光所说：“四民之中，惟农最苦……谷未离场，帛未下机，已非己有。农夫蚕妇所食者糠籺而不足，所衣者绨褐而不完。”（《宋史》卷一七三《食货志上一·农田》）他们都对封建社会农民所受的沉痛剥削和压迫，描述得非常深刻。

应该说古代《耕织图》的始作者楼琦，作为南宋时期的於潜令（相当于今县长），能够在《耕织图》中如实描述当时劳动人民遭受的苦难，说明他并非一味当官做老爷，而是怀着对劳动人民的同情心，上山下乡，深入田间，体察民情，仔细了解农桑生产的全过程和男耕女织的艰辛，于是才能创作出这样的图谱和诗文。他在诗文中敢于揭露当时社会的黑暗，为广大劳动农民鸣不平，这在当时封建社会的确是难能可贵的；也为此，他的诗作得以流传至今。

第三，《耕织图》对封建社会各统治阶层来说，也起到一定的警示和教化作用。

楼璹的《耕织图》因为是在当时南宋朝廷重农要求的大背景下创制的，后由近臣推荐给宋高宗，正是迎合了封建统治者的重农心理，所以受到重视，得到嘉奖，并且在朝廷内进行宣讲，后来派人到州、县、乡进行宣传，从而使其对统治阶级的各级官员起到重农、劝农、悯农的警示作用，对百姓则收到科学普及教育的效果。宋以降，历经元、明、清几代出现了多种不同版本的《耕织图》及其派生的作品，尤其是清代康熙皇帝，首开帝王《御制耕织图》的先河，他在《御制耕织图序》中写道："衣帛当思织女之寒，食粟当念农夫之苦。朕惓惓于此，至深且切也。爰绘耕、织图各二十三幅，朕于每幅，制诗一章，以吟咏其勤苦而书之于图。自始事迄终事，农人胼手胝足之劳，蚕女茧丝机杼之瘁，咸备极其情状。"康熙皇帝说绘制《耕织图》的目的是"用以示子孙臣庶，俾知粒食维艰，授衣匪易"。这对饭来张口、衣来伸手，只知享乐、不事生产的各级统治阶层来说，由于帝王利用《耕织图》积极倡导并谆谆告诫，必然起到有效的警示作用。

第四，《耕织图》的宣传、推广促进了封建统治者的重农思想，并起到推行重农政策的作用。

"民之所生，衣与食也。"（《管子·禁藏》）"衣食之于人也，不可以一日违也。"（《管子·侈靡》）如果人们没有吃，没有穿，不但不能从事物质生产或其他社会活动，就连生存也成了问题。人民丰衣足食才能安居乐业，社会赖以安定，国家得以富强。这些道理，有作为的封建帝王都懂得，因此历代多采取劝课农桑、不违农时的政策已成为传统。以清代为例，如康熙一生重视农桑生产，他在焦秉贞绘制的《耕织图》上的题序及所题诗章已有生动的反映。为此，康熙时代实行许多重农的政策，如奖励垦荒、鼓励发展农业生产。当时规定，地方官能招徕垦荒者晋升，否则罢黜。实行"更名田"，即将明朝藩王的土地分配给原种地的农户，这样耕种藩田的农民就成了自耕农，促进了自耕农生产的积极性；实行蠲（juān，免除）免政策，康熙朝先后将河南、直隶、湖北等九省的田赋普免一周，又将全国各省钱粮分三年轮免一周。为发展农业和保障农民生活，康熙帝还十分重视对黄河和大运河等河道的治理，康熙十六年（1677 年）黄淮河水四溢，高邮、盐城等七个州县一片汪洋。康熙立即命安徽巡抚靳辅为河道总督主持治河工程，治河十余年，成效显著。由于他实施重农政策，全国耕地面积由顺治时代的五亿五千万亩发展到康熙时代的八亿亩，农业生产得到显著发展。康熙五十年（1711 年）时还规定"滋生人丁，永不加赋”，全国人口随之迅速增长。由于康熙帝实施英明的重农政策，这时国力呈现出盛世的局面。

乾隆在《题宋人蚕织图》中曾说：“帝王之政，莫要于爱民；而爱民之道，莫要于重农桑。此千古不易之常经也。”（清高宗《御制诗三集》卷六十八）

清代康熙和乾隆等在《耕织图》上所题诗章正是他们重农思想和重农政策得到落实的形象表述。同时《耕织图》上的诗章也是其“图”的文字说明，因此，这些诗章传播很广。还需要说明的是，《耕织图》在清代还发展为民间的年画，如天津杨柳青和江苏苏州等地均有以耕织图像为内容的多种年画，利用年画推广农桑技术产生了积极的影响，并形成劳作风俗一样的文化现象，受到人民群众的欢迎。

苏州姑苏版《耕织图》年画
（采自阿英编著：《中国年画发展史略》，朝花美术出版社 1954 年版）

利用《耕织图》推广农业生产技术和重农政策，收到了良好的效果。历史上出现的所谓“盛世”固然有多方面的原因，但农桑生产的发达兴旺，却是其中的重要因素。当然，封建社会的重农与我们现在的重农是根本不同的，像康熙、乾隆这些有作为的封建帝王，不仅对耕、织生产的艰辛有所了解，并且还深知耕、织关系国计民生、衣食之本，而农桑好坏与经济兴衰，乃至政权的稳固都有密切的关系。历代农民起义的教训是深刻的，所以历代多宣传、推广《耕织图》，以示重农，这也是统治阶级巩固封建政权的需要。而我们今天则是从人民的根本利益出发，强调农业是国民经济的基础，将解决农业、农村、农民“三农”问题，放在首要的战略地位，并制定出各项重农、惠农的政策，其目的是全面推进乡村振兴，加快建设农业强国，全面建设社会主义现代化国家，为全国人民创造美好的生活条件，过上更加幸福的生活，我们的出发点和落脚点与封建社会是有本质区别的。现在我国的“三农”

工作已经取得了巨大的成就；可以预见，在习近平新时代中国特色社会主义思想指引下，在党和政府正确的方针政策指导下，在国家人力、财力、物力的支持下，经过不懈努力，我国的“三农”工作，必将有更大更快的发展。

第五，《耕织图》的对外流传，在国际上产生了一定的积极影响。

《耕织图》是我国历代帝王劝民勤农、劝课农桑的一种重要形式，并且用以教育子孙及各级官员重视农桑，体恤民众。《耕织图》不仅促进了我国农桑生产的发展，甚至流传到亚洲其他国家，对亚洲乃至世界的农业和纺织业的发展都产生了积极深远的影响（从“织”的方面需要说明的是，现在世界上养蚕的国家，他们最初饲养家蚕的蚕种和养蚕、缫丝等方法，很多都是直接或间接从中国传过去的；因此，养蚕、缫丝的发明也是我国劳动人民对世界文明作出的卓越贡献之一）。如日本学者渡部武教授在《〈耕织图〉对日本文化的影响》（载《中国科技史料》1993 年第 2 期）一文中介绍说：“在日本对引进中国农书兴趣最浓、影响最深的非《耕织图》莫属。”传入日本的《耕织图》可分为楼璹的宋图系统（15 世纪末传入）和焦秉贞《御制耕织图》的清图系统（19 世纪初曾在日本翻印）。15 世纪末中国《耕织图》传入日本后，当时日本并没有将其作为农业技术的参考资料，而是作为山水画受到欢迎和广泛的应用。

15 世纪末日本室町幕府的足利义政（1436—1490）执政时期，他们曾将《耕织图》中的“耕图”作为山水画用于观赏，从那以后，以《四季耕作图》命名的美术作品曾风靡一时，从而出现众多的《耕织图》摹本。如日本山水画家相阿弥（？—1525）曾据中国南宋梁楷《耕织图》摹本绘制“耕织两卷”，今藏日本东京国立博物馆。狩野派（曾是日本的一个宗族画派，其画风是 15—19 世纪之间发展起来的，长达七代，历时四百余年，日本的主要画家都来自这个宗族，该派的画风在题材和用墨技巧方面属于中国传统）善画《耕织图》，如狩野元信（1476—1559）曾仿中国明代宋宗鲁刻本而作《耕织图》，至今仅存《四季耕作图》八幅；狩野永纳也曾据宋宗鲁本翻刻，在日本较为流行，今藏日本内阁文库及早稻田大学图书馆。日本著名画师法桥既白曾摹有耕图、织图各一卷，名《蚕织耕绘卷》，绢本着彩，今藏日本国立历史民俗博物馆。

清代康熙《御制耕织图》传入日本后，日本画师姬路藩摹绘刊刻此焦秉贞摹本，在日本相当普及。日本江户时代画家松村吴春（1752—1811）也曾以焦秉贞本作底本，摹绘出西本愿寺鉴正局《四季耕作图》“隔扇”四十七幅；在高野山的遍照尊院藏有《织图》“屏风”二十二幅；惠光院藏有《四季耕作图》“隔扇”、赤松院藏有《四季耕作图》“屏风”等。至今在日本各地的寺庙、宫殿以及民间居室等地都可以看到以《耕织图》为范本的古代装饰画。

耕图1　浸种（日本法桥既白《蚕织耕绘卷》，日本国立历史民俗博物馆藏）

耕图2　耕（日本法桥既白《蚕织耕绘卷》，日本国立历史民俗博物馆藏）

耕图3　插秧（日本法桥既白《蚕织耕绘卷》，日本国立历史民俗博物馆藏）

耕图4　灌溉（日本法桥既白《蚕织耕绘卷》，日本国立历史民俗博物馆藏）

耕图5　雨乞（日本法桥既白《蚕织耕绘卷》，日本国立历史民俗博物馆藏）

耕图6　水神（日本法桥既白《蚕织耕绘卷》，日本国立历史民俗博物馆藏）

耕图 7　雁行（日本法桥既白《蚕织耕绘卷》，日本国立历史民俗博物馆藏）

耕图 8　收刈（日本法桥既白《蚕织耕绘卷》，日本国立历史民俗博物馆藏）

耕图 9　稻架（日本法桥既白《蚕织耕绘卷》，日本国立历史民俗博物馆藏）

耕图 10　持穗、砻（日本法桥既白《蚕织耕绘卷》，日本国立历史民俗博物馆藏）

耕图 11　猿回（日本法桥既白《蚕织耕绘卷》，日本国立历史民俗博物馆藏）

耕图 12　入仓（日本法桥既白《蚕织耕绘卷》，日本国立历史民俗博物馆藏）

织图 1　下蚕（日本法桥既白《蚕织耕绘卷》，日本国立历史民俗博物馆藏）

织图 2　来客（日本法桥既白《蚕织耕绘卷》，日本国立历史民俗博物馆藏）

织图 3　喂蚕、一眠、三眠（日本法桥既白《蚕织耕绘卷》，日本国立历史民俗博物馆藏）

织图4　采桑（日本法桥既白《蚕织耕绘卷》，日本国立历史民俗博物馆藏）

织图5　捉绩（日本法桥既白《蚕织耕绘卷》，日本国立历史民俗博物馆藏）

织图6　择茧、窖茧、缫丝（日本法桥既白《蚕织耕绘卷》，日本国立历史民俗博物馆藏）

织图7　舟游（日本法桥既白《蚕织耕绘卷》，日本国立历史民俗博物馆藏）

织图8　使者（日本法桥既白《蚕织耕绘卷》，日本国立历史民俗博物馆藏）

织图9　络丝、经、纬、织（日本法桥既白《蚕织耕绘卷》，日本国立历史民俗博物馆藏）

日本临摹《耕织图》尤以屏风及袄画最为流行，如狩野元信的京都紫野大仙院的《袄绘耕作图》、岩佐又兵卫的《屏风耕作图》、长谷川信春的《春耕图》、金泽市大乘寺的《耕作图》“屏风”等。日本临摹《耕织图》有一特点，很多是绘制马耕代替传统的牛耕。马耕始于江户末期，如《大泉四季农业图绘卷》绘有马在水田里耘田，青山永耕的《四季农耕绘卷》亦绘有马在水田耕作，但明治时期石川淡仙的《四季农耕图》“屏风”却绘有马在旱田耕作。因此，马耕则是日本农业技术上的一个特色。

在日本，通过绘画的形式也可反映出耕作和蚕织的各种工具及农桑生产技术上的新发明及技术改良，这对促进当地农桑生产有一定的积极影响。还有日本江户时代的养蚕技术等书中的插图受《耕织图》中“织图”的影响甚为显著。

另据蒋根尧编著的《柞蚕饲养法》（商务印书馆 1948 年版）记载：清代光绪三年（1877 年），日本北海道开拓使厅长黑田清隆（1840—1900）久闻中国柞蚕之名，托人购买茧种八十八粒，寄回试养，便在日本开辟了柞蚕生产，朝鲜和苏联等国的柞蚕业也是由我国传过去的。

据日本学者渡部武先生《中国农书〈耕织图〉的流传及其影响》等著述的介绍，在朝鲜也有一些《耕织图》的摹本流传。这里需要说明的是，朝鲜是我国的近邻，从“织”的方面来说，我国的蚕种和养蚕方法很早就传到了朝鲜。据《汉书·地理志》记载：“殷道衰，箕子去之朝鲜，教其民以礼义、田蚕织作。”由此可知，早在三千多年前的汉代，我国的蚕种和养蚕技术就已经传到了朝鲜。如朝鲜画家金弘道（1745—1815）曾绘有《耕织图》，每图右边以楷书写有楼琫的题诗。他认为此图可能是参照中国明代画家宋宗鲁本或日本狩野永纳本而作。另外，朝鲜画家金斗梁画的《冬科田园行猎胜会》图，其内容、场景、结构与楼琫《耕织图》的摹本基本相同，现藏于韩国古宫博物馆。据说还有朝鲜人仿楼琫的从曾孙楼杓刻本摹绘的《耕织图》及《田家乐事》图等传世；此外，还有琉球本等多种。

如前所述，在美国华盛顿弗利尔美术馆收藏有元代程棨《耕织图》；在美国克利夫兰艺术博物馆收藏有南宋梁楷《耕织图》，1982 年曾在日本东京国立博物馆展出，但仅有织图十五幅。

在欧洲则有法国汉学家伯希和（Paul Pelliot）收藏的元代程棨《耕织图》石刻本拓片；还有德国人佛郎开（Ctto Franke）收藏的明英宗天顺六年（1462 年）王增祐序、宋宗鲁重刊本《耕织图》。

据《中华文史论丛》（第四十八辑）等书记载，18 世纪末在欧洲制造的陶瓷饮料杯，就有以中国《耕织图》中的场景代替惯用的英国田园风景画，可见

古朝鲜版《耕织图》（金弘道绘）织 1　喂蚕

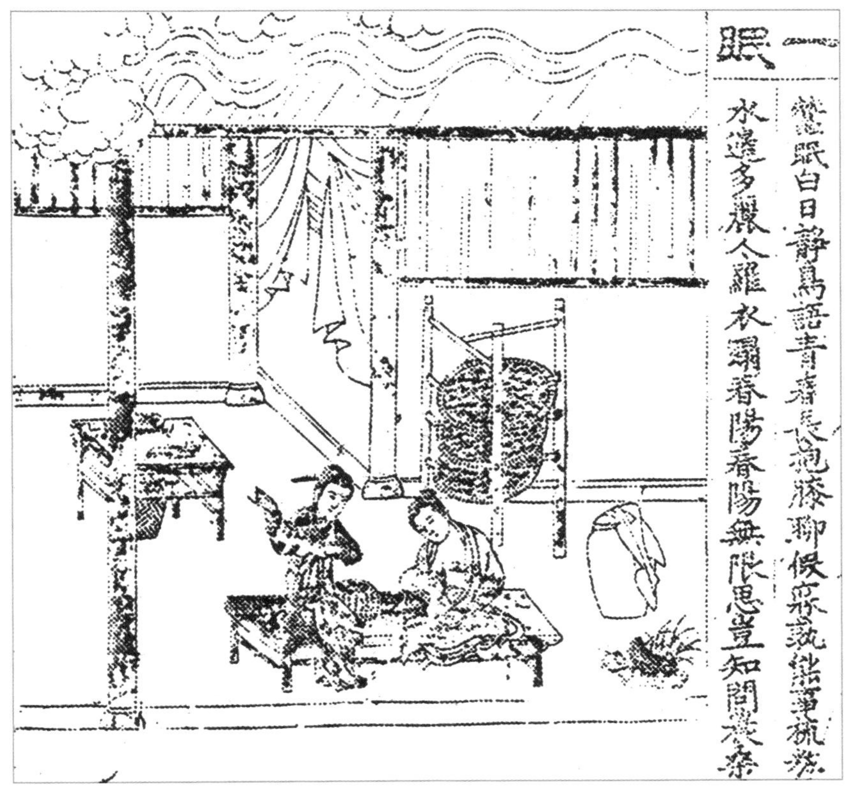

古朝鲜版《耕织图》（金弘道绘）织 2　一眠

古朝鲜版《耕织图》（金弘道绘）织 3　二眠

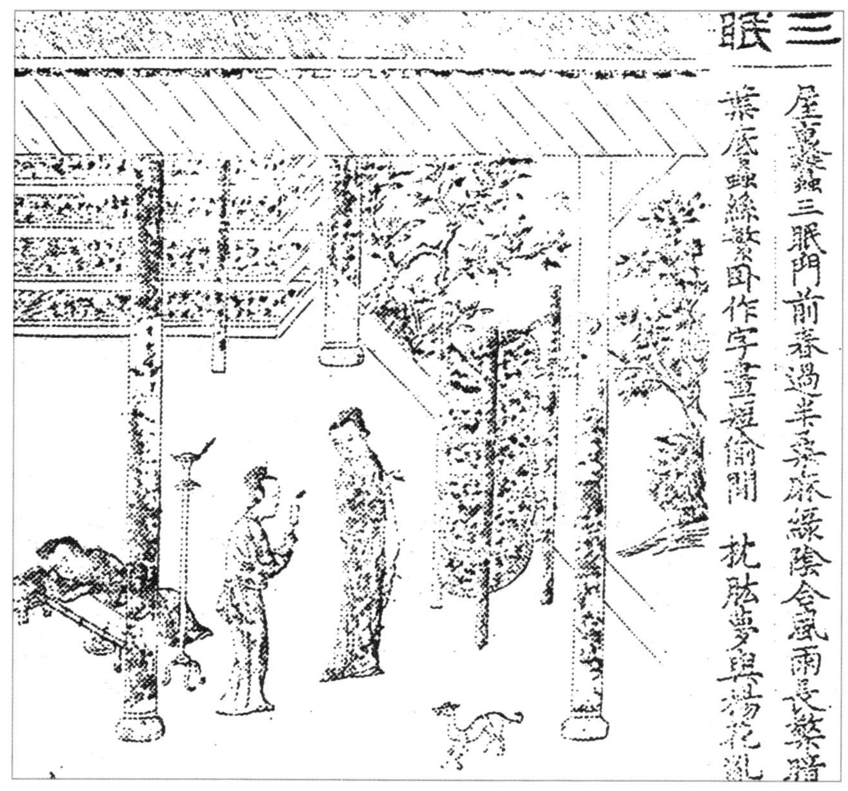

古朝鲜版《耕织图》（金弘道绘）织 4　三眠

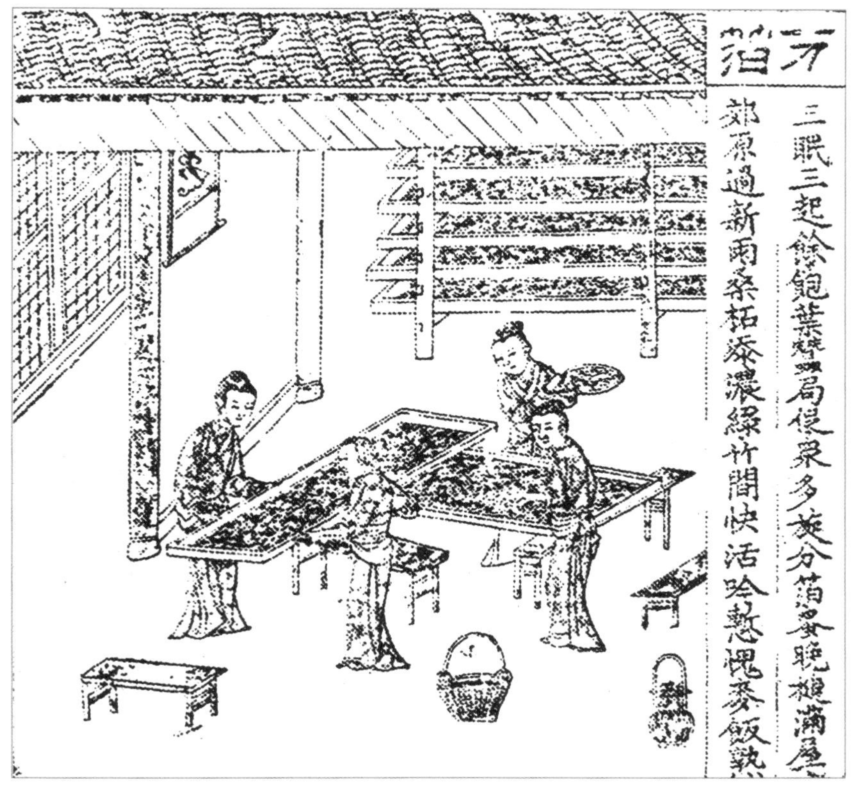

古朝鲜版《耕织图》（金弘道绘）织 5　分箔

古朝鲜版《耕织图》（金弘道绘）织 6　采桑

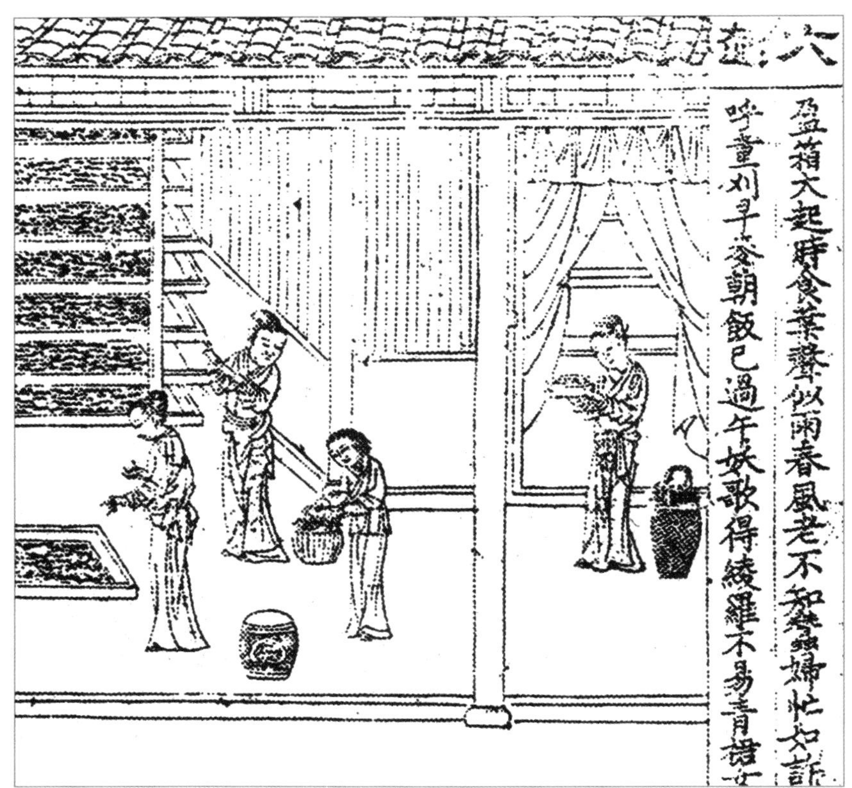

古朝鲜版《耕织图》（金弘道绘）织 7　大起

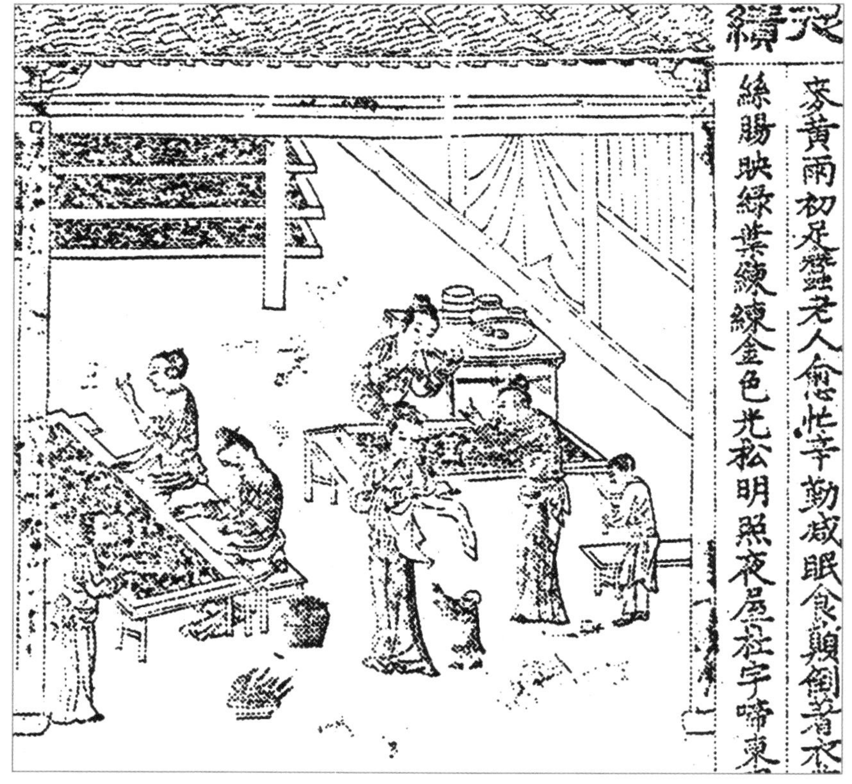

古朝鲜版《耕织图》（金弘道绘）织 8　捉绩

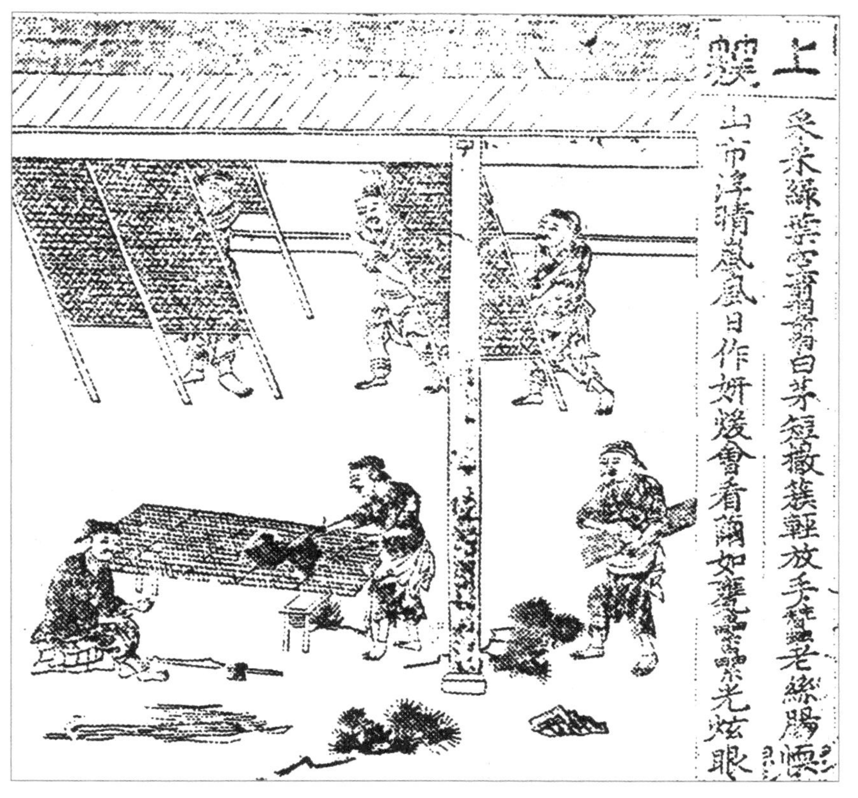

古朝鲜版《耕织图》（金弘道绘）织 9　上蔟

古朝鲜版《耕织图》（金弘道绘）织 10　炙箔

古朝鲜版《耕织图》（金弘道绘）织 11　下蔟

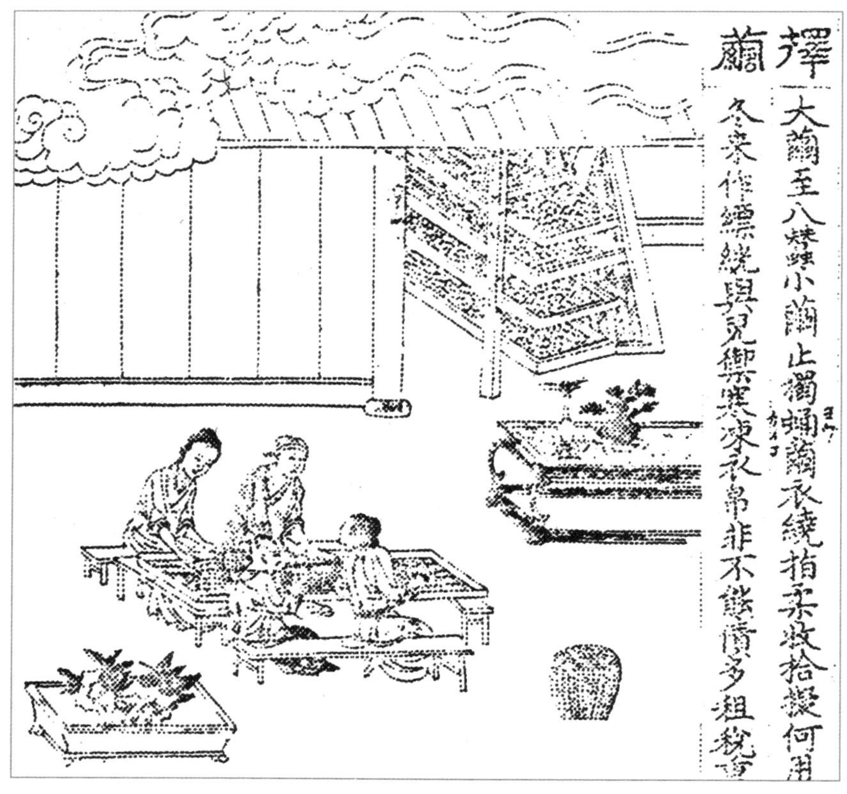

古朝鲜版《耕织图》（金弘道绘）织 12　择茧

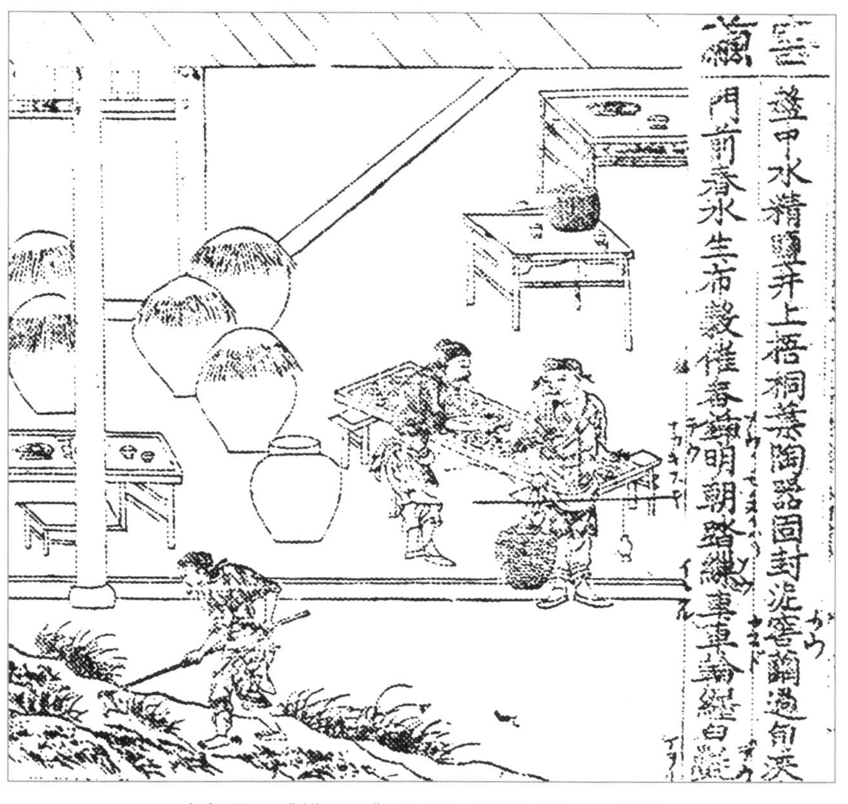

古朝鲜版《耕织图》（金弘道绘）织 13　窖茧

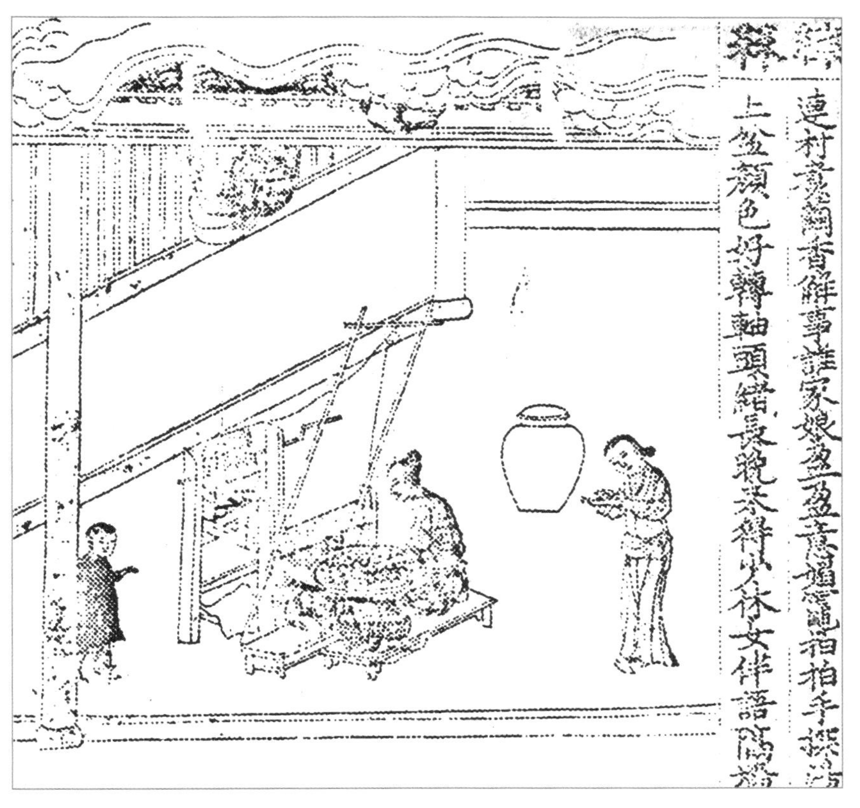

古朝鲜版《耕织图》（金弘道绘）织 14　缫丝

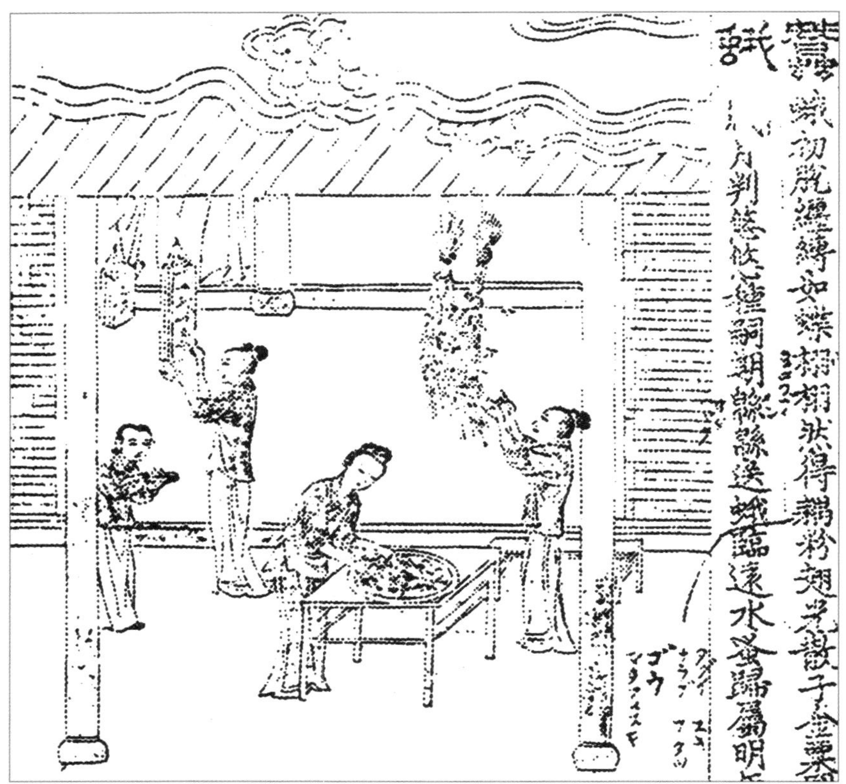

古朝鲜版《耕织图》（金弘道绘）织 15　蚕蛾

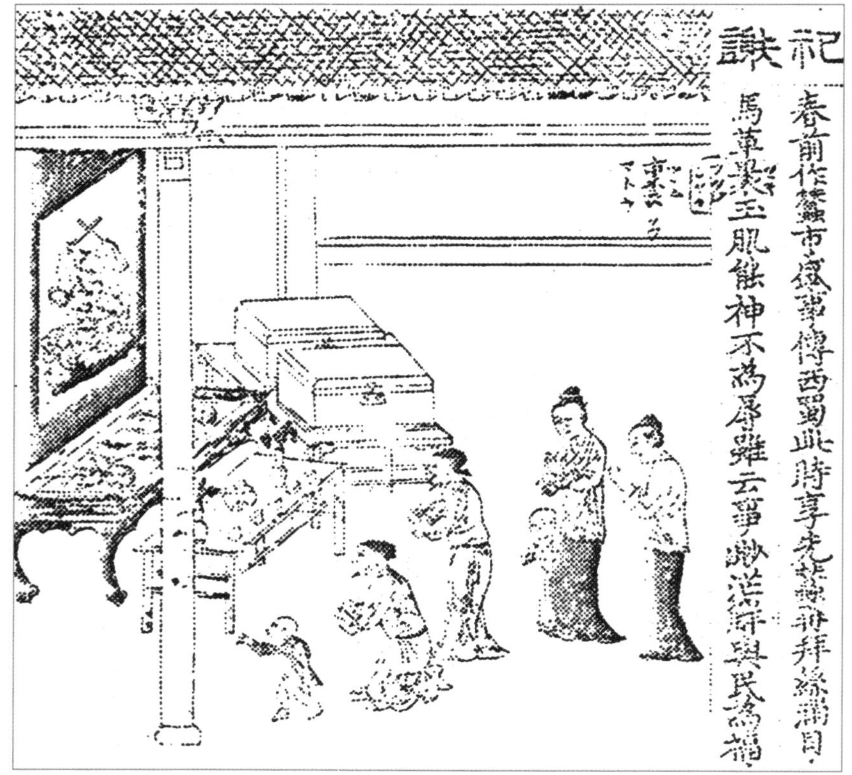

古朝鲜版《耕织图》（金弘道绘）织 16　祀谢

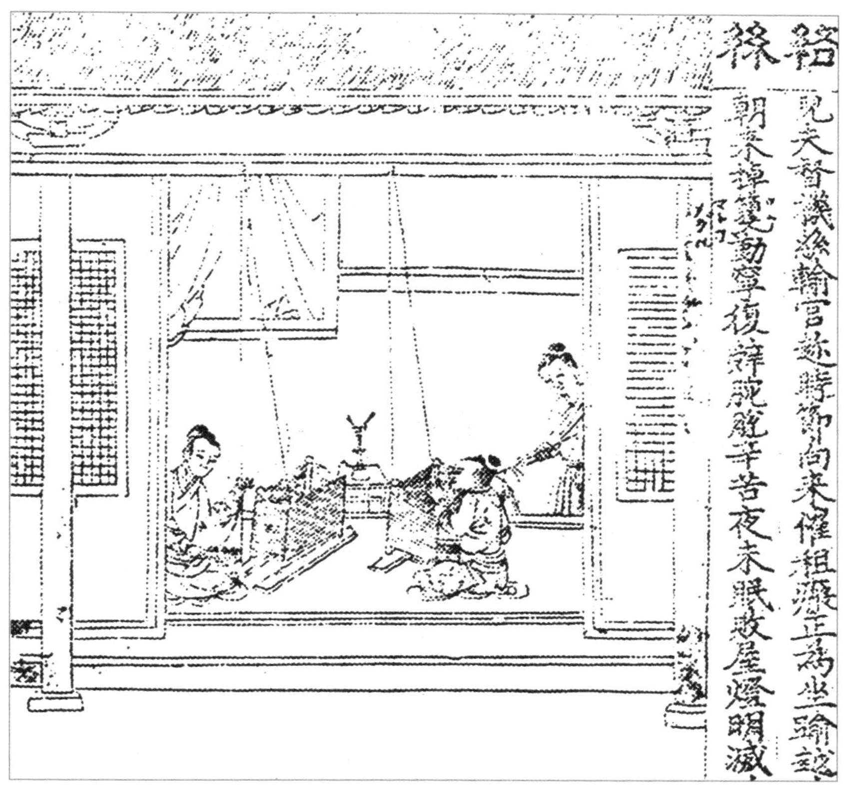

古朝鲜版《耕织图》（金弘道绘）织 17　络丝

古朝鲜版《耕织图》（金弘道绘）织 18　经

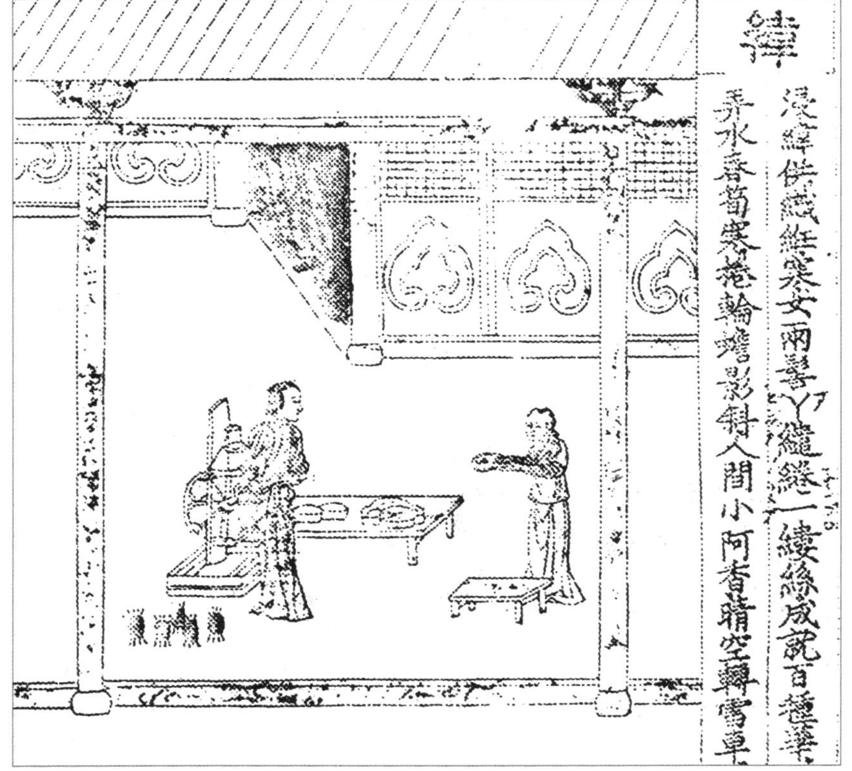

古朝鲜版《耕织图》（金弘道绘）织 19　纬

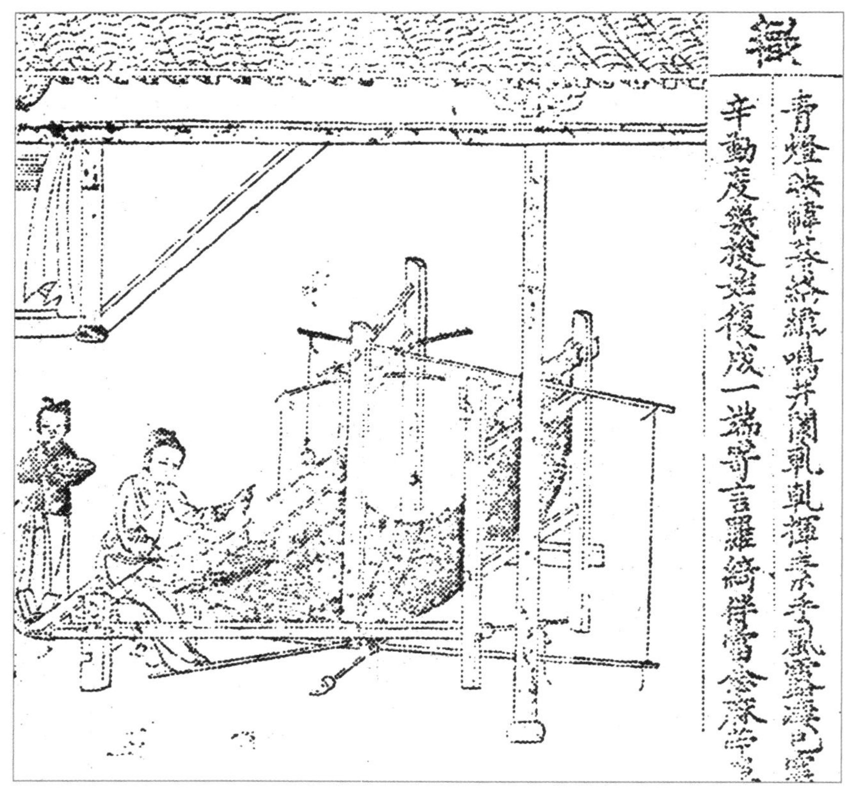

古朝鲜版《耕织图》（金弘道绘）织 20　织

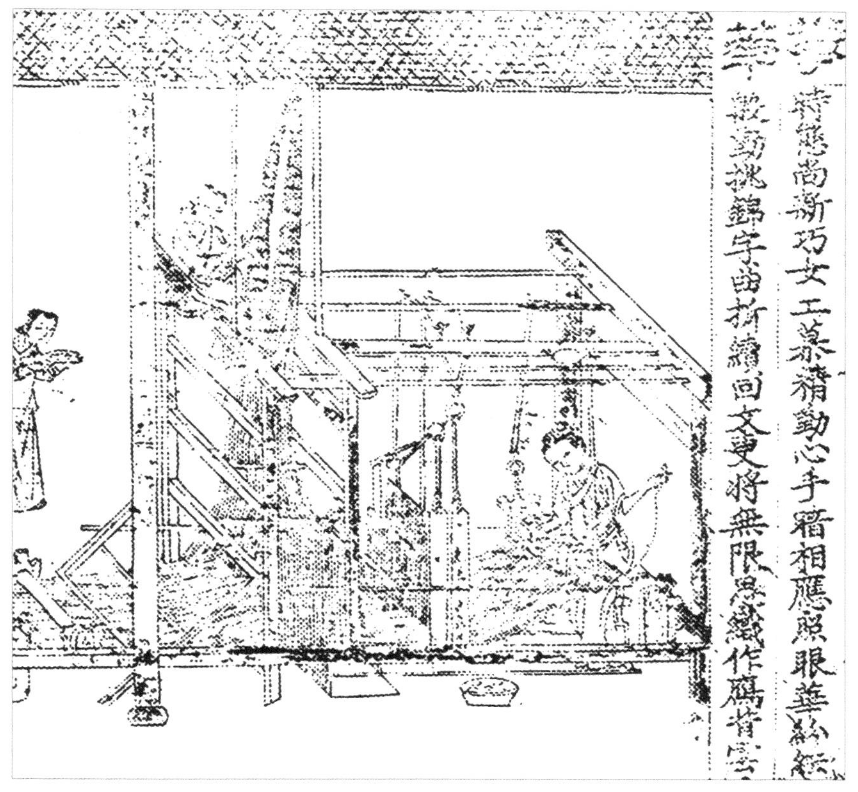

古朝鲜版《耕织图》（金弘道绘）织 21　攀花

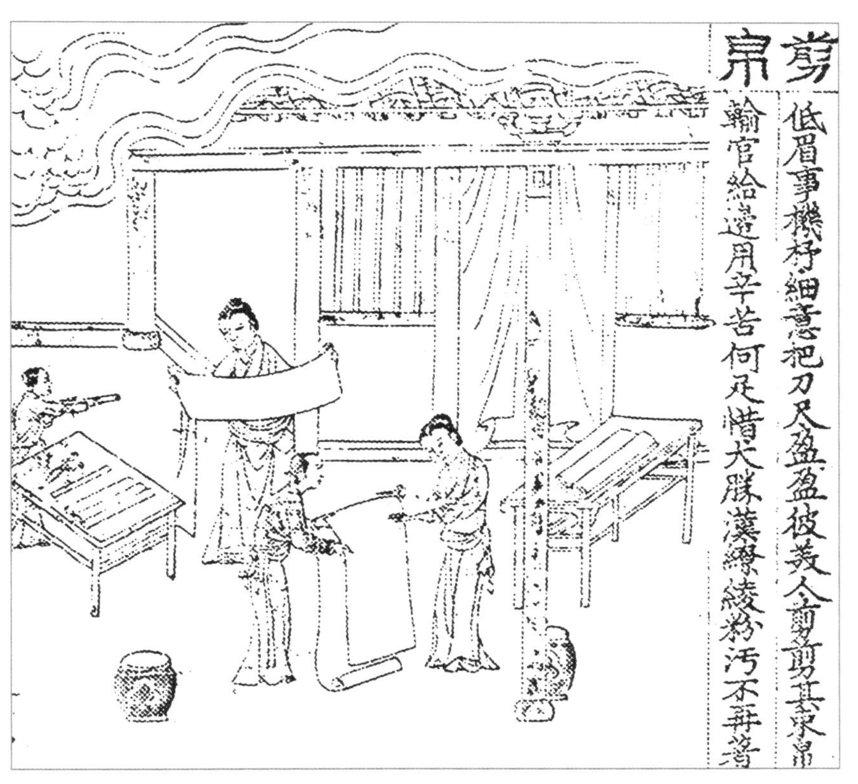

古朝鲜版《耕织图》（金弘道绘）织 22　剪帛

我国的《耕织图》不仅只在东南亚地区有收藏和出版，而且还远及欧洲地区流传，并产生一定的影响。

根据李仁溥所著《中国古代纺织史稿》（岳麓书社 1983 年版）一书中记载："当时（指宋代）我国的丝织业还是世界上最发达的，丝织纹样日益增多，成为一种色彩绚丽的艺术品。丝织品的贸易沟通了欧亚大陆的交通，保持着汉代以来丝绸之路的光荣传统，丝绸在欧洲人的心目中代表着光辉灿烂的中国高度发展的文明。"

中国古代人民为推广、普及和提高农业生产，并针对当时农村普遍缺乏文化，发明了利用图像形式描绘耕种与蚕织生产的系列图谱——《耕织图》，使当时农村普遍缺乏文化的广大农民从形象化的《耕织图》中学会制作和使用各种耕种和蚕织的生产工具，了解和掌握了生产流程及各项操作的生产技术，从而促进了农业生产的发展，提高了农业生产的质量和水平。也正如英国著名科学史专家李约瑟在《中国科学技术史·序言》中所论述的："在人类了解自然和控制自然方面，中国人民是有过贡献的。"并说，"人类历史上一些很基本的技术，正是从这块土地上生长起来的……"中国古代通过宣传、推广、普及、利用《耕织图》所取得的效果就证实了李约瑟博士的论述。中国古代《耕织图》在农业稼穑和蚕织生产的历史上所起的重要作用以及所取得的各项成就是不言而喻的，同时还得到亚、欧一些国家的重视、利用和效仿，为世界人类的农业发展作出了重要贡献。

结 束 语

通过以上对搜集到的中国古代耕织图图像的初步研究和探讨，可知我国古代耕织图不仅种类繁多，而且具有形式多样、各具风格、图文并茂、内容丰富、直观形象、通俗易懂、便于流传等显著特点。它生动地反映了我国不同历史时期、不同地区的农桑生产经营和农桑生产技术以及农村生活的概貌，能够起到倡导发展农桑生产，宣传、推广、促进农耕和蚕织生产技术以及各种农业生产工具规范操作及效仿的功能，并起到“劝课农桑”“莫忘农本”，发展农桑生产，提高生产水平的有效作用。因此，自宋以后，元、明、清各代的执政者以及民间都曾以南宋楼𬴊《耕织图》或其摹本为范本，根据本地区的自然条件及生产环境不断改编、临摹、仿绘、镂刻、印制，从而使耕织图像由单一走向系列，从简单走向复合，历史上出现了多种内容大致相同或不完全相同、而风格各异的系列《耕织图》版本，虽然这些版本至今尚难准确地统计和加以介绍，但是应该说中华民族历史上千百年来以描绘“耕”“织”为主的图像，是我们研究中华农耕文明极其珍贵的历史资料。

《耕织图》就是我国古代先人创造的一种用于宣传、推广、指导农耕、蚕织生产特有的“图说农书”。据1959年北京图书馆（现国家图书馆）主编的《中国古农书联合目录》中登载，中国有六百四十三种古农书，流传至今的有三百多种，其中大多数古农书的内容都是用文字表述，并没有系列的图像配合文字说明，如著名的现存最早的有“中国古代农业百科全书”之称的古农书北魏农学家贾思勰所著的《齐民要术》也只有文字而无图解。由于每个人对文字的理解有所不同，其想象中的各种形象也必然不同。当然我们能够看到如前所述的古代一些器物的装饰画以及画像砖石、墓室及石窟壁画等，画中描绘有农民使用各种农具进行农耕、蚕织等多种生产活动的图像，这些图像能够起到配合文字补充说明的作用，反映了当时农业生产发展的科学技术水平，因此也是十分珍贵的史料；但是这些图像都是简单的、单一的、分散表达的形象。而南宋楼璹创作的《耕织图》及其以后的多种摹本或再创本等都是成系列的、完整的描绘当时运用各种农桑工具进行农桑生产实际操作的步骤及全过程，并蕴含着当时的科学技术及文化信息，同时也反映了农民的生活概貌，以及不同地域的民俗风习。这些《耕织图》更形象、更生动、更清楚，使人一目了然。特别是有一些农桑工具，只在古农书中有文字描述，而无图形记载，例如北宋秦观《蚕书》中所记的“脚踏缫车”，在唐、宋时还普遍使用，也只有文字表述而其形象不明。但是在楼璹《耕织图》的重要摹本——南宋宫廷《蚕织图》中的“生缫”图中却有女工正在使用“脚踏缫车”操作很清楚的图像描绘。所以《耕织图》可以作为古农书中用图像配合文字说明的重要补充。《耕织图》既有图像又有诗文解说，实际上形成了“图说农书”，因此《四库全书总目》中列有专题《耕织图诗》，《宋史・艺文志》将《耕织图》（包括诗文）列为农书一类。正是由于受此“图说农书”——《耕织图》传播的影响，自宋代以后很多重要的古农书都有了附图，如元代《王祯农书》列有“农器图谱”（有三百零六幅图），明代邝璠《便民图纂》有《农务图》《女红图》共三十一幅，明代徐光启《农政全书》附蚕事、桑事、麻类等图谱共四十余幅，明代宋应星《天工开物》附图一百二十余幅。清代乾隆帝于乾隆二年（1737 年）命鄂尔泰等编纂的《授时通考》历时五年，于乾隆七年（1742 年）刊刻完成，其内容分为天时、土宜、谷种、功作、劝课、蓄聚、农余、蚕桑等八门，并附插图五百一十二幅，其中有仿《御制耕织图》四十六幅，每图上有南宋楼璹题《耕织图》的五言诗文，此书类似农桑生产基础知识的农桑手册，书成后颁发各地作为地方官员劝课农桑、指导农桑生产的依据。以上这些古农书图文并茂，图形有助于理解文字的表述，因此增强了农书的传播，获得了促进农桑生产的实效。

由以上简述，可知《耕织图》是研究我国古代农业（包括蚕织业）以及各有关学科不可或缺的珍贵史料，其科学文化价值非同一般。

自我国进入阶级社会以后，历代封建统治者都将农耕和蚕织作为解决衣食和生存的重要的生产劳作，确立了“农桑并举，耕织并重”的立国之策，所以“耕”“织”二字实际上是对农业（包括蚕织业）生产的一种概括。起源于中国南方的《耕织图》以南方的主要粮食作物——水稻生产的全过程代表“耕”；蚕桑是衣着的代表，故以“织”代表“衣”。但是“耕织结合”的《耕织图》也有历史局限性的一面，如历史上北方以粟（俗名“小米”）、麦为主要粮食作物，而不是以水稻生产为主，因为北方相对干旱，水田较少，施行旱作农业，种植粟麦，而大多数《耕织图》中的“耕”主要描绘的是中国南方的水田作业。

在“衣”的方面，古代丝织品一直是统治者及上层贵族人士的衣料，庶民则主要靠麻织品，宋代以后多靠棉织品。而为什么历史上没有较系统的以粟、麦和棉麻为代表，反映北方旱作农业的耕织图像呢？只有清代乾隆时期方观承的《棉花图》和嘉庆《棉花图》、光绪木刻《棉织图》等描述中国北方棉花生产的棉花图，这是一个值得探讨的问题。

总的来看，耕、织为民生之本，是解决衣食问题的国政之基。所以中国历史上反映耕、织的图像有关资料值得我们继续挖掘、搜集、整理和更深入的研究，以便进一步揭示出历代《耕织图》所蕴含的有关农学史、农业科技史、农业经济史以及民俗史、美术史和文化史、贸易交流史等诸多方面的丰富内涵，并为研究中华民族历史上优秀的传统农业文化，创造中国新时代农业文化的新辉煌提供参考资料。

附录：历代（宋、元、明、清）《耕织图》题诗

一、南宋临安於潜令楼璹题《耕织图》诗四十五首[①]（附录《耕织图》后序）

（一）耕图诗二十一首

浸　种

溪头夜雨足，门外春水生。筠篮浸浅碧，嘉谷抽新萌。
西畴将有事，耒耜随晨兴。只鸡祭句芒，再拜祈秋成。

耕

东皋一犁雨，布谷初催耕。绿野暗春晓，乌犍苦肩赪。
我衔劝农字，杖策东郊行。永怀历山下，往事关圣情。

耙

雨笠冒宿雾，风蓑拥春寒。破块得甘霪，啮塍浸微澜。
泥深四蹄重，日暮两股酸。谓彼牛后人，着鞭无作难。

耖

脱袴下田中，盎浆著塍尾。巡行遍畦畛，扶耖均泥滓。
迟迟春日斜，稍稍樵歌起。薄暮佩牛归，共浴前溪水。

碌　碡

力田巧机事，利器由心匠。翩翩转圜枢，衮衮鸣翠浪。
三春欲尽头，万顷平如掌。渐暄牛已喘，长怀丙丞相。

布　秧

旧谷发新颖，梅黄雨生肥。下田初播殖，却行手奋挥。

① 楼璹题《耕织图》诗四十五首采自《丛书集成》。清焦秉贞本“初秧”“祭神”“染色成衣”四图楼璹题诗可能系后人补加。

明朝望平畴，绿针刺风漪。审此一寸根，行作合穗期。

淤　荫

杀草闻吴儿，洒灰传自祖。田田皆沃壤，泫泫流膏乳。

塍头乌啄泥，谷口鸠唤雨。敢望稼如云，工夫盖如许。

拔　秧

新秧初出水，渺渺翠琰齐。清晨且拔擢，父子争提携。

既沐青满握，再栉根无泥。及时趁芒种，散著畦东西。

插　秧

晨雨麦秋润，午风槐夏凉。溪南与溪北，啸歌插新秧。

抛掷不停手，左右无乱行。我将教秧马，代劳民莫忘。

一　耘

时雨既已降，良苗日怀新。去草如去恶，务令尽陈根。

泥蟠任犊鼻，膝行生浪纹。眷惟圣天子，傥亦思鸟耘。

二　耘

解衣日炙背，戴笠汗濡首。敢辞冒炎蒸，但欲去稂莠。

壶浆与箪食，亭午来饷妇。要儿知稼穑，岂曰事携幼。

三　耘

农田亦甚劬，三复事耘耔。经年苦艰食，喜见苗薿薿。

老农念一饱，对此出馋水。愿天均雨旸，满野如云委。

灌　溉

揠苗鄙宋人，抱瓮惭蒙庄。何如衔尾鸦，倒流竭池塘。

稏稏舞翠浪，籧篨生昼凉。斜阳耿衰柳，笑歌闲女郎。

收　刈

田家刈获时，腰镰竞仓卒。霜浓手龟坼，日永身罄折。

儿童行拾穗，风色凌短褐。欢呼荷担归，望望屋山月。

登　场

禾黍已登场，稍觉农事优。黄云满高架，白水空西畴。

用此可卒岁，愿言免防秋。太平本无象，村舍炊烟浮。

持　穗

霜时天气佳，风劲木叶脱。持穗及此时，连枷声乱发。

黄鸡啄遗粒，乌鸟喜聒聒。归家抖尘埃，夜屋烧榾柮。

簸　扬

临风细扬簸，糠秕零风前。倾泻雨声碎，把玩玉粒圆。

短裙箕帚妇，收拾亦已专。岂图较斗升，未敢忘凶年。

砻

推挽人摩肩，展转石砺齿。殷床作春雷，旋风落云子。
有如布山川，部娄势相峙。前时斗量珠，满眼俄有此。

舂　碓

娟娟月过墙，簌簌风吹叶。田家当此时，村舂响相答。
行闻炊玉香，会见流匙滑。更须水转轮，地碓劳蹴蹋。

筛

茅檐闲杵臼，竹屋细筛簸。照人珠琲光，奋臂风雨过。
计功初不浅，饱食良自贺。西邻华屋儿，醉饱正高卧。

入　仓

天寒牛在牢，岁暮粟入庾。田父有余乐，炙背卧檐庑。
却愁催赋租，胥吏来旁午。输官王事了，索饭儿叫怒。

（二）织图诗二十四首

浴　蚕

农桑将有事，时节过禁烟。轻风归燕日，小雨浴蚕天。
春衫卷缟袂，盆池弄清泉。深宫想斋戒，躬桑率民先。

下　蚕

谷雨无几日，溪山暖风高。华蚕初破壳，落纸细于毛。
柔桑摘蝉翼，簌簌才容刀。茅檐纸窗明，未觉眼力劳。

喂　蚕

蚕儿初饭时，桑叶如钱许。攀条摘鹅黄，藉纸观蚁聚。
屋头草木长，窗下儿女语。日长人颇闲，针线随缉补。

一　眠

蚕眠白日静，鸟语青春长。抱胫聊假寐，孰能事梳妆。
水边多丽人，罗衣蹋春阳。春阳无限思，岂知问农桑。

二　眠

吴蚕一再眠，竹屋下帘幕。拍手弄婴儿，一笑姑不恶。
风来麦秀寒，雨过桑沃若。日高蚕未起，谷鸟鸣百箔。

三　眠

屋里蚕三眠，门前春过半。桑麻绿阴合，风雨长檠暗。
叶底虫丝繁，卧作字画短。偷闲一枕肱，梦与杨花乱。

分　　箔

三眠三起余，饱叶蚕局促。众多旋分箔，早晚磓满屋。
郊原过新雨，桑柘添浓绿。竹间快活吟，惭愧麦饱熟。

采　　桑

吴儿歌采桑，桑下青春深。邻里讲欢好，逊畔无欺侵。
筠篮各自携，筠梯高倍寻。黄鹂饱紫葚，哑咤鸣绿阴。

大　　起

盈箱大起时，食桑声似雨。春风老不知，蚕妇忙如许。
呼儿刈青麦，朝饭已过午。妖歌得绫罗，不易青裙女。

捉　　绩

麦黄雨初足，蚕老人愈忙。辛勤减眠食，颠倒着衣裳。
丝肠映绿叶，练练金色光。松明照夜屋，杜宇啼东冈。

上　　蔟[①]

采采绿叶空，剪剪白茅短。撒蔟轻放手，蚕老丝肠软。
山市浮晴岚，风日作妍暖。会看茧如瓮，累累光眩眼。

炙　　箔

峨峨爇薪炭，重重下帘幕。初出虫结网，遽若雪满箔。
老翁不胜勤，候火珠汗落。得闲儿女子，困卧呼不觉。

下　　蔟

晴明开雪屋，门巷排银山。一年蚕事办，下蔟春向阑。
邻里两相贺，翁媪一笑欢。后妃应献茧，喜色开天颜。

择　　茧

大茧至八蚕，小茧止独蛹。茧衣绕指柔，收拾拟何用。
冬来作缥纩，与儿御寒冻。衣帛非不能，债多租税重。

---

① 从古代《耕织图》题诗中，我们可以看到有古代帝王及一些《耕织图》作者在《耕织图》上的题诗中所提的“上簇”及“下簇”两个“簇”字，用的是竹字头的“簇”字。此“簇”为“丛聚”“花团锦簇”之意，而草字头的“蔟”则专指蚕在上面经人工搭建的适合作茧的器具，谓之“蚕蔟”，“蚕蔟”通常用稻、麦秆制作，而制作成型的这个器具最适合老蚕在此作茧，而《耕织图》中“织图”所用“上蔟”及“下蔟”的“蔟”是专指“蚕蔟”。将老蚕移到蚕蔟上，使之吐丝作茧的操作谓之“上蔟”；将蚕茧从蚕蔟上一个一个摘取下来，谓之“下蔟”。“蔟”与“簇”两个字古代是可以通用的，古人书写则常用此“簇”字。本书中对古人绘画中题诗及影印序文、跋文中均保持原用字，但是笔者在论文中及编写的附件“历代《耕织图》题诗”中则全用“蚕蔟”的“蔟”字，特此说明。

窖　　茧

盘中水晶盐，井上梧桐叶。陶器固封泥，窖茧过旬浃。
门前春水生，布谷催畚锸。明朝蹋缫车，车轮缠白氎。

缫　　丝

连村煮茧香，解事谁家娘。盈盈意媚灶，拍拍手探汤。
上盆颜色好，转轴头绪长。晚来得少休，女伴语隔墙。

蚕　　蛾

蛾初脱缠缚，如蝶栩栩然。得偶粉翅光，散子金粟圜。
岁月判悠悠，种嗣期绵绵。送蛾临远水，早归属明年。

祀　　谢

春前作蚕市，盛事传西蜀。此邦享先蚕，再拜丝满目。
马革裹玉肌，能神不为辱。虽云事渺茫，解与民为福。

络　　丝

儿夫督机丝，输官趁时节。向来催租瘢，正为坐逾越。
朝来掉籰勤，宁复辞腕脱。辛勤夜未眠，败屋灯明灭。

经

素丝头绪多，羡君好安排。青鞋不动尘，缓步交去来。
脉脉意欲乱，眷眷首重回。王言正如丝，亦付经纶才。

纬

浸纬供织作，寒女两髻丫。缱绻一缕丝，成就百种花。
弄水春笋寒，卷轮蟾影斜。人闲小阿香，晴空转雷车。

织

青灯映帏幕，络纬鸣井栏。轧轧挥素手，风露凄已寒。
辛勤度几梭，始复成一端。寄言罗绮伴，当念麻苎单。

攀　　花

时态尚新巧，女工慕精勤。心手暗相应，照眼花纷纭。
殷勤挑锦字，曲折读回文。更将无限思，织作雁背云。

剪　　帛

低眉事机杼，细意把刀尺。盈盈彼美人，剪剪其束帛。
输官给边用，辛苦何足惜。大胜汉缭绫，粉涴不再著。

（三）楼璹侄楼钥《耕织图》后序（采自《丛书集成初编》）

周家以农事开国，《生民》之尊祖，《思文》之配天，后稷以来，世守其业。公刘之厚于民，太王之于疆于理，以致文武成康之盛。周公《无逸》之书，切切然欲其君知稼穑之艰难。至《七月》之陈王业，则又首言“九月授衣”，与夫“无衣无褐，何以卒岁”，至于“条桑”“载绩”，又兼女工而言之，是知农桑为天下之本。孟子备陈王道之始，由于黎民不饥不寒，而百亩之田，墙下之桑，言之至于再三，而天子三推，皇后亲蚕，遂为万世法。高宗皇帝，身济大业，绍开中兴，出入兵间，勤劳百为，栉风沐雨，备知民瘼，尤以百姓之心为心，未遑它务，首下务农之诏，躬耕籍田之勤。

伯父时为临安於潜令，笃意民事，慨念农夫蚕妇之作苦，究访始末，为耕、织二图。耕自“浸种”以至“入仓”，凡二十一事；织自“浴蚕”以至“剪帛”，凡二十四事。事为之图，系以五言诗一章，章八句。农桑之务，曲尽情状，虽四方习俗间有不同，其大略不外于此，见者固已韪之。未几，朝廷遣使循行郡邑，以课最闻。寻又有近臣之荐，赐对之日，遂以进呈，即蒙玉音嘉奖，宣示后宫，书姓名屏间。初除行在审计司，后历广闽舶使，漕湖北、湖南、淮东，摄长沙、帅维扬，持麾节十有余载，所至多著声绩，实基于此。晚而退闲，斥俸余以为义庄，宗党被赐者近五纪，则其居官时惠利之及民者多矣。孙洪、深等，虑其久而湮没，欲以诗刊诸石，钥为之书丹，庶以传永久云。

呜呼，士大夫饱食暖衣，犹有不知耕织者，而况万乘主乎！累朝仁厚，抚民最深，恐亦未尽知幽隐。此图此诗，诚为有补于世。夫沾体涂足，农之劳至矣，而粟不饱其腹；蚕缫织纴，女之劳至矣，而衣不蔽其身。使尽如二图之详，劳非敢惮，又必无兵革力役以夺其时，无污吏暴胥以肆其毒，则足以坐享农桑之利，而无衣食之艰矣。然人事既尽，而天时不可必。旱潦螟螣，既有以害吾之农；若夫桑遭雨而叶不可食，蚕有变而坏于垂成。此实斯民之困苦，上之人尤不可不知，此又图之所不能述也。

伯父讳璹，字寿玉，一字国器，官至朝议大夫。

嘉定三年八月朔，从子正奉大夫参知政事兼太子宾客奉化郡开国公，食邑三千一百户，食实封六百户钥谨书。

二、元代翰林学士承旨、书画家赵孟頫题《耕织图》诗二十四首奉懿旨撰

（一）耕图诗十二首

正　月

田家重元日，置酒会邻里。小大易新衣，相戒未明起。

老翁年已迈，含笑弄孙子。老妪惠且慈，白发被两耳。
杯盘且罗列，饮食致甘旨。相呼团圞坐，聊慰衰暮齿。
田硗藉人力，粪壤要锄理。新岁不敢闲，农事自兹始。

二　月

东风吹原野，地冻亦已消。早觉农事动，荷锄过相招。
迟迟朝日上，炊烟出林梢。土膏脉既起，良耜利若刀。
高低遍翻垦，宿草不待烧。幼妇颇能家，井臼常自操。
散灰缘旧俗，门径环周遭。所冀岁有成，殷勤在今朝。

三　月

良农知土性，肥瘠有不同。时至万物生，芽蘖由地中。
秉耒向畎亩，忽遍西与东。举家往于田，劳瘁在尔农。
春雨及时降，被野何濛濛。乘兹各布种，庶望西成功。
培根利秋实，仰天望年丰。但使阴阳和，自然仓廪充。

四　月

孟夏土加润，苗生无近远。漫漫冒浅陂，芃芃被长阪。
嘉谷虽已殖，恶草亦滋蔓。君子与小人，并处必为患。
朝朝荷锄往，薅耨忘疲倦。旦随鸟雀起，归与牛羊晚。
有妇念将饥，过午可无饭？一饱不易得，念此独长叹。

五　月

仲夏苦雨干，二麦先后熟。南风吹垄亩，惠气散清淑。
是为农夫庆，所望实其腹。酤酒醉比邻，语笑声满屋。
纷然收获罢，高廪起相属。有周成王业，后稷播百谷。
皇天贻来牟，长世自兹卜。愿言仍岁稔，四海尽蒙福。

六　月

当昼耘水田，农夫亦良苦。赤日背欲裂，白汗洒如雨。
匍匐行水中，泥淖及腰膂。新苗抽利剑，割肤何痛楚。
夫耘妇当馌，奔走及亭午。无时暂休息，不得避炎暑。
谁怜万民食，粒粒非易取。愿陈知稼穑，《无逸》传自古。

七　月

大火既西流，凉风日凄厉。古人重稼穑，力田在匪懈。
郊行省农事，禾黍何旆旆。碾以他山石，玉粒使人爱。
大祀须粢盛，一一稽古制。是为五谷长，异彼稊与稗。
炊之香且美，可用享上帝。岂惟足食人，一饱有所待。

八　　月

白露下百草，茎叶日纷委。是时禾黍登，充积遍都鄙。
在郊既千庾，入邑复万轨。人言田家乐，此乐谁可比？
租赋以输官，所余足储峙。不然风雪至，冻馁及妻子。
优游茅檐下，庶可以卒岁。太平原有象，治世乃如此。

九　　月

大家饶米面，何啻百室盈。纵复人力多，舂磨常不停。
激水转大轮，硙碾亦易成。古人有机智，用之可厚生。
朝出连百车，暮入还满庭。勾稽数多寡，必假布算精。
小人好争利，昼夜心营营。君子贵知足，知足万虑轻。

十　　月

孟冬农事毕，谷粟既已藏。弥望四野空，藁秸亦在场。
朝廷政方理，庶事和阴阳。所以频岁登，不忧旱与蝗。
置酒燕乡里，尊老列上行。肴羞不厌多，炰羔复烹羊。
纵饮穷日夕，为乐殊未央。祷天祝圣人，万年长寿昌。

十　一　月

农家值丰年，乐事日熙熙。黑黍可酿酒，在牢羊豕肥。
东邻有一女，西邻有一儿。儿年十五六，女大亦可笄。
财礼不求备，多少取随宜。冬前与冬后，婚嫁利此时。
但愿子孙多，门户可扶持。女当力蚕桑，男当力耘耔。

十　二　月

一日不力作，一日食不足。惨淡岁云暮，风雪入破屋。
老农气力衰，伛偻腰背曲。索绹民事急，昼夜互相续。
饭牛欲牛肥，茭藁亦预蓄，蹇驴虽劣弱，挽车致百斛。
农家极劳苦，岁岂恒稔熟。能知稼穑艰，天下自蒙福。

（二）织图诗十二首

正　　月

正月新献岁，最先理农器。女工并时兴，蚕室临期治。
初阳力未胜，早春尚寒气。窗户当奥密，勿使风雨至。
田畴耕耨动，敢不修耒耜。经冬牛力弱，相戒勤饭饲。
万事非预备，仓卒恐不易。田家亦良苦，舍此复何计？

二　月

仲春冻初解，阳气方满盈。旭日照原野，万物皆欣荣。
是时可种桑，插地易抽萌。列树遍阡陌，东西各纵横。
岂惟篱落间，采叶惮远行？大哉皇元化，四海无交兵。
种桑日已广，弥望绿云平。匪惟锦绮谋，只以厚民生。

三　月

三月蚕始生，纤细如牛毛。婉娈闺中女，素手握金刀。
切叶以饲之，拥纸散周遭。庭树鸣黄鸟，发声和且娇。
蚕饥当采桑，何暇事游遨？田时人力少，丈夫方种苗。
相将挽长条，盈筐不终朝。数口望无寒，敢辞终岁劳？

四　月

四月夏气清，蚕大已属眠。高首何昂昂，蛾眉复娟娟。
不忧桑叶少，遍野如绿烟。相呼携筐去，迢递立远阡。
梯空伐条枚，叶上露未干。蚕饥当早归，秉心静以专。
饬躬修妇事，黾勉当盛年。救忙多女伴，笑语方喧然。

五　月

五月夏以半，谷莺先弄晨。老蚕成雪茧，吐丝乱纷纭。
伐苇作薄曲，束缚齐榛榛。黄者黄如金，白者白如银。
烂然满筐筥，爱此颜色新。欣欣举家喜，稍慰经时勤。
有客过相问，笑声闻四邻。论功何所归？再拜谢蚕神。

六　月

釜下烧桑柴，取茧投釜中。纤纤女儿手，抽丝疾如风。
田家五六月，绿树阴相蒙。但闻缫车响，远接村西东。
旬日可经绢，弗忧杼轴空。妇人能蚕桑，家道当不穷。
更望时雨足，二麦亦稍丰。酤酒田家饮，醉倒妪与翁。

七　月

七月暑尚炽，长日弄机杼。头蓬不暇梳，挥手汗如雨。
嘤嘤时鸟鸣，灼灼红榴吐。何心娱耳目，往来忘伛偻。
织为机中素，老幼要纫补。青灯照夜梭，蟋蟀窗外语。
辛勤亦何有？身体衣几缕？嫁为田家妇，终岁服劳苦。

八　月

池水何洋洋，沤麻水中央。数日庶可取，引过两手长。
织绢能几时，织布已复忙。依依小儿女，岁晚叹无裳。

布襦不掩胫，念之热中肠。朝绢满一篮，暮绢满一筐。
行看机中布，计日渐可量。我衣苟已成，不忧天早霜。

九　月

季秋霜露降，凛凛寒气生。是月当授衣，有布织未成。
天寒催刀尺，机杼可无营。教女学纺纑，举足疾且轻。
舍南与舍北，嘈嘈闻车声。通都富豪家，华屋贮娉婷。
被服杂罗绮，五色相间明。听说贫家女，恻然当动情。

十　月

丰年禾黍登，农心稍逸乐。小儿渐长大，终岁荷锄镬。
目不识一字，每念心作恶。东邻方迎师，收拾令入学。
后月日南至，相贺因旧俗。为女裁新衣，修短巧量度。
龟手事塞向，庶御北风虐。人生真可叹，至老长力作。

十　一　月

冬至阳来复，草木潜滋萌。君子重其然，吾道自此亨。
父母坐堂上，子孙列前荣。再拜称上寿，所愿百福并。
人生属明时，四海方太平。民无札瘥者，厚泽敷群情。
衣食苟给足，礼义自此生。愿言兴学校，庶几教化成。

十　二　月

忽忽岁将尽，人事可稍休。寒风吹桑林，日夕声飕飗。
墙南地不冻，垦掘为坑沟。斫桑埋其中，明年芽早抽。
是月浴蚕种，自古相传流。蚕出易脱壳，丝纩亦倍收。
及时不努力，知有来岁不？手冻不足惜，冀免号寒忧。

三、明代万历刊本《便民图纂·耕织图》题竹枝词三十一首

（一）农务图诗十五首

浸　种

三月清明浸种天，去年包裹到今年。日浸夜收常看管，只等芽长撒下田。

耕　田

翻耕须是力勤劳，才听鸡啼便出郊。耙得了时还要耖，工程限定在明朝。

耖　田

耙过还须耖一番，田中泥块要匀摊。摊得匀时秧好插，摊弗匀时插也难。

布　　种

初发秧芽未长成，撒来田里要均平。还愁鸟雀飞来吃，密密将灰盖一层。

下　　壅

稻禾全靠粪浇根，豆饼河泥下得匀。要利还须着本做，多收还是本多人。

插　　莳

芒种才交插莳完，何须劳动劝农官。今年觉似常年早，落得全家尽喜欢。

耥　　田

草在田中没要留，稻根须用耥扒搜。耥过两遭耘又到，农夫气力最难偷。

耘　　田

耥过秧来又要耘，秧边宿草莫留根。治田便是治民法，恶个祛除善个存。

车　　戽

脚痛腰酸晓夜忙，田头车戽响浪浪。高田车进低田出，只愿高低不做荒。

收　　割

无雨无风斫稻天，斫归场上便心宽。收成须趁晴明好，柴也干时米也干。

打　　稻

连枷拍拍稻铺场，打落将来风里扬。芒头秕谷齐扬去，粒粒珍珠著斗量。

牵　　砻

大小人家尽有收，盘工做米弗停留。山歌唱起齐声和，快活方知在后头。

舂　　碓

大熟之年处处同，田家米白弗停舂。行到前村并后巷，只闻筛簸闹丛丛。

上　　仓

秋成先要纳官粮，好米将来送上仓。销过青由方是了，别无私债挂心肠。

田　家　乐

今岁收成分外多，更兼官府没差科。大家吃得醺醺醉，老瓦盆边拍手歌。

（二）女红图诗十六首

下　　蚕

浴罢清明桃柳汤，蚕乌落纸细芒芒。阿婆把秤秤多少，够数今年养几筐。

喂　　蚕

蚕头初白叶初青，喂要匀调采要勤。到得上山成茧子，弗知几遍吃艰辛。

蚕　　眠

一遭眠了两遭眠，蚕过三眠遭数全。食力旺时频上叶，却除隔宿换新鲜。

采　桑

男子园中去采桑，只因女子喂蚕忙。蚕要喂时桑要采，事头分管两相当。

大　起

守过三眠大起时，再拚七日费心机。老蚕正要连遭喂，半刻光阴难受饥。

上　蔟

蚕上山时透体明，吐丝做茧自经营。做得茧多齐喝采，一春劳绩一朝成。

炙　箔

蚕性从来最怕寒，筐筐煨靠火盆边。一心只要蚕和暖，囊里何曾惜炭钱。

窖　茧

茧子今年收得多，阿婆见了笑呵呵。入来瓮里泥封好，只怕风吹便出蛾。

缫　丝

煮茧缫丝手弗停，要分粗细用心情。上路细丝增价买，粗丝卖得价钱轻。

蚕　蛾

一蛾雌对一蛾雄，也是阴阳气候同。生下子来留做种，明年出产在其中。

祀　谢

新丝缫得谢蚕神，福物堆盘酒满斟。老小一家齐下拜，纸钱便把火来焚。

络　丝

络丝全在手轻便，只费工夫弗费钱。粗细高低齐有用，断头须要接连牵。

经　纬

经头成捆纬成堆，织作翻嫌无了时。只为太平年世好，弗曾二月卖新丝。

织　机

穿篾才完便上机，手揮梭子快如飞。早晨织到黄昏后，多少辛勤自得知。

攀　花

机上生花第一难，全凭巧手上头攀。近来挑出新花样，见一番时爱一番。

剪　制

绢帛绫绸叠满箱，将来裁剪做衣裳。公婆身上齐完备，剩下方才做与郎。

四、清康熙帝（爱新觉罗·玄烨）题《耕织图》诗四十六首

（一）清康熙帝题《御制耕织图序》

朕早夜勤毖，研求治理，念生民之本，以衣食为天。尝读《豳风》《无逸》诸篇，其言稼穑蚕桑，纤悉具备。昔人以此被之管弦，列于典诰，有天下国家者，洵不可不留连三复于其际也。西汉诏令，最为近古，其言曰：农事伤，则

饥之本也；女红害，则寒之原也。又曰：老耆以寿终，幼孤得遂长。欲臻斯理者，舍本务其曷以奉？朕每巡省风谣，乐观农事，于南北土疆之性，黍稌播种之宜，节候早晚之殊，蝗螭捕治之法，素爱咨询，知此甚晰，听政时恒与诸臣工言之。于丰泽园之侧，治田数畦，环以溪水，阡陌井然在目，桔槔之声盈耳，岁收嘉禾数十种。陇畔树桑，傍列蚕舍，浴茧缫丝，恍然如茆檐蔀屋。因构"知稼轩""秋云亭"以临观之。古人有言：衣帛当思织女之寒，食粟当念农夫之苦。朕惓惓于此，至深且切也。爰绘耕、织图各二十三幅，朕于每幅，制诗一章，以吟咏其勤苦而书之于图。自始事迄终事，农人胼手胝足之劳，蚕女茧丝机杼之瘁，咸备极其情状。复命镂板流传，用以示子孙臣庶，俾知粒食维艰，授衣匪易。《书》曰：惟土物爱，厥心臧。庶于斯图有所感发焉。且欲令寰宇之内，皆敦崇本业，勤以谋之，俭以积之，衣食丰饶，以共跻于安和富寿之域，斯则朕嘉惠元元之至意也夫！

康熙三十五年春二月社日题并书

（二）耕图诗二十三首

浸　种

暄和节候肇农功，自此勤劳处处同。早辨东田穜稑种，褰裳涉水浸筠笼。

耕

土膏初动正春晴，野老支筇早课耕。辛苦田家惟穑事，陇边时听叱牛声。

耙　耨

每当旰食念民依，南亩三时愿不违。已见深耕还易耨，绿蓑青笠雨霏霏。

耖

东阡西陌水潺湲，扶耖泥涂未得闲。为念饔飧由力作，敢辞竭蹶向田间。

碌　碡

老农力穑虑偏周，早夜扶犁未肯休。更驾乌犍施碌碡，好教春水满平畴。

布　秧

农家布种避春寒，甲坼初萌最可观。自昔虞书传播谷，民间莫作等闲看。

初　秧

一年农事在春深，无限田家望岁心。最爱清和天气好，绿畴千顷露秧针。

淤　荫

从来土沃借农勤，丰歉皆由用力分。薙草洒灰滋地利，心期千亩稼如云。

拔　秧

青葱刺水满平川，移植西畴更勃然。节序惊心芒种迫，分秧须及夏初天。

插　　秧

千畦水泽正弥弥，竞插新秧恐后时。亚旅同心欣力作，月明归去莫嫌迟。

一　　耘

丰苗翼翼出清波，莠稗丛生可若何。非种自应芟薙尽，莫教稂莠败嘉禾。

二　　耘

曾为耘苗结队行，更忧宿草去还生。陇间馈馌频来往，劳勚田家妇子情。

三　　耘

稏稏盈畦日正长，复勤穮蔉下方塘。堪怜曝背炎蒸下，惟冀青畴发紫芒。

灌　　溉

塍田六月水泉微，引溜通渠迅若飞。转尽桔槔筋力瘁，斜阳西下未言归。

收　　刈

满目黄云晓露晞，腰镰获稻喜晴晖。儿童处处收遗穗，村舍家家荷担归。

登　　场

年谷丰穰万宝成，筑场纳稼积如京。回思望杏瞻蒲日，多少辛勤感倍生。

持　　穗

南亩秋来庆阜成，瞿瞿未释老农情。霜天晓起呼邻里，遍听村村打稻声。

舂　　碓

秋林茅屋晚风吹，杵臼相依近短篱。比舍舂声如和答，家家篝火夜深时。

筛

谩言嘉谷可登盘，糠秕还忧欲去难。粒粒皆从辛苦得，农家真作雨珠看。

簸　　扬

作苦三时用力深，簸扬偏爱近风林。须知白粲流匙滑，费尽农夫百种心。

砻

经营阡陌苦胼胝，艰食由来念阻饥。且喜稼成登石砻，从兹鼓腹乐雍熙。

入　　仓

仓箱顿满各欣然，补葺牛牢雨雪天。盼到盖藏休暇日，从前拮据已经年。

祭　　神

东畴举趾祝年丰，喜见盈宁百室同。粒我烝民遗泽远，吹豳击鼓报难穷。

（三）织图诗二十三首

浴　　蚕

豳风曾著授衣篇，蚕事初兴谷雨天。更考公桑传礼制，先宜浴种向晴川。

二　　眠[①]

柔桑初剪绿参差，陌上归来日正迟。村舍家家帘幕静，春蚕新长再眠时。

三　　眠

红女勤劬日载阳，鸣鸠拂羽恰条桑。只因三卧蚕将老，剪烛频看夜未央。

大　　起

春深处处掩茅堂，满架吴蚕妇子忙。料得今年收茧倍，冰丝雪缕可盈筐。

捉　　绩

连宵食叶正纷纷，风雨声喧隔户闻。喜见新蚕莹似玉，灯前检点最辛勤。

分　　箔

爱逢晴日映疏帘，新绿如云叶渐添。天气清和蚕事广，移筐分箔遍茅檐。

采　　桑

桑田雨足叶蕃滋，恰是春蚕大起时。负筥携筐纷笑语，戴鵀飞上最高枝。

上　　蔟

频执纤筐不厌疲，久忘膏沐与调饥。今朝士女欢颜色，看我冰蚕作茧时。

炙　　箔

蚕性由来苦畏寒，深垂帘幕夜将阑。炉头更爇松明火，老媪殷勤日探看。

下　　蔟

自昔蚕缫重妇功，曾闻献茧在深宫。披图喜见累累满，茅屋清光积雪同。

择　　茧

冰茧方堪作素纨，重绵亦藉御深寒。就中自有因材法，拣取筐间次第观。

窖　　茧

一年蚕事已成功，历数从前属女红。闻说及时还窖茧，荷锄又向绿阴中。

练　　丝

炊烟处处绕柴篱，翠釜香生煮茧时。无限经纶从此出，盆头喜色动双眉。

蚕　　蛾

蛾儿布子如金粟，水际分飞任所之。莫令茧丝遗利尽，来年留作授衣资。

祀　　谢

劳劳拜蔟祭神桑，喜得丝成愿已偿。自是西陵功德盛，万年衣被泽无疆。

纬

绿阴掩映野人家，每到蚕时静不哗。一自夏初成茧后，篱边新听响缫车。

① 焦秉贞所绘“二眠”与“捉绩”两图冠康熙题诗原有误，两首应对调。

织

从来蚕绩女功多，当念勤劳惜绮罗。织妇丝丝经手作，夜寒犹自未停梭。

络　丝

无衣卒岁早关情，寒气催人蟋蟀声。茅屋疏篱秋夜永，短檠相对络丝成。

经

织纴精勤有季兰，牵丝分理制罗纨。鸣机来往桑阴里，已作吴绡匹练看。

染　色

凝膏比洁络新丝，传得仙方色陆离。一代文明资贲饰，须教五采备彰施。

攀　花

巧样争传濯锦纹，堪怜织女最殷勤。云章霞彩娱人意，自着寻常缟布裙。

剪　帛

手把齐纨冰雪清，秋衣欲制重含情。逡巡莫谩施刀尺，万缕千丝织得成。

成　衣

已成束帛又缝纫，始得衣裳可庇身。自昔宫廷多浣濯，总怜蚕织重劳人。

五、清康熙帝题《木棉赋》

圣祖仁皇帝御制《木棉赋》并序

木棉之为利，于人溥矣。衣被御寒，实有赖焉。夫既纺以为布，复擘以为纩。卒岁之谋，出之陇亩，功不在五谷下。尝稽之载籍，岛夷卉服，注以为吉贝，即其种也。然止以充远方之贡，而未尝遍植于中土。故《周礼》妇功，惟治蚕、枲；唐征庸调，但及丝、麻。至木棉之种，后世由外蕃始入于关陕、闽、粤。今则远迩贵贱，咸资其利，而昔人篇什罕有及之者，故为之赋曰：

考吉贝之佳种，披丘索以穷源。道伽毗而远来，由秦、粤而衍蕃。仿崖州之纺织，制七襄而无痕。效宋人之洴澼，比八绵而同温。先麦秋而播种，齐壶枣而登原。宿黄云于万蕊，堕白雪于千村。落秋实于露晞，轧机柚于星昏。暖佐耆年之帛，阳回寒女之门。幸卒岁之可娱，乃民力之普存。若应钟之司律，正薄寒之中人。月照牛衣之夜，霜侵葛屦之辰。家挟千箱之纩，路绝百结之鹑。曝茅檐而歌爱日，赛田祖而洽比邻。谢履丝之靡丽，免于貉之艰辛。故夫八口之家，九土之氓，无冱寒之肤裂，罕疾风之条鸣。时和年丰，火耨水耕；岁落三钟之棉，场登百亩之粳。同彼妇子，乐此太平。奚羡纂组之巧，与夫缟纻之轻。慨风诗之未录，省方问俗，将补豳什，而续授衣之经。

六、清雍正帝（爱新觉罗·胤禛）题《耕织图》诗四十六首

（一）耕图诗二十三首

浸　种

百谷遗嘉种，先农著懋功。春惊二月入，香浸一溪中。
穜稑他时异，筠笼此日同。每知听父老，占候识年丰。

耕

原隰春光转，茅茨暖气舒。青鸠呼雨急，黄犊驾犁初。
畎亩人无逸，耕耘事敢疏。关心课东作，扶策历村墟。

耙　耨

农务村春急，春畦水欲平。烟笼高柳暗，风入短蓑轻。
湿湿低云影，田田乱雨声。耙头船共稳，斜立叱牛行。

耖

昨日耠初罢，今朝耖复亲。四蹄听活活，百亩望匀匀。
蝶乱野花晚，燕归芳草春。春风不肯负，只有立田人。

碌　碡

岗岗转巧具，仔仔复东皋。策牛亦何急，回首若告劳。
春塍净如镜，香壤腻于膏。水族堪供饷，虾笼守碧涛。

布　秧

种包忻坼甲，秧岸竞携筐。渐渐和烟洒，纷纷落陇香。
争欢簇童稚，默祷愿丰穰。春气今年早，行看刺水秧。

初　秧

勤虑田间种，携儿垄上来。一溪经雨破，盈亩喜秧开。
露气浓相浥，阳光暖复催。忻忻频笑指，转眼即堪栽。

淤　荫

鸟鸣村路静，春涨野桥低。已见新秧好，还欣满垄齐。
淤时争早作，课仆敢安栖。隔水摩肩者，心忙日气西。

拔　秧

秧田开吉日，茅舍动香糍。盈把分青壤，和根濯绿漪。
争携老稚共，供插陌阡驰。自得为农乐，辛劳总不知。

插　秧

物候当芒种，农人戒插田。倏成行整整，入望影芊芊。

白柳花争陌，黄梅子熟天。一朝千顷遍，长日爱如年。

一　耘

饱雨新新长，含风叶叶柔。芟夷尽童莠，浥注引新流。
阴借临溪树，凉生隔陇讴。炊烟动村户，牧竖跨归牛。

二　耘

郁郁南东好，劳劳一再耘。理苗疏是法，非种去求勤。
轻笠蒙烟雾，短裈浸水云。行行忙饷妇，稚子故牵裙。

三　耘

巡陌日当午，骄阳暑若燔。戒农须共力，耘事只今番。
蝉噪风前急，蛙声水底繁。徘徊欣望里，万顷绿翩翻。

溉　灌

能为天公补，唯凭农力加。桔槔声处处，戽斗动家家。
激活看畦满，咿哑转日斜。连朝风露好，哪不易扬华。

收　刈

西成已在望，早作更相欢。繁穗香生把，盈檐露未干。
啄遗鸦欲下，拾滞稚争欢。主伯欣相庆，今年子粒宽。

登　场

红粘收十月，白水浸虚塍。多稼村村纳，新场户户登。
云堆香委乱，露积势崚嶒。劳瘁三时足，饔飧幸可凭。

持　穗

力田欣有岁，打稻得干冬。响落连耞急，光浮初日浓。
犬鸡亦闲适，饮啄自从容。增得村门色，茨粢傍屋重。

舂　碓

野陌霜风早，柴门寒日多。催舂遍邻曲，相杵听田歌。
颗颗珠翻臼，莹莹玉满罗。儿嬉亦自爱，把握弄摩挲。

筛

治米频求洁，田家亦苦心。筛风共场北，舂日更檐阴。
饱暖欣堪保，妻孥欢弗禁。香粳看玉粒，膏土胜黄金。

簸　扬

朝来风色好，箕斗入场南。敢惜簸扬再，不教糠粃参。
较量问家室，狼藉戒儿男。好是农家妇，浓妆似弗谙。

砻

地满霜痕白，檐飞夜气青。声殷砻早谷，欢沸动柴扃。

玉色委相映，珠光落不停。早春谋室妇，农祖荐朝馨。

入　仓

勤劳已周岁，藏盖得今朝。千万敢奢望，仓箱幸已饶。
村庐农有暇，门户吏无嚣。苦念牢牛力，谋傍雨雪瀌。

祭　神

雨旸蒸帝德，丰稔慰农愚。鼓赛村村社，神迎户户巫。
酒浆泻罂缶，肴核丽盘盂。敢乞年年惠，穰穰慰我需。

（二）织图诗二十三首

浴　蚕

雨生杨柳风，溪涨桃花水。村酒泛羔儿，村闺浴蚕子。
纤纤弄翠盆，蚁蚁下香纸。雪茧去冰丝，妇功从此始

二　眠

百舌鸟初鸣，再眠蚕生箔。陌桑青已稠，堤草绿犹弱。
只宜帘日和，却畏春寒作。妇忙儿不去，提披横相索。

三　眠

春风静帘拢，春露繁桑柘。当箔理三眠，烧灯照五夜。
大姑梦正浓，小姑梳弗暇。邻鸡唱晓烟，农事催东舍。

大　起

今春寒暖匀，农户蚕桑好。箔上叶恐稀，枝头采戒早。
不知春几深，但觉蚕无老。谁家红粉娘，寻芳踏青草。

捉　绩

生熟乃有时，老嫩不使糅。同事姑与嫜，服劳夜继昼。
火香散瓦盆，星芒入檐流。次第了架头，匆忙顾童幼。

分　箔

春燕掠风轻，春蚕得日长。箔分当初阳，叶洒发繁响。
少妇采桑间，携筐归陌上。门前麦骚骚，黄云接青壤。

采　桑

清和天气佳，户户采桑急。白露繁欲流，绿阴染可湿。
枝高学猱升，葚落教儿拾。昨摘满笼阳，姑犹嗔不给。

上　蔟

东邻已催耕，西舍初浸谷。月高蜀鸟啼，春老吴蚕熟。
委委局雪腰，盈盈见丝腹。剪草架盈筐，母郎看上簇。

炙箔

春多花信风，寒作麦秋雨。葭帘关蟹舍，松盆暖蚕户。
香生雪茧明，光吐银丝缕。村路少闲人，喃喃燕归宇。

下簇

前月浴新蚕，今月摘新茧。浴蚕柳叶纤，摘茧柳花卷。
膏沐曾未施，风光已暗转。邻曲慰劳来，欢情一共展。

择茧

倾筐香雪明，择茧檐日上。着意为丝纶，兼计作绵纩。
率妇理从容，笑儿知瘠壮。更欣梅雨过，插秧溪水涨。

窖茧

梧竹发村居，耒耜安农业。三春课蚕桑，百箔劳妇妾。
纷纷下簇完，忙忙窖茧接。苦辛赖天公，冰雪满箱箧。

练丝

烟分比屋青，水汲溪更洁。鸣车若卷风，映釜如翻雪。
丝头入手长，观动缫丝娘。轧轧听交响，人行村路香。

蚕蛾

村门通往来，妇女欲忙促。蛾影出茧翩，翅光腻粉渥。
秧苗已抽青，桑条再见绿。送蛾须水边，流传笑农俗。

祀神

丰祀报先蚕，洒庭伫来格。醽酒荐樽罍，献丝当圭璧。
堂下趋妻孥，堂上拜主伯。神惠乞来年，盈箱称倍获。

纬

盈盈纬车妇，荆布事素朴。丝丝理到头，的的出新濯。
当车转恐迟，坐日长不觉。浣女溪上归，斜阳指屋角。

织

一梭复一梭，委委青灯侧。明明机上花，朵朵手中织。
娇女倦啼眠，秋虫寒语唧。檐头月已高，盈窗惊晓色。

络丝

女红亦颇劳，遑惜事宵旰。灯残络素丝，篗重苦柔腕。
纤纤寒影双，沉沉夜气半。妾心非不忙，心忙丝故乱。

经

昨为篗上丝，今作轴中经。均匀细分理，珍重相叮咛。
试看千万缕，始成丈尺绢。市城纨绔儿，辛苦何由见。

染　色

何来五色水，谁运百巧智。抱丝盈把握，临风染次第。
忽然红紫纷，灿若云霞委。好付机上女，梭头成锦字。

攀　花

织绢须织长，挽花要挽双。花繁劳玉手，绢细费银釭。
新样胜吴绫，回文翻蜀锦。不知落谁家，轻裁可惜甚。

剪　帛

千丝复万丝，成帛良非苟。把尺重含情，欲剪频低首。
红裁滴滴桃，青割柔柔柳。姑舅但不寒，妾单亦何丑。

裁　衣

九月授衣时，缝纫已难缓。戋戋细剪裁，楚楚称长短。
刀尺临风寒，玄黄委云满。帝力与天时，农蚕慰饱暖。

七、清乾隆帝（爱新觉罗·弘历）和楼琇诗原韵题元代程棨《耕织图》诗四十五首

（一）耕图诗二十一首

浸　种

谷种如人心，其中含生生。韶月开初律，向阳草欲萌。
三之日于耜，东作农将兴，筠筐浸春水，次第宛列成

耕

四之日举趾，吾民始事耕。驱犍更扶犁，劳哉拟鱼赪。
水寒犹冻足，不辞来往行。讵作图画观，真廑宵旰情。

耙

皮衣岂农有，布褐聊御寒。翻泥仍欲平，驱耙漾细澜。
率因人力惫，亦知牛股酸。寄语玉食者，莫忘稼穑难。

耖

覆耕不厌勤，膝头更畛尾。齿长入地深，土细漉成滓。
旋旋泥复沉，澄澄波欲起。耖功乃告竣，方罫铺清水。

碌　碡

南木北以石，水陆殊命匠。圜转藉牛牵，牛蹄踏泥浪。
蹄伤领亦穿，乃得田如掌。惟应尽此劳，遑敢恃有相。

布　秧

浸谷出诸笼，欲拆甲始肥。左腕挟竹筐，撒种右手挥。
一亩率三升，均匀布浅漪。新秧虽未形，苗秀从此期。

淤　荫

既备播农人，有相赖田祖。灰草治疾药，粪壤益肥乳。
攻补两致勤，仍望以时雨。逮其颖栗成，辛苦费久许。

拔　秧

新秧五六寸，刺水绿欲齐。轻拔虞伤根，亚旅共挈携。
担篚归于舍，以水洗其泥。不越宿即插，取东移置西。

插　秧

芒种时已届，蚕暖麦欲凉。未离水土气，趁候插稚秧。
却步复伸手，整直分科行。不独箕裘然，服畴敢或忘。

一　耘

耕勤种以时，庭硕苗抽新。撮疏镞后生，稂秕务除根。
塍边更戽水。溉田漾轻纹。胼胝尔正长，劼劬始一耘。

二　耘

徐进行以膝，熟视俯其首。平垄有程度，丛底毋留莠。
箪食与壶浆，肩挑忙弱妇。家中更无人，携儿遑虑幼。

三　耘

三耘谚曰壅，加细复有耔。沤泥培苗根，嘉苗勃生薿。
老农念力作，瓦壶挈凉水。苦热畅一饮，毕功戒半委。

灌　溉

决水复溉水，农候悉用庄。桔槔取诸井，翻车取诸塘。
胥当尽人力，曝背哪乘凉。粒食如是艰，字饼嗤何郎。

收　刈

我谷亦已熟，我工犹未卒。敢学陶渊明，五斗羞腰折。
男妇艾田间，秋风侵布褐。秋风尚可当，最畏冬三月。

登　场

九月筑场圃，捆积颇庆优。束穱满新架，穛穗遗旧畴。
周雅咏如坻，奄观黄云秋。回顾溪町间，白水空浮浮。

持　穗

取粒欲离稿，轮枷敲使脱。平场密布穗，挥霍声互发。
即此幸心慰，宁复厌耳聒。须臾看遗柄，突然如树柮。

簸　　扬

禾穗虽已击，糠秕杂陈前。临风扬去之，乃余净谷圆。

怜彼农功细，嘉此农心专。所以九重上，惕息虔祈年。

砻

有竹亦有木，胥当排钉齿。其下承以石，磨砻成粒子。

转轴如风鸣，植架拟山峙。不孤三时劳，幸逢一旦此。

舂　　碓

溪田无滞穗，秋林有落叶。农夫哪得闲，相杵声互答。

一石舂九斗，精凿期珠滑。复有水碓法，转轮代足踏。

筛

织竹为圆筐，疏密殊用簸。疏用砻以前，细用舂已过。

筲三弗厌精，登仓近堪贺。力作哪偷闲，谁肯茅檐卧。

入　　仓

村舍亦有仓，用备供天庾。艰食惜狼戾，盖覆藉屋庑。

背负复肩挑，入廒忙日午。输赋不稍迟，恐防租吏怒。

（二）织图诗二十四首

浴　　蚕

浴蚕同浸种，温水炊轻烟。农桑事齐兴，衣食均民天。

纸种收隔岁，润洒百花泉。比户恐失时，力作各争先。

下　　蚕

吴天气渐暖，铺纸种渐高。破壳成蚁形，绿色细似毛。

轻刮下诸纸，鹅羽挥如刀。女伴绝往来，假载蚕妇劳。

喂　蚕

猗猗陌上桑，吐叶刚少许。摘来饲乌儿，筠筐食共聚。

气候物尽知，林外仓庚语。设无蚕绩功，衮职其谁补。

一　　眠

蚕饱初欲眠，蚕忙事正长。少妇独偷闲，深闺理新妆。

中妇抱幼子，趁暇哺向阳。大妇缝裳衣，明朝著采桑。

二　　眠

初眠蛾脱皮，村屋低垂幕。七日变如故，首喙壮不恶。

于候当二眠，上架依前若。弗食复弗动，圆筐贴细箔。

三　眠

再起蚕渐长，桑叶可食半。是时叶亦繁，陌头阴欲暗。
篝灯视女郎，昼长夜骎短。三眠拟三耘，农桑功不乱。

分　箔

眠起有定程，不缓亦不促。逮三蚕大长，分箔陈盈屋。
薙疏要及时，蠕蠕色泽绿。移东复置西，吴娘工作熟。

采　桑

柔桑采春初，远扬采春深。饲之别早迟，时序毋相侵。
蚕老需叶多，升树劳搜寻。雨则风诸阳，燥又润诸阴。

大　起

木架庋筠箔，室中避风雨。蟫首食全叶，须臾尽寸许。
喜温不耐热，引凉向日午。酌剂适物性，嗟哉彼贫女。

捉　绩

家家闭外户，知是为蚕忙。夙夜视箔间，弊衣复短裳。
绿形将变白，丝肠渐含光。拣择戒迟疾，齐栋堆如冈。

上　蔟

束草置箔间，不长亦不短。蚕足缘之上，肖翘力犹软。
喉明欲茧候，清和律已暖。谁谓村舍中，苍山忽满眼。

炙　箔

蚕性究畏寒，终朝不卷幕。仍期成茧速，火攻用炙箔。
丝虫将结网，银光铺错落。兽炭拣良材，率欲无烟觉。

下　蔟

红蚕既作茧，堆蔟如雪山。取下印盛筐，秤视倚屋阑。
蚕一茧获十，丰熟妇女欢。回忆昔蹙眉，幸博今开颜。

择　茧

宜绵夸八蚕，宜丝贵独蛹。一家聚择之，分品各殊用。
丝待人之买，绵御已之冻。劳而弗享报，女红可勿重。

窖　茧

蛾若破茧出，丝断如败叶。斯有瓮窖法，封泥固周浃。
深埋取寒气，掘地挥锄锸。何必诩高昌，草实称白氎。

缫　丝

茧终丝之始，犹未闲女娘。灶下飏轻烟，釜中沸热汤。
度戒过不及，乃得丝美长。转轴仔细看，梧月已上墙。

蚕　蛾

视茧圆与尖，雌雄别较然。择美待化蛾，啮茧出其圜。
成偶经昼夜，布子密且绵。纸种敬以收，默祝富来年。

祀　谢

丝成合报谢，东吴复西蜀。人以神虔心，神以人寓目。
盈几银缕陈，蚕功佑蒙辱。虽酬已往恩，仍祷方来福。

络　丝

缫丝甫报毕，络丝应及节。工作有次序，比风盛吴越。
粗细卒未分，要使无断脱。转籰对篝灯，明河影欲灭。

经

既络丝纳笳，置轴两端排。引以为直缕，理繁徐往来。
条贯期毕就，比弦无曲回。设拟悖如竮，敢曰经有才。

纬

浸纬非细工，付之小女丫。谁知素丝中，乃具种种华。
精次于是别，转轮引绪斜。由分渐成合，小大殊轴车。

织

阔室置机架，有轴亦有栏。往还抛玉梭，哪辞素手寒。
错综乃成功，万丝得一端。织女若是劳，布衣已原单。

攀　花

椎轮生大辂，踵事何太勤。素帛增攀华，丝缕益纠纭。
既成黼黻章，亦焕河洛文。为者自不知，如山出五云。

剪　帛

精粗不中数，广狭不中尺。王制弗鬻市，要义寓剪帛。
辛苦岂易成，欲裁心自惜。耕劳蚕亦劳，视此吟篇著。

八、清乾隆帝和康熙帝原韵题《耕织图》诗四十六首

（一）耕图诗二十三首

浸　种

气布青阳造化功，东郊俶载万方同。溪流浸种如油绿，生意含春秀色笼。

耕

宿雨初过晓日晴，乌犍有力足春耕。田家辛苦哪知倦，更听枝头布谷声。

耙　耨

九重宵旰勤民依，课量阴晴总不违。缥缈云山迷树色，绿蓑扶耙雨霏霏。

耖

新田如掌水潺湲，扶耖终朝哪得闲。手足沾涂浑不管，月明共濯碧溪间。

碌　碡

带雨扶犁一夕周，作劳终亩敢辞休。纵横碌碡如梭转，膏壤匀铺总茜畴。

布　秧

二月春风料峭寒，原田鳞叠入遐观。最怜茜谷生新颖，欲布秧还仔细看。

初　秧

柳暗花明春正深，田家哪得冶游心。老翁策杖扶儿笑，却喜初秧摆绿针。

淤　荫

短勺盛灰淤亩勤，高原下隰望中分。鸣鸠唤雨声声好，岭外旋看起白云。

拔　秧

匀铺绿毯满平川，万井风和花欲然。移自南畴向西陌，拔秧时节日长天。

插　秧

甫田万井水弥弥，拔得新秧欲插时。槐夏麦秋天气好，及时树艺莫教迟。

一　耘

新颖鹅黄远似波，揠苗助长槁如何。惟应芟薙勤人力，自鲜莨稂害稚禾。

二　耘

壶浆馌妇大堤行，最是畦边莠易生。劳苦再耘还再馈，可怜农叟望年情。

三　耘

朱火炎炎日午长，三耘曝背向林塘。哪无解愠传风信，天遣微薰动绿芒。

灌　溉

抱瓮终输气力微，桔槔轮转迅如飞。池塘水满新禾润，树下乘凉待月归。

收　刈

桐风萧洒露珠晞，满野黄云映落晖。是处腰镰收获遍，担头挑得万钱归。

登　场

登场此日望西成，大有频书庆帝京。稏稏满车皆玉粒，比邻都觉笑颜生。

持　穗

场圃平坚灰甃成，如坻露积最关情。殷勤妇子争持穗，好听千家拍拍声。

舂　碓

木末金风阵阵吹，松明火烧隔疏篱。何来舂相深宵里，可是村讴唱和时。

筛

秋成哪得暂游盘，颗粒精粗欲别难。周折不辞身手瘁，犹余一掬几回看。

簸　扬

郭外人家茅舍深，门前扬簸趁风林。莫令飘堕成狼戾，辜负耕夫力作心。

砻

相将南亩苦胼胝，望岁心酬庶免饥。石硙碾来珠颗润，家家鼓腹乐雍熙。

入　仓

霜点枫林似火然，千仓满贮赐从天。输官不假征催力，喜值如云大有年。

祭　神

击鼓吹豳报屡丰，朝看索飨万家同。更期来岁如今岁，苗硕不知愿莫穷。

（二）织图诗二十三首

浴　蚕

曾读《豳风·七月》篇，迟迟日影丽光天。新蚕未起先宜浴，盆满明波人满川。

二　眠

女桑摇绿叶参差，晓起人慵欲采迟。双燕入帘长昼静，再眠恰是仲春时。

三　眠

淑景频催喜载阳，微行步步采条桑。三眠三起新蚕老，篝火看时夜未央。

大　起

春光荏苒去堂堂，无那黄莺一日忙。箔上吴蚕方大起，冰丝色映绿筠筐。

捉　绩

蚕筐高下茧虫纷，食叶声烦似雨闻。捉绩欣看光练练，一家妇女共辛勤。

分　箔

柳絮飞时昼下帘，桑柔繁细食徐添。却凭纤手为分箔，未暇朝餐日过檐。

采　桑

墙畔青条着雨滋，繁阴初覆叶齐时。春深八茧蚕争喂，稚子携筐上绿枝。

上　蔟

觅树寻枝手足疲，柔桑采采饲蚕饥。今朝报道新抽茧，老幼群欣上蔟时。

炙　箔

重帘不卷畏风寒，犹爇松明向夜阑。皑雪霏霏堆满箔，殷勤弱女把灯看。

下　蔟

献茧由来重女功，绘图今见列璇宫。圣人不为丹青玩，玉谷珠丝此意同。

择　茧

弱茧何时成绮纨，拮据冀免一身寒。八蚕独蛹还须择，几上分明取次观。

窖　茧

春日迟迟执妇功，何心恋赏牡丹红。茧成好向村头窖，荷锸携儿绿荫中。

练　丝

煮茧炊烟飏短篱，丝肠累累练成时。探汤试展纤纤手，哪听枝头叫画眉。

蚕　蛾

蚕蛾丝尽方生子，送向溪头任所之。默祝明春盛今岁，隔年生理计家资。

祀　谢

年年劳苦事耕桑，及早还将租税偿。今日蚕成虔祀谢，西陵功德戴无疆。

纬

蚕缫轮卷遍千家，午静人慵鸟语哗。浸纬欣看供织作，阿香轧轧转雷车。

织

织女工夫午夜多，何曾已自着丝罗。银兰照处方成寸，却早循环掷万梭。

络　丝

秋惹深闺无限情，可堪蟋蟀送寒声。玉关万里征夫远，惆怅新丝络不成。

经

砌下风飘待女兰，新丝经理欲成纨。安排头绪分长短，约伴同来仔细看。

染　色

经纬功成尚染丝，晴光万缕灿离离。天工夺处关人巧，棚上还看五色施。

攀　花

蔟蔟堆成锦绣纹，攀花斗巧最精勤。堪怜织妇空劳绩，着体无过大布裙。

剪　帛

溪尾如蓝秋水清，裁衣寄远重关情。金刀欲下踌躇意，丝缕皆从素手成。

成　衣

戋戋束帛费缝纫，只为祁寒事切身。圣意忧勤图画里，宵衣永庇万方人。

九、清乾隆帝题《棉花图》诗十六首

布　种

本从外域入中原，圣赋金声实探源。雨足清明方布种，功资耕织燠黎元。

灌　溉

土厚由来产物良，却艰致水异南方。辘轳汲井分畦溉，嗟我农民总是忙。

耘　畦

芟密耘长遍野皋，夏畦增此哪辞劳。白家少傅暝寒中，但识加棉厚絮袍。

摘　尖

尖去条抽始畅然，趋晴避雨摘炎天。爱之能勿劳乎尔，万事由来一理诠。

采　棉

实亦称花花实同，携筐妇子共趋功。非虚观却资真用，植物依稀庶子风。

拣　晒

纳稼惟时棉亦成，等差黄白辨粗精。纷罗真有如云庆，吉语犹占冬朔晴。

收　贩

艰食惟斯佐化居，列廛负版各纷如。价常有定斤无定，巨屦言同记子舆。

轧　核

转毂持钩左右旋，左惟落核右惟棉。始由粗末精斯得，枷杵同农岂不然。

弹　花

木弓曲引蜡弦硼，开结扬茸白氍成。村舍比邻闻相杵，铮铮畅答合斯声。

拘　节

擦条拘节异方言，总是斯民衣食源。几许工夫成严密，纺纱络绪事犹烦。

纺　线

相将抽绪转轩车，工与缫丝一例加。闻道吴淞别生巧，运轮却解引三纱。

挽　经

引缏卸络理棉丝，枝拄经床较便其。跸路迎銮多妇女，木桴每见手中持。

布　浆

经纬相资南北方，藉知物性亦如强。刷纱束络俾成绪，骨力停匀在布浆。

上　机

岂止千丝与万丝，女郎徐自引伸之。可知事在挈端要，诸绪从心无不宜。

织　布

横纬纵经织帛同，夜深轧轧哪停工。一般机杼无花样，大辂椎轮自古风。

练　染

五色无论精与细，茅檐卒岁此殷需。布棉提句勤民瘼，敬缵神尧耕织图。

十、清乾隆朝直隶总督方观承题《棉花图》诗十六首

布　种

细将青核选春农，会见霜机集妇功。千古桑麻文字外，特摛睿藻补豳风。

灌　溉

戽水兼闻汲井哗，桔槔声里润频加。千畦自界瓜蔬色，一雨同抽黍豆芽。

耘　畦

科要分明行要疏，春经屡雨夏晴初。村墟槐柳人排立，佣趁花田第几锄。

摘　尖

也如摘茗与条桑，长养为功别有方。要使茎枝垂四面，得分雨露自中央。

采　棉

入手凝筐暖更妍，装成衣被晚秋天。谁家十月寒风起，犹向枝头拾剩棉。

拣　晒

黍稌场边午日晖，堆云劈絮正纷霏。广南有树何曾采，任遂晴空鸟毳飞。

收　贩

衡称由来增岁稔，舟车不独向南多。圣朝物力沾无外，又作高丽贡纸驮。

轧　核

叠轴拳钩互转旋，考工记绘授时编。缫星踏足纷多制，争似瓤花落手便。

弹　花

似入芦花舞处深，一弹再击有余音。何人善学棼丝理，此际如添挟纩心。

拘　节

花筒一卷寸筳纤，素几生寒碾玉尖。抽缀略同新茧子，条条付与纺车拈。

纺　线

络纬声中夜漏迢，轻匀线绩比丝缫。茅檐新妇夸身手，得似丝纤价合高。

挽　经

南床北架制随宜，过络回环一手持。素腕当窗怜惯捷，阿谁长袖倦垂时。

布　浆

缕缕看陈燥湿宜，糊盆度后拨车施。爬梳莫使沾尘污，想到衣成薄浣时。

上　机

种棉直与苎桑同，抱布何知绮绣工。月杼星机名任好，不将巧制羡吴东。

织　布

轧轧机声地窖中，窗低晓日户藏风。一灯更沃深宵焰，半匹宁酬竟日功。

练　染

元黄朱绿比丝新，自昔畿封俭俗淳。圣咏益昭民用切，屡丰泽遍授衣人。

十一、清嘉庆帝（爱新觉罗·颙琰）题《棉花图》诗十六首[1]

布　种

祖赋考题重本原，勤求民瘼溯心源。冬收选换待春布，候应清明木德元。

灌　溉

种择高原脉土良，功先凿井利殊方。欲期吉贝被身暖，不惮勤劬运臂忙。

耘　畦

花繁茸细茂平皋，长日锄耘力作劳。念此艰辛厌纂组，时看在笥旧绨袍。

摘　尖

旁达尖除始判然，冒炎群趁雨余天。勤劳妇女同蚕事，南北土风著象诠。

采　棉

实生花落用胥同，盈亩共襄采摘功。春种夏耘秋始结，绘图题什补豳风。

拣　晒

广场曝晒庆西成，黄白粉罗择必精。积雪铺云溢庭院，符占更愿孟冬晴。

收　贩

新棉充羡入廛居，价值有恒每岁如。为市日中皆乐利，懋迁转运遍车舆。

轧　核

上毂下钩互转旋，核分花细出轻棉。工同碾轴农家器，利用厚生本自然。

弹　花

弓弯短劲蜡弦硼，弹击花衣应手成。昼杵宵砧相倡和，连村总是太平声。

拘　节

束帛即棉本易言，条分筳卷纺车源。引端抽绪涣斯合，进步用功岂惮烦。

纺　线

握条转钰运轻车，引绪成斤遂日加。念切民依重本计，应嗤富室炫罗纱。

挽　经

牵经理绪万千丝，北架南床俗尚其。旋绕纵横自不紊，心闲手敏便操持。

布　浆

束绚沃汁异南方，络以支棱旋转强。案衍平铺两端直，功加帚刷益匀浆。

上　机

轴经杼纬理千丝，高下相环徐引之。要领手持息纷扰，寻端就绪事咸宜。

① 清嘉庆帝题《棉花图》诗采自中国古代版画丛刊《授衣广训》（清嘉庆十三年刊本）。

织　　布

纵横梭织用功同，缜密不求花样工。布帛御寒胜锦绣，黄棉普被播淳风。

练　　染

染成五色合精粗，耕织功兼比户需。敦俗劝民继先志，载赓天藻续题图。

十二、清道光朝刘祖宪《橡茧图说》题诗四十一首

橡　　利

青枫利益最无疆，子可疗饥皂染裳。莫把嫩枝作薪炭，山桑利不亚家桑。

辨　　橡

种时同一费工夫，丝少丝多便有殊。若使遍山皆细叶，管教一茧重三铢。

窖 橡 子

橡子如何怕见风，从来风气惯生虫[①]。要他个个生无已，挖窖埋之法最工。

择　　土

田欲肥饶土欲腴，青枫偏不喜泥涂。莫言土瘦非为宝，种得黄金树万株。

种　　橡

种橡何如种橡秧，牛羊践履可无伤。问余千种何千活，顺插根荄法最良。

种橡兼种杂粮

橡树新栽隙地多，兼将豆麦种山阿。春蚕未熟人犹饱，试问山农识得么。

畜　　橡

畜橡犹如畜稻粱，草根如莠橡如稂。更将落叶勤浇粪，一橡栽成抵担粮。

斫　　橡

屡经剪伐树无枝，枝秃因教叶不滋。若要丛生枝叶茂，条枚斫去莫迟疑。

恤　　橡

幼橡难经两季磨，当寻别处去通那。今春放过秋须歇，叶茂枝繁茧愈多。

择 种 摇 种

四指中间试重轻，或摇耳畔听其声。欲知种有雌雄别，偏正圆长仔细评。

修理烘房烘种柔种

天地絪缊物化醇，烘房火候亦称神。莫言此火袛薪炭，妙手能回九地春。

穿种上晾出蛾

形如雀卵势长圆，茧脚无丝要浅穿。再向烘房调火剂，群蛾展翅乐翩翩。

① 风气生虫，故“风”字从几从虫。

烘房火候

烘种如何匠石抡，阴阳大小火宜匀。再将春气分迟早，万树欧丝白似银。

捉蛾配蛾折蛾数蛾

情如蛱蝶两相随，气候祗宜十二时。若使过时与不及，顿教生意一时澌。

伏卵出蚕

生生不已理无穷，无限生机在个中。一母孳生百廿子，天虫到底胜斯螽[①]。

祈　蚕

东西棚上拜诸神，白粥油盐次第陈。水毁木饥虽定数，祈天天自爱斯民。

御风雹

天定胜人人胜天，晕随灰缺古今然[②]。奇门有此回天术，传与吾民作善缘。

占茧之成熟

卵赤头红瑞应奇，若逢棚旺乌先知。数般占验人皆识，我独时旸时雨期。

分　棚

此茧如何多数千，只因棚小力能专。将虾钓鲤君知否，莫惜分棚些少钱。

计本息

从来子母贵兼权，三倍人称大贾贤。但使四时调玉烛，一株橡树一丘田。

春放蚕法

蠕蠕孑孑绕柔枝，日暖风和始得宜。若使连朝阴雨密，嫩枝摘饲莫迟迟。

驱　鸟

几微生气怕伤摧，飞爆腾空响似雷。翔集不教惊破胆，柝声敲歇复飞来。

移　枝

作茧如何丝不穷，移枝端的赖人功。长条可缩须停剪，莫使柔枝一树空。

三眼大眠

蚕当眠尽屈难伸，息气凝神自化身。漫道神仙能辟谷，一番辟谷一番新。

蚕　病

发斑空肚病由人，吊购只因雨匝旬。若使天和能感召，五风十雨自频频。

收茧收种

万斛珍珠万树垂，半年辛苦喜欢时。为丝为种勤分辨，转瞬秋蚕又上枝。

熏　茧

绸缎伤蚕心不安，半因熏茧近于残[③]。须知生杀皆天道，秋肃春温一例看。

---

① 蚕为天虫；螽一夜生九十九子。

② 《淮南子》画芦灰而月晕缺。

③ 朱阇婆国以绸缎伤蚕命不忍衣之，此大惑也。

晾　种

茧方离树未全干，壳内浆糊壳外寒[①]。要使隔帘风气透，莫教茧壳湿成瘢。

秋蚕缚枝

枝头一线系双蛾，似比春蚕费不多。要识秋时多病热，向阳树下莫蹉跎。

驱蚱蜢

才看飞鸟下平林，蚱蜢狂蜂复浪寻。一缕一丝皆命脉，哪堪蟊贼屡来侵。

煮茧取丝

千头万绪乱纷纷，抽得丝头便不棼。天滚纺车流水似，日斜犹有茧香闻。

导　筒

两车旋转快如风，无数水丝上导筒。从此七襄成织锦，东人杼柚不曾空。

套　茧

套茧缫丝处处忙，都云收茧可为裳。从兹指上添生活，赚得丝丝入锦筐。

络　丝

轻风轧轧度窗纱，万缕桑丝上络车。最爱一枝斑管转，有人看到夕阳斜。

攒　丝

一丝攒合两三丝，绸织双丝此恰宜。一架手车容易转，最难学是上筒时。

络　纬

四辟风清络纬鸣，闺中懒妇不须惊。任渠起坐兼行路，一一都能信手成。

牵　丝

手握柔丝百道缠，往来牵挂贵无愆。此中妙巧谁能悟，交手三叉有秘传。

扣　丝

千丝万缕乱纷陈，梳剔如何得尽匀。看到丝丝齐入扣，方知妙手有经纶。

刷　丝

八尺经丝绾辘轳，一番梳刷有工夫。更怜匹练光如许，犹问经丝错也无。

再扣丝系综

再将竹扣手中披，扣毕还须综系丝。综马综签珍重捆，莫教两综有差池。

上机度梭成绸

上农夫食九人多，衣被全家利过他。寄语深闺诸少妇，日长无事莫停梭。

① 浆糊：蚕所吐浆也。壳外寒：或取于阴天故外壳有寒气。

十三、清光绪十五年（1889年）木刻《桑织图》题诗二十三首

种桑歌

种桑好，种桑好，要务蚕桑莫潦草。无论墙下与田边，处处栽培不宜少。
君不见《豳风·七月》篇，春日载阳便起早。女执懿筐遵微行，取彼柔桑直到杪。
八月萑苇作曲箔，来年蚕具今日讨。缫丝纤组渐盈箱，黼黻文章兼缋藻。
本来妇职尚殷勤，岂但经营夸能巧。老衣帛，幼制袄，一家大小皆温饱。
春作秋成冬退藏，阖户垂帘乐熙皞。更得余息完课粮，免得催科省烦恼。
天生美利人不识，枉费奔驰徒扰扰。我劝世人勤务桑，务得桑成无价宝。
若肯世世教儿孙，管取吃着用不了。各书一通晓乡邻，方信种桑真个好。

采桑

墙下垄畔皆栽桑，提笼采叶家家忙。头眠二眠叶须切，三眠连枝伐远扬。

祀先蚕

一家大小礼神明，惟祈三春蚕事成。满室槌箔蒙神佑，盈箱衣帛托圣灵。

谢先蚕

新丝指日可衣人，造化功同宇宙春。厚德深仁何所报，罗列福物谢蚕神。

蚕桑器具

桑蚕有事器必良，农隙什物预商量。织箔造架结蚕网，筛盘匙箸并蚕筐。
抬炉蓐草蔟料备，兼储牛粪与斑糠。治桑织造皆有具，临时密密糊蚕房。

下子挂连

雌雄对待造化机，辰时相配戌时析。厥气乃全生子足，明年出产满箱衣。

浴蚕种

蚕种三浴壳易脱，明年丝纩自然多。莫惜手指却寒冻，不日盈箱五裤歌。

称连下蚁

清明浴罢柳桃汤，谷雨蚕出细如芒。阿婆把秤定分两，量叶下蚁养几筐。

分蚁

蚁至三日宜劈分，勿使沙蒸热气熏。燠成频除叶频上，时时用意要殷勤。

头眠

一眠一变一番新，蚁形脱换见蚕身。室中宜暗常加暖，此时爱护惜如珍。

二眠

一番眠罢又一番，眠过两次蚕气全。食力旺时频上叶，除去宿叶换新鲜。

大眠

守过三眠大起时，连连喂叶莫教饥。筛盘箔架皆分满，还有地仓铺草宜。

上　　蔟

蚕上蔟时透体明，吐丝结茧自经营。老蚕畏寒室宜暖，时添炭火加烘笼。

摘　　茧

烂然黄金与白银，举家欣喜爱鲜新。摘来薄摊通风处，厚积熏蒸致腐陈。

蒸　　茧

摘茧七日蛾自生，急须蒸馏莫消停。箔摊风干犹久待，月余缫丝利且轻。

缫 水 丝

煮茧缫丝手弗停，要分粗细用心情。上好细丝增重价，粗丝卖得价钱轻。

做　　绵

蛾口茧儿煮熟时，扯为手套绵豁施。成绵轻暖犹堪纺，一切丑茧莫教遗。

脚踏缫丝车

车经脚踏快如风，缫丝洁白火盆烘。坠梗绵叉亦成线，箸头套茧纺车同。

解丝纬丝

理丝索解最为先，手掉不如车络便。纬亦有车缠纬筒，铁梭贯上往来穿。

经

制锦由来有法程，千头万绪理分明。须知蓄有经纶具，交错纷歧自在行。

纼　　丝

缠簑经丝系天簑，纼床滕子两头绷。绳齿贯头拨簪拨，哪愁纠结不均平。

织

莫道天孙云锦难，新鲜花样任人攒。梭影循还机轧轧，织成文绣胜齐纨。

成　　衣

裁锦壮绵奉高堂，还有绵绸足衣裳。家家饱暖生仁让，豳风古俗在池阳。

十四、清光绪二十四年（1898 年）於潜县令何太青题《耕织图》诗四十九首

（一）耕图诗二十三首

浸　　种

出种盛筠笼，浅浸溪头水。鸡骨喜占年，岁事今伊始。

耕

扈鸟陇上鸣，催耕唤布谷。当春一犁雨，赁得邻家犊。

耙　　耨

冲泥带水耨，寒垡泥痕涩。叱犊往复回，日暮鞭声急。

耖

瓜皮一畦水，扶耖下芳田。浑忘泥淖污，踏破垄头烟。

碌　碡

驾牛服南亩，机轴转辚辚。逴跞牛前去，人趋牛后尘。

布　秧

握种涉平畴，手播均疏密。浅水皱涟漪，一夜曲抽乙。

初　秧

芒种半寒燠，新秧出未齐。关心有老子，扶杖小桥西。

淤　荫

土沃资人力，洒灰和泥淤。遏密慎堤防，莫使流膏去。

拔　秧

开阡取吉日，秧喜雨中移。濯根溪水畔，分绿含春滋。

插　秧

插秧人笑语，处处秧歌起。陂塘五月秋，天气凉如水。

一　耘

苗下草根长，恶莠恐乱苗。芟薙原非易，安能尽一朝。

二　耘

加工刈宿草，炙背日移晷。馌饷中田来，分劳同妇子。

三　耘

耘耔几往复，田功深如许，敢云夏事终，还银交秋雨。

灌　溉

疏柳荫古岸，林端转桔槔。引水隔堤疾，不比抱瓮劳。

收　刈

黄云覆垄上，观艾乍腰镰。荷担忙佣保，田家喜色添。

登　场

西风报顺成，登场屯露积。齐担黄金堆，笑指丰年瑞。

持　穗

茅屋发枷响，连村忙掇拾。散地尽珠玑，辛苦是粒粒。

簸　扬

掀箕当风扬，倾泻如雨注。几等就中分，上上输官赋。

砻

盘床展砺辘，落子急纷纷。邻家隔篱语，雷轰不得闻。

春　碓

野碓响寒春，粲粲生珠魄。篝灯课夜功，月光照户白。

筛

展转复展转，挥手不停披。从教疵累尽，好待雪翻匙。

入　仓

年丰收十斛，入室谨盖藏。天寒拥榾火，饱此卒岁粮。

祭　神

咚咚村社鼓，欢舞走儿童。豚蹄一盂酒，并祝来年丰。

（二）织图诗二十六首

浴　蚕

浴蚕宜社日，春光媚晴川。女伴殷勤语，惊心谷雨天。

下　蚕

初生千蚁黑，日照纸窗看。温房护密密，蠕动怯春寒。

喂　蚕

柔桑摘盈握，缕切细于丝。蚕性惟谙惯，调饥蚕妇知。

一　眠

七日蚕初眠，禁人门巷静。余工事缝纫，日照苇帘影。

二　眠

食停蚕再眠，偷闲闲未堪。啼饥儿索哺，饲儿如饲蚕。

三　眠

三眠蚕骤长，陌上桑渐稀。桑稀愁叶价，租桑人未归。

大　起

群动一时起，大嚼叶盈筐。喧声风雨疾，茅屋听来忙。

捉　绩

促箔仔细看，喜见红蚕老。灯下照冰肠，检点栖山早。

分　箔

蚁聚不胜稠，分箔手频拈。入夏天渐暖，蚕房垂半帘。

采　桑

采桑多禁忌，愁雨还愁雾。取斯奈若何，最好枝头露。

上　蔟

蚕熟转丝肠，暖风催上蔟。新妇洒桃浆，收成占瓦卜。

炙　箔

重帘围寂静，结蔟火微烘。芳绪抽未竟，还待拨熏笼。

下　蔟

开箔重堆雪，欢拜天公赐。女手摘掺掺，犹道强人意。

择　茧

筐篚纷总陈，团团玉宛转。小姑试手探，笑问同功茧。

窖　茧

高年御冬寒，非帛不得暖。积絮练成绵，影流冰雪满。

练　丝

盆手沸香泉，缫车转雾縠。熏风摇楝花，陌上桑重绿。

蚕　蛾

茧馆蛾儿生，欲飞飞不起。栩栩庄周蝶，罗浮呼凤子。

祀　谢

再拜陈糕果，虔谢马头娘。辛勤到此日，膏沐始明妆。

纬

金盆浸莹莹，素手萦缕缕。回旋秋夜长，帘外打窗语。

织

荧荧背壁灯，影伴头梭女。机声和漏尽，响答寒蛩语。

络　丝

弱缕引纷纶，袅袅转筠管。女伴浣纱归，相对秋檠短。

经

缭绕复缭绕，竹架音琅琅。引端一回顾，乙乙系柔肠。

染　色

吴绫异彩鲜，越縠明光烂。人巧代天工，五色文章焕。

攀　花

锦绣害女红，花样纷参错。至竟为人忙，哪得身上著。

剪　帛

三日织一匹，手把重徘徊。寒衣姑未制，莫漫剪刀催。

成　衣

压线熨斗平，衣成炫服御。不知蚕织苦，哪识衣来处。

参考文献

［1］（宋）楼钥著：《攻媿集》，《四部丛刊初编》本。

［2］（元）赵孟頫著：《松雪斋集》，《四部丛刊初编》本。

［3］（元）夏文彦编：《图绘宝鉴》，《丛书集成初编》本。

［4］（明）汪砢玉著：《珊瑚网》，《文渊阁四库全书》本。

［5］（清）王原祁等编：《佩文斋书画谱》，《文渊阁四库全书》本。

［6］（清）张庚著：《国朝画征录》，《文渊阁四库全书》本。

［7］（清）张照等撰：《石渠宝笈》（初编），《文渊阁四库全书》本。

［8］（清）胡敬著：《国朝院画录》，《文渊阁四库全书》本。

［9］《歙县志》，清代道光年间刊印。

［10］《於潜县志》，杭州广文公司民国二年（1913 年）代印。

［11］（北魏）贾思勰著，缪启愉校释：《齐民要术校释》，中国农业出版社 1998 年版。

［12］（南宋）陈旉撰，缪启愉选译：《陈旉农书选读》，农业出版社 1981 年版。

［13］（元）王祯撰，缪启愉、缪桂龙译注：《东鲁王氏农书译注》，上海古籍出版社 1994 年版。

［14］（明）邝璠编撰，石声汉、康成懿校注：《便民图纂校注》，农业出版社 1959 年版。

［15］（明）宋应星著：《天工开物》，沈阳出版社 1995 年版。

［16］马宗申校注：《授时通考校注》，农业出版社 1993 年版。

［17］蒋根尧编著：《柞蚕饲养法》，商务印书馆 1948 年版。

［18］阿英编著：《中国年画发展史略》，朝花美术出版社 1954 年版。

［19］王伯敏著：《中国版画史》，上海人民美术出版社 1961 年版。

[20] 郭沫若著：《中国古代社会研究》，人民出版社 1964 年版。

[21] 王毓瑚编著：《中国农学书录》，农业出版社 1964 年版。

[22] 新疆维吾尔族自治区博物馆出土文物展览工作组编：《丝绸之路——汉唐织物》，文物出版社 1973 年版。

[23] 自然科学史研究所主编：《中国古代科技成就》，中国青年出版社 1978 年版。

[24] 章楷著：《蚕业史话》，中华书局 1979 年版。

[25] 林树中、周积寅编著：《中国历代绘画图录》，天津人民美术出版社 1981 年版。

[26] 陈维稷主编：《中国纺织科学技术史（古代部分）》，科学出版社 1984 年版。

[27] 刘兴珍著：《李嵩》，上海人民美术出版社 1985 年版。

[28] 章楷、余秀茹编注：《中国古代养蚕技术史料选编》，农业出版社 1985 年版。

[29] [日] 渡部武著：《中国农书〈耕织图〉的流传及其影响》（日文版），昭和六十二年（1987）。

[30] 赵雅书著：《中国域外〈耕织图〉之收藏与出版》，《第一届中国域外汉籍国际学术会议论文集》，台北联经出版事业公司 1987 年版。

[31] [日] 渡部武著：《中国农书〈耕织图〉的起源与流传》，《中华文史论丛》第 48 辑，上海古籍出版社 1991 年版。

[32] 孙文起等编著：《乾隆皇帝咏万寿山风景诗》，北京出版社 1992 年版。

[33] 蒋猷龙编著：《浙江认知的中国蚕丝业文化》，西泠印社出版社 2007 年版。

[34] 张星烺编注：《中西交通史料汇编》，华文出版社 2018 年版。

[35] 夏鼐著：《新疆新发现的古代丝织品——绮、锦和刺绣》，《考古学报》1963 年第 1 期。

[36] 赵雅书著：《关于〈耕织图〉之初步探讨》，台北《幼狮月刊》1976 年第 5 期。

[37] 李纪贤著：《康熙五彩“耕织图”纹瓶》，《文物》1979 年第 8 期。

[38] 蒋文光著：《从〈耕织图刻石〉看宋代的农业和蚕桑》，《农业考古》1983 年第 1 期。

[39] 似熹著：《袖珍型的耕织图——兼谈我国昔日农耕方式》，台北《故宫文物月刊》1984 年 4 月 2 卷 1 期 13 号。

［40］林桂英著：《我国最早记录蚕织生产技术和以劳动妇女为主的画卷——介绍八百年前宋人绘制的〈蚕织图〉》，《农业考古》1986 年第 1 期。

［41］赵丰著：《〈蚕织图〉的版本及所见南宋蚕织技术》，《农业考古》1986 年第 1 期。

［42］何大彦、朱万民著：《从皇泽寺〈蚕桑十二事图〉碑刻看四川古代的养蚕业》，《丝绸史研究》1988 年第 2 期。

［43］［日］渡部武著：《〈耕织图〉流传考》，《农业考古》1989 年第 1 期。

［44］荆三林、李趁有著：《博爱耕织图石刻剖析》，《农业考古》1989 年第 2 期。

［45］何玉兴著：《从农事诗看宋代桑蚕业》，《农业考古》1991 年第 3 期。

［46］臧军著：《楼琦〈耕织图〉与耕织技术发展》，《中国农史》1992 年第 4 期。

［47］［日］渡部武著：《耕织图对日本文化的影响》，《中国科技史料》1993 年第 2 期。

［48］卫斯著：《中国丝织技术起始时代初探——兼论中国养蚕起始时代问题》，《中国农史》1993 年第 2 期。

［49］臧军著：《〈耕织图〉与蚕织文化》，《东南文化》1993 年第 3 期。

［50］苏润兰著：《清代碧玉版耕织图》，《收藏家》2002 年第 7 期。

［51］任万平著：《绵忆〈耕织图〉》，《紫禁城》2004 年第 124 期。

后　　记

中国古代耕织图是中国悠久、辉煌的农业文明历史长河中一颗璀璨耀眼的明珠，是不可替代的以图像教民稼穑和植桑、养蚕、纺织的生动、形象的宝贵资料，是留给我们中华民族的珍贵遗产。

我早有写《中国古代耕织图概论》一书的想法。2020年初，新冠肺炎疫情暴发，于是，在居家隔离期间开始动笔，在我儿志平、儿媳玉敏打字、校对、整理图片等多方面的帮助下，现在终于完成了这部二十多万字、一千余幅图片的书稿。

搜集、整理、对比、分析中国历代遗存的《耕织图》，对耕织图像历史进行阐释和研究意义重大。

“农桑并举，耕织并重”，是我国历史上农业社会生产的重要标志。西汉初年的政论家、文学家贾谊在《过秦论》中说：“前事之不忘，后事之师也”，强调了历史经验的重要性。在我国历史上也有“左图右史”记载方式的经验和传统。在摄影术发明之前，人们不仅通过文字，而且以图像、雕刻及制造工具、器物等多种形式，记录历史，以便长期保存记忆，传承后世。在当今我们所说的“图像史学”的范畴内，中国古代耕织图应该是值得重视和研究的一项重要课题。

源远流长的中国古代耕织图像的历史从起源、发展、传播、普及、推广、利用、发挥效益等各方面都值得我们认真总结，悠久的耕织图像的历史，值得我们认真梳理和深入探讨；耕织图在农业历史学科中是不可或缺的重要研究史料。

光阴荏苒，时不我待，如今我已老矣，但头脑逻辑思维清晰，表达及记忆力尚好，从未停止过读书与研究，而且一直笔耕不辍。因此，将几十年来不断搜集、整理、分析、研究、探讨我国历代遗存的耕织图所得成果编著了《中国古代耕织图概论》一书，其目的就是为方便读者了解和研究中国古代农耕与蚕织悠久、辉煌的历史文化和所取得的巨大成就，以及中国为人类文明发展进步作出的重要贡献，为后人进一步研究中国古代耕织图的历史提供参考资料。

研究中国农业历史，特别是农业科技史，除了有通史以外，还应当有农业断代史、农业专业史、农业地区史，以及民族农业史、农业民俗史、农业思想史、农业政策史、农业经济史等门类，而这些门类的史料除古籍文字记载之外，在历代耕织图像中都有直接或间接的反映。因此，我认为要进一步深入开展中国农业史研究，除充分利用文献典籍以外，还应当重视利用历史图像，特别是耕织图像以及各种各样的有关古代农业的实物；文献、图像、实物三者结合，相互佐证，必将更有利于促进农业历史研究工作的发展。

经友人介绍，拙著得以交由花山文艺出版社、河北科学技术出版社正式出版。花山文艺出版社社长张采鑫同志高度重视本书的编辑出版工作，在百忙中审阅书稿，多次来北京与我沟通交流书稿内容的诸多细节问题，并全程主持编辑、校对、设计等每个环节，这种对出版工作认真负责、一丝不苟、精益求精的精神让我深受感动；在他的主持下，本书申报并成功入选 2022 年度国家出版基金资助项目。在此，谨向为本书编辑出版工作付出辛勤劳动和汗水的张采鑫社长、李爽副总编辑、责任编辑林艳辉同志、责任校对李伟和杨丽英同志、装帧设计王爱芹女士，及花山文艺出版社、河北科学技术出版社致以诚挚的感谢和由衷的敬意！

在此，亦特别感谢农业农村部对外经济合作中心冯勇主任，中国农业大学杨直民教授，中国农业博物馆徐旺生教授、钱潇克主任，黑龙江省农业系统宣传中心贾立群教授对本书的写作和出版给予的关心、支持和帮助。

王潮生

2022 年 10 月 5 日于北京